K. Henning · R. Oertel · I. Isenhardt (Hrsg.)

Wissen - Innovation - Netzwerke. Wege zur Zukunftsfähigkeit

**Springer**
*Berlin
Heidelberg
New York
Hongkong
London
Mailand
Paris
Tokio*

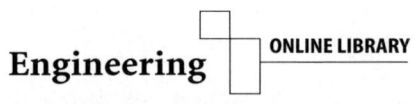
http://www.springer.de/engine-de/

K. Henning · R. Oertel · I. Isenhardt (Hrsg.)

# Wissen - Innovation - Netzwerke
# Wege zur Zukunftsfähigkeit

Mit 100 Abbildungen

Springer

Prof. Dr. Klaus Henning
Dr. Regina Oertel
Dr. Ingrid Isenhardt
Zentrum für Lern- und Wissensmanagement
und Lehrstuhl Informatik im Maschinenbau
der RWTH Aachen
Dennewartstr. 27
52068 Aachen

*Inhaltliche Gesamtverantwortung:*
Dr. Regina Oertel

*Redaktion:*
Jutta Sauer
Zentrum für Lern- und Wissensmanagement
und Lehrstuhl Informatik im Maschinenbau
der RWTH Aachen
Dennewartstr. 27
52068 Aachen

## ISBN 3-540-00668-0 Springer-Verlag Berlin Heidelberg New York

Bibliografische Information Der Deutschen Bibliothek.
Die Deutsche Bibliothek verzeichnet diese Publikation in der Deutschen Nationalbibliografie; detaillierte bibliografische Daten sind im Internet über <http://dnb.ddb.de> abrufbar.

Dieses Werk ist urheberrechtlich geschützt. Die dadurch begründeten Rechte, insbesondere die der Übersetzung, des Nachdrucks, des Vortrags, der Entnahme von Abbildungen und Tabellen, der Funksendung, der Mikroverfilmung oder der Vervielfältigung auf anderen Wegen und der Speicherung in Datenverarbeitungsanlagen, bleiben, auch bei nur auszugsweiser Verwertung, vorbehalten. Eine Vervielfältigung dieses Werkes oder von Teilen dieses Werkes ist auch im Einzelfall nur in den Grenzen der gesetzlichen Bestimmungen des Urheberrechtsgesetzes der Bundesrepublik Deutschland vom 9. September 1965 in der jeweils geltenden Fassung zulässig. Sie ist grundsätzlich vergütungspflichtig. Zuwiderhandlungen unterliegen den Strafbestimmungen des Urheberrechtsgesetzes.

Springer-Verlag Berlin Heidelberg New York
ein Unternehmen der BertelsmannSpringer Science+Business Media GmbH

http://www.springer.de

© Springer-Verlag Berlin Heidelberg 2003
Printed in Germany

Die Wiedergabe von Gebrauchsnamen, Handelsnamen, Warenbezeichnungen usw. in diesem Werk berechtigt auch ohne besondere Kennzeichnung nicht zu der Annahme, das solche Namen im Sinne der Warenzeichen- und Markenschutz-Gesetzgebung als frei zu betrachten wären und daher von jedermann benutzt werden dürften.

Sollte in diesem Werk direkt oder indirekt auf Gesetze, Vorschriften oder Richtlinien (z.B. DIN, VDI, VDE) Bezug genommen oder aus ihnen zitiert worden sein, so kann der Verlag keine Gewähr für Richtigkeit, Vollständigkeit oder Aktualität übernehmen. Es empfiehlt sich, gegebenenfalls für die eigenen Arbeiten die vollständigen Vorschriften oder Richtlinien in der jeweils gültigen Fassung hinzuzuziehen.

Satz: Reproduktionsfertige Daten vom Autor
Einbandgestaltung: deblik, Berlin
Gedruckt auf säurefreiem Papier   62/3020hu - 5 4 3 2 1 0

# Vorwort

Die Potenziale sozialer und technologischer Unternehmensnetzwerke[1] werden seit gut einem Jahrzehnt intensiv diskutiert, wobei das Spektrum der hiermit verbundenen Aspekte eine differenzierte Auseinandersetzung mit dem Thema sowie die produktive Nutzung dieser Potenziale nicht einfach erscheinen lässt (vgl. Staehle 1994; Sydow u. Windeler 2000).[2] Gleichzeitig wächst seit geraumer Zeit die Erkenntnis, dass für den Wirtschaftsstandort Deutschland[3] die effiziente Nutzung der Ressourcen „Wissen" und „Information" von entscheidender Bedeutung ist. Vor diesem Hintergrund liegt der Gedanke nahe, diese Ressourcen durch Kooperation in weltweiten „Netzwerken" – insbesondere für kleine und mittlere Unternehmen (KMU) – besser verfügbar und anwendbar zu machen (vgl. Einsporn 1996; Henning et al. 2000).

Die traditionelle Einbettung in marktübliche Lieferantenbeziehungen kann die Ressourcen- und Kompetenzengpässe von KMU nur begrenzt ausweiten; nachhaltige Effekte dagegen verspricht die Einbindung in Netzwerke, um in Kooperationsbeziehungen die benötigten Ressourcen und Kompetenzen nicht gegen Entgelt einzukaufen, sondern kollektiv zusammenzutragen (vgl. Flocken et al. 2001). Insbesondere der branchenübergreifende Wissensaustausch in heterogenen Netzwerken verspricht Innovationspotenziale freizusetzen (vgl. Rammert 1997). Neue Denk- und Handlungsstrategien werden gefördert, die es Unternehmen und Institutionen ermöglichen, handlungsfähig und innovativ zu bleiben.

---

[1] Netzwerktypologien nach Sydow: SN – Strategische Netzwerke (fokale Führung), RN – Regionale Netzwerke (polyzentrisch, heterarchisch), PN – Projektnetzwerke (taktisch, kurzfristig), VU – Virtuelle Unternehmung (IT-basiert, markt- bzw. auftragsorientiert; vgl. Sydow 1998b). Vgl. hierzu Kapitel 3.3.2 sowie Frank u. Oertel 2002.

[2] Der Begriff „Netzwerk" in Verbindung mit ökonomischen Aspekten tauchte Mitte der 1980er Jahre auf (vgl. Granovetter 1985; Wolf 2000). Seit Anfang der 1990er Jahre rückt der Begriff und die Diskussion um soziale und technologische Netzwerke immer intensiver in den Mittelpunkt sozial- und wirtschaftswissenschaftlicher Forschung (vgl. Mill u. Weißbach 1992; Mayntz 1993; Messner 1995).

[3] Wirtschaftsstandort Bundesrepublik Deutschland: hohes Ausbildungs- und Forschungsniveau, Entwicklung zur „Wissensgesellschaft", ausgeprägte Infrastruktur (Verkehr, Kommunikationstechnologie etc.) die Liberalisierung der (Netzwerk-)Industrien (vgl. Uhlmann 2002; BMWI 2002).

Im europäischen bzw. internationalen Vergleich kann Deutschland bei der Nutzung insbesondere der informellen Netzwerke im wirtschaftlichen und politischen Bereich sicher noch dazulernen. Der spezifische Nutzen der Arbeit in Netzwerken liegt vor allem in neu gestifteten persönlichen Kontakten und überbetrieblichen Kooperationen. Face-to-Face-Beziehungen eignen sich dabei besonders, das für eine erfolgreiche Zusammenarbeit erforderliche wechselseitige Vertrauen herzustellen (vgl. Flocken et al. 2001).

Entsprechende Forschungsergebnisse und Dienstleistungen (Services) für den Aufbau solcher informellen Netzwerke liegen bisher nur vereinzelt vor oder sind – soweit vorhanden – nicht systematisch aufbereitet bzw. auf ihre Anwendbarkeit und Effektivität hin untersucht (vgl. Bullinger 1997; Sydow u. Windeler 2000). Demgegenüber sind technologische Netzwerke durch vielfältige Forschungsarbeiten sowie marktfähige Produkte und Dienstleistungen abgedeckt.

In der Frage, wie soziale und informelle Netzwerke initiiert, aufgebaut und dauerhaft lebensfähig gemacht werden können, liegt demnach großer Forschungs- und Handlungsbedarf (vgl. Sydow u. Windeler 2000). Das Leitprojekt „Service-Netzwerke für Aus- und Weiterbildungsprozesse" – SENEKA – des Bundesministeriums für Bildung und Forschung (BMBF) zielt auf eine Stärkung der Wettbewerbs- und Innovationsfähigkeit der deutschen Unternehmen (insbesondere KMU) ab. Hierzu werden diejenigen Akteure, die qualifizierungsintensive, unternehmensbezogene Innovationsprozesse entscheidend beeinflussen, in lernförderlichen Strukturen (Netzwerken) miteinander verknüpft.

Aus den Blickwinkeln der Themenschwerpunkte *Organisationsentwicklung von Netzwerken, Innovationsmanagement, Kompetenzentwicklung und Wissensmanagement* werden im Projekt SENEKA in vernetzter Zusammenarbeit bestehende Ansätze zur Gestaltung und Unterstützung von Netzwerken gesichtet und neue Lösungsansätze im Rahmen eines definierten Anwendungszusammenhangs entwickelt. Weiterhin werden konstruktive und nachhaltige Beiträge erarbeitet, die, insbesondere für KMU, zu einer effizienteren und effektiveren Nutzung der weltweit verfügbaren Ressourcen Information und Wissen führen.

In dem Maß, in dem die Vernetzung in SENEKA zwischen den 30 Vertragspartnern (20 Mio. € Projektvolumen, davon etwa die Hälfte finanziert durch die beteiligten Unternehmen) und den inzwischen über 35 nationalen und internationalen assoziierten Partnern wächst, wird durch die Prozesse in SENEKA ein dauerhaftes, formelles und informelles Service-Netzwerk aufgebaut, das sein Knowhow weltweit verfügbar macht. Damit wird ein entscheidender Beitrag zur verstärkten Attraktivität des Wirtschaftstandortes Deutschland geleistet.

Es hat sich gezeigt, dass die in SENEKA angelegte Struktur nachhaltig wirkt. Von den 27 Unternehmen und sechs Forschungseinrichtungen wurden mehr als 30 komplexe Dienstleistungsprodukte mit jeweils mindestens zwei Entwicklungspartnern in den nationalen und teilweise in den internationalen Markt eingeführt. So wurde z.B. die Virtuelle Plattform SENEKA, die Informations- und Kommunikationsplattform des Projektes zur Unterstützung von Wissensmanagement-

Prozessen, bereits mehrfach kundenspezifisch angepasst, u.a. für ein osteuropäisches Forschungsnetzwerk. Die interdisziplinäre wissenschaftliche Begleitung in SENEKA dokumentiert sich in mehr als zehn Dissertationen aus den Bereichen der Ingenieur-, der Sozial- und Geisteswissenschaften sowie der Betriebswirtschaft; zum Teil schlägt sie sich auch in Form externer Dissertationen durch projektbeteiligte Partner nieder.

Der Ansatz „Wissen – Innovation – Kompetenz – Netzwerke" hat auch über den Rahmen von SENEKA hinaus für neue Initiativen auf internationaler Ebene Pate gestanden. So ist ein deutsch-türkisches Netzwerk mit 13 namhaften Unternehmen in Gründung, das den in SENEKA entstandenen Ansatz zur betrieblichen Kompetenzentwicklung zum Gegenstand hat. Innerbetrieblich hat eines der beteiligten Großunternehmen die Strategie von SENEKA zum Anlass genommen, die Vernetzung des Qualitätsmanagements innerhalb des weltweiten Konzerns voranzutreiben. Auf europäischer Ebene flossen die Ergebnisse von SENEKA maßgeblich in die Initiativen zum Thema Wissensmanagement im Rahmen des 6. Forschungsrahmenprogramms der EU ein.

Die Erwartung, dass die Art und Weise der Vernetzung in SENEKA ein entscheidendes Innovationsmuster darstellt und sich dadurch „von selbst" vermehrt, hat sich in zahlreichen Beispielen bestätigt. Gerade dies wurde zu Beginn der Zusammenarbeit der Partner als Perspektive gesehen.

Wir danken unseren Projektpartnern – den Unternehmen, den Forschungseinrichtungen, unseren assoziierten Partnern sowie dem Projektträger *Innovationen in der Aus- und Weiterbildung* im Bundesinstitut für Berufsbildung (BIBB PT IAW) – für die engagierte Zusammenarbeit im Projekt SENEKA. Dem Bundesministerium für Bildung und Forschung (BMBF) und dem Land Nordrhein-Westfalen danken wir für die finanzielle Unterstützung dieses zukunftweisenden Forschungsvorhabens.

Bedanken möchten wir uns an dieser Stelle auch bei der Projektleiterin Dr. Regina Oertel, der es in den komplexen Projektzusammenhängen hervorragend gelungen ist, die Interessen von Wissenschaft und Ökonomie zusammenzuführen. Dieser Dank gilt auch Michael Pieper, der die Kommunikation mit den Unternehmenspartnern erfolgreich gemanagt hat. Nicht zuletzt gilt unser besonderer Dank dem Redaktionsteam unter Leitung von Jutta Sauer, das mit seiner Ausdauer und seinem Arbeitseinsatz maßgeblich zum Gelingen des Buches beigetragen hat.

Im Februar 2003

*Klaus Henning*  *Helmut Schulte*
Zentrum für Lern- und Wissensmanagement  Siepe AG Consulting Partners
der RWTH Aachen  Mülheim an der Ruhr

# Inhaltsverzeichnis

**1 Einführung** .................................................................................................. 1
*Regina Oertel, Ingrid Isenhardt, Christoph Jansen, Jutta Sauer*
   1.1    Ausgangssituation ............................................................................. 1
   1.2    Rahmenbedingungen ........................................................................ 4
   1.3    Wegweiser durch das Buch .............................................................. 9

**2 Über das Leitprojekt SENEKA** .................................................................. 13
*Regina Oertel, Michael Pieper, Christine Nußbaum, Ulrich Kagelmann*
   2.1    Ziele und Strategien des Projektes .................................................. 13
        2.1.1    Das Zielsystem von SENEKA ............................................ 13
        2.1.2    Strategien zur Umsetzung der Projektziele ........................ 15
   2.2    Projektstruktur ................................................................................. 18
        2.2.1    Das Projekt SENEKA als Matrix ....................................... 18
        2.2.2    Konkrete Projektarbeit in Sub-Netzwerken ....................... 21
        2.2.3    Das Virtuelle Institut SENEKA .......................................... 23
        2.2.4    Die Querschnittsaufgaben .................................................. 24
   2.3    Projektmanagement des Konsortiums ............................................ 29
        2.3.1    Institution und Funktion ..................................................... 29
        2.3.2    Instrumente des Netzwerkmanagements ........................... 30
        2.3.3    Fazit zur Arbeit des Projekt- und Netzwerkmanagements ........... 35

**3 Querschnittsaufgabe 1: Organisationsentwicklung von Netzwerken** ...... 39
   3.1    Einleitung ........................................................................................ 39
        *Daniela Ahrens*

| | | | |
|---|---|---|---|
| | 3.2 | Problemhintergrund und Fragestellungen zur Organisationsentwicklung von Netzwerken .................................................................. 42 | |
| | | *Daniela Ahrens* | |
| | 3.3 | Forschungsergebnisse und ausgewählte Praxisbeispiele ..................... 44 | |
| | | 3.3.1 Was sind Netzwerke? .................................................................. 44 | |
| | | *Daniela Ahrens* | |
| | | 3.3.2 Das Verhältnis von Netzwerk und Organisation ......................... 48 | |
| | | *Daniela Ahrens* | |
| | | 3.3.3 Innovation in Netzwerken ............................................................ 55 | |
| | | *Heike Hunecke, Jutta Sauer* | |
| | | 3.3.4 Über Qualitätsmanagementsysteme zur Vernetzung von KMU .. 61 | |
| | | *Michael Rübartsch* | |
| | | 3.3.5 Phasenmodell für Netzwerke ...................................................... 65 | |
| | | *Martina Schmette, Eva Geiger, Michael Franssen* | |
| | | 3.3.6 Praxisbeispiel Qua-Pro-Net: Netzwerk für Qualitäts- und Prozessmanagement .................................................................... 72 | |
| | | *Martina Schmette, Eva Geiger, Michael Franssen* | |
| | | 3.3.7 Die Konstituierung eines regionalen Netzwerks am Beispiel des „Runden Tisches Bremen" ........................................................... 82 | |
| | | *Daniela Ahrens* | |
| | 3.4 | Resümee und Ausblick ........................................................................ 90 | |
| | | *Klaus Henning, Daniela Ahrens* | |
| **4** | **Querschnittsaufgabe 2: Innovationsmanagement** ..................................... 95 | | |
| | 4.1 | Einleitung ............................................................................................ 95 | |
| | | *Giuseppe Strina, Jaime Uribe* | |
| | 4.2 | Stand der Forschung, Thesen und wissenschaftliche Fragestellungen .................................................................................... 96 | |
| | | *Giuseppe Strina* | |
| | | 4.2.1 Problemhintergrund und wissenschaftliche Fragestellungen ....... 96 | |
| | | 4.2.2 Aus der Praxis abgeleitete Thesen zum „Innovationsmanagement" ........................................................ 100 | |
| | | 4.2.3 Stand der Forschung .................................................................. 101 | |
| | 4.3 | Forschungsergebnisse und ausgewählte Praxisbeispiele ................... 106 | |

4.3.1 Das SENEKA-Innovationsmodell (SIM) als Unterstützung
für die Optimierung der betrieblichen Innovationsprozesse ...... 106
*Giuseppe Strina, Jaime Uribe, Michael Franssen*

4.3.2 Das SIM in der Praxis – ausgewählte Praxisbeispiele ............... 117
*Giuseppe Strina, Jaime Uribe, Michael Franssen*

4.3.3 Praxisbeispiel Spin-off „web it easy®" ...................................... 120
*Tom Tiltmann, Bernhard Frohn*

4.3.4 Praxisbeispiel „Seminarentwicklung bei einem
mittelständischen Unternehmen" ............................................... 123
*Stephan Heiliger*

4.3.5 Praxisbeispiel Spin-off „Diversity Management GbR" ............. 126
*Jaime Uribe, Susanne Preuschoff*

4.3.6 Einführung der Balanced Scorecard als Performance-Mess-
System für systemische Organisationsentwicklungsprozesse.... 129
*Jaime Uribe, Stephan Petzolt*

4.4 Resümee und Ausblick ......................................................................... 132
*Giuseppe Strina, Jaime Uribe*

# 5 Querschnittsaufgabe 3: Kompetenzentwicklung für Netzwerkakteure .................................................................................... 135

5.1 Einleitung .............................................................................................. 135
*Frank Hees, Stefan Frank, Ingrid Isenhardt*

5.2 Stand der Forschung, Thesen und wissenschaftliche
Fragestellungen ..................................................................................... 136
*Frank Hees, Stefan Frank, Ingrid Isenhardt*

5.2.1 Thesen und wissenschaftliche Fragestellungen ......................... 136

5.2.2 Netzwerkakteure und ihre Rollen ............................................... 137

5.2.3 Kompetenz von Individuen, Gruppen und Organisationen........ 143

5.2.4 Die Entwicklung von Kompetenzen für Netzwerkakteure ........ 149

5.3 Forschungsergebnisse und ausgewählte Praxisbeispiele ...................... 154

5.3.1 Kompetenzen für das interne Prozess-Controlling bei einem
Wissensdienstleister .................................................................... 154
*Christiane Michulitz*

5.3.2 Qualifizierungsmanagement bei einem Bildungsmanager ......... 157
*Stefan Frank, Lutz Zillich*

5.3.3 Berufsbegleitende modulare Qualifizierung zum
Mechatroniker .................................................................. 162
*Walter Michaeli, Michael Franssen*

5.3.4 Qualifizierung zum produktionsnahen Prozessbegleiter ........... 167
*Nele Honecker, Stefan Frank*

5.3.5 Interkulturelles Training zur Zusammenarbeit in
multikulturellen Teams ................................................... 171
*Susanne Preuschoff*

5.4 Resümee und Ausblick .................................................................. 174
*Frank Hees, Stefan Frank, Ingrid Isenhardt*

# 6 Querschnittsaufgabe 4: Wissensmanagement ........................................ 177

6.1 Einleitung ....................................................................................... 177
*Tilo Pfeifer, Mark Betzold*

6.2 Was ist Wissensmanagement? ........................................................ 178
*Tilo Pfeifer, Mark Betzold*

6.3 Wie macht man Wissensmanagement? ........................................... 186

6.3.1 Wissenschaftliche Fragestellungen, Forschungsergebnisse
und ausgewählte Praxisbeispiele ..................................... 186
*Klaus Henning, Regina Oertel, Tilo Pfeifer, Mark Betzold*

6.3.2 Prozessorientiertes Wissensmanagement zur Verbesserung
der Prozess- und Produktqualität ..................................... 189
*Tilo Pfeifer, Guido Hanel, Mark Betzold*

6.3.3 Auswahl von Methoden des Qualitäts- und Wissensmanagements für Geschäftsprozesse unter Berücksichtigung einer
kombinierten Kodifizierungs- und Personifizierungsstrategie ... 198
*Tilo Pfeifer, Sandra Scheermesser*

6.3.4 Erfolgreiches Wissensmanagement im Auftragsabwicklungsprozess auf Basis des Task-Artifact-Cycles .............. 207
*Klaus Henning, Alexander Woyke, Johannes Grobe*

6.3.5 Die Virtuelle Plattform SENEKA und weitere IT-gestützte
Wissensmanagement-Tools des Projektes ....................... 214
*Georg Schöler, Tobias Valtinat, Gero Bornefeld*

6.4 Wie bewertet man Wissen? ............................................................ 226

6.4.1 Wettbewerbsvorteil „Standortgebundenheit von Wissen" ......... 226
*Heike Hunecke, Klaus Henning*

6.4.2 Auf dem Weg zur Wirtschaftlichkeitsbewertung von Wissen ... 237
*Giuseppe Strina, Jaime Uribe*

6.4.3 Balanced Scorecard (BSC) als Performance-Mess-System für Wissensmanagement in Netzwerken .................................. 254
*Christoph Jansen, Stephan Petzolt, Regina Oertel*

6.5 Resümee und Ausblick ............................................................. 267
*Tilo Pfeifer, Mark Betzold*

# 7 Zusammenfassung und Gesamtausblick ................................................. 271
*Regina Oertel, Klaus Henning*

**Literaturverzeichnis** ................................................................................. 277

**Abbildungsverzeichnis** ............................................................................ 295

**Tabellenverzeichnis** ................................................................................. 298

**Dissertationsverzeichnis** .......................................................................... 299

**Sachverzeichnis** ....................................................................................... 301

# Autorenverzeichnis

*Ahrens, Daniela, Dr. phil.*
Institut Technik und Bildung (ITB) der Universität Bremen
Am Fallturm 1, 28359 Bremen

*Betzold, Mark, Dipl.-Ing.*
Laboratorium für Werkzeugmaschinen und Betriebslehre –
Lehrstuhl für Qualitätsmanagement (WZL) der RWTH Aachen
Steinbachstraße 53 B, 52074 Aachen

*Bornefeld, Gero, Dipl.-Phys.*
Zentrum für Lern- und Wissensmanagement/
Lehrstuhl Informatik im Maschinenbau (ZLW/IMA) der RWTH Aachen
Dennewartstraße 27, 52068 Aachen

*Frank, Stefan, Dipl.-Ing.*
Zentrum für Lern- und Wissensmanagement/
Lehrstuhl Informatik im Maschinenbau (ZLW/IMA) der RWTH Aachen
Dennewartstraße 27, 52068 Aachen

*Franssen, Michael, Dipl.-Ing.*
Lehrstuhl für Kunststoffverarbeitung (IKV) der RWTH Aachen
Pontstraße 49, 52062 Aachen

*Frohn, Bernhard, Dr.-Ing.*
VIKA Ingenieur GmbH
Marienbongard 24-26, 52062 Aachen

*Geiger, Eva, Dipl.-Ing.*
Fraunhofer-Institut für Produktionstechnologie (IPT)
Steinbachstraße 17, 52074 Aachen

*Grobe, Johannes, Dr.-Ing.*
Bosch Rexroth AG
Jahnstraße 3-5, 97816 Lohr a. M.

*Hanel, Guido, Dr.-Ing.*
 Integral Accumulator KG
 Sinzinger Straße 46, 53424 Remagen

*Hees, Frank, Dr. rer. nat.*
 Zentrum für Lern- und Wissensmanagement/
 Lehrstuhl Informatik im Maschinenbau (ZLW/IMA) der RWTH Aachen
 Dennewartstraße 27, 52068 Aachen

*Heiliger, Stephan, Dr.-Ing.*
 Alstom AG
 Brown-Boveri-Strasse 7, 5400 Baden, Schweiz

*Henning, Klaus, Prof. Dr.-Ing.*
 Zentrum für Lern- und Wissensmanagement/
 Lehrstuhl Informatik im Maschinenbau (ZLW/IMA) der RWTH Aachen
 Dennewartstraße 27, 52068 Aachen

*Honecker, Nele, Dr. phil.*
 Heinrich Mack Nachf. GmbH & Co. KG
 Postfach 2064, 89252 Illertissen

*Hunecke, Heike, M. A.*
 Zentrum für Lern- und Wissensmanagement/
 Lehrstuhl Informatik im Maschinenbau (ZLW/IMA) der RWTH Aachen
 Dennewartstraße 27, 52068 Aachen

*Isenhardt, Ingrid, Dr. phil.*
 Zentrum für Lern- und Wissensmanagement/
 Lehrstuhl Informatik im Maschinenbau (ZLW/IMA) der RWTH Aachen
 Dennewartstraße 27, 52068 Aachen

*Jansen, Christoph, Dipl.-Phys.*
 Zentrum für Lern- und Wissensmanagement/
 Lehrstuhl Informatik im Maschinenbau (ZLW/IMA) der RWTH Aachen
 Dennewartstraße 27, 52068 Aachen

*Kagelmann, Ulrich, Dipl.-Kfm*
 agiplan ProjectManagement
 Zeppelinstraße 301, 45470 Mülheim a. d. R.

*Michaeli, Walter, Prof. Dr.-Ing.*
 Lehrstuhl für Kunststoffverarbeitung (IKV) der RWTH Aachen
 Pontstraße 49, 52062 Aachen

*Michulitz, Christiane*
Zentrum für Lern- und Wissensmanagement/
Lehrstuhl Informatik im Maschinenbau (ZLW/IMA) der RWTH Aachen
Dennewartstraße 27, 52068 Aachen

*Nußbaum, Christine, Dipl. Oec.*
Siepe AG Consulting Partners
Zeppelinstraße 301, 45470 Mülheim a. d. R.

*Oertel, Regina, Dr. phil.*
Zentrum für Lern- und Wissensmanagement/
Lehrstuhl Informatik im Maschinenbau (ZLW/IMA) der RWTH Aachen
Dennewartstraße 27, 52068 Aachen

*Petzolt, Stephan, Dr. rer. oec.*
InfraServ Gendorf,
Werk Gendorf, 84504 Burgkirchen

*Pfeifer, Tilo, Prof. Dr.-Ing.*
Laboratorium für Werkzeugmaschinen und Betriebslehre –
Lehrstuhl für Qualitätsmanagement (WZL) der RWTH Aachen
Steinbachstraße 53 B, 52074 Aachen

*Pieper, Michael, Dipl.-Ing.*
agiplan ProjectManagement
Zeppelinstraße 301, 45470 Mülheim a. d. R.

*Preuschoff, Susanne, M. A.*
Deutsche Asia Pacific Gesellschaft (DAPG) e.V.
Hohenzollernring 31-35, 50672 Köln

*Rübartsch, Michael, Dr.-Ing.*
P3-Ingenieurgesellschaft für Management & Organisation mbH
Dennewartstraße 27, 52068 Aachen

*Sauer, Jutta, M. A.*
Zentrum für Lern- und Wissensmanagement/
Lehrstuhl Informatik im Maschinenbau (ZLW/IMA) der RWTH Aachen
Dennewartstraße 27, 52068 Aachen

*Scheermesser, Sandra, Dipl.-Ing.*
Fraunhofer-Institut für Produktionstechnologie (IPT)
Steinbachstraße 17, 52068 Aachen

*Schmette, Martina, Dipl.-Soz.Wiss.*
Institut für Unternehmenskybernetik e. V. (IfU)
Zeppelinstraße 301, 45470 Mülheim a. d. R.

*Schöler, Georg, Dipl.-Ing.*
Zentrum für Lern- und Wissensmanagement/
Lehrstuhl Informatik im Maschinenbau (ZLW/IMA) der RWTH Aachen
Dennewartstraße 27, 52068 Aachen

*Schulte, Helmut, Prof. Dipl. rer. pol. (techn.)*
Siepe AG Consulting Partners
Zeppelinstraße 301

*Strina, Giuseppe, Dr.-Ing.*
Institut für Unternehmenskybernetik e. V. (IfU)
Zeppelinstraße 301, 45470 Mülheim a. d. R.

*Tiltmann, Tom, Dipl.-Ing.*
Zentrum für Lern- und Wissensmanagement/
Lehrstuhl Informatik im Maschinenbau (ZLW/IMA) der RWTH Aachen
Dennewartstraße 27, 52068 Aachen

*Uribe, Jaime, Dipl.-Kfm.*
Institut für Unternehmenskybernetik e. V. (IfU)
Zeppelinstraße 301, 45470 Mülheim a. d. R.

*Valtinat, Tobias, Dipl.-Inform.*
Zentrum für Lern- und Wissensmanagement/
Lehrstuhl Informatik im Maschinenbau (ZLW/IMA) der RWTH Aachen
Dennewartstraße 27, 52068 Aachen

*Woyke, Alexander, Dipl.-Ing.*
Zentrum für Lern- und Wissensmanagement/
Lehrstuhl Informatik im Maschinenbau (ZLW/IMA) der RWTH Aachen
Dennewartstraße 27, 52068 Aachen

*Zillich, Lutz, Dipl.-Inform.*
AIXO Informationstechnologie GmbH
Auf der Hüls 190, 52068 Aachen

# 1 Einführung

*Regina Oertel, Ingrid Isenhardt, Christoph Jansen, Jutta Sauer*

**Zusammenfassung**

*Im folgenden Beitrag werden die gesellschaftlichen und wirtschaftlichen Rahmenbedingungen beschrieben, die zur Initiierung des Projektes SENEKA geführt haben. Ausgangspunkt hierfür waren die zunehmende Dynamik und Turbulenz der Wirtschaftsmärkte, die insbesondere durch rasante technische Entwicklungen, Globalisierung und eine Verkürzung der Halbwertzeit von Wissen hervorgerufen werden. Diese Trends werden im Hinblick auf gesellschaftliche Veränderungen hin zu einer Wissensgesellschaft, Kooperationsgesellschaft, Veränderungsgesellschaft und Dienstleistungsgesellschaft näher beleuchtet. Ein Wegweiser durch das Buch (Kap. 1.3) gibt Auskunft darüber, wie das Buch, der Projektstruktur entsprechend, gegliedert ist.*

## 1.1 Ausgangssituation

Die moderne Gesellschaft der hochentwickelten Industrienationen wird seit den 1970er Jahren mit dem Begriff der *Wissensgesellschaft* umschrieben (vgl. Bell 1973; Kreibich 1986; Willke 1998; Weingart 2001; Bleicher u. Berthel 2002). Die dahinter stehende gesellschaftliche Realität ist gekennzeichnet durch eine exponentielle Beschleunigung der weltweiten Wissensproduktion, eine wachsende Anzahl von Möglichkeiten der Informationsweitergabe, die schnelle Weiterentwicklung und den zunehmenden Einsatz neuer (Informations-)Technologien (vgl. Löffelholz u. Altmeppen 1994; Henning u. Isenhardt 1998; Kommunalverband Ruhrgebiet 1999; Schaden 2000). Die Bedeutung von Wissen und Wissensmanagement, insbesondere für KMU, ist unumstritten. Nach einer Studie von Bullinger und Prieto beurteilen 96 % von 300 befragten Unternehmen in Deutschland Wissensmanagement als einen sehr wichtigen Aspekt für die deutsche Ökonomie (vgl. Bullinger et al. 1998). Wissen avanciert neben Arbeit, Boden und Kapital zum vierten Produktionsfaktor. Dabei stellen Selektion und Strukturierung von Wissen sowie der effiziente Wissenstransfer für Unternehmen entscheidende wirtschaftliche Erfolgsfaktoren dar. In der *Joint Declaration* der europäischen Minister für Bildung wird die Bedeutung von Wissen ebenfalls betont: Der Faktor Wissen sei für die soziale und gesellschaftliche Entwicklung in der europäischen Gesellschaft nicht zu ersetzen (vgl. Joint Declaration 1999; Dassen-Housen 2000).[4] Mit der zunehmenden Bedeutung von Wissen verstärkt sich die Diskussion über die ausreichende oder richtige Kompetenz von Arbeitnehmerinnen und Arbeitnehmern. Kompetenzentwicklung gilt als zentraler Faktor für wirtschaftlichen Erfolg und gesellschaftliche Zukunftsfähigkeit. Kompetenzentwicklung ist dabei mehr als „nur" Qualifizierung; sie beinhaltet die Eigenmotivation und Eigenverantwortung der Gesellschaftsmitglieder, sich neues Wissen anzueignen und neue Erfahrungen zu gewinnen.[5]

Mit der Wissensgesellschaft einher gehen eine fortschreitende globale Vernetzung, Internationalisierung von Märkten und Kooperationen sowie sich schnell verändernde Marktanforderungen und Veränderungen von Bildungs- und Arbeitsstrukturen (vgl. Beck 1999a; Henning u. Hunecke 2002). Globalisierte Märkte wirken als Triebfeder eines beschleunigten und verschärften Wettbewerbs, worauf in vielen Bereichen der Wirtschaft mit der Strategie der Vernetzung und Kooperation reagiert wird. Diese Tendenz – hin zu einer *Kooperationsgesellschaft* – wird insbesondere durch die Möglichkeiten der Informations- und Kommunikationstechnologie (IuK-Technologie) gefördert (vgl. Henning et al. 2000; Dassen-Housen 2000). Virtuelle und zeitlich befristete Kooperationen zwischen Unternehmen, Zulieferern, Kunden oder auch Wettbewerbern mit dem Ziel, Kosten zu senken und Kompetenzen zu gewinnen, werden immer selbstverständlicher. Die Arbeit in Kooperationen bzw. im Netzwerk – unterstützt durch IuK-Technologie – wird somit zu einem wesentlichen Bestandteil der Wirtschaft. Der Zusammenschluss von Unternehmen zu Netzwerken ist aber nicht auf Unternehmen begrenzt, sondern findet genauso auf politischen und anderen gesellschaftlichen Ebenen statt (vgl. Dassen-Housen 2000).

Die genannten Entwicklungen skizzieren die Dynamik der aktuellen gesellschaftlichen und politischen Situation. Kontinuierlicher und schneller Wandel von vorgegebenen Arbeits- und Gesellschaftsstrukturen bewirkt eine wachsende Dynamik und Komplexität in allen Lebensbereichen (vgl. Dassen-Housen 2000). Hiermit wird eine Gesellschaftsform beschrieben, die im Zuge fortlaufender Modernisierung vorgegebene Lebensmuster auflöst und in (Einzel-)Entscheidungen von Personen verwandelt (vgl. Beck 1994). Diese so genannte *Veränderungsgesellschaft* stellt Menschen und Organisationen vor die Herausforderung, trotz unsicherer Prognosen handlungs- und entscheidungsfähig zu bleiben und auf sich schnell verändernde Anforderungen reagieren zu können (vgl. Henning 1993). Für Unternehmen bedeutet dies:

„Perhaps the greatest competitive challenge companies face is adjusting to – indeed, embracing – non-stop change. They must be able to learn rapidly and continuously, innovate ceaselessly, and take on new strategic imperatives faster and more comfortably." (Ulrich 1998: 127).

---

[4] Vgl. Kapitel 6: Wissensmanagement.
[5] Vgl. Kapitel 5: Kompetenzentwicklung für Netzwerkakteure.

Flexibilität wird demnach sowohl für Individuen als auch für Organisationen zur zentralen Herausforderung in der Veränderungsgesellschaft. Dassen-Housen sieht hierin einen zentralen Erfolgsfaktor für das Management von Organisationen:

„Those successful in managing flexibility take the lead and leave out those who are less successful in managing such flexibility." (Dassen-Housen 2000: 41)

Darüber hinaus gewinnen Dienstleistungen im Kontext der Reorganisation von Unternehmen und Geschäftsprozessen auch im Produktionssektor zunehmend an Bedeutung. Der Fokus liegt nicht länger ausschließlich auf Produkten und Produktionsprozessen, sondern eine Integration von Produkt- und begleitendem Dienstleistungsangebot bestimmt zunehmend das Leistungsspektrum von Unternehmen und spielt eine zentrale Rolle für die Wettbewerbsfähigkeit. Kleine und mittlere Unternehmen des Produktionssektors verstehen sich dabei als „Dienstleister" und als Anbieter ganzheitlicher Problemlösungen für ihre Kunden[6]. So erfordern z.b. die zunehmende Einbindung von Kunden und Lieferanten in Forschungs- und Entwicklungsprozesse oder Just-in-Time-Konzepte eine neue Dienstleistung, die primär aus dem Management dieser vernetzten Kooperation besteht (vgl. Strina et al. 1997). Dies verdeutlicht, dass der Trend zur *Dienstleistungsgesellschaft* eng verknüpft ist mit den vorstehend genannten Trends zur Wissens-, Kooperations- und Veränderungsgesellschaft. Dienstleistungen sind keine starren Produkte, sondern benötigen kontinuierliche Anpassung an den Markt. Innovationen im Bereich der Dienstleistungen sind besonders umfassend und schnelllebig. Sie erfordern deshalb Innovationsstrategien, die insbesondere durch Kooperationen mit Kunden, aber auch durch die Auseinandersetzung oder Zusammenarbeit mit Konkurrenten entwickelt werden können. Dienstleistungsorientierung bedeutet, dass der Kunde im Mittelpunkt der Produktentwicklung steht und somit eine Schlüsselrolle für innovative Ideen haben kann. Dabei rückt die Qualität von Produkten und Dienstleistungsangeboten in den Vordergrund. Qualität und Dienstleistung werden zu effektiven Wettbewerbsstrategien (vgl. Dassen-Housen 2000).[7]

Die dargestellten Entwicklungen ziehen weitreichende Veränderungen nach sich (Abb. 1.1): Umlernprozesse werden künftig in der Arbeitswelt den „Normalfall" darstellen. Dies bedeutet auch, dass Arbeiten und Lernen zukünftig enger miteinander verknüpft sein werden. „Lernen im Prozess der Arbeit" wird zum Paradigma in modernen Wirtschaftsprozessen und löst die überkommene Trennung

---

[6] Beispiele hierfür sind die fortschreitende Differenzierung der Konsumentenbedürfnisse, die steigende Nachfrage nach kundenspezifischen Problemlösungen sowie die verstärkte Nachfrage an Komplettangeboten, so genannten „complex packages" (Produkt plus begleitende Dienst-/Serviceleistungen, vgl. Corsten 1997). Dies erfordert besonders von deutschen produzierenden Unternehmen ein starkes Umdenken, da sich der sekundäre (Industrie, Baugewerbe) und tertiäre Sektor (Dienstleistungen) in Deutschland durch einen sehr hohen Spezialisierungsgrad auszeichnen.

[7] Vgl. hierzu die Ausführungen über die Verbindung von Qualitäts- und Wissensmanagement in Kapitel 6.3.2.

zwischen Arbeiten und Lernen mehr und mehr auf (vgl. Staudt u. Kley 2001). Auch die Trennung zwischen Lebens- und Arbeitswelt verschwimmt. Vom Einzelnen ist die Bereitschaft gefordert, mehrere Jobs in sein berufliches Selbstverständnis zu integrieren; der Mitarbeiter wird darüber hinaus zum Mikro-Unternehmer (vgl. Dassen-Housen 2000). Diese Aspekte der gegenwärtigen gesellschaftlichen Entwicklung stellen den Rahmen und die Ausgangssituation des Leitprojektes SENEKA des BMBF dar.

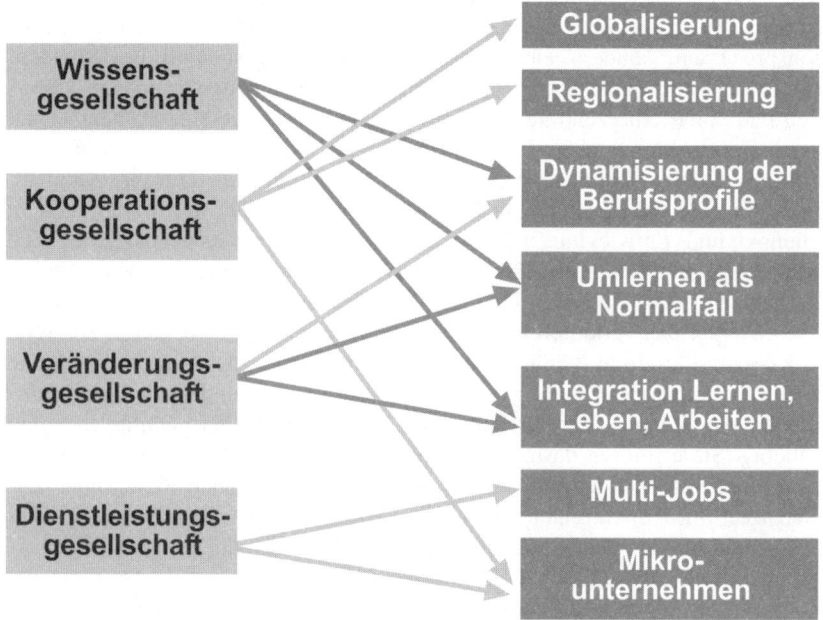

**Abb. 1.1:** Herleitung der Trends aus dem gesellschaftlichen Wandel (vgl. Isenhardt et al. 1998)

## 1.2 Rahmenbedingungen

Mit dem Instrument „Leitprojekte" fördert das Bundesministerium für Bildung und Forschung (BMBF) Innovationen in strategischen, gesamtgesellschaftlich relevanten Feldern. „Leitprojekte sollen Wissen zusammenführen, Kräfte bündeln und eine Schrittmacherfunktion in wichtigen anwendungsrelevanten Forschungsfeldern übernehmen" (Degen et al. 2000). Die Leitprojekt-Initiative „Nutzung des weltweit verfügbaren Wissens für Aus- und Weiterbildung und Innovationsprozesse" umfasst fünf Leitprojekte[8] – das hier vorgestellte Leitprojekt SENEKA ist

---

[8] Neben SENEKA sind dies die Leitprojekte L3, MedicDat, Vernetztes Studium Chemie und Virtuelle Fachhochschule.

eines davon. Das Akronym SENEKA steht dabei für „<u>Se</u>rvice-<u>Ne</u>tzwer<u>k</u>e für <u>A</u>us- und Weiterbildungsprozesse".

Seit Mai 1999 arbeiten 27 nationale und multinationale Unternehmen mit zeitlich versetzter Projektbeteiligung sowie sechs wissenschaftliche Forschungseinrichtungen in einem Netzwerk zusammen. Auf Grund der Zusammensetzung des Netzwerks aus Partnern unterschiedlichster Organisationsgröße (von kleinen Unternehmen bis hin zu Konzernen) sowie aus den verschiedensten Branchen (z.b. vom produzierenden Gewerbe bis zu Bildungsanbietern) bzw. wissenschaftlichen Disziplinen (z.b. Maschinenbau, Psychologie und Betriebswirtschaft), stellt sich das SENEKA-Konsortium äußerst heterogen dar (Abb. 1.2).

Den Projektpartnern steht ein Budget von ca. 20 Mio. € über eine Laufzeit von fünf Jahren zur Verfügung. Die Partnerunternehmen bringen eine finanzielle Eigenbeteiligung von 70 % auf. Dies macht die Relevanz der Themen in SENEKA für das Alltagsgeschäft der Firmenpartner deutlich. Seit 1999 entwickeln die Partner im und für den SENEKA-Verbund praxistaugliche, innovative Lösungen[9] für die Bereiche Netzwerkmanagement, Innovationsmanagement, Kompetenzentwicklung für Netzwerkakteure sowie Wissensmanagement.

Das Projekt SENEKA wirkt – von einem nationalen Ministerium gefördert – standortreziprok, d.h. mit überwiegender Wertschöpfung für Deutschland. Dennoch wird bereits durch den Titel der Leitprojektinitiative „Nutzung des weltweit verfügbaren Wissens für Aus- und Weiterbildung und Innovationsprozesse" deutlich, dass ein solches Vorhaben nicht allein innerhalb nationaler Grenzen bearbeitet werden kann: Internationale Erfahrungen müssen ebenso integriert werden, wie auch (nationale) Projektergebnisse in internationalen Kontexten validiert werden müssen. In SENEKA wird dieser Transfer u.a. durch über 35 nationale und internationale assoziierte Partner (vgl. Abb. 1.3 und Abb. 1.4) unterstützt.

---

[9] Im Projektkontext von SENEKA werden derartige Lösungen (d.h. Entwicklung von Methoden und Gestaltung von Prozessen) auch „Produkte" genannt.

| Organisation | | Organisation | |
|---|---|---|---|
| Aachener Gesellschaft für Innovation und Technologietransfer mbH, Aachen | | KMU-Net GbR, Bremerhaven | |
| agiplan ProjectManagement, Mülheim/Ruhr | | Nabertherm GmbH, Lilienthal | |
| AIXO Informationstechnologie GmbH, Aachen | | OSTO Systemberatung GmbH, Aachen | |
| Aixonix GmbH, Aachen | | P3 – Ingenieurgesellschaft für Management und Organisation mbH, Aachen | |
| BAW Thüringen, Erfurt | | Röher-Parkklinik GmbH, Eschweiler | |
| Bischöfliche Akademie des Bistums Aachen, Aachen | | Siepe AG Consulting Partners, Mülheim/Ruhr | |
| Bosch Rexroth AG, Lohr am Main | | VDI Verlag GmbH, Düsseldorf | |
| BZT – Bildungszentrum Turmgasse, Villingen-Schwenningen | | VIKA Ingenieur GmbH, Aachen | |
| DaimlerChrysler AG, Stuttgart | | ZF Friedrichshafen AG, Friedrichshafen | |
| Deutsche Asia Pacific Gesellschaft e.V., Köln | | Fraunhofer-Institut für Produktionstechnologie, Aachen | |
| Deutsche Telekom, Bonn | | Institut für Unternehmenskybernetik e. V., Mülheim/Ruhr | |
| Dr. Reinold Hagen Stiftung, Bonn | | Institut Technik und Bildung der Universität Bremen, Bremen | |
| Friedrich W. Renke GmbH, Bremen | | Lehrstuhl für Kunststoffverarbeitung der RWTH Aachen, Aachen | |
| InfraServ Gendorf GmbH & Co. KG, Gendorf | | Werkzeugmaschinenlabor – Lehrstuhl für Fertigungsmesstechnik und Qualitätsmanagement der RWTH Aachen, Aachen | |
| Institut für Normenmanagement, Bremen | | | |
| INPEX Consult, Ritterhude | | | |
| John Deere Werke Mannheim Zweigniederlassung der Deere & Company, Mannheim | | Zentrum für Lern- und Wissensmanagement und Lehrstuhl Informatik im Maschinenbau der RWTH Aachen, Aachen | |
| Klinikum der J.W. Goethe-Universität, Frankfurt a.M. | | | |

**Abb. 1.2:** Partner-Organisationen des SENEKA-Konsortiums

## Nationale assoziierte Partner

- Avinci AG, Ratingen
- Bernhard Harrer Wissenstransfer, Berlin
- Berufsfortbildungswerk (BFW) Gemeinnützige Bildungseinrichtung des DGB, Düsseldorf
- Christliches Jugenddorfwerk Deutschlands e.V. (CJD), Bonn
- Gesamtverband der metallindustriellen Arbeitgeberverbände e.V. (Gesamtmetall), Köln
- Unternehmensberatung GITTA mbH, Berlin
- GABAL, Heidesheim
- IG Metall, Frankfurt
- Institut der deutschen Wirtschaft, Köln
- Konzept & Strategie für Ihr Unternehmen - Ingrid Scheele, Bremen
- MACH2 - Weiterbildung und Personalentwicklung, Köln
- Mecca Neue Medien GmbH & CO KG, Aachen
- Schwarz Pharma Deutschland GmbH, Monheim
- Solar Institut, Jülich
- Technischer Jugendfreizeit- und Bildungsverein e.V. (tjfbv), Berlin
- T-Mobil, Bonn
- TÜV- Akademie Rheinland GmbH, Köln
- Unilever Bestfood Deutschland - Schafft; Ansbach
- VDI Wissensforum, Düsseldorf
- Verband Sächsischer Bildungsinstitute e.V. (VSBI), Leipzig
- Zentralverband des deutschen Handwerks und Handwerkskammer Aachen
- 7Business Consulting, Gemmrigheim

**Abb. 1.3:** Nationale assoziierte Partner des SENEKA-Konsortiums

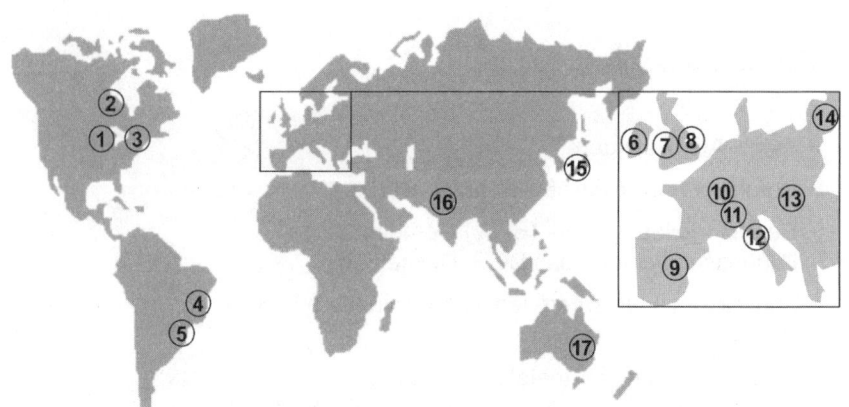

**Internationale assoziierte Partner**

① School for Workers, Madison, USA

② UWEX, University of Wisconsin-Extension, Madison, USA

③ Fraunhofer USA Resource Center, Boston

④ SENAI-CNI, Rio de Janeiro, Brasilien

⑤ Fundação CERTI, Florianópolis, Brasilien

⑥ University College, Dublin, Irland

⑦ ENIMM, Penarth, UK

⑧ Knowledge Associates, Cambridge, UK

⑨ Integral S.A., Barcelona, Spanien

⑩ agiplan AG, Wallisellen, Schweiz

⑪ Endress+Hauser, Reinach, Schweiz

⑫ Polo Didattico, Mailand, Italien

⑬ Matav, Budapest, Ungarn

⑭ ECIS, Kaunas, Litauen

⑮ Waseda University, Waseda, Japan

⑯ EU-India Network, New Delhi, Indien

⑰ IMC, Sydney, Australien

**Abb. 1.4:** Internationale assoziierte Partner des SENEKA-Konsortiums

## 1.3 Wegweiser durch das Buch

Dem einführenden Teil zur Ausgangssituation und den Rahmenbedingungen des Projektes SENEKA folgt in Kapitel 2 eine Beschreibung der Zielsetzungen sowie der zur Zielerreichung eingesetzten Strategien. Dem schließt sich eine Darstellung des Projektaufbaus und der konkreten Arbeit des Projekt- und Netzwerkmanagements in SENEKA an. Diese Gliederung (Abb. 1.5) ist eng an die Projektstruktur angelehnt; sie ist charakterisiert durch die vier Querschnittsaufgaben des Projektes (QA 1 bis QA 4). Damit wird es den Leserinnen und Lesern ermöglicht, die einzelnen Teilstrukturen und Projektarbeiten in ein kohärentes Ganzes einzuordnen und somit einen Gesamtüberblick über das Projekt zu gewinnen.

**Kapitel 1: Einführung**
Beschreibung der gesellschaftlichen Ausgangssituation, Darstellung der Rahmenbedingungen und Wegweiser durch das Buch.

**Kapitel 2: Über das Leitprojekt SENEKA**
Die Ziele und Strategien des Projektes, der Projektaufbau und das Projekt- und Netzwerkmanagement des Konsortiums werden vorgestellt.

**Kapitel 3: Querschnittsaufgabe 1**
**Organisationsentwicklung in Netzwerken**
Die Organisationsform und Innovationspotenziale von Netzwerken werden diskutiert und konkrete Handlungsempfehlungen für den Aufbau und die Organisation von Netzwerken anhand von Praxisbeispielen aufgezeigt.

**Kapitel 4: Querschnittsaufgabe 2**
**Innovationsmanagement**
Neue Ansätze zur Generierung und Steuerung neuer Ideen sowie die Optimierung von Innovationsprozessen werden vorgestellt und ihre Wirksamkeit an Beispielen aus der Praxis erörtert.

**Kapitel 5: Querschnittsaufgabe 3**
**Kompetenzentwicklung für Netzwerkakteure**
Welche Schlüsselkompetenzen Netzwerkakteure benötigen und wie diese auf den Ebenen Individuum, Team, Organisation und Netzwerk entwickelt werden können, ist der Fokus dieser Querschnittsaufgabe.

**Kapitel 6: Querschnittsaufgabe 4**
**Wissensmanagement**
Es werden neue prozessorientierte Wissensmanagementmodelle, praktische Ansätze für die Einführung von Wissensmanagement und neue Ansätze zur Steuerung und Bewertung von Wissensmanagement vorgestellt.

**Kapitel 7: Zusammenfassung und Gesamtausblick**
Zusammenfassung der wichtigsten Forschungsergebnisse des Projektes sowie Aufzeigen zukünftiger Forschungsfragen.

**Abb. 1.5:** Wegweiser durch das Buch

Arbeitsinhalte und ausgewählte Ergebnisse der Querschnittsaufgabe 1 „Organisationsentwicklung von Netzwerken" werden in Kapitel 3 thematisiert. Die zentralen Forschungsfragen beziehen sich hier auf die Untersuchung von Organisationsformen und Innovationspotenzialen von Netzwerken. Vor dem Hintergrund der Fragestellung, ob Netzwerke eine flexiblere Reaktion auf sich schnell verändernde Marktbedingungen bzw. proaktives Handeln ermöglichen, werden die Funktionsweise und das (Innovations-)Potenzial von Vernetzungsprozessen analysiert. Des Weiteren wird ein Qualitätsmanagement-System zur Vernetzung von KMU sowie das in der Querschnittsaufgabe 1 erarbeitete Netzwerkphasenmodell vorgestellt, mit dem sich Netzwerke beschreiben sowie Handlungsempfehlungen zur Gestaltung, Koordination und Steuerung von Netzwerken ableiten lassen. Abschließend werden mit der Vorstellung der Netzwerke „Qua-Pro-Net" und „Runder Tisch Bremen" zwei Praxisbeispiele angeführt.

In Kapitel 4 wird die Bedeutung von Innovation für die Wettbewerbsfähigkeit von Unternehmen erläutert und die Arbeit der Querschnittsaufgabe 2 „Innovationsmanagement" vorgestellt. Basierend auf zentralen Forschungsfragen wie z.B. „Wie kann ein Unternehmen einen optimalen Ablauf von Innovationsprozessen erreichen?" und „Inwieweit kann man Innovationen und die Generierung neuer Ideen steuern?" werden Innovationsprozesse und deren Management analysiert. Anschließend erfolgt eine Beschreibung und Erläuterung verschiedener Lösungen zur Steuerung und Systematisierung der Innovationsfähigkeit von Unternehmen. Hierzu zählt z.B. das „SENEKA-Innovationsmodell", mit dessen Hilfe eine ständige Anpassung der betrieblichen Leistungen und Produkte sowie der dazugehörigen Prozesse an die dynamische Wettbewerbssituation ermöglicht werden soll.

Das Arbeitsfeld der Querschnittsaufgabe 3 „Kompetenzentwicklung für Netzwerkakteure" wird in Kapitel 5 dargestellt. Nach einer Einführung in die wissenschaftlichen Leitfragen der Querschnittsaufgabe 3, die sich mit der Analyse von Schlüsselkompetenzen für Netzwerkakteure und deren Entwicklung beschäftigen, werden hierzu ausgewählte Lösungen und Produktbeispiele aus der Praxis vorgestellt. So wird z.B. ein im Projekt entwickeltes Qualifizierungsmanagement und dessen Anwendung in einem Software-Unternehmen beschrieben. Ein weiteres Praxisbeispiel ist die modulare Qualifizierung zum Mechatroniker. Diese Qualifizierungsmaßnahme wird unter dem Blickwinkel des Mechatronikers als Netzwerkakteur und der hierzu erforderlichen Kompetenzen beleuchtet.

In Kapitel 6 werden die Arbeiten und Ergebnisse der Querschnittsaufgabe 4 „Wissensmanagement" diskutiert, die auf der Analyse der diversen Einsatzmöglichkeiten von Wissensmanagement in und zwischen Unternehmen basieren. Der Beitrag gliedert die Thematik in drei zentrale Fragestellungen: „Was ist Wissensmanagement?", „Wie macht man Wissensmanagement?" und „Wie bewertet man Wissen?". Die Arbeiten der Querschnittsaufgabe 4 befassen sich demnach mit der Entwicklung von Wissensmanagement-Lösungen sowie ihrer Implementierung in den Geschäftsalltag von Unternehmen. Ein weiterer Forschungsschwerpunkt der Querschnittsaufgabe ist die Entwicklung von Methoden und Instrumenten zur Bewertung von Wissen bzw. Wissensmanagement-Aktivitäten. In den einzelnen

Beiträgen dieses Kapitels werden im Projekt entwickelte Lösungen und Produkte vorgestellt. Hierzu zählen z.B. verschiedene Phasenmodelle zur prozessorientierten Einführung und Unterstützung von Wissensmanagement, technische Werkzeuge wie beispielsweise die „Virtuelle Plattform SENEKA" und ein Instrument zur Steuerung und Bewertung von Wissensmanagement: die „Balanced Scorecard als Performance-Mess-System für Wissensmanagement in Netzwerken".

Kapitel 7 stellt eine Zusammenfassung der wichtigsten Erkenntnisse und Ergebnisse des Projektes dar und zeigt weitergehende Forschungsfragen zu den Themenbereichen Wissensmanagement, Innovationsmanagement, Netzwerkmanagement und Kompetenzentwicklung auf.

# 2 Über das Leitprojekt SENEKA

*Regina Oertel, Michael Pieper, Christine Nußbaum, Ulrich Kagelmann*

**Zusammenfassung**

*Im folgenden Beitrag werden zunächst die Ziele und Strategien des Projektes SENEKA vorgestellt. Anschließend wird aufgezeigt, welche Projektstruktur zur Umsetzung des Projektes gewählt wurde und wie die konkrete Projektarbeit in Sub-Netzwerken, die Zusammenarbeit von Wirtschaft und Wissenschaft sowie die Zusammenarbeit der interdisziplinären Forschungseinrichtungen zur Zielerreichung des Projektes gestaltet wurde. Darüber hinaus stellen die Beschreibung des Managements von heterogenen Netzwerken und die Bewertung der dazu eingesetzten Instrumente Schwerpunkte dieses Kapitels dar.*

## 2.1 Ziele und Strategien des Projektes

### 2.1.1 Das Zielsystem von SENEKA

Auf Grund der komplexen Projektstruktur von SENEKA entstanden vielfältige und vielschichtige Zielsetzungen, die in einem Zielsystem zusammengefasst wurden (Abb. 2.1). Dieses wurde in Anlehnung an die Systematik von Reichwald entwickelt. Das *Globalziel* des Verbundprojektes SENEKA ist die Stärkung der Innovationsfähigkeit von Unternehmen (insbesondere KMU) in Deutschland. Bei der Zielformulierung fanden die verschiedenen Zielschwerpunkte der Akteursgruppen (Interessengruppen) in der *Orientierungsebene* Berücksichtigung. Für das Projekt wurden folgende zentrale Akteursgruppen identifiziert: Die Informations- und Wissensdienstleister (IDWL), die Bildungsmanager (BM) und die Anwender von Wissen (AW).

Die Anwender sollen weltweit verfügbare Informationen und vorhandenes Wissen nutzen, um innovative Produkte und Dienstleistungen für einen globalen Markt erstellen zu können. Hierbei spielt insbesondere die Nutzung branchen- und fachübergreifender Bildungsressourcen eine Rolle. Bestehende Insellösungen zur Nutzung firmenübergreifenden Wissens sollen ausgebaut werden. Die Aus- und Weiterbildungskonzepte müssen dabei an die Anforderungen neuer Organisationsstrukturen und -prinzipien angepasst werden.

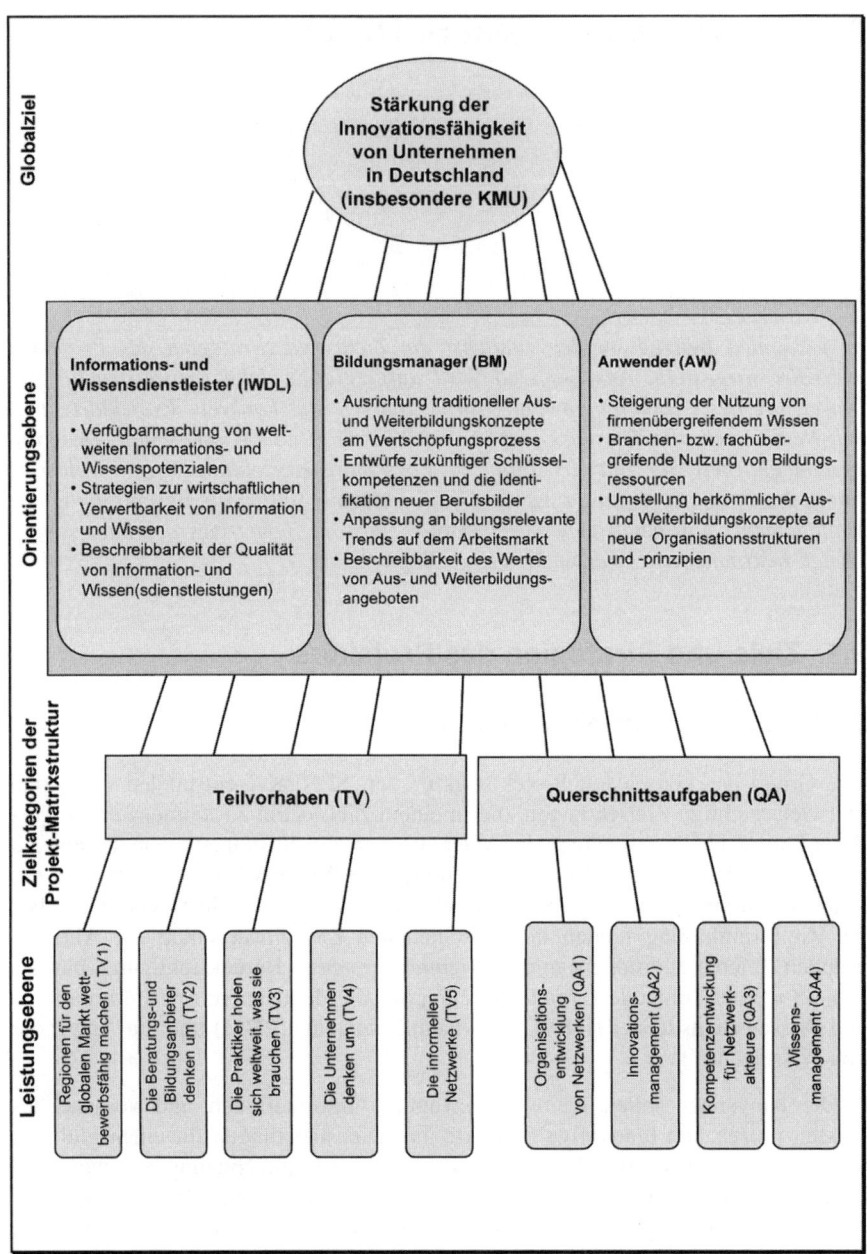

**Abb. 2.1:** Das Zielsystem von SENEKA (in Anlehnung an das Zielsystem von Reichwald 1996)

Die Aufgabe der Akteursgruppe der Informations- und Wissensdienstleister besteht darin, weltweit verfügbare Informations- und Wissenspotenziale nutzbar zu machen. Wesentlich sind hierbei Strategien zur wirtschaftlichen Verwertbarkeit von Information und Wissen. Eine notwendige Voraussetzung hierfür ist eine Beschreibung der Qualität von Information und Wissen bzw. Informations- und Wissensdienstleistungen.

Verknüpft werden die zwei Akteursgruppen durch die Gruppe der Bildungsmanager. Diese Gruppe wird z.b. von Aus- und Weiterbildungseinrichtungen sowie Beratungsunternehmen repräsentiert. Zentral für diese Gruppe sind die Neuausrichtung ihrer Konzepte entlang bildungsrelevanter Trends auf dem Arbeitsmarkt sowie die Identifikation neuer Schlüsselkompetenzen und Berufsbilder. Im Sinne einer effizienten Vermarktung der Qualifizierungsangebote müssen neue Konzepte für die Beschreibbarkeit des Wertes dieser Angebote entwickelt werden.

Zur Realisierung des Globalziels sollen die wissensintensiven Prozesse dieser Akteure zu einer „Wertschöpfungskette des Wissens" vernetzt werden. Unter Berücksichtigung der Projektstruktur von SENEKA (vgl. Kap. 2.2.1) bilden die „Teilvorhaben" und „Querschnittsaufgaben" die *Zielkategorien* dieser Projekt-Matrix. Dabei wurde berücksichtigt, dass die Teilvorhaben anwendungsbezogene Themencluster bilden, die in erster Linie durch die Gruppe der beteiligten Unternehmen definiert und bearbeitet werden. Die *Querschnittsaufgaben (QA)* stellen wissenschaftliche Kristallisationspunkte dar, die – bezogen auf ihren jeweiligen Schwerpunkt – methodische Unterstützung für alle Teilvorhaben bieten sowie Fragestellungen aus dem Unternehmensverbund produktorientiert lösen und eine wissenschaftliche Aufarbeitung leisten. Diese vier Querschnittsaufgaben werden im Folgenden kurz erläutert, zusammen mit zwei weiteren strategischen Konzepten des Projektes.

### 2.1.2 Strategien zur Umsetzung der Projektziele

Zur Umsetzung des vorstehend beschriebenen Zielsystems werden im Projekt SENEKA folgende Strategien verfolgt:

> Organisationsentwicklung von Netzwerken, um die Innovation
> zu steigern (vgl. QA 1)[10]

In Innovationsprozesse sind in der Regel viele verschiedene Akteure eingebunden. Es ist daher notwendig, die Akteure langfristig in adäquate Mechanismen von Vernetzung und Wissenstransfer zu integrieren, so dass das Potenzial der Verbindungen zwischen Wissenschaft und Industrie umfassend genutzt und gesichert werden kann (vgl. Tiscar 2002).[11]

---

[10] Diese Strategie wird wissenschaftlich insbesondere von der Querschnittsaufgabe 1 „Organisationsentwicklung von Netzwerken" aufgegriffen.
[11] Vgl. hierzu auch Kapitel 3.3.3.

> Nachhaltiges Innovationsmanagement durch
> enge Zusammenarbeit von Wissenschaft und Wirtschaft (vgl. QA 2)[12]

Im Produktentwicklungsprozess wird eine enge Zusammenarbeit von Wirtschaft und Wissenschaft verfolgt, um marktrelevantes Innovationspotenzial schon im Prozess der Entstehung gemeinsam zu erkennen[13]: „Der gegenwärtig laufende Übergang von der Industriegesellschaft zur Wissensgesellschaft zerbricht das Monopol des Wissenschaftssystems auf die Erzeugung und Verwaltung von Expertise und treibt die Wissenschaftler von ihrem Elfenbeinturm auf einen Markplatz, auf dem nicht phantastische Ideen gehandelt werden, sondern überzeugende Innovationen" (Willke 1998: 1).

> Kompetenzentwicklung als Quelle für Innovationen erschließen (vgl. QA 3)[14]

Kompetenzentwicklung kann als ein Prozess verstanden werden, in dem die fachliche, methodische und soziale Handlungsfähigkeit sowie die Selbstorganisationsfähigkeit erweitert, umstrukturiert und aktualisiert werden (vgl. Erpenbeck u. Sauer 2000). Um die Wettbewerbsfähigkeit von kleinen und mittleren Unternehmen auch in Zukunft sicherstellen zu können, müssen Mitarbeiter die komplexen Anforderungen der Kompetenzentwicklung erfüllen und in ihren Arbeitsprozess integrieren können. Da moderne innovative Arbeit permanentes Lernen erfordert, müssen hierfür die Voraussetzungen geschaffen werden. Kompetente und für kontinuierliche Verbesserungsprozesse motivierte Mitarbeiter sind als Innovationsträger der wichtigste Wettbewerbsfaktor.

> Etablierung von unternehmensinternem und unternehmensübergreifendem
> Wissensmanagement als notwendige Voraussetzung für eine
> Steigerung der Innovationsfähigkeit (vgl. QA 4)[15]

Weltweit existiert bereits eine oft unüberschaubare „Menge" von Wissen über Konzepte der Aus- und Weiterbildung und Innovationsprozesse, sei es im eigenen Unternehmen, bei Kunden, bei Zulieferern, bei Konkurrenten oder in völlig anderen Kontexten wie z.B. anderen Branchen. Dieses Wissen muss für die Unternehmen durch einen systematischen Umgang mit der Ressource Wissen nutzbar gemacht werden. Verschiedene Autoren (vgl. Nonaka u. Takeuchi 1997; Probst et al. 1998; Davenport u. Prusak 1998; Willke 1998) haben dazu Lösungsansätze entwickelt; die unternehmensinterne und unternehmensübergreifende Umsetzung dieser

---

[12] Diese Strategie wird wissenschaftlich insbesondere von der Querschnittaufgabe 2 „Innovationsmanagement" aufgegriffen.

[13] Vgl. Ausschreibungstext des Bundesministeriums für Bildung und Forschung zur Leitprojektinitiative „Nutzung des weltweit verfügbaren Wissens für Aus- und Weiterbildung und Innovationsprozesse".

[14] Diese Strategie wird wissenschaftlich insbesondere von der Querschnittsaufgabe 3 „Kompetenzentwicklung für Netzwerkakteure" aufgegriffen.

[15] Diese Strategie wird wissenschaftlich insbesondere von der Querschnittsaufgabe 4 „Wissensmanagement" aufgegriffen.

Wissensmanagement-Ansätze ist eine weitere Schlüsselstrategie für die Projektarbeit in SENEKA.

> Ganzheitliche Vorgehensweise unter Berücksichtigung der Aspekte
> Mensch-Organisation-Technik (M-O-T) auf vier Rekursionsebenen

Die komplexen Fragestellungen in Unternehmen sind heute nur noch sehr begrenzt in einzelne Probleme zerleg- und analysierbar. Dies kommt darin zum Ausdruck, dass ein Großteil der auftretenden Problemtypen synthetisch und dialektisch[16] sind (vgl. Henning u. Kutscha 2000). Im Projekt SENEKA wird daher der sog. M-O-T-Ansatz verfolgt[17], in dem zu jeder komplexen Fragestellung Aspekte des Menschen (M), der Organisation (O) und der Technik (T) betrachtet werden. Zudem werden Problemstellungen auf den vier Rekursionsebenen Individuum, Team, Organisation (z.B. einem Unternehmen) und Netzwerk hinterfragt, auf denen ganzheitliche Veränderungsprozesse zu verorten sind.

> Durch Heterogenität Selbstähnlichkeit
> zwischen Projektarbeit und unternehmerischem Alltag anstreben

Die bereits in Kapitel 1.2 angesprochene Zusammenführung heterogener Partner (Branchen, Disziplinen, Unternehmenskultur, Größe) ist als Strategie des Projektes zu verstehen: In der Verschiedenheit (Diversity) liegt ein großes Potenzial für Innovationen. Rammert spricht explizit von Innovationsnetzwerken, die sich gerade durch ein Konsortium heterogener Partner auszeichnen (vgl. Rammert 1997). Das Spektrum der SENEKA-Partner reicht deshalb von Softwarehäusern über private und universitäre Kliniken, Unternehmensberatungen, öffentliche, private und Non-Profit-Bildungseinrichtungen bis zu produzierenden Unternehmen. Es sind sowohl Kleinunternehmen als auch Mittelständler und weltweit agierende Konzerne vertreten. Diese verschiedenartigen Partner sind zudem durch die Matrixstruktur des Projektes in ein Geflecht multipler Schnittstellen eingebunden, um ein möglichst realitätsnahes Abbild unternehmerischen Alltags zu ermöglichen. In der Terminologie der Chaos-Theorie kann man hier auch von einem Fraktal sprechen, also einer „selbstähnlichen Struktur" (vgl. Warnecke 1992; Olbertz 2001) unabhängig von der Betrachtungsskala (Projektebene – gesellschaftliche Ebene)[18].

---

[16] Sind die Ist- und Sollkriterien eines Problems schlecht oder unvollständig definiert, so liegt ein dialektisches Problem vor. Erfordert die Lösung erst das Auffinden nicht bekannter Operatoren, so handelt es sich um ein synthetisches Problem (vgl. Sell 1988).

[17] Zur Methodik des M-O-T-Ansatzes: vgl. Strohm u. Eberhard 1997.

[18] Diese Strategie wird auch im sechsten Forschungsrahmenprogramm der Europäischen Union verfolgt: Hier wurde das Förderungsinstrument „Integrierte Projekte" entwickelt, mit denen eine „Kritische Masse" in der Umsetzung der Projektziele erreicht werden soll. Die Kritische Masse ist ein Bild aus der Atomphysik, das eine Weiterentwicklung von der Projektebene zu volkswirtschaftlich relevanten Veränderungsprozessen (im Sinne einer notwendigen Bedingung) aus sich selbst heraus illustrieren soll.

In dem weiten, aber dennoch begrenzten Projektrahmen, den SENEKA bietet, wird also versucht, die vielfältigen Lernprozesse von unterschiedlichen Akteursgruppen der Gesellschaft abzubilden. Im Projektkontext wird somit ein „Wertschöpfungsnetzwerk" geschaffen, durch das für eine Vielzahl von Fragestellungen eine vollständige „Wertschöpfungskette des Wissens" gezogen werden kann. Ein „lebendiges" Netzwerk mit vielen aktiven Kooperationen bietet einen fruchtbaren Boden für konkrete Kooperationen in Wertschöpfungsketten des Wissens.

## 2.2 Projektstruktur

### 2.2.1 Das Projekt SENEKA als Matrix

Das „Matrixprinzip" ist seit einigen Jahren zu einem relevanten Organisationskonzept zur verbesserten Prozessgestaltung in Unternehmen geworden (vgl. Frese 1997). Die Grundidee, das Projekt matrixartig zu organisieren, resultierte aus der Tatsache, dass Entwicklungsbedarfe der Projektpartner (Teilvorhaben) wie auch Forschungsschwerpunkte (Querschnittsaufgaben) thematisch miteinander verknüpft sind: Die Bildung einer Doppelstruktur ist daher naheliegend. Das Leitprojekt SENEKA stellt demnach eine Matrix mit fünf unternehmerischen Teilvorhaben (TV 1 – TV 5) und vier wissenschaftlichen Querschnittsaufgaben (QA 1 – QA 4) dar (Abb. 2.2).

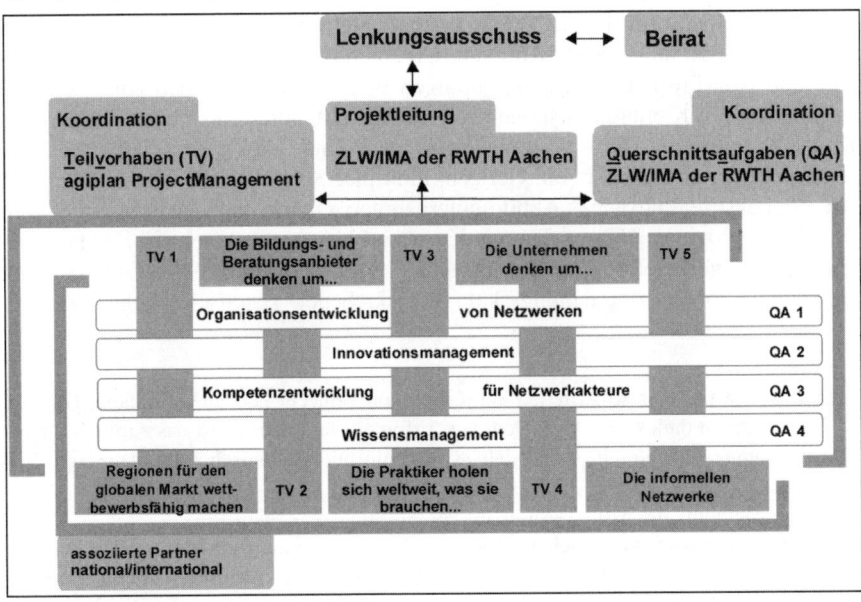

**Abb. 2.2:** Matrixstruktur von SENEKA

Ein Netzwerk aus nationalen und internationalen assoziierten Partnern ergänzt das Konsortium, um einen projektübergreifenden Diskurs zu den Schwerpunktthemen zu ermöglichen. Die Projektleitung ist beim Zentrum für Lern- und Wissensmanagement und Lehrstuhl Informatik im Maschinenbau (ZLW/IMA) der RWTH Aachen angesiedelt; weisungsbefugt ist ein Lenkungsausschuss, der mit Vertretern des Bundesministeriums für Bildung und Forschung (BMBF), des Projektträgers Innovationen in der Aus- und Weiterbildung im Bundesinstitut für Berufsbildung (BIBB PT IAW) und Vertretern der beteiligten Unternehmen besetzt ist. Ein wissenschaftlicher Beirat nimmt eine empfehlende Funktion für den Lenkungsausschuss wahr. Die Unternehmensberatung agiplan ProjectManagement koordiniert die Teilvorhaben; die wissenschaftlichen Querschnittsaufgaben werden durch das ZLW/IMA der RWTH Aachen gemanagt.

## Die Teilvorhaben in SENEKA

Die in Kapitel 1 skizzierten arbeitsmarktrelevanten Trends (vgl. Abb. 1.1) wurden in der Projektentwicklung auf die Struktur von SENEKA heruntergebrochen (Abb. 2.3). Die so definierten Teilvorhaben des Projektes SENEKA fassen die Forschungs- und Entwicklungsbedarfe verschiedener Partnerunternehmen zu Clustern ähnlicher Interessen zusammen.

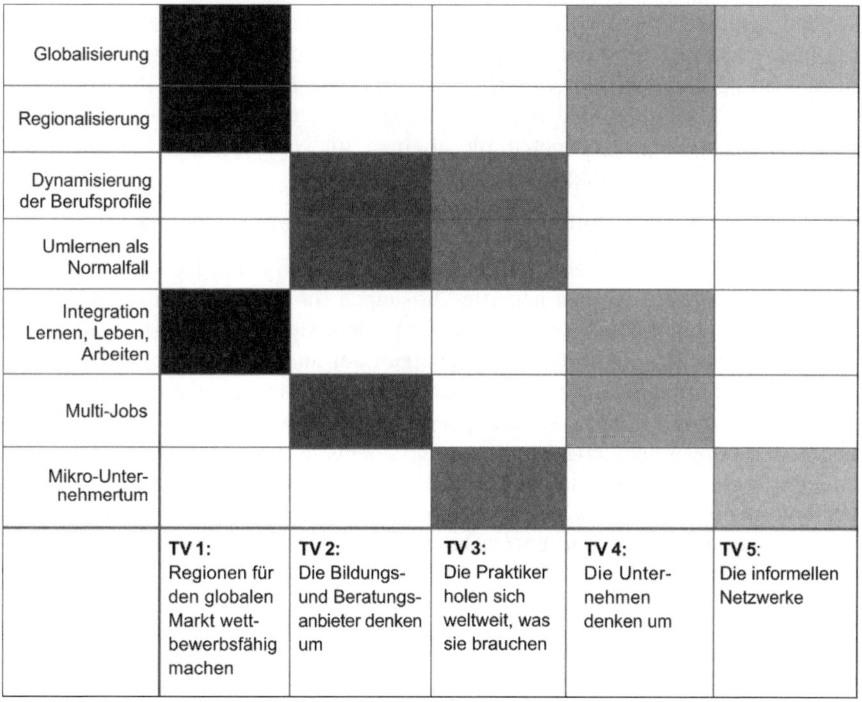

|  | TV 1: Regionen für den globalen Markt wettbewerbsfähig machen | TV 2: Die Bildungs- und Beratungsanbieter denken um | TV 3: Die Praktiker holen sich weltweit, was sie brauchen | TV 4: Die Unternehmen denken um | TV 5: Die informellen Netzwerke |
|---|---|---|---|---|---|
| Globalisierung | ■ |  |  |  |  |
| Regionalisierung | ■ |  |  |  |  |
| Dynamisierung der Berufsprofile |  | ■ | ■ |  |  |
| Umlernen als Normalfall |  | ■ |  |  |  |
| Integration Lernen, Leben, Arbeiten | ■ |  |  |  |  |
| Multi-Jobs |  | ■ |  |  |  |
| Mikro-Unternehmertum |  |  | ■ |  |  |

**Abb. 2.3:** Herleitung der Teilvorhaben (TV) des Projektes SENEKA aus den arbeitsmarktsrelevanten Trends (vgl. Dassen-Housen 2000)

Auf diese Weise werden unterschiedliche Ansätze zur Stärkung der Innovationsfähigkeit aufgegriffen. Die SENEKA-Partner sind zum Teil in mehreren Teilvorhaben tätig, so dass jedes Teilvorhaben jeweils zwischen sieben und siebzehn Partnern umfasst. Die einzelnen Themen der Teilvorhaben werden anhand ausgewählter Beispiele skizziert:

**Teilvorhaben 1: Regionen für den globalen Markt wettbewerbsfähig machen**

Anknüpfend an Ergebnisse des Vorläufer-Projektes „Dienstleistung Lernen" des BMBF wurden Dienstleistungs- und Kooperationsverbünde initiiert, um mit Hilfe von Informations- und Kommunikationstechnologien über den regionalen Austausch hinaus die weltweite Akquisition und Vermarktung von Produkten und Dienstleistungen der Region zu unterstützen. Im Kontext der Globalisierung wurde dazu am Beispiel der Region Bremen im Teilvorhaben 1 exemplarisch gezeigt, wie das regional vorhandene Wissen für die Gestaltung innovativer Produkte und Dienstleistungen gezielt genutzt und über regionale Austausch- und Lernforen kontinuierlich weiterentwickelt werden kann.[19] Die beteiligten Bremer Firmen bildeten hierzu ein heterogenes Lern- und Innovationsnetzwerk.

**Teilvorhaben 2: Die Bildungs- und Beratungsanbieter denken um**

In einem Kooperationsnetzwerk aus „Kerngeschäftlern" und „Nischenanbietern" werden gemeinsam mit Anwendern Konzepte für bedarfsgerechte und prozessorientierte Kompetenzentwicklung auf den Ebenen von Individuen, Teams, Organisationen und Netzwerken entwickelt und erprobt. Hierbei steht die Weiterentwicklung von Bildungs- und Beratungsdienstleistungen (z.B. in Form von Multiplikatorenausbildung, Konzepten für „Lernen im Netz", Prozessbegleitung für Netzwerke etc.) im Vordergrund.

**Teilvorhaben 3: Die Praktiker holen sich weltweit, was sie brauchen**

Sowohl mit den zukünftigen Dienstleistern als auch mit deren Kunden (KMU und große Unternehmen) werden neuartige Lösungen für das Wissensmanagement in wissensintensiven Arbeitsbereichen, wie z.B. dem Bereich Softwareentwicklung, erprobt und hinsichtlich ihrer Übertragbarkeit auf andere Bereiche evaluiert. Die Akquisition und bedarfsgerechte Aufbereitung von Wissen stehen dabei im Vordergrund. Hierbei werden vor allem personen- und organisationsbezogene Lösungen (z.B. maßgeschneiderte Qualifizierungsangebote, an Geschäftsprozessen orientierte Organisationsentwicklung) umgesetzt. Die Einbindung moderner Formen der Informations- und Kommunikationstechnologien unterstützt die Gestaltung unternehmensbezogener und unternehmensübergreifender „Wissensbroking"-Prozesse.

---

[19] Der „Runde Tisch Bremen" wurde Anfang 2002 im Rahmen des Projektes beendet. Das Forum besteht jedoch über das Ende der Förderung der beteiligten Unternehmen hinaus weiter. Vgl. hierzu auch Kapitel 3.3.7.

**Teilvorhaben 4: Die Unternehmen denken um**

Unter dem Leitgedanken „Lernen im Prozess der Arbeit" werden im Teilvorhaben 4 prozessorientierte Organisationskonzepte für die Kompetenzentwicklung von Führungskräften, Facharbeitern und Teams verschiedener Unternehmen – teilweise im Verbund – entwickelt, erprobt und bewertet.[20] Es wird u.a. geprüft, inwieweit die Konzepte der „Lernstätten" und „Prozessbegleiter" aus Produktionsbereichen auch auf andere Organisationsformen übertragbar sind (vgl. Kap. 5.3.4). Weiterhin werden Qualifizierungsmodule für die berufsbegleitende Qualifizierung zu neuen Berufsbildern wie die „modulare Qualifizierung zum Mechatroniker" (vgl. Kap. 5.3.3) entwickelt und erprobt.

**Teilvorhaben 5: Die informellen Netzwerke**

Ziel des Teilvorhabens 5 ist der Aufbau eines informellen Netzwerks von Entscheidungsträgern als „Frühwarnsystem" für unternehmerisch-strategisches Handeln. In diesem Netzwerk sind leitende Verantwortliche fast aller beteiligten Unternehmen aus SENEKA vertreten. Wissen und Erfahrungen aus Forschungs-, Wirtschafts- und Bildungsbereichen werden in diesem Teilvorhaben gebündelt und im Hinblick auf zukunftsweisende Trends geprüft. Es gilt, in unterschiedlichen Diskursen und Kooperationen neue Geschäftsfelder abzuleiten und für eine Vermarktung nutzbar zu machen.

### 2.2.2 Konkrete Projektarbeit in Sub-Netzwerken

Ein Großteil der Projektarbeit findet losgelöst von der Projektstruktur, also „außerhalb" der Teilvorhaben statt. Angestoßen durch einen konkreten Unternehmensbedarf werden praxistaugliche Produkte[21] in Kooperation von Wissenschaft und Unternehmen entwickelt und erprobt. Oft sind mehrere Unternehmen mit einem ähnlichen Bedarf an der Produktentwicklung beteiligt; die Anzahl der involvierten Einrichtungen richtet sich nach den Erfordernissen der Problemlage.[22] Diese Arbeit wird in so genannten Kooperationsprojekten zusammengefasst. Obgleich der Ursprung einer Produktidee in einem einzelnen Teilvorhaben liegt, werden diese Ideen durch die Überlagerung mit den wissenschaftlichen Querschnittsaufgaben auch in andere Teilvorhaben transferiert und dort teilweise von anderen Partnern mitentwickelt. Eine Zusammenstellung ausgewählter – in Kooperation entstandener – Produkte ist im SENEKA-Produktkatalog erfolgt. Dieser Produktkatalog zeigt projektexternen Unternehmen Lösungsansätze für ihre eigenen

---

[20] Vgl. hierzu auch QUEM-report, Schriften zur beruflichen Weiterbildung, Heft 69, 2001.
[21] Lösungen auch i.S. von Prozessen und Methoden.
[22] Der Unternehmensbedarf wird im Projekt durch ein Jahresplanungsgespräch – in einem Trio von Vertretern des Unternehmens, der Wissenschaft und der Koordination – erhoben. In dieser Jahresplanung wird festgehalten, welche Produkte von dem Unternehmen in Kooperation mit welchen wissenschaftlichen bzw. Unternehmens-Partnern für das jeweilige Unternehmen entwickelt werden sollen.

Problemstellungen in den Bereichen Wissens-, Innovations- und Netzwerkmanagement sowie Kompetenzentwicklung auf. Es sind „immer wieder neue fluide Netzwerke notwendig, um Veränderungen und Innovationen voranzubringen" (Sauer 2002: 3). Derartige Netzwerke sind im Projekt SENEKA zum einen durch die strukturgebenden Teilvorhaben und Querschnittsaufgaben gegeben. Zum anderen können die sog. Arbeitskreise (AK) und Communities of Practice (CoP)[23] mit wechselnden Akteuren als fluide Netzwerke betrachtet werden. Arbeitskreise und Communities of Practice bieten Partnerunternehmen mit einem Bedürfnis nach informellem Wissensaustausch zu SENEKA-relevanten Themen das entsprechende Forum.

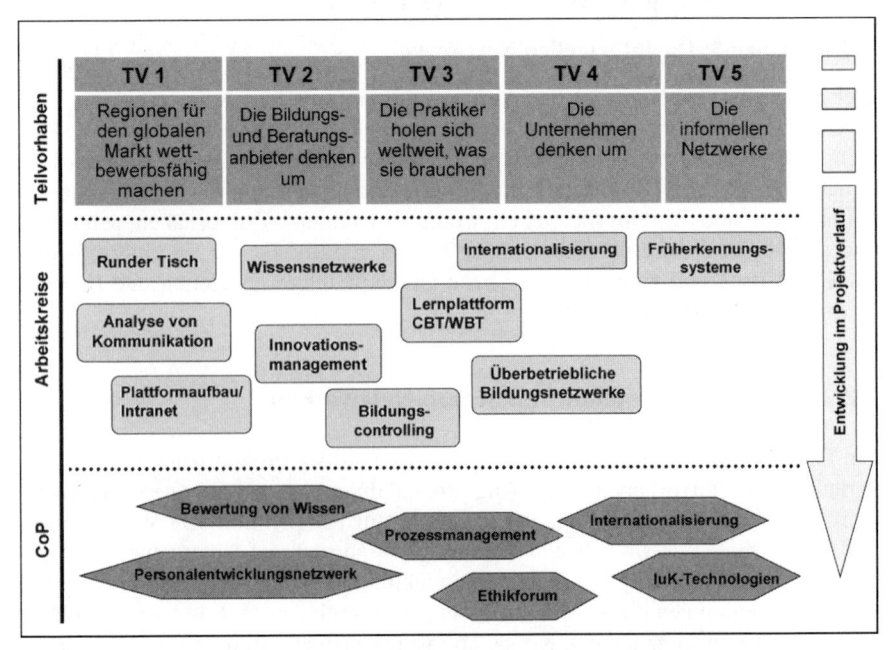

**Abb. 2.4:** SENEKA-Foren für einen themenbezogenen Wissenstransfer

Durch die Communities of Practice wird der Grundstein für eine Zusammenarbeit – mit der Vision eines selbstlaufenden Netzwerks über das Projektende von SENEKA hinaus – gelegt. Weiterhin stellen sie eine Plattform für die Zusammenarbeit mit Partnern außerhalb des SENEKA-Konsortiums dar. In Abbildung 2.4 sind die Arbeitskreise und Communities of Practice zusammengefasst. Die Beteiligung an diesen Foren ist für alle Partner des Konsortiums offen; externe Partner werden gezielt integriert.

---

[23] Die Arbeitskreise (AK) wurden in einer früheren Projektphase von der Koordination stark inhaltlich und organisatorisch gesteuert. Mit den Communities of Practice (CoP) wurde ein neuer Ansatz verfolgt, bei dem die Partner weitgehend selbstgesteuert ihr Austauschforum gestalten können; die Koordination unterstützt nur bei ausdrücklichem Bedarf (z.B. durch Moderation).

### 2.2.3 Das Virtuelle Institut SENEKA

Die an SENEKA beteiligten Forschungseinrichtungen arbeiten unter dem Leitbild des „Virtuellen Instituts SENEKA" zusammen. Sechs wissenschaftliche Einrichtungen verschiedener Disziplinen übernehmen die wissenschaftliche Begleitung der Produktentwicklung bei den Partnerunternehmen. Im Einzelnen sind dies:

Das Fraunhofer-Institut für Produktionstechnologie (IPT), Aachen, bringt intensive Erfahrungen in anwendungsbezogener Forschungstätigkeit ein. Der Schwerpunkt liegt im Projektkontext in den Bereichen der Prozesstechnologie und des Qualitätsmanagements in Dienstleistungs- und Industrieunternehmen (Prof. Pfeifer).

Das Institut für Unternehmenskybernetik e. V. (IfU), Mülheim an der Ruhr, hat ausgewiesene Kompetenzen bei der wissenschaftlichen Begleitung von Verbundvorhaben im Dienstleistungs- und Produktionsbereich. Vornehmlich befasst sich das IfU mit Veränderungsprozessen bei kleinen und mittleren Unternehmen, z.B. durch frühzeitige Organisationsentwicklung, Qualifizierungsarbeit und prozessbegleitende erweiterte Wirtschaftlichkeitsanalysen (Dr. Strina).

Das Institut Technik und Bildung (ITB) der Universität Bremen (Prof. Rauner) hat einschlägige Erfahrungen bei der Durchführung von sowohl grundlagenorientierten als auch anwenderorientierten Projekten im Rahmen der nationalen und europäischen Berufsbildungs- sowie der Arbeits- und Technikforschung in Industrie und Verwaltung. Schwerpunkt in SENEKA sind Netzwerke und Regionalentwicklung in der Innovationsforschung.

Die Arbeitsfelder des Laboratoriums für Werkzeugmaschinen und Betriebslehre (WZL) der RWTH Aachen (Prof. Pfeifer) umfassen die Gestaltung und Einführung moderner Qualitätsmanagement-Systeme sowie die Anwendung und Weiterentwicklung von Qualitätsmanagement-Methoden mit dem Ziel einer ganzheitlichen Unterstützung aller Phasen der Produktentstehung. Sowohl die methodischen und organisatorischen als auch die informationstechnologischen Aspekte sind Gegenstand der Arbeit.

Der Lehrstuhl für Kunststoffverarbeitung (IKV) der RWTH Aachen (Prof. Michaeli) bringt seine Erfahrungen als Betreiber einer eigenen Abteilung Ausbildung/Handwerk ein, die mit dem Wissenstransfer von der Hochschule in Handwerksunternehmen beauftragt ist (bundesweit 39 Aus- und Weiterbildungsstätten).

Das Zentrum für Lern- und Wissensmanagement und Lehrstuhl Informatik im Maschinenbau (ZLW/IMA) der RWTH Aachen (Prof. Henning u. Dr. Isenhardt) hat seinen Schwerpunkt in der Entwicklung von Verfahren für praxistaugliche Lern- und Qualifizierungsprozesse bei gleichzeitiger Betrachtung von Personal-, Organisations- und Technikentwicklung. Dabei kommen insbesondere partizipative Lernmethoden und systemische Denkwerkzeuge zur Anwendung.

Diese hochspezialisierten Kompetenzen des Virtuellen Instituts werden genutzt, um mit den Partnern des SENEKA-Verbundes gemeinsam interdisziplinäre und wissenschaftlich fundierte Entwicklungen für den SENEKA-Verbund zu entwickeln. Aufbauend auf der Kooperation in der Produktentstehung erfolgt im Virtuellen Institut SENEKA eine wissenschaftliche Aufarbeitung in interdisziplinären Forscherteams. Hier werden auf der Basis der konkreten Projektarbeit übertragbare Modelle und Konzepte entwickelt und evaluiert.

Das Management des „Virtuellen Instituts SENEKA" obliegt dem ZLW/IMA der RWTH Aachen. Zu dieser Aufgabe gehören u.a. die inhaltliche Steuerung, die Koordination von Informationsflüssen sowie der Ergebnistransfer zwischen den wissenschaftlichen Einrichtungen mit dem Virtuellen Institut sowie den Unternehmenspartnern in SENEKA. Neben strategischen Planungen sind hierzu operative Vorgaben und eine kontinuierliche Überprüfung von Projektstand und Ergebniserfüllung notwendig. Das Management des Virtuellen Instituts erfolgt in enger Absprache mit der Projektleitung und dem Management der Teilvorhaben.

### 2.2.4 Die Querschnittsaufgaben

Die wissenschaftliche Arbeit erfolgt in den Querschnittsaufgaben (vgl. Tab. 2.1). Diese wurden für das Forschungsprojekt entwickelt und werden durch je eines der wissenschaftlichen Institute koordiniert.[24]

Die *Querschnittsaufgabe 1* unterstützt in Abstimmung mit den Teilvorhaben die Akteure beim Aufbau von Netzwerken mit entsprechenden Gestaltungs- und Handlungshilfen. Diese unterstützen die beteiligten Partner darin, sowohl auf operativer als auch strategischer Ebene eng miteinander zusammenzuarbeiten. Damit wird ein wesentlicher Beitrag zur Realisierung des Umsetzungsziels von SENEKA – einer Vernetzung der Akteure unternehmensbezogener Innovationsprozesse, Informations- und Wissensdienstleister (IDWL), Bildungsmanager (BM) und Anwender (AW) – geleistet. Konkrete Ergebnisvereinbarungen waren insbesondere:

- wissenschaftliche Untersuchung von Netzwerken als zusätzlicher Steuerungsmodus neben Markt und Hierarchie,
- wissenschaftliche Untersuchung des Innovationspotenzials von Netzwerken,
- Entwicklung eines Systems zur Entscheidungsunterstützung (Auswahl geeigneter Netzwerkstrukturen und Bewertung),
- Bildung von Typologien selbstlaufender Netzwerke,
- Erstellung eines Handlungsleitfadens zum „Aufbau von Netzwerken" und
- Workshops zum Thema Netzwerke.

---

[24] Die Querschnittsaufgaben greifen vier der sechs in Kapitel 2.1 beschriebenen Projektstrategien auf und transformieren sie in der Projektarbeit.

**Tabelle 2.1:** Querschnittsaufgaben im Virtuellen Institut SENEKA

| Virtuelles Institut SENEKA (VI) | |
|---|---|
| Inhaltliche Federführung und Koordination: | *Dr. phil. Regina Oertel* |
| | Zentrum für Lern- und Wissensmanagement und Lehrstuhl Informatik im Maschinenbau (ZLW/IMA) der RWTH Aachen, *Prof. Dr.-Ing. Klaus Henning, Dr. phil. Ingrid Isenhardt* |
| **Querschnittsaufgabe 1 (QA 1)** | Organisationsentwicklung von Netzwerken |
| Inhaltliche Federführung: | *Dr. phil. Daniela Ahrens* |
| | Institut Technik und Bildung (ITB) der Universität Bremen, *Prof. Dr. Felix Rauner* |
| **Querschnittsaufgabe 2 (QA 2)** | Innovationsmanagement |
| Inhaltliche Federführung: | *Dipl.-Kfm. Jaime Uribe* |
| | Institut für Unternehmenskybernetik e. V. (IfU), *Dr.-Ing. Giuseppe Strina* |
| **Querschnittsaufgabe 3 (QA 3)** | Kompetenzentwicklung für Netzwerkakteure |
| Inhaltliche Federführung: | *Dr. rer. nat. Frank Hees* *Dipl.-Ing. Stefan Frank* |
| | Zentrum für Lern- und Wissensmanagement und Lehrstuhl Informatik im Maschinenbau (ZLW/IMA) der RWTH Aachen, *Prof. Dr.-Ing. Klaus Henning, Dr. phil. Ingrid Isenhardt* |
| **Querschnittsaufgabe 4 (QA 4)** | Wissensmanagement |
| Inhaltliche Federführung: | *Dipl.-Ing. Mark Betzold* |
| | Laboratorium für Werkzeugmaschinen und Betriebslehre (WZL), Lehrstuhl für Fertigungstechnik und Qualitätsmanagement, *Prof. Dr.-Ing. Tilo Pfeifer* |

Im Fokus von *Querschnittsaufgabe 2* stehen Produktionsunternehmen und (produktionsnahe) Dienstleister sowie deren Mitarbeiter. Sie bilden im Hinblick auf die Nutzung von Informations- und Bildungsangeboten eine Gruppe von Anwendern (AW). In dieser Querschnittsaufgabe werden Konzepte, Handlungshilfen und Instrumente zur Verbesserung der Innovationsförderung im Netzwerk erarbeitet. Es wurden folgende Ergebnisvereinbarungen getroffen:

- Schaffung von praxisrelevanten und unternehmensgetragenen Ideenforen,
- Erarbeitung neuer Formen des Benchmarkings von Innovationsideen,
- Erstellung einer Unternehmensdiagnose zur Identifikation von Mustern und Kriterien, die die Innovationsfähigkeit eines Unternehmens ausmachen,
- Erstellung eines Kriterienkatalogs zur qualitativen und wirtschaftlichen Bewertung neuer, innovativer Ansätze,
- Erarbeitung eines Instrumentariums zur Ermittlung des wirtschaftlichen Erfolgspotenzials,
- Instrumentarien zur Einbeziehung von Kunden in den Entwicklungsprozess von neuen Produkten und Dienstleistungen (z.B. in Form von Workshops mit Kundenbeteiligung) und
- Orientierungshilfen zur Aufbereitung von Informationen und (Erfahrungs-) Wissen seitens der Kunden.

*Querschnittsaufgabe 3* befasst sich mit den Schlüsselkompetenzen und Bildungsprozessen für Netzwerkakteure. Die derzeitig angebotenen Bildungsdienstleistungen sind weitgehend angebots- und nicht nachfrageorientiert gestaltet. Da die vorhandenen Bildungsressourcen bei Bildungsmanagern und Anwendern nicht gemeinsam genutzt werden, bleiben wertvolle Synergiepotenziale unausgeschöpft. Grundsätzlich mangelt es an notwendigen formalen und inhaltlichen Schnittstellen zwischen allen Akteuren. Die Schaffung von Schnittstellen (Vernetzung) und ein entsprechendes „Schnittstellenmanagement" setzen jedoch eine Reihe von Kompetenzen voraus. Ein grundsätzliches Problem bildet dabei die Tatsache, dass Struktur und Inhalte des derzeitigen Bildungssystems in Anlehnung an einen industriellen Arbeitsmarkt entstanden sind, der sich stark verändert hat. Das traditionelle Bildungssystem zielt vor allem auf die Vermittlung von Sachverhalten (explizites Wissen) und entsprechenden Methoden ab. Für die Unternehmen bedeutet jedoch mittlerweile insbesondere die gezielte Nutzung von Erfahrungswissen (implizites Wissen) und entsprechenden Methoden einen entscheidenden Wettbewerbsvorteil. Vor diesem Hintergrund wurden folgende Ergebnisvereinbarungen getroffen:

- Definition der Inhalte neuer Schlüsselkompetenzen,
- Definition möglicher Inhalte für einen erweiterten Bildungsbegriff (z.B. in Bezug auf Netzwerkkompetenzen, aber auch interkulturelle Kompetenzen),
- Entwicklung modularer, mehrfach einsetzbarer Bildungsangebote,
- arbeitsplatznahe, selbstorganisierte und kurzzyklische Bildungslösungen,
- Entwürfe und Konzepte zu Lernprozessen, die auf den Erwerb von „Netzwerkkompetenzen" abzielen und
- Bewertungsinstrumentarien für Bildungsmaßnahmen.

Fokus der *Querschnittsaufgabe 4* ist die Gruppe der Informations- und Wissensdienstleister (IWDL). Aufgabe der IWDL im Wirtschaftsgeschehen ist es, für Prozesse des Wissensmanagements Information und Wissen gezielt zu sammeln und bereitzustellen. Dieser Aufgabenbereich kann sich auf *interne* Quellen, Vorgänge und Prozesse beziehen oder auch *außerhalb* des Unternehmens angesiedelt sein. Zur wissenschaftlichen Unterstützung dieser Akteursgruppe wurden folgende zentrale Ergebnisse vereinbart:

- Weiterentwicklung bestehender Erkenntnisse und Modelle zum Wissensmanagement, um eine schnelle und praxisorientierte Implementierung von Wissensmanagement in Unternehmen zu ermöglichen,

- Entwicklung von Methoden und Werkzeugen zur Implementierung und Anwendung von Wissensmanagement,

- Konzepte zur Gestaltung und Nutzung von Schnittstellen und Konzepte zur Vernetzung der Akteursgruppen des Informations- und Wissensmarktes,

- Ganzheitliche Betrachtung von Wissensmanagement auf den Ebenen Mensch, Organisation und Technik (M-O-T),

- Entwicklung neuer inhaltlicher Themenfelder für den Informations- und Wissensmarkt (Berücksichtigung von Wissen über technische, wirtschaftliche und organisatorische Prozesse sowie „interkulturelles Insider-Know-how" im Sinne von Hintergrundinformationen),

- Konzeption von Beratungs- und Anpassungsdienstleistungen für den regionalen, nationalen und internationalen Transfer von Information und Wissen,

- Erarbeitung von Kriterien für eine wirtschaftliche Bewertung von Informationen und Wissen zur Einschätzung des Kosten-Nutzen-Verhältnisses und

- Entwicklung von Methoden zur Bewertung von Wissen und Wissensmanagement.

Mit den Expertisen dieser vier Querschnittsaufgaben hat das Virtuelle Institut SENEKA als Anbieter für unterstützende Forschungsleistungen im Projektkontext den Charakter einer netzwerkeigenen *Forschungs- und Entwicklungsabteilung*, deren Arbeiten eng an die Bedarfe der Verbundpartner gekoppelt sind. Das Verhältnis von Leistungserbringung bei den Unternehmen und wissenschaftlicher Reflexion verändert sich im Projektverlauf: Während anfangs ein großer Teil der Wissenschaftsressourcen den Unternehmen zur Problemlösung ihrer unternehmensspezifischen Fragestellungen zur Verfügung stand, werden die Kapazitäten zum Ende des Vorhabens hin stärker in den übergeordneten Bereich Reflexion, Evaluation und Transfer verlagert.

Die Querschnittsaufgaben bilden zwar ihre eigenen thematischen Profile heraus, entwickeln ihre Wirkungskraft jedoch nur durch das Zusammenspiel ihrer Forschungs- und Entwicklungsarbeiten, wie dies in Abbildung 2.5 schematisch dargestellt ist.

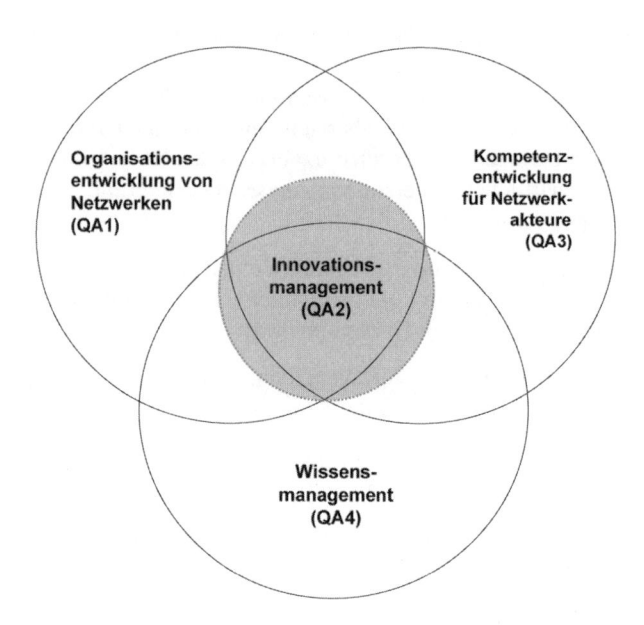

**Abb. 2.5:** Schematische Darstellung des Zusammenspiels der Querschnittsaufgaben

Am Beispiel eines Qualifizierungsmoduls zur Teamentwicklung von Akteuren in einem Netzwerk wird dies veranschaulicht: Das Modul leistet einen entscheidenden Beitrag zur *Organisationsentwicklung* von Netzwerken, denn ohne die Akteure in einem Netzwerk aufeinander abzustimmen, kann ein Netzwerk nicht stabilisiert werden. Genauso kann man argumentieren, dass dieses Modul Bestandteil einer *Kompetenzentwicklung* für Netzwerkakteure ist. Das Beispiel eines Computernetzwerks, das auf der einen Seite sicherlich einen Aspekt der *Organisationsentwicklung* von Netzwerken abdeckt, auf der anderen Seite aber einen wichtigen Beitrag zu einem erfolgreichen *Wissensmanagement* liefert, verdeutlicht die inhaltlichen Schnittstellen. Ein weiteres Beispiel ist ein Netzwerkakteur, der durch ein verbessertes Prozessverständnis seine *Kompetenz* ausbaut und den Netzwerkpartnern das passende Wissen zur rechten Zeit zukommen lassen kann. Durch diese Kompetenz verbessert der Netzwerkakteur auch das *Wissensmanagement* im Netzwerk. Die Themenfelder *Wissensmanagement, Kompetenzentwicklung* und *Organisationsentwicklung von Netzwerken* sind sehr eng miteinander verknüpft, so dass *Innovationen* nur dann nachhaltig gestaltet werden können, wenn alle Teilaspekte Berücksichtigung finden.

In den Kapiteln 3 bis 6 erfolgt eine vertiefende Darstellung der vier Querschnittsaufgaben und der jeweiligen Forschungsfragen; darüber hinaus gewähren Praxisbeispiele Einblick in die konkrete Projektarbeit von SENEKA. Sie stehen für Produkte, die aus SENEKA heraus für den Gesamtverbund oder einzelne Partner entwickelt wurden. Weiterhin dienen sie als Grundlage für die Evaluation von Modellen der Wissenschaft in den vier Forschungsfeldern.

## 2.3 Projektmanagement des Konsortiums

### 2.3.1 Institution und Funktion

Das ZLW/IMA der RWTH Aachen stimmt als Konsortialführer[25] die Zusammenarbeit aller Partner im SENEKA-Verbund ab[26]. In dieser Funktion vertritt das ZLW/IMA der RWTH Aachen auch das Leitprojekt SENEKA gegenüber weiteren Stakeholdern. Wie schon erwähnt, managt das ZLW/IMA das Virtuelle Institut; das Management der Teilvorhaben und damit auch die Betreuung der Unternehmenspartner liegen in den Händen der Unternehmensberatung agiplan ProjectManagement, einem Unternehmen der Siepe AG Consulting Partners in Mülheim an der Ruhr. Die agiplan ProjectManagement begleitet mit Unterstützung von Wissenschaftlern des Virtuellen Instituts die Unternehmen bei der Ermittlung ihrer spezifischen Bedarfe in den thematischen Schwerpunkten von SENEKA. Das Projektmanagement wird also von zwei verschiedenen Standorten aus betrieben. Durch dieses standort- und unternehmensübergreifende Management des Vorhabens wurden im Projektaufbau zentrale Strategien des Projektes umgesetzt: Zum einen die Strategie, nachhaltige Innovationen durch eine enge Zusammenarbeit von Wissenschaft und Wirtschaft zu erzielen, und zum anderen eine der Systemumwelt entsprechende Komplexität zu simulieren. Somit wurden auch innerhalb des Managements zukunftsgerechte Formen des Arbeitens erprobt.

Das Management von Netzwerken unterscheidet sich grundsätzlich vom Management klassischer Organisationen (vgl. Heeg 1993; Burghardt 1998; Coth 1998; Sydow u. Windeler 2000; Mayersshofer u. Kröger 1999): Ein nur mittelbarer hierarchischer Zugriff auf die Mitglieder des Netzwerks und – in den Grenzen eines Kooperationsvertrags – eine freiwillige Teilnahme der Organisationen an dem Netzwerk erfordern andere Konzepte, Methoden, Spielregeln und Verhaltensweisen des Managements. Netzwerkmitglieder müssen als „genuine partners" (Drucker 1993) akzeptiert werden. Deshalb erfolgt das Management von *Netzwerken* mit Hilfe eines komplexen Systems von Rückkopplungen, auf das in *hierarchischen Linien* weitgehend verzichtet werden könnte (vgl. Olbertz 2001). Voraussetzung hierfür ist u.a. eine Kultur zwischen den Netzwerkpartnern, in der Selbstorganisation und Selbstverantwortung gefördert werden (vgl. Doppler u. Lauterburg 1999).

Die Prozesse in SENEKA sind selbst Forschungsgegenstand für das Virtuelle Institut und haben das Ziel, Handlungsempfehlungen und Strategien zur Gestaltung eines erfolgreichen Netzwerkmanagements zu erarbeiten. Um die grundle-

---

[25] Der Begriff des Konsortialführers wird synonym mit dem Begriff Projektleitung gebraucht.
[26] Im Falle von SENEKA mit dem sehr weiten Spektrum von Netzwerkaktivitäten macht dieser Aufwand einen finanziellen Anteil von etwa 15 % des Projektvolumens aus. Dies deckt sich mit Erfahrungen europäischer Verbundprojekte dieser Größenordnung.

genden Schritte des Managements herauszustellen, wurden zentrale Ereignisse des bisherigen Projektverlaufs entsprechend den drei Netzwerkphasen *Initiierungsphase, Stabilisierungsphase* und *Verstetigungsphase* aus dem Netzwerkphasen-Modell (vgl. Kap. 3.3.5) dokumentiert (Abb. 2.6 und 2.7). Hierzu zählen: Einreichung des Projektantrags, Start einzelner Projektaktivitäten, Bereitstellung organisatorischer und technischer Hilfestellungen, iterative Evaluationsmaßnahmen etc.. Unter Berücksichtigung der vorstehend genannten zentralen Projektereignisse und den Projekterfahrungen wurden in einem Reflexionsworkshop des Netzwerkmanagements zentrale Instrumente des Netzwerkmanagements definiert und auf ihre Wirkkraft (Stärken-/Schwächen-Analyse) untersucht. Die Erfahrungen mit wichtigen Instrumenten des Netzwerkmanagements und ihre Bedeutung in den verschiedenen Phasen der Netzwerkentwicklung werden im folgenden Kapitel exemplarisch beschrieben.

### 2.3.2 Instrumente des Netzwerkmanagements

Auf Grund der Größe des SENEKA-Verbundes und der Heterogenität der Projektpartner bedarf das Management des Konsortiums verschiedener, gut aufeinander abgestimmter Instrumente. Es ist weiterhin von entscheidender Bedeutung, einen permanenten und intensiven Wissensaustausch zu ermöglichen und dafür einen stabilen Bezugspunkt anzubieten. Hierfür bedient sich das Netzwerkmanagement einer Vielzahl von Instrumenten:

**Netzwerktreffen**

Das Management hat durch die inhaltliche Gestaltung und Organisation von Netzwerktreffen die Möglichkeit, entscheidend auf das Netzwerk Einfluss zu nehmen. Dabei haben Netzwerktreffen einerseits das Ziel der Produkt- und Prozessentwicklung durch den Austausch von wissenschaftlichen und praxisbezogenen Konzepten und Methoden. Andererseits muss das Ziel auch die Rückführung von Ergebnissen aus den einzelnen Partnerunternehmen und Forschungsinstituten in das gesamte Netzwerk sein. Die netzwerkinterne Ergebnissicherung wird hierdurch unterstützt und ein Transfer der Netzwerkergebnisse in die jeweilige Heimatorganisation ermöglicht. Die ergebnis- und erfolgsorientierten Kommunikationsprozesse in den Netzwerktreffen sind nach unseren Erfahrungen sehr stark von Personen und ihrem wechselseitigen Vertrauen abhängig (vgl. Bachmann et al. 2001; Hirsch-Kreinsen 2002; Loose u. Well 1997). Die Bedeutung von Vertrauen in Netzwerkstrukturen wird auch durch Stellungnahmen von Projektpartnern bestätigt: das *Vertrauen in Personen* war demzufolge bei den Netzwerkakteuren wesentlich stärker als im Vergleich hierzu *das Vertrauen in Institutionen* oder *Strukturen*.

**Produktentwicklung in Sub-Netzwerken**

Das Management hat bei der Produktentwicklung die Aufgabe, die Ausrichtung der Produkte auf das Themenspektrum des Netzwerks (im Falle von SENEKA: Wissen – Innovation – Netzwerke) zu gewährleisten. Die konkrete Produktentwicklung fördert darüber hinaus eine Identifikation der beteiligten Unternehmen mit „ihrem" Produkt und über das Produkt mit dem gesamten Netzwerk. In der Produktentwicklung zeigt sich das Spannungsverhältnis zwischen *organisationsspezifischen Zielsetzungen* einzelner Unternehmen und *übergeordneten Zielsetzungen* des Netzwerks. Dieses Spannungsverhältnis begründet sich zumeist einerseits in dem Wunsch und/oder der Notwendigkeit, am Netzwerk teilzunehmen (Forschung, langfristige Entwicklung und Planung), und andererseits in dem Widerspruch, der durch die Dynamik des Geschäftsalltags hervorgerufen wird, da das Tagesgeschäft der Unternehmen nicht zwangsläufig mit den Arbeiten im SENEKA-Netzwerk kongruent ist.

**Szenario-Technik**

Die Szenario-Technik ist eine Methode, die zur strategischen Planung der Netzwerkentwicklung eingesetzt werden kann (vgl. Kneschaurek 1983; Oertel 2001; Oertel u. Sauer 2002). Das Ziel des Einsatzes der Szenario-Technik als Instrument zum Netzwerkmanagement liegt darin, die im Netzwerk vorhandenen komplexen, interdisziplinären und branchenübergreifenden Sichtweisen und Zukunftsvorstellungen der Akteure zu visualisieren und dadurch zu einem gemeinsamen Verständnis über mögliche Zukunftsentwicklungen oder -trends zu gelangen. Neben der Visualisierung von komplexen Prozessen werden gemeinsame Zielvorstellungen beschrieben. Gleichzeitig findet eine Auseinandersetzung über das Verständnis von zentralen Begriffen statt, so dass sich darüber eine „gemeinsame Sprache" im Netzwerk entwickeln kann (vgl. Hasse u. Wehner 1997; Staber 2000). Wird die Szenario-Technik zu einer späteren Phase im Netzwerkverlauf eingesetzt, kann sie auch zur Überprüfung der bisherigen Zusammenarbeit und im Sinne einer „Gap-Analyse" dem Aufspüren von so genannten „blinden Flecken" dienen. Die Szenario-Technik hat sich als eine gute Methode erwiesen, um implizites Erfahrungswissen von Fachleuten aus unterschiedlichen Branchen und Disziplinen in einem offenen Prozess zusammenzutragen. Die Zusammenführung des heterogenen Erfahrungswissens trägt sowohl zur Verbesserung des internen Wissensmanagements als auch zur Qualitätssteigerung der Prozesse und Produkte im Netzwerk bei.

**Berichtswesen**

Das Controlling[27] eines komplexen Netzwerks benötigt die Überprüfung der erbrachten Leistungen der Partner in regelmäßigen Intervallen. Im Projekt SENEKA werden diese Leistungen u.a. durch die Erstellung von halbjährlichen Zwischenberichten durch die Projektpartner zusammengeführt. Es zeigt sich jedoch, dass diese Berichte von den Kooperationspartnern als zusätzliche Arbeitsbelastung wahrgenommen werden. Deshalb ist es notwendig, die Ziele des Berichtswesens möglichst transparent für die Projektpartner zu gestalten. Darüber hinaus muss einkalkuliert werden, dass die Koordination für den Erstellungsprozess der Berichte ein striktes Terminmanagement vorgeben muss.

---

[27] Controlling im Sinne von Steuerung; vgl. hierzu auch Kap. 6.4.3.

| | Initiierungs-phase | Stabilisierungs-phase | Verstetigungs-phase |
|---|---|---|---|
| 1999 | Aufstellung des Projektteams<br>Gemeinsame Adressdatenbank<br>Corporate Design<br>Rollen-Definition der Akteure<br>Einheitliche Dokumentennamen im Koordinationsteam<br>Eröffnungsveranstaltung SENEKA<br>Start der monatlichen VI-Treffen | Aufnahme weiterer Projektpartner<br>Erstellung einer Verantwortlichkeitsmatrix<br>Start von Arbeitskreisen | |
| 2000 | Start Programmierung Virtuelle Plattform SENEKA<br>Gemeinsames Projektlaufwerk für Koordinationsteam<br>Konstituierende Sitzung von Beirat/Lenkungsausschuss | SENEKA-Newsletter (1/4-jährliche Depesche)<br>Produktsammlung für Verwertung mit Analyse zur Produktbewertung<br>gemeinsame wissenschaftliche Veröffentlichungen des Virtuellen Instituts SENEKA (fortlaufend)<br>jährliches SENEKA-Journal<br>1. Jahrestagung SENEKA<br>Einführung Jahresplanungsgespräche<br>Einführung Virtuelle Plattform SENEKA<br>Start Transferveranstaltungen<br>Szenarien-Entwicklung „Nutzung von Wissen im Jahre 2010"<br>Weiterbildung für Koordinationsteam „Systemisches Management"<br>Einführung Meilensteinplan für Koordinationsteam | Dissertationen ab 2000 (fortlaufend)<br><br>Mitgestaltung des „Weltingenieurtags 2000" |

**Abb. 2.6:** Zeitstrahl zentraler strategischer und operativer Interventionen durch das Management von SENEKA (den Entwicklungsphasen eines Netzwerks zugeordnet); 1999 bis 2000

| | Initiierungs-phase | Stabilisierungs-phase | Verstetigungs-phase |
|---|---|---|---|
| 2001 | | Produktkatalog 2001 (deutsch/englisch) <br> 2. Jahrestagung SENEKA <br> Einführung der Balanced Scorecard im Koordinationsteam <br> Diverse Modifikationen der Virtuellen Plattform ab 2001 <br> Treffen der deutschsprachigen assoziierten Partner | Dissertationswerkstatt <br> Workshop „Wissenssicherung" bei Schlüsselpersonen im Virtuellen Institut <br> Beschluss zur forcierten Internationalisierung <br> Produktkatalog 2001 (englisch) |
| 2002 | | Balanced Scorecard im Gesamtverbund | Modifizierte Anwendungen der Virtuellen Plattform <br> Einführung von CoPs <br> Verstärkte Aufnahme internationaler Aktivitäten <br> Neuauflage Produktkatalog 2002 (deutsch) <br> Entscheidung für eine Wissenslandkarte im Virtuellen Institut SENEKA |
| 2003 | | | Mitwirkung an der Erstellung des European Guide „Good Practice in KM" <br> Mitgestaltung 6.FRP der EU (2002 bis 2006) <br> Transfer des SENEKA-Konzepts in andere Länder (geplant R.S.A) |
| 2004 | | | |

**Abb. 2.7:** Zeitstrahl zentraler strategischer und operativer Interventionen durch das Management von SENEKA (den Entwicklungsphasen eines Netzwerks zugeordnet); 2001 bis 2004

## Projektinterne und projektexterne Öffentlichkeitsarbeit

Die kontinuierliche Öffentlichkeitsarbeit verfolgt zum einen das Ziel, die Zwischenergebnisse dem gesamten Netzwerk zur Verfügung zu stellen (z.b. durch den regelmäßig erscheinenden Newsletter) und so den netzwerkinternen Wissens- und Wissenschaftstransfer zu gewährleisten. Zum anderen wird sichergestellt, dass zentrale Ergebnisse mittels Vorträgen auf Fachtagungen und wissenschaftlichen Veröffentlichungen einer breiten Fachöffentlichkeit präsentiert werden und ein über das Netzwerk hinausgreifender Wissenstransfer stattfindet. Dies wurde u.a. gezielt durch Transfer-Veranstaltungen wie Podiumsdiskussionen mit Vertretern von Wirtschaft, Politik und Wissenschaft sowie Marktplätzen zur Präsentation einzelner SENEKA-Produkte erreicht. Insbesondere im Bereich der Öffentlichkeitsarbeit zeigt sich, dass es in einem Netzwerk dieser Größe schwierig ist, alle zentralen Entwicklungen und Ergebnisse (z.B. Veröffentlichungen, Produktentwicklungen etc.) öffentlich sichtbar zu machen.

## Reflexion und Evaluation

Zur Reflexion und Evaluation eines Netzwerks ist es notwendig, zu überprüfen, welchen Einfluss die einzelnen Gestaltungsaspekte in ihrem Zusammenwirken auf das Ergebnis (Output) haben. Daraus sind Handlungsoptionen für eine Umstrukturierung oder Reorganisation des Netzwerks ableitbar. Den theoretischen Rahmen für die Reflexion und Evaluation der Projektarbeit bilden u.a. die Prozessphasen der Netzwerkentwicklung und die Gestaltungsaspekte des Netzwerkmanagements (vgl. Frank u. Oertel 2002). Wesentliche Erfahrungen mit den einzelnen Steuerungsinstrumenten basieren auf der Reflexion der Projektergebnisse, die in mehreren Reflexionsworkshops des SENEKA-Koordinationsteams herausgearbeitet wurde. Die Durchführung dieser Reflexionsworkshops trägt entscheidend zur Projektevaluation und Projektdokumentation bei.

## Balanced Scorecard

Die Zielsetzungen des Netzwerks sollten von allen Netzwerkpartnern umgesetzt und mitgetragen werden. In gewissen zeitlichen Abständen muss also die Zielerfüllung des Netzwerks sowie die Zielerfüllung der einzelnen Organisationen in ihrer Rolle als Netzwerkpartner nachgehalten werden. Die Balanced Scorecard ist eine Methode, um mit Kennzahlen die Performance eines Netzwerks einzuschätzen und daraus Steuerungsmechanismen abzuleiten. Durch die Erhebung von Kennzahlen können steuernde Maßnahmen zur besseren Zielerreichung eingeleitet werden. Ein Schwerpunkt der Balanced Scorecard ist die Berücksichtigung von „weichen Faktoren" (z.B. qualitative Bewertungen der Mitarbeiterentwicklung) bei der Einschätzung der Performance einer Unternehmung (vgl. Kaplan u. Norton 1997; Petzolt 2000).

In ersten Anwendungen der Balanced Scorecard für das Netzwerk SENEKA wurden die Kennzahlen durch das Koordinationsteam erhoben (Phase 1). Dabei erfolgte eine Einschätzung der Aktivitäten jeder Partner-Organisation. Diese Kennzahlen dienten als Basis für erste erfolgreiche Steuermaßnahmen. In Phase 2 wurden diese Kennzahlen durch die Eigenbewertung der Netzwerkpartner und die

Gesamtbewertung des Netzwerks ergänzt und für die Steuerung eingesetzt. Weitere Ausführungen zur Entwicklung und Anwendung der Balanced Scorecard für Netzwerke sind dem Kapitel 6 zu entnehmen.

**Informations- und Kommunikationstechnologien**

Zur Unterstützung der standortübergreifenden Zusammenarbeit ist im Projekt SENEKA insbesondere die „Virtuelle Plattform SENEKA"[28] zur Anwendung gekommen. Der Zweck der Virtuellen Plattform ist es, den Wissens- und Informationsaustausch über Firmengrenzen hinweg zu ermöglichen und wissensorientierte Arbeitsprozesse zwischen heterogenen Netzwerkakteuren zu unterstützen und zu gestalten. Des Weiteren dient sie der Rückführung und Speicherung der Projektergebnisse für das Konsortium. Ein IT-Werkzeug, das in Netzwerken mit einer großen Anzahl von Partnern eingesetzt wird, muss hohe Anforderungen in Bezug auf die Nutzerfreundlichkeit erfüllen, da den unterschiedlichsten Bedürfnissen eines heterogenen Nutzerkreises Rechnung getragen werden muss. Die Etablierung eines organisationsübergreifenden und netzwerkinternen IT-Tools ist häufig mit Akzeptanzproblemen verbunden, denen unterschiedliche Ursachen zu Grunde liegen, wie die Konkurrenz zu bestehenden organisationsinternen Lösungen oder die fehlende Prozessroutine bei Nutzern.

### 2.3.3  Fazit zur Arbeit des Projekt- und Netzwerkmanagements

In Abbildung 2.8 werden die vorstehend beschriebenen Instrumente hinsichtlich ihrer Bedeutung für das Management des Netzwerks in den Phasen Initiierung, Stabilisierung und Verstetigung bewertet.

Für die drei Phasen eines Netzwerks lassen sich im Falle des SENEKA-Projektes aus Sicht des Netzwerkmanagements u.a. folgende Schlussfolgerungen ziehen:

In der *Initiierungsphase* haben sich insbesondere die Zuordnung der unterschiedlichen Unternehmen und Institute zu spezifischen Kooperationsprojekten und somit die Bildung von Sub-Netzwerken als günstig erwiesen. Die zum Teil abstrakten Ziele des Projektes wurden so als Teilziele in konkrete Projektarbeit, wissenschaftliche Forschungsfragen und Ergebnisvereinbarungen transferiert. Darüber hinaus spielen in dieser Phase Projekttreffen eine wichtige Rolle für den Aufbau von Vertrauen durch (Face-to-Face-)Kommunikation. In der Initiierungsphase war der Umgang mit der Verschiedenartigkeit der Organisationskulturen die wohl größte Herausforderung. Das Entwickeln einer „gemeinsamen Sprache" und ein Verständnis für unterschiedliche Unternehmenskulturen war insbesondere vor dem Hintergrund der heterogenen Zusammensetzung der Projektpartner ein wich-

---

[28] Die „Virtuelle Plattform SENEKA" ist ein für den Verbund entwickeltes informationstechnologisches Tool zur Unterstützung des Wissensmanagements im Projekt. Weitere Ausführungen zur Entwicklung, Anwendung und Evaluation der Virtuellen Plattform SENEKA sind in Kapitel 6.3.5 dieses Buches dargestellt.

tiger Prozess für die weitere erfolgreiche Zusammenarbeit. Hier unterstützten persönliche Treffen den Aufbau von gegenseitigem Verständnis in der Kommunikation mit dem Gegenüber. Hervorzuheben ist, dass die Zielkonvergenz der verschiedenen Akteure anfangs teilweise nicht hoch war. Zudem musste in dieser Phase an einem gemeinsamen Verständnis des Gesamtvorhabens gearbeitet werden. Dies lag u.a. darin begründet, dass jeder Partner zur Projektbewilligung einen Einzelantrag gestellt hatte, in dem beschrieben war, was seine Organisation im Laufe des Vorhabens erarbeiten wollte. Die Zusammenführung der Einzelinhalte und das Verstehen dessen, was die anderen Partner im Gesamtkontext erreichen wollten, waren somit zentrale Bestandteile dieser Projektphase. Die Bedeutung dieser Aspekte erwuchs auch aus der Tatsache, dass viele Initiatoren des Antrags als *Personen* zu Projektbeginn nicht mehr involviert waren.

Die öffentlichkeitswirksame Präsentation der einzelnen Produkte, Lösungen und Projektergebnisse wurde als entscheidender Beitrag in der *Stabilisierungsphase* des Projektes bewertet. Hierzu zählte insbesondere die übersichtliche und zusammenfassende Präsentation von Ergebnissen der verschiedenen Kooperationsprojekte im SENEKA-Produktkatalog. Praktische Fragestellungen wurden aufgegriffen und erarbeitete Konzepte und Lösungen vorgestellt. Durch den gemeinsamen Produktkatalog und durch weitere gemeinschaftliche Veröffentlichungen – hier sind insbesondere die SENEKA-Journale (deutsch- und englischsprachig) zu nennen – wurde das Verständnis der Projektpartner (Unternehmensvertreter und Wissenschaftler) für die gemeinsamen Arbeitsinhalte und die Projektidentität gestärkt. Auch für die Außendarstellung waren diese Projektpräsentationen hilfreich, um projektexternen Unternehmen mit ähnlichen Bedarfen Anknüpfungen zu ermöglichen. Die Produkt- und Ergebnispräsentation zeichnet sich in einem heterogenen Netzwerk dadurch aus, dass die Ergebnisse in die jeweilige Heimatorganisation rückgekoppelt, gleichzeitig aber auch so formuliert werden müssen, dass sie für die anderen beteiligten Akteure im Netzwerk und für externe Experten anschaulich und von Interesse sind.

Weiterhin stellte die Standardisierung von zentralen Projektprozessen wie z.B. die Schnittstellengestaltung zwischen Unternehmen und Virtuellem Institut einen wichtigen Bestandteil dieser Stabilisierungsphase dar. So wurde vereinbart, dass sich in sog. Jahresplanungsgesprächen je ein Vertreter des Unternehmens, der Wissenschaft und der Koordination treffen, um die Aktivitäten des Folgejahres im Unternehmen und mit dem Unternehmen abzustimmen. Diese Prozessgestaltung wurde zu einem Strukturelement des Projektes.

Für die *Verstetigungsphase* sei hier exemplarisch genannt, dass Teilnetzwerke nach Beendigung ihrer Aktivitäten einer bewussten Auflösung unterzogen werden müssen. Der bewusste Umgang mit den sozio-ökonomischen Prozessen und Ergebnissen der Kooperation erleichtert das schnelle Aufgreifen neuer Kooperationen innerhalb des Konsortiums. Ein weiteres Beispiel für die Verstetigungsphase in SENEKA ist der Beschluss zur verstärkten Internationalisierung des Projektes. Daraus resultierte u.a. die maßgebliche Beteiligung an der Erstellung eines „European Guide to Good Practice in Knowledge Management". Ein Schwerpunkt liegt dabei auf der Gestaltung von Wissensmanagement für kleine und mittlere Unternehmen. Dieser Schritt ermöglicht einen optimalen Transfer der Projektergebnisse in den europäischen Raum. Der Einsatz von SENEKA-Produkten in internationalen Kontexten ist ein weiterer Beleg für eine effektive Verwertung und eine erfolgreiche Verstetigung des Projektes SENEKA.

Insgesamt hat sich die Strategie der Kooperation von Wissenschaft und Wirtschaft in der Produktentstehung und für das Netzwerkmanagement bewährt. Auf europäischer Ebene lässt sich der strategische Ansatz von SENEKA mit den Plänen der EU zum Aufbau großer (teilweise heterogener) Verbünde vergleichen, die im sechsten Forschungsrahmenprogramm instrumentalisiert werden. Nimmt man SENEKA als Prototypen der von der Europäischen Kommission geplanten „Integrierten Projekte", so wird der extreme Anspruch an eine sinnvolle und inhaltsgeleitete Koordination solcher Vorhaben heterogener Konsortien deutlich. Insbesondere im Programm „Information Society Technology (IST)" finden sich viele inhaltliche Anknüpfungspunkte für die SENEKA-Aktivitäten, die vermehrt für den Wissenstransfer genutzt werden.

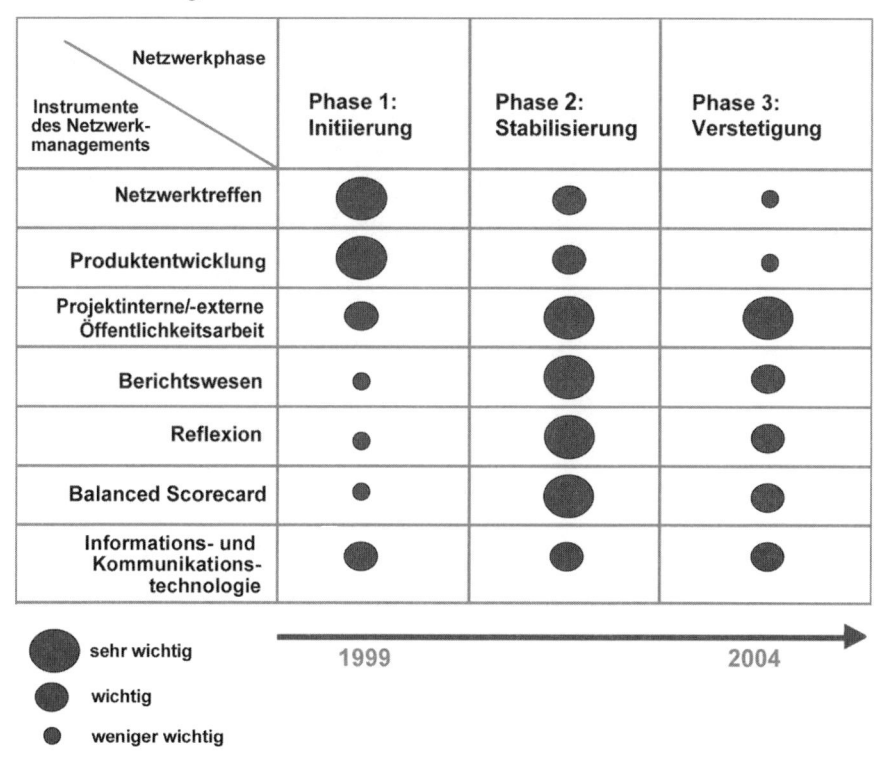

| Instrumente des Netzwerkmanagements \ Netzwerkphase | Phase 1: Initiierung | Phase 2: Stabilisierung | Phase 3: Verstetigung |
|---|---|---|---|
| Netzwerktreffen | ● sehr wichtig | ● wichtig | ● weniger wichtig |
| Produktentwicklung | ● sehr wichtig | ● wichtig | ● weniger wichtig |
| Projektinterne-/externe Öffentlichkeitsarbeit | ● wichtig | ● sehr wichtig | ● sehr wichtig |
| Berichtswesen | ● weniger wichtig | ● sehr wichtig | ● wichtig |
| Reflexion | ● weniger wichtig | ● sehr wichtig | ● wichtig |
| Balanced Scorecard | ● weniger wichtig | ● sehr wichtig | ● wichtig |
| Informations- und Kommunikationstechnologie | ● sehr wichtig | ● wichtig | ● wichtig |

● sehr wichtig
● wichtig
● weniger wichtig

1999 → 2004

**Abb. 2.8:** Bewertung der Instrumente des Netzwerkmanagements in den Phasen Initiierung, Stabilisierung und Verstetigung

# 3 Querschnittsaufgabe 1: Organisationsentwicklung von Netzwerken

**Zusammenfassung**

*In dem Beitrag werden verschiedene Ansätze der Querschnittsaufgabe 1 – Organisationsentwicklung von Netzwerken – vorgestellt. Im Anschluss an eine kurze Darstellung der Arbeitsschwerpunkte der Querschnittsaufgabe 1 wird der Frage nachgegangen, inwiefern Netzwerke gegenüber Organisationen neue Formen der Komplexitätsbearbeitung ermöglichen und wie sie eine Stärkung der Innovationsfähigkeit bewirken können. Die leitende Fragestellung hierbei ist, inwiefern Organisationen als typische Ordnungsform der Moderne fungieren und sich unter globalisierten Bedingungen Netzwerken als neuer Ordnungsform gegenübergestellt sehen. In welchem Maße Modelle die Steuerung und das Management von Netzwerken erleichtern, wird mit Blick auf das Qualitäts- und Prozessmanagement von Netzwerken diskutiert. In diesem Zusammenhang wird ein Qualitätsmanagement-System zur Förderung der Vernetzung und ein im Projekt erarbeitetes Phasenmodell zur Gestaltung von Netzwerken vorgestellt. Anhand von zwei ausgewählten Praxisbeispielen – dem Beratungsnetzwerk „Qua-Pro-Net" und dem „Runden Tisch Bremen" – werden Kennzeichen von unternehmensinternen und unternehmensübergreifenden Netzwerken beschrieben.*

## 3.1 Einleitung

*Daniela Ahrens*

Der Frage nach den Möglichkeiten der „Nutzung des weltweit verfügbaren Wissens für Aus- und Weiterbildung und Innovationsprozesse" wird im Projekt SENEKA auf verschiedenen Ebenen nachgegangen (vgl. Kap. 2). Ein Schwerpunkt betrifft die Frage der Vernetzung. Mit der Ausbildung von Netzwerken erhofft man sich eine verbesserte Mobilisierung und Bündelung von Ressourcen, innovative Konzepte, Strukturen und Prozesse sowie die Verringerung von Transaktionskosten.[29] Gerade kleine und mittelständische Unternehmen sehen sich bei der Integration innovativer Dienstleistungen und Produkte vor die Herausforderung gestellt, kooperative Formen der Zusammenarbeit einzugehen.

---

[29] In einer sich immer rascher ändernden Umwelt sind Netzwerke immer auch ein Versuch, wechselseitige Abhängigkeiten zu verdichten und in soziales Kapital umzuwandeln, auf das man unter turbulenten Bedingungen zurückgreifen kann.

Das Thema „Netzwerke" bzw. „Vernetzung" zu einem eigenständigen Thema einer Querschnittsaufgabe innerhalb des Verbundprojektes zu machen, gründet sich auf folgende Überlegungen (vgl. Kap. 2.2.4):

- Netzwerke gewinnen neben Markt und Hierarchie als „dritter" Steuerungsmodus an Bedeutung (vgl. Sydow 1999).

- Die Schaffung einer innovativen Atmosphäre lässt sich heute immer weniger nur auf einen Faktor reduzieren, etwa nach dem Motto „Mehr Bildung gleich verbesserte Innovationspotenziale". Ebenso wenig garantieren allein wissenschaftliche Höchstleistungen erfolgreiche wirtschaftliche Innovationen. Es geht stattdessen um das Zusammenspiel unterschiedlicher Akteure, etwa aus dem Bereich der Bildung, der Wirtschaft, der Wissenschaft und aus politischen Institutionen.[30]

- Immer kürzere Produktzyklen, steigende Innovationsgeschwindigkeiten sowie damit einhergehende sich wandelnde Qualifikationsanforderungen veranlassen insbesondere mittelständische Unternehmen dazu, sich auf neue Weise mit ihrer Umwelt auseinander zu setzen, um wettbewerbsfähig zu bleiben.

Gerade für die in SENEKA im Mittelpunkt stehenden kleinen und mittelständischen Unternehmen werden Netzwerke angesichts globaler Veränderungen und damit verbundener Unsicherheiten immer mehr zum entscheidenden Innovations- und Wettbewerbsvorteil. Um über die Konstituierung, den Verlauf und die Verstetigung von Netzwerken Aufschluss zu gewinnen, beziehen sich die Arbeiten der Querschnittsaufgabe 1 (QA 1) schwerpunktmäßig auf folgende Themen:

- Modellbildung von Netzwerken,

- Prozessbegleitung von Netzwerken,

- Durchführung von Netzwerkanalysen und

- Entwicklung von Methoden, Ausarbeitung von Verfahren und Instrumenten zur Evaluation von Netzwerken.

Neben einer wissenschaftlich reflektierten Auseinandersetzung mit den einzelnen Themen werden diese Arbeitsgebiete in Verbindung mit den jeweiligen Partnerunternehmen von SENEKA untersucht. Die in SENEKA hervorgehobene Bedeutung der Anwendungsorientierung, die sich unter anderem in der Entwicklung von Produkten ausdrückt, wird in der Querschnittsaufgabe 1 durch die Ausarbeitung eines Workshops für die Initiierung und Stabilisierung von Netzwerken sowie die Entwicklung eines Instruments zur (Selbst-)Evaluation von Netzwerken verwirklicht.

Aus der Perspektive der Wissenschaft geht es hierbei nicht um eine Instrumentalisierung wissenschaftlichen Wissens, sondern um Kopplungen zwischen den

---

[30] Vgl. hierzu auch die „Wertschöpfungskette des Wissens" von SENEKA in den Kapiteln 2.1 und 5.2.1.

jeweiligen Handlungsfeldern von Ökonomie und Wissenschaft. An Stelle einer Indienstnahme geht es daher eher im systemtheoretischen Sinn um Kopplungsverhältnisse (vgl. Weingart 2001), die in der wissenszentrierten Gesellschaft enger werden – und zwar gerade weil die Wissenschaft als eigenes System erfolgreich ist. „Würde man die Eigenlogiken des wissenschaftlichen Funktionssystems zu Gunsten der „äußeren" Anforderungen zu sehr zurückdrängen, so setzte man die wissenschaftliche Produktion der Gefahr aus (...) die abweichende, spezifisch wissenschaftliche Perspektive (...) zu verlieren und sich somit mittelfristig „totzulaufen"" (Bosch et al. 2001: 205). Mit dem Begriff der „Kopplung" soll deutlich gemacht werden, dass das Verhältnis von Wissenschaft und Wirtschaft nicht im Sinne einer Auflösung systeminterner Grenzen zu denken ist, dass es nicht zu einer Integration der Funktionen kommt, sondern vielmehr „betont das Konzept der *engen Kopplung* gerade die Bedeutung der Grenze zwischen den beiden Systemen" (Weingart 2001: 176). Wir erleben derzeit die paradoxe Situation, dass gerade durch die wechselseitigen Kooperationen und enger werdenden Kopplungen diese Grenze erst zum Gegenstand wechselseitiger Aushandlungs- und Reflexionsprozesse wird und damit Fragen des Transfers an Bedeutung gewinnen.

Inwieweit die Querschnittsaufgabe 1 diesem Anspruch gerecht werden kann, lässt sich an dieser Stelle noch nicht abschließend beurteilen. Ein Schritt in diese Richtung wird durch das Netzwerkkompendium der Querschnittsaufgabe 1 gemacht. In diesem Kompendium[31] (vgl. Kap. 3.3.5), das als eine Art „lernendes Produkt" im Zuge des Projektverlaufs stetig weiterentwickelt wird, geht es darum, in leicht verständlicher Form eine Ausbalancierung zwischen theoretischer Reflexion und praktischen Handlungsempfehlungen für Vernetzungsprozesse vorzustellen.

An dieser Stelle soll noch kurz etwas zu der Arbeitsweise und Zusammensetzung der Querschnittsaufgabe gesagt werden: In der Querschnittsaufgabe 1 sind Soziologen, Sozialwissenschaftler, Ingenieure und Wirtschaftsgeographen vertreten. Damit wird der in SENEKA verfolgte Anspruch der Interdisziplinarität gewahrt. Gleichwohl zeigt das konkrete Arbeiten[32], dass das Aufbrechen disziplinärer Schranken zu Gunsten einer interdisziplinären Herangehensweise schneller formuliert als umgesetzt ist.

---

[31] Derzeit liegt bereits die fünfte Version vor.
[32] Die Querschnittsaufgabe 1 führt regelmäßig Arbeitstreffen durch, in denen die verschiedenen Ansätze diskutiert werden. Die Federführung der Querschnittsaufgabe 1 liegt beim Institut Technik und Bildung (ITB) Bremen.

## 3.2 Problemhintergrund und Fragestellungen zur Organisationsentwicklung von Netzwerken

*Daniela Ahrens*

In der gegenwärtigen Euphorie über Netzwerke und Vernetzungsprozesse wird häufig bereits in der besonderen Architektur von Netzwerken – jenseits von Markt und Hierarchie – ein Garant für bessere Komplexitätsbewältigung und Problemlösungskapazität gesehen. Die funktionale Notwendigkeit von Kooperation und Vernetzung zur Erhöhung des „Problembewältigungswissens" und der Bewältigung zunehmend komplexer werdender dynamisierter Umwelten reicht jedoch als Erklärung der Entwicklung und des tatsächlichen Funktionierens von Vernetzungsprozessen ebenso wenig aus wie das Abstellen auf rationales Entscheiden der beteiligten Akteure (vgl. u.a. Granovetter 1973; Weyer 2000)[33]. Inwiefern Netzwerke den an sie gerichteten Erwartungen gerecht werden können oder aber das viele Reden über Netzwerke eher auf ein Problem aufmerksam macht[34], als dass es bereits praktikable Wege zur Problemlösung anbietet, ist nicht zuletzt von unserem Wissen über das Funktionieren von Netzwerken, von ihrer Ausbildung, ihren internen sozialen Mechanismen sowie von den spezifischen Kompetenzen der Netzwerkakteure abhängig. Hier setzen die Arbeiten der Querschnittsaufgabe 1 an und versuchen, einen differenzierten Einblick in das Netzwerkgeschehen zu gewinnen. Ziel und Anspruch der Aktivitäten dieser Querschnittsaufgabe ist es, interessierten Netzwerkakteuren – sei es aus dem Beratungs- und Bildungsbereich oder aus der Wirtschaft – Material an die Hand zu geben, das bei der Entscheidung für die Teilnahme an einem Netzwerk, der Beurteilung von Netzwerken, der Integration zusätzlicher Partner sowie der Unterstützung bei der Entwicklung von Netzwerken wichtige Informationen liefert.

Die Querschnittaufgabe 1 orientiert sich in ihren Arbeiten an folgenden sechs Fragestellungen:

- Wie generieren Netzwerke einen eigenständigen Ordnungszusammenhang?
- Lassen sich Netzwerke als eine eigenständige Ordnungsform analog zu Organisationen begreifen?

---

[33] Nicht zuletzt in den zahlreichen staatlich initiierten Programmen zur Netzwerkbildung – sei es auf regionaler oder überregionaler Ebene – drücken sich die hohen (normativen) Erwartungen an Netzwerke aus. Derartige Förderprogramme unterstützen die Vorstellung, dass sich Akteure der Herausbildung und Aufrechterhaltung von Netzwerkstrukturen auf Grund objektiver Rahmenbedingungen immer weniger entziehen können. Zu diesen Rahmenbedingungen zählen etwa die Globalisierung von Märkten, die Verdichtung des Wettbewerbs sowie die Suche nach flexiblen Organisationsformen.

[34] Angesichts der hohen normativen Erwartungen an Netzwerke als das moderne Instrument zur Umsetzung von Innovationsprozessen sprechen Hellmer et al. auch vom „Mythos Netzwerke" (Hellmer et al. 1999).

- Welche Rolle spielen informelle Beziehungen für Vernetzungsprozesse?
- Welche Innovationschancen und -mechanismen kennzeichnen vernetzte Strukturen?
- Welche Unterstützungsleistung bietet ein Phasenmodell der Netzwerkentwicklung für die Konstituierung eines Netzwerks?
- Welchen Beitrag kann eine netzwerkfähige Gestaltung des Qualitätsmanagements zur Bildung von Netzwerken leisten?

Um Aufschluss über diese Fragen zu bekommen, ist der Aufbau des Kapitels 3 wie folgt gegliedert: Zunächst wird vor dem Hintergrund zentraler Argumentationen aus der Netzwerktheorie und -forschung versucht, eine Antwort zu finden auf die Frage, „was" ein Netzwerk ist (Kap. 3.3.1). Bevor im zweiten Teil an ausgewählten Praxisbeispielen die internen Funktionslogiken von Netzwerken veranschaulicht werden, diskutiert das Kapitel 3.3.2 das Verhältnis von Netzwerken und Organisationen. In welchem Maße Netzwerken ein höheres Innovationspotenzial zugeschrieben wird als dem Markt oder der Organisation, wird in Kapitel 3.3.3 thematisiert. In Kapitel 3.3.4 werden im Rahmen eines Qualitätsmanagement-Systems Methoden und Vorgehensweisen beschrieben, die eine erfolgreiche unternehmensübergreifende Zusammenarbeit fördern. Kapitel 3.3.5 beschreibt die Netzwerkentwicklung anhand eines im Projekt erarbeiteten Phasenmodells, das die Gestaltung von Netzwerken unterstützt.

Das Praxisbeispiel in Kapitel 3.3.6 stellt den Aufbau eines Beratungsnetzwerks in der Automobilindustrie vor. Angesichts der wachsenden Anforderungen an die bestehende Inhouse-Beratung geht es hier um die Integration externer Beratungs- und Forschungsorganisationen zu Gunsten der Etablierung eines flexiblen Beraternetzwerks, das in stärkerem Maße als zuvor die Kundenwünsche berücksichtigt. Durch die Integration externen Wissens in das unternehmensinterne Netzwerk wird eine zentrale Eigenschaft von Netzwerken – Flexibilität durch lose Kopplungen – exemplarisch veranschaulicht. Neben einer Projekt- und Potenzialanalyse wurde eine Kunden- und Partneranalyse durchgeführt, um einen Orientierungsrahmen für den sich daran anschließenden Netzwerkaufbau zu schaffen. Bei der Begleitung des Netzwerkaufbaus greifen die Autoren auf das im Projekt erarbeitete Netzwerkmodell zurück, das die Entwicklung eines Netzwerks in drei Phasen gliedert, um so beispielsweise entsprechenden Beratungs- und Coachingbedarf gezielt einzusetzen. Am Beispiel eines regionalen Netzwerks mittelständischer Unternehmen in Kapitel 3.3.7 – dem sog. „Runden Tisch Bremen" – wird untersucht, inwieweit regionale Netzwerke über besondere Vorteile bei der Akkumulierung, Neukombination, Nutzung sowie der Weitergabe impliziten, kontextgebundenen Wissens verfügen. Die These ist, dass die Frage des Standortes auch im Zuge der Globalisierung keineswegs an Bedeutung verliert, vielmehr wird die Konkurrenz der Standorte in erster Linie zu einer Konkurrenz verschiedener Regionen.

## 3.3 Forschungsergebnisse und ausgewählte Praxisbeispiele

### 3.3.1 Was sind Netzwerke?

*Daniela Ahrens*

Netzwerke sind in Mode. Veränderte Markt- und Kundenanforderungen, wachsender Druck auf die organisatorische Flexibilität von Unternehmensorganisationen, die Verflüssigung von Grenzziehungen in und zwischen Unternehmungen, der verstärkte Einsatz neuer Kommunikations- und Informationstechnologien sowie die organisatorische Neu- und Reorganisation von Geschäftsfeldern, von Funktionen und Bezügen zu Lieferanten, Kunden sowie Kooperationspartnern haben den Netzwerkgedanken in die Ökonomie getragen und damit bedeutsam werden lassen. Es gibt Unternehmensnetzwerke, Migrationsnetzwerke, Innovationsnetzwerke, Frauennetzwerke, informelle Netzwerke, Forschungsnetzwerke, Lernnetzwerke, Terrornetzwerke u.Ä.. Die Liste ließe sich nahezu beliebig fortsetzen. Die auf die jeweilige Funktionalität ausgerichteten Namensgebungen verdecken jedoch die Frage danach, was Netzwerken gemeinsam ist und was dazu führt, dass sich die verschiedensten Akteure aus den unterschiedlichsten Bereichen für Vernetzung entscheiden. Blickt man auf die derzeitige Diskussion über Netzwerke, lässt sich eine eindeutige Antwort auf diese Frage nicht finden. Der Netzwerkbegriff wird vielfach als Metapher genutzt, um neue Phänomene zu beschreiben. Die Gefahr hierbei ist, einem relativ unbekümmerten empirischen Zugriff zu folgen und die beobachteten Phänomene dann als Netzwerke zu etikettieren. Dass nahezu jedes empirische Phänomen als Netzwerk betrachtet werden kann, liegt für Sydow darin begründet, dass „ein Netzwerk zunächst nichts anderes [ist] als ein methodisches Konstrukt des Forschers oder der Forscherin, der bzw. die darüber entscheidet, welcher Untersuchungsgegenstand als Netzwerk erfasst werden soll, und zweitens, wie dieser von seiner Umwelt abgegrenzt werden soll" (Sydow 1992: 75).

In der Netzwerkdiskussion lassen sich vier Ansätze unterscheiden (vgl. Hellmer et al. 1999; Diller 2002):

- Der formale Netzwerkansatz: Im Mittelpunkt steht hier die präzise deskriptive Abbildung interner Netzwerkstrukturen. In Absehung von dem jeweiligen Kontext, in dem Netzwerke agieren, geht es dem formalen Ansatz in erster Linie um die Abbildung von Verbindungen ähnlich einer Matrix. Der zu Grunde liegende Netzwerkbegriff bleibt hier allerdings sehr allgemein, da nahezu alle Strukturen von Einheiten und Akteuren, die aus mehr als zwei Elementen bestehen, als Netzwerke definiert werden (vgl. u.a. Pappi 1987).

- Der (neo-)institutionstheoretische Ansatz unterscheidet Netzwerke von den anderen zentralen Steuerungsformen Markt und Hierarchie. Netzwerke erscheinen hier entweder als hybride Formen, die marktförmige und/oder hierarchische

Aspekte in sich vereinen, oder als eigener Typus jenseits von Markt und Hierarchie (vgl. Powell 1990).[35]

- Die soziologisch ausgerichtete Netzwerkanalyse richtet den Blick auf die Einbettung der Netzwerkbeziehungen. Gegenüber neo-institutionalistischen Ansätzen liegt der Schwerpunkt hier auf Mechanismen wie Vertrauen, Reziprozität und Komplexitätsumgang.

- Aus politikwissenschaftlicher Perspektive werden Netzwerke in erster Linie hinsichtlich ihrer Steuerungsfähigkeit untersucht. Aus system- und steuerungstheoretischer Perspektive geht es um Fragen der Regulierung in und durch Netzwerke.

Anknüpfend an die einschlägige Literatur (vgl. u.a. Miles u. Snow 1986; Sydow 1992; Ebers 1997) verstehen wir Unternehmensnetzwerke als eher kooperative denn kompetitive Formen der überbetrieblichen Zusammenarbeit. Im Anschluss an Sydow entstehen Unternehmensnetzwerke durch eine „Intensivierung der Zusammenarbeit von Unternehmen oder durch eine begrenzte Funktionsausgliederung auf Grund einer ‚Lockerung' hierarchisch koordinierter Austauschbeziehungen, mit anderen Worten, durch Quasi-Internalisierung oder Quasi-Externalisierung" (Sydow 1995: 16). Jenseits der verschiedenen Ansätze und Herangehensweisen lassen sich folgende zentrale Aspekte nennen, anhand deren sich Netzwerke beschreiben lassen:

- Netzwerke stellen emergente Phänomene dar.

- Netzwerke werden durch den wechselseitigen Nutzen der Beteiligten zusammengehalten, wobei es gleichermaßen um den Nutzen für das Netzwerk als auch für die jeweiligen Netzwerkakteure geht.

- Netzwerke werden durch Vertrauen zusammengehalten.

- Zwischen den Akteuren bestehen formelle und/oder informelle Beziehungen.

Im Anschluss an Powell (1990) lassen sich Netzwerke als *reziproke* Interaktionsbeziehungen autonomer Akteure begreifen, die weder in eindeutiger Weise dem Typus Markt noch dem Typus Hierarchie zuzuordnen sind. Die einzelnen Akteure innerhalb des Netzwerks sind zwar autonom, gleichzeitig jedoch aufeinander angewiesen. Netzwerke lassen sich insofern als dynamische Koordinationsarchitekturen verstehen, die die (globale) Verteiltheit der Handlungen, die Heterogenität der beteiligten Akteure und die *Polyrhythmik der Verläufe* zu bewältigen

---

[35] Wichtige Vertreter des Neo-Institutionalismus sind Walter Powell, Paul DiMaggio und John W. Meyer. In den 1970er und 1980er Jahren entwickelte sich der soziologische Neo-Institutionalismus, der seine Ursprünge in der US-amerikanischen Organisationssoziologie hat. Im Vordergrund stehen Fragen nach dem institutionellen Wandel und dem Umgang mit Institutionen. Im Vergleich zur Institutionenforschung geht es dem Neo-Institutionalismus um eine stärkere Berücksichtigung der Akteurskonstellationen und eine kritische Auseinandersetzung mit der Rational-Choice-Theorie (vgl. Hasse u. Krücken 1999).

suchen. Durch die Zusammenarbeit wird die Voraussetzung für kollektiv organisiertes Problemlösen geschaffen, um durch Kooperation Effekte zu erreichen, die durch Markt und Hierarchie nicht mehr oder nur unzureichend zu erlangen sind. Mit dem Netzwerkbegriff wird deutlich gemacht, dass die Handlungskoordination nach einem Modus erfolgt, der sich von den alternativen Formen Markt und Hierarchie deutlich unterscheidet. Das heißt: Die Koordination und Steuerung von Netzwerken erfolgt nicht über Preise oder Anweisungen, sondern in erster Linie über vertrauensvolle Kooperation und Aushandlung. Zwischen Markt und Staat avancieren Netzwerke so zu geeigneten Arenen für neue Handlungs- und Kommunikationsformen, die sich quer zu bestehenden Systemrationalitäten ansiedeln.

Die insbesondere in der Institutionentheorie und der wirtschaftswissenschaftlich orientierten Transaktionskostenökonomie aufgemachte Trias „Markt – Hierarchie – Netzwerk" bezieht sich auf die in Tabelle 3.1 dargestellten Zusammenhänge (vgl. Mill u.Weißbach 1992; Powell 1990; Weyer 2000).

**Tabelle 3.1:** Zusammenhänge von Markt, Hierarchie und Netzwerk

| Koordinationstyp | Markt | Hierarchie/ Organisation | Netzwerk |
|---|---|---|---|
| Koordinationsmittel | Preise | formale Regeln | Vertrauen |
| Koordinationsform | spontan, spezifisch | geregelt, unspezifisch | Diskurs |
| Akteursbeziehungen | unabhängig | abhängig | interdependent |
| Zugang | offen | geregelt | begrenzt/exklusiv |
| Zeithorizont | kurzfristig | langfristig | mittelfristig |
| Konfliktregulierung | Recht | Macht | Verhandlung |

Daran wird deutlich, dass die Konstituierung von Netzwerken davon abhängig ist, inwieweit es gelingt, zwischen den verschiedenen Akteuren einen Beziehungszusammenhang zu stiften, der nicht nur punktueller Natur ist. Um einen Einblick in die Konstituierung von Netzwerken zu gewinnen, werden in diesem Kapitel zwei Praxisbeispiele vorgestellt.

Wir werden derzeit Zeugen der paradoxen Situation, dass durch die enträumlichenden Tendenzen des globalen Wettbewerbs die Voraussetzung für neue Regionalisierungsprozesse geschaffen wird. Entgegen der gängigen These, wonach zunehmende Globalisierungsprozesse zu einer Erosion und Entbettung regionaler Zusammenhänge führen, gehen wir davon aus, dass Globalisierung als Voraussetzung für neue (Re-)Regionalisierungsprozesse fungiert. Hirsch-Kreinsen unterscheidet in diesem Zusammenhang zwischen „flow economies" und „territorial economies", um einerseits auf die Erosion und teilweise Substituierung und andererseits auf die nach wie vor notwendige territoriale Bindung von Unternehmen zu verweisen (vgl. Hirsch-Kreinsen 2000; Henning et al. 1999). Kennzeichnend für die „flow economies" ist die globale Ausdehnung von Unternehmensstrategien, die verknüpft ist mit hoher Produkt- und Prozessstandardisierung, denn erst durch Standardisierungsprozesse wird es möglich, Produktionsstätten von *territorial spezifischen* Bedingungen zu lösen und prinzipiell *weltweit* platzieren zu können. „Territorial economies" hingegen charakterisieren sich durch eine spezialisierte Produkt- und Prozessstruktur, die bestimmte *territorial spezifische* Bedingungen zur Voraussetzung hat und sich somit nicht problemlos an einen anderen Ort übertragen lässt. Räumliche Nähe ist demzufolge nach wie vor als eine wesentliche Größe für die Innovations- und Wettbewerbsfähigkeit von Unternehmen zu begreifen (vgl. Hellmer et al. 1999).

Lompe et al. (1996) nennen aus strukturpolitischer Sicht folgende Gründe, die zu einer Aufwertung der Region[36] als Handlungsfeld führen:

- Eine abnehmende Regelungskraft traditioneller zentralstaatlicher Interventionsmuster und zunehmende Dichte internationaler Regelungen führt dazu, dass Probleme schneller auf die regionale Ebene durchschlagen. Die damit angesprochene Steuerungsproblematik des Staates wird insbesondere bei Aufgaben- und Themenfeldern relevant, die sich nicht sektoral eindeutig zuordnen lassen.

- Handlungs- und Gestaltungserwartungen richten sich weniger auf die lokale und kommunale, als auf die regionale Ebene. Auf der Regionalebene soll eine koordinierende und gemeinsame Planung von kommunalen Aufgaben in größeren räumlichen Zusammenhängen stattfinden.

- Die Umbrüche im wirtschaftlichen Bereich sowie sich wandelnde Unternehmensstrategien unter globalisierten Bedingungen forcieren die Ausbildung von Kooperationen auf regionaler Ebene, so dass sich eine Entwicklung von der Konkurrenz der *Standorte* zu einer Konkurrenz der *Regionen* abzeichnet.

Ein derart gefasster Regionenbegriff geht über die Feststellung hinaus, eine Region sei eine räumliche Einheit mittlerer Größe zwischen Landes- und kommunaler Ebene. Ebenso wenig fungiert die Region als ein „Behälter", innerhalb dessen mehr oder weniger innovative Unternehmen als Träger lokaler Wirtschaftens fungieren[37]; denn: „Regionen werden *„gemacht",* ökonomisch, sozial und politisch *„konstruiert""* (Dörre 1999: 187). Mit der Betonung des Gestaltungscharakters von Regionen wird der Tatsache Rechnung getragen, dass Unternehmen ihr Standortumfeld heute immer weniger ausschließlich über den territorialen (Nah-)Raum definieren, sondern als einen strategischen Raum der verteilten Orte und der Einbettung in ein regionales Netz:

„Regionen lassen sich nicht einfach dadurch entwickeln, dass man die von Industrieunternehmen gewünschten materiellen und personellen Standortqualitäten schafft. Regionen sind keine passiven Behälter, sondern aktive Milieus mit einem spezifischen, endogenen Potenzial, das nur zum Teil aus materiellen Ressourcen besteht" (Krätke 1995: 218).

---

[36] Vgl. Kapitel 6.4.1.
[37] „A region is not an object (...) it is an intellectual concept, an entity (...) created by the selection of certain features and by the disregard of certain others" (Whittlesey 1954: 30).

In dieser wirtschaftskulturellen Betrachtungsweise wird die regionale soziokulturelle Einbettung von (Unternehmens-)Netzwerken betont. Im Mittelpunkt steht hier die These, dass das Entwicklungspotenzial von Regionen nicht allein von ihrer materiellen Ausstattung und entsprechenden Infrastrukturen (Forschungs- und Entwicklungseinrichtungen u.ä.) abhängig ist, sondern in hohem Maße von den wirtschaftskulturellen Eigenschaften der regionalen Akteure sowie deren Beziehungsmustern (vgl. Krätke 1995). An Bedeutung gewinnen somit spezifische Produktions- und Innovationsmilieus und damit einhergehende spezifische Kooperations- und Umgangsformen zwischen den (ökonomischen, sozialen, politischen) Akteuren.

### 3.3.2 Das Verhältnis von Netzwerk und Organisation

*Daniela Ahrens*

Den Blick gleichermaßen auf organisationssoziologische und netzwerk-theoretische Überlegungen zu richten, erwies sich für die im Rahmen von SENEKA formulierte Querschnittsaufgabe „Organisationsentwicklung von Netzwerken" als hilfreich, handelt es sich hier doch in gewisser Hinsicht um ein Oxymoron, also um einen Terminus aus zwei sich widersprechenden Begriffen: Während mit dem *Organisationsbegriff* Prozesse der Regelhaftigkeit und Standardisierung sowie eindeutige Innen/Außen-Grenzen und Mitgliedschaften verbunden sind, stellt der *Netzwerkbegriff* gerade auf die Aufweichung und Überwindung von Organisationsgrenzen ab (vgl. u.a. Luhmann 2000; Mahnkopf 1994). Organisationen präsentieren sich nach außen als ein formales Gerüst von Kompetenzen und Dienstwegen, während Netzwerke gerade auf Reziprozität, lose Kopplung und Redundanz abstellen. Arbeiten zum Thema „Organisationsentwicklung von Netzwerken" müssen sich also der Herausforderung stellen, gleichermaßen *formale* Kommunikationsstrukturen und *informelle* Kommunikation zu vereinen.[38] „Der Netzwerkbegriff ist nicht bereits vorweg schon durch formale Organisation definiert, sondern eher durch eine Art Vertrauen, das sich auf erkennbare Interessenlagen und wiederholte Bewährung stützt" (Luhmann 2000: 385). So kann es für ein Netzwerk mitunter äußerst riskant sein, formale Kommunikation einzufordern, um damit mehr Sicherheit zu erreichen und Vertrauenstests zu vermeiden. Zu Tage treten damit verbundene Spannungen beispielsweise dann, wenn im Hintergrund eine formale Struktur existiert, die mit *Weisungsbefugnissen* ausgestattet ist, während

---

[38] Eine ähnliche Paradoxie lässt sich auch an dem zunehmend populär werdenden Begriff „Organisationales Lernen" bzw. „lernende Organisation" festmachen: Während Lernen eher auf das Erzeugen von Vielfalt und das Explorieren abstellt, verstehen wir unter Organisieren in erster Linie Prozesse der Standardisierung und Regelhaftigkeit. Organisationen stehen also vor der Herausforderung, einerseits lernförderliche Strukturen und Umgebungen zu schaffen, innerhalb deren Lernen möglich ist, andererseits müssen sie gleichzeitig als (Lern-)Gemeinschaft kollektives Lernen als Prozess kontinuierlich aufrecht erhalten.

gleichzeitig die Akteure sich in ihrer Selbstbeschreibung auf eine *heterarchische* Struktur einigen. In der Regel treten dann die formalen und hierarchisch strukturierten Beziehungen auf, wenn Termineinhaltungen in Gefahr sind, Qualitätsmängel festgestellt werden oder aber Entscheidungsfindungen ins Leere laufen gerade auf Grund der eingeführten dezentralen heterarchischen Strukturen.[39]

Die öffentlichkeitswirksame Karriere des Netzwerkbegriffs provoziert die Frage, ob Netzwerken eine ähnlich strukturbildende Rolle zukommt wie Organisationen. Folgt man Luhmanns wissenssoziologischem Einwand, dass zwischen der Struktur einer Gesellschaft und ihrer Semantik ein Zusammenhang besteht[40], drängt sich die Frage auf, inwiefern die „klassische" Moderne eine von und durch Organisationen geprägte Gesellschaft ist[41], während unter globalisierten Bedingungen die Rede von der „Netzwerkgesellschaft" ist. Castells begreift Vernetzung bereits als allgemeinen Operationsmodus und spricht von der „Netzwerkgesellschaft", um die strukturellen Umbrüche zu kennzeichnen. Danach bilden Netzwerke „die neue soziale Morphologie unserer Gesellschaften, und die Verbreitung der Vernetzungslogik verändert die Funktionsweise und die Ergebnisse von Prozessen der Produktion, Erfahrung, Macht und Kultur wesentlich" (Castells 2001: 527).

Um die zunehmende Beschleunigung, Verdichtung und Globalisierung von Informations- und Kommunikationsbeziehungen bewältigen zu können und um angesichts einer stetigen Verkürzung von Produktzyklen wettbewerbsfähig zu bleiben, entscheiden sich immer mehr Unternehmen verschiedenster Größe und Branchenzugehörigkeit für die Teilnahme an überbetrieblichen Arbeitsteilungen und Kooperationen: „Organisationen geraten unter den Druck, Variationen in der Umwelt nicht nur als „Störungen" der Kernstabilität, sondern als Anlässe zum Wandel und als Lern- und Innovationschancen wahrzunehmen" (Tacke 1997: 16).

Wenn die Möglichkeiten von Strukturänderungen steigen, wächst die Aufmerksamkeit für Netzwerkstrukturen und es wird der Eindruck erweckt, als ob Netzwerke als „Feuerwehr" der Risiken einer komplexen Gesellschaft fungieren könnten. Als Verarbeitungsmodus organisationsexterner Unsicherheiten „[gewährleisten] Vernetzungen kein ruhiges Leben, aber sie halten die Herausforderungen

---

[39] Dass Zentralisierung gerade durch Dezentralisierung entsteht, wird von Kühl diskutiert. Kühl nennt hier beispielsweise das „Kommunikationsdilemma" von Gruppen, die auf Grund fehlender Regeln und Verantwortlichkeiten Entscheidungen nicht fällen bis, letztendlich der Entscheidungsdruck so stark angewachsen ist, dass weniger auf der Sach- als auf der Zielebene entschieden werden muss (vgl. Kühl 2001). Wendet man diesen Gedanken auf das Projekt- und Netzwerkmanagement von SENEKA an, lässt sich auch hier die wechselseitige Abhängigkeit von zentralen und dezentralen Strukturen beobachten.

[40] Die Struktur der Gesellschaft verweist auf die Form ihrer primären Differenzierung, während unter Semantik der Vorrat der für die Kommunikation verfügbaren Ideen und Begriffe verstanden wird (vgl. Luhmann 1980).

[41] „The appearance of large organizations in the United States makes organizations the key phenomenon of our time" (Powell 1990: 725).

in Grenzen, mit denen man zurechtkommen kann" (Luhmann 2000: 409). Gleichzeitig irritieren Netzwerke Organisationen, indem sie sie mit neuen Möglichkeiten, Themen und Kontakten versorgen. Netzwerke ermöglichen einen verbesserten Zugang zu Umweltinformationen, die sonst so nicht zur Verfügung stünden. Das, was bislang außerhalb der Reichweite der Organisation lag und sich der organisationsinternen Bearbeitung entzogen hat – sei es auf Grund fehlender Zeit oder fehlender Kompetenzen –, kann durch das Netzwerk in die Organisation hineingetragen werden.[42]

Als Ordnungsform vormoderner Gesellschaftsformen sind Netzwerke in der funktional ausdifferenzierten modernen Gesellschaft aus dem Schatten des informellen Bereichs herausgetreten[43] und werden bereits als „dritter" Regulationsmodus – jenseits von Markt und Hierarchie – gehandelt (vgl. u.a. Powell 1990). Autoren wie Sydow und Weyer begreifen Netzwerke bereits als ein eigenständiges soziales System (vgl. u.a. Weyer 2000). Ähnlich argumentieren auch Moldaschl u. Sauer: In ihrer Kritik an empirischen Einzelfalluntersuchungen untersuchen sie die Relevanz von Netzwerken mit Blick auf die gesellschaftliche Entwicklung und betonen die wechselseitigen Veränderungsprozesse zwischen Netzwerken einerseits und Unternehmen andererseits. Danach lassen sich Netzwerke begreifen als „Ausdruck einer „Auflösung" des Unternehmens traditionellen Typs, andererseits bleiben in ihnen Unternehmen in modifizierter Form mit neuen Begrenzungen versehen erhalten" (Moldaschl u. Sauer 2000: 202). Moldaschl und Sauer sehen die Herausbildung von Netzwerken als Gegenbewegung zur Vermarktlichung zu Gunsten einer organisatorischen Netzwerksteuerung, „in der inhaltlich aufeinander bezogene Produktions- und Dienstleistungseinheiten organisatorisch eingebunden und gemeinsamen Zielsetzungen unterworfen werden" (Moldaschl u. Sauer 2000: 203).

Der Vorteil von Netzwerken wird darin gesehen, dass sie Strukturen dynamisieren können, ohne jedoch das Unternehmen als eigenständigen Akteur in Frage zu stellen. Zwar geraten im Zuge der Vernetzung auch die internen Beziehungen von Unternehmen in Bewegung, ohne jedoch die Existenz der Strukturen selbst in Frage zu stellen. Aspekte wie Teamorientierung, partizipative Entscheidungsprozesse, horizontale Kommunikationsprozesse wenden sich gegen be-

---

[42] Inwieweit sich die Selbstorganisation sozialer Systeme in diesem Zusammenhang um den Aspekt der Kooperation erweitert, wird bei Henning et al. thematisiert: „Klassische Hierarchisierung wandelt sich zunehmend in eine Organisationsform, in der auf allen Rekursionsebenen einer Organisation selbstähnliche Strukturen vorliegen. Fremdgesteuerter Determinismus wird zunehmend ersetzt bzw. ergänzt durch das Prinzip der Selbstorganisation. Das alte Paradigma der Evolution durch Wettbewerb schließlich wird in Richtung von Evolution durch Kooperation und Wettbewerb erweitert" (Henning et al. 1999: 216).

[43] Hier ging es in erster Linie um soziale Netzwerke in Form von Nachbarschaftshilfen u.Ä.. Doch erst seitdem die Wirtschaft die Idee des Netzwerks als eines strategisches Momentes im Umgang mit Globalisierung für sich entdeckt hat, hat der Netzwerkberiff sein Nischendasein verlassen.

triebswirtschaftliche Vorstellungen einer regelgeleiteten zweckgerichteten Organisationsrationalität und unterstreichen den Prozess des Organisierens durch menschliche Akteure.[44]

Angesichts einer turbulenten und dynamischen Umwelt sind Organisationen darum bemüht, ihre Grenzen auf die wechselnden Anforderungen zu justieren. Gleichsam bilden sich intern vielfältige Differenzierungen aus: Zum einen in institutionalisierter Form etwa durch Produktions-, Forschungs-und Entwicklungs-, Einkaufs-, Marketingabteilung und Ähnlichem, andererseits durch subformale Interaktionssysteme beispielsweise in Form von regelmäßigen „Morgenbesprechungen" (vgl. Kieserling 1994). Dies lässt sich dahingehend interpretieren, dass der vermeintliche Imperativ der Vernetzung gleichermaßen *innerhalb und außerhalb* von Unternehmen stattfindet: „Man könnte sogar so weit gehen, zu vermuten, dass Netzwerke im Außenverhältnis der Organisation das leisten, was Teams im Innenverhältnis leisten" (Baecker 1999: 189).[45] Während die Zusammenarbeit von Mitarbeitern – als Potenzial und Energieträger – die „treibende Kraft" von Arbeitsgruppen darstellt und die Vernetzung von Arbeitsgruppen als bewusst vernetzte Teilsysteme zur *internen* Synergiegewinnung im Unternehmen herangezogen wird, stellt die unternehmensexterne Vernetzung, die „erweiterte Branche", ein bewusst vernetztes System zur *externen* Synergienutzung dar (Abb. 3.1).

Dieser Wandel in den Organisationsstrukturen rechtfertigt es immer weniger, Organisationen per se mit Hierarchien gleichzusetzen. Zwar finden sich immer noch Unternehmen, die ihre interne Arbeitsteilung durch hierarchische Strukturen zu koordinieren versuchen, aber die Unternehmen nehmen zu, die beispielsweise ihre Strukturen so umbauen, dass sich die verschiedenen Funktionen im Unternehmen am Markt orientieren oder zu netzwerkförmigen Partnerschaften zusammenschließen.

---

[44] Dass Rationalität eher der Rechtfertigung dient, wird von dem Organisationstheoretiker Weick betont. Danach ist Rationalität „eine Rhetorik, die man verwendet, um sich und sein Handeln auf eine bestimmte, für andere leicht verstehbare Weise zu präsentieren, obwohl man bei den kleinsten Umweltveränderungen und Problemverschiebungen eigentlich willkürlich, zufallsabhängig, launisch, opportunistisch oder wie auch immer agiert" (Weick 2001: 125).

[45] Ausgangspunkt organisationssoziologischer Überlegungen bildet Webers Begriff der bürokratischen Herrschaft. Während bei Weber die Organisation noch durch Rationalität, Bürokratie und Hierarchie gekennzeichnet war, ist in der mittlerweile weit verzweigten Organisationsforschung der Grundbegriff strenger Zweckrationalität in seiner Bedeutung relativiert worden. Das Aufdecken dysfunktionaler Vorschriften, ineffizienter Regelwerke, mikropolitischer Machtspiele und partizipativer Strukturen im Gehäuse bürokratischer Organisationen lässt es nicht mehr zu, Organisationen als eine Ordnung strenger Hierarchisierung und voraussagbarer Entscheidungs- und Weisungsketten zu begreifen (vgl. Kneer 2001).

**Unternehmensexterne Vernetzung**

„Erweiterte Branche" als bewusst vernetztes System zur externen Synergienutzung (Biotop)

**Unternehmensinterne Vernetzung**

Mitarbeiter als Potenzial- und Energieträger - die „treibende Kraft"

Das Umfeld mit wechselseitigen Austauschbeziehungen

Unternehmen als lebender Organismus und als offenes System

Arbeitsgruppen als bewusst vernetzte Teilsysteme zur internen Synergiegewinnung

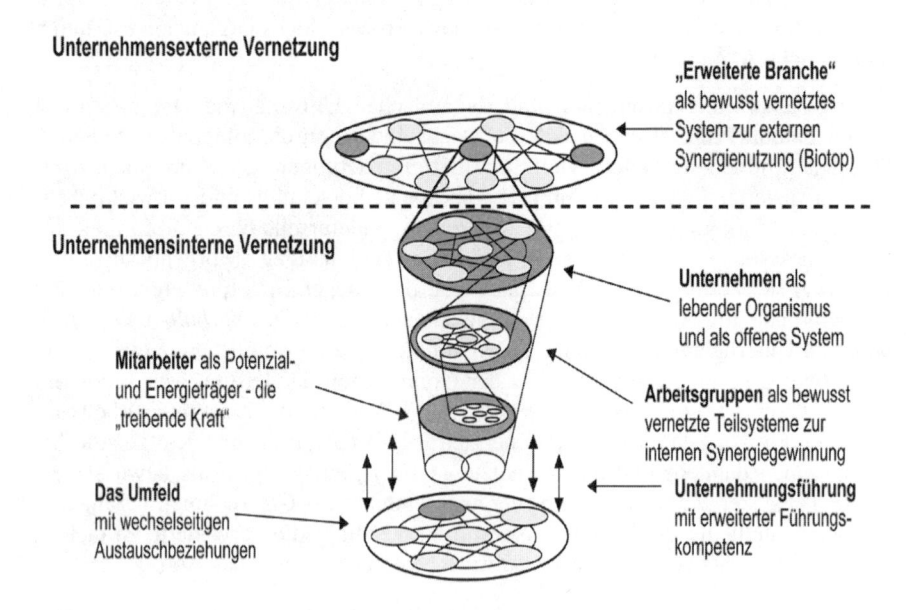

Unternehmungsführung mit erweiterter Führungskompetenz

**Abb. 3.1:** Struktur unternehmensinterner und -externer Vernetzung (Henning u. Schmette 2002 in Anlehnung an Born u. Eiselin 1996)

Indem Netzwerke auf Kooperation, Verflechtung und „In-Beziehung-Setzen" bislang getrennter Sinnlogiken abstellen[46], wirken Vernetzungen immer auch auf die Grenzen der jeweils zu vernetzenden Einheiten. Der hier verwendete Begriff der Grenze bezieht sich nicht auf physische oder territoriale Grenzen. Organisationsgrenzen sind vielmehr sinnhafte Grenzen.

Bei Unternehmen drücken sie sich in erster Linie in der Unterscheidung Mitglieder/Nichtmitglieder aus, wobei die Kriterien für die Mitgliedschaft organisationsintern entschieden werden. Ob ich dem Unternehmen xy angehöre, beruht auf bestimmten vertraglich geregelten Entscheidungen und zieht die Anerkennung bestimmter Einstellungen und Regeln mit sich. Grenzen beinhalten immer auch bestimmte Schließungsprozesse. Auf Organisationsgrenzen angewendet, bedeutet dies, dass durch die Grenzziehung (Schließung) Erwartungssicherheiten ausgebildet werden und die Selbstsicherheit und Stabilität eines organisierten Handlungssystems erhöht wird. Im Gegensatz dazu haben Netzwerke dynamische Ränder, die ein eindeutiges Innen/Außen erschweren. Wo ein Netzwerk beginnt bzw. wo die Netzwerkbeziehungen aufhören, ist somit in hohem Maße beobachterabhän-

---

[46] Dadurch, dass Netzwerke bislang getrennte Sinnlogiken neu kombinieren, bergen sie ein Überraschungs- und Innovationspotenzial.

gig.⁴⁷ Deutlich zu Tage tritt diese Beobachtungsabhängigkeit in quantitativen Netzwerkuntersuchungen, die auf eigentümliche Weise formal bleiben, indem sie mit Hilfe mathematischer Modellierungen und Matrizenrechnungen versuchen, Dichte und Häufigkeit, Komplexität und Transitivität von Netzwerken zu untersuchen, um so anhand der Muster der Beziehungen inhaltliche Beschreibungen zu liefern. An dieser Stelle ist zu fragen, inwieweit der Netzwerkanalytiker etwas beobachtet, was so – zumal in der Gesamtheit – niemand anders beobachtet. „Die Netzwerktheorie präsentiert sich als überlegener Beobachter, der die Gesellschaft von außen beobachtet, das Verhältnis seiner Beobachtungen zu den Beobachtungen im Gegenstandsbereich aber nicht aufklärt" (Tacke 2000: 295).

Unternehmensgrenzen regeln nicht nur Zugehörigkeiten und Mitgliedschaften, sondern fungieren sowohl nach innen als auch nach außen als Erwartungsgrenzen.⁴⁸ „Die Grenze einer Organisation (bzw. einer „Hierarchie") ist (...) vertragsrechtlich konstituiert und bezeichnet eine legitime Verfügungsgrenze über Leistungen anderer" (Tacke 1997: 6). Diese formal gehaltene Definition übersieht jedoch, dass Organisationen als soziale Systeme stets mehr sind als eine bloße Ansammlung vertragsrechtlicher Verfügungsrechte und mehr als die Summe des vorhandenen Arbeitswissens. Vertreter organisations-kulturtheoretischer Ansätze betonen den je spezifischen Eigensinn von Unternehmen. Zum einen bestimmt die vertragsrechtliche Konstituierung die legitime Verfügungsgrenze über Leistungen anderer, zum anderen handelt es sich bei Unternehmensgrenzen um eine nach innen und außen wirksame „sachlich spezifizierte Identitätsgrenze" (Tacke 1997: 8).

Im Folgenden soll vor dem Hintergrund dieser Überlegungen nicht an die Diskussion angeknüpft werden, die bereits eine „Verflüssigung" (vgl. Mill u. Weißbach 1992) und Auflösung von Grenzen (vgl. Ashkenas et al. 1995)⁴⁹ beobachtet, sondern stattdessen danach gefragt werden, inwiefern es durch Vernetzung zu einer Neuordnung von Grenzen kommt. Dabei wird davon ausgegangen, dass gerade durch Vernetzungen Grenzziehungen an Relevanz gewinnen.

Vernetzungen setzen die Durchlässigkeit von Organisationsgrenzen voraus und bilden die Voraussetzung für neue Grenzziehungen, indem bislang Unverknüpftes neu kombiniert wird. Gleichwohl wird mit der Öffnung von Grenzen beispielswei-

---

[47] Als Beispiel für die Reichweite von Netzwerkeffekten kann das Kartellverfahren gegen Microsoft verstanden werden: Die Richter sprechen hier von sog. Network effects in dem Sinne, dass das Produkt bereits von so vielen Kunken gekauft worden ist, dass die anderen – bislang nur potenziellen – Käufer auch dieses Produkt erwerben müssen, wegen ihrer Abhängigkeit von der Gruppe der Microsoft-Kunden.

[48] Aus systemtheoretischer Sicht handelt es sich bei Systemgrenzen um Grenzen der Erwartbarkeit von Handlungen (vgl. Luhmann 1964). Diese Erwartungen orientieren und limitieren sich an den jeweiligen Strukturen: Wir wissen gemeinhin, was wir von einem spezifischen Unternehmen erwarten können und was nicht.

[49] Hier ist zu erwähnen, dass der Begriff der „grenzenlosen Organisation" (boundaryless organization) von den Autoren selbst als Metapher genutzt wird.

se durch die Teilnahme an Netzwerken die Chance zum Lernen im Sinne gesteigerter Variation verbunden.[50]

Vertreter von Netzwerkansätzen betonen vielfach die Stärke loser Verbindungen, die – so die Annahme – in Organisationen nicht möglich ist. Die Idee hierbei ist, dass lose Verbindungen Kommunikation stützen. Dabei gilt es jedoch zu beachten, dass Organisationen notwendig sind, damit überhaupt Kommunikation zwischen den Funktionssystemen stattfinden kann. Aus systemtheoretischer Sicht fungieren Organisationen als „Untereinheiten gesellschaftlicher Funktionssysteme" (Kneer 2001: 411), die die harte Logik funktionaler Differenzierung zu Gunsten interfunktionaler Kommunikation abpuffern. Organisationen „fungieren als zurechnungsfähige Akteure, die über die Fähigkeit verfügen, anderen gesellschaftlichen Akteuren, zumeist wiederum Organisationen, etwas mitzuteilen" (Kneer 2001: 412). Die allgemeine Rede, wonach Netzwerke das Prinzip der funktionalen Differenzierung zu Gunsten bislang unwahrscheinlicher Querverbindungen unterlaufen, lässt außer Acht, dass Organisationen nie nur einem Teilsystem zugerechnet werden können, sondern mit verschiedenen Teilsystemen Kontakt haben[51]. Organisationen sind keine Repräsentanten sozialer Teilsysteme, sondern partizipieren an verschiedenen Systemen[52]. Sie sind multilingual in dem Sinne, dass sie zwischen den verschiedenen Funktionslogiken wechseln können. Anders gesagt: Auch in und durch Organisationen findet vernetzte Kommunikation statt: „Das gleiche Geschehen ist in unterschiedliche Kontexte eingelassen, die ihm unterschiedliche Sinnbedeutungen zuweisen" (Kneer 2001: 416). So wie Organisationen eine notwendige Voraussetzung für die Durchsetzung funktionaler Ausdifferenzierung waren, bilden diese die Voraussetzung für Netzwerkbildung. Netzwerkbildungen lassen sich somit als Formen „sekundärer Ordnungsbildung" (Tacke 2000: 299) begreifen. Während Organisationen als Interdependenzunterbrecher fungieren, schaffen Netzwerke neue Interdependenzen quer zur funktio-

---

[50] Dies lässt sich beispielsweise im Bereich der beruflichen Weiterbildung beobachten, wenn angesichts der Programmatik des lebenslangen Lernens daran gearbeitet wird, die berufsbildenden Schulen aus der Schulverfassung zu lösen und sie gemeinsam mit der beruflichen Weiterbildung und der Erwachsenenbildung in Form von beruflichen Kompetenzzentren als dritte Säule des Bildungssystems zu etablieren (vgl. Rauner 2001).

[51] Kneer betont die Unvereinbarkeit zwischen dem Autopoiesis-Konzept und der Annahme einer organisationsüberschreitenden Kommunikation und betrachtet Organisationen als „Teil der Umwelt von Funktionssystemen" (Kneer 2001: 407). Anstelle interfunktionaler Kommunikation mittels Organisationen führt Kneer den Begriff der operativen Kopplung ein, um die an die jeweilige Organisation anhängende „Identität" mitführen zu können und um zu verdeutlichen, dass gekoppelte Organisationen in unterschiedliche Netzwerke eingebunden sind, divergierende Anschlüsse aufweisen und über unterschiedliche Vergangenheiten verfügen.

[52] Aus systemtheoretischer Perspektive begreifen wir Organisationen als „soziale Systeme, die sich mit Hilfe eines bestimmten Typus von Kommunikation, *nämlich Entscheidungen*, reproduzieren und daher alles, was für ihren Bestand wichtig ist, zum Gegenstand von Entscheidungen machen müssen" (Baecker 1999: 90).

nalen Differenzierung. Ob dies mit neuen strukturbildenden Prozessen einhergeht, ist dabei nicht zuletzt davon abhängig, inwieweit die Vernetzungen sich institutionalisieren.

Im Folgenden soll der Aspekt der Verknüpfung bislang getrennter Logiken mit Blick auf die damit einhergehenden Innovationspotenziale herausgearbeitet werden. Besonderes Augenmerk wird dabei auf die Innovationspotenziale vernetzter Strukturen gelegt – in Abgrenzung zu Innovationen über den Markt.

### 3.3.3 Innovation in Netzwerken

*Heike Hunecke, Jutta Sauer*

Die Innovationsfähigkeit[53] der deutschen Industrie wird immer wieder kritisiert. Das Projekt SENEKA mit dem Globalziel „Stärkung der Innovationsfähigkeit von insbesondere kleinen und mittleren Unternehmen" (vgl. Kap. 2) greift diesen Kritikpunkt auf und leistet durch innovative Formen der Zusammenarbeit im Netzwerk und in Sub-Netzwerken einen Beitrag, kreative und innovative Lösungsansätze und Produkte zu erforschen. Die vorstehend genannte Kritik richtet sich vor allem gegen die Beharrlichkeit traditionell gewachsener Unternehmensstrukturen[54], die für viele Unternehmen zwar einen geschützten und damit recht stabilen Aktionsraum bieten, die aber in Folge dessen den Wissensaustausch mit der Umwelt und die Neukombination von Wissen und Ressourcen stark einschränken. Um an neuen Entwicklungen beteiligt zu sein oder neue Märkte zu erobern, bedarf es der Kooperation mit fremden Partnern. Solche Verknüpfungen sind jedoch schwierig zu realisieren, da Akteure zusammengebracht werden, die nicht durch ein gemeinsames Miteinander und gewachsene Strukturen verbunden sind. Sie könnten somit ein unternehmerisches Risiko darstellen (vgl. Kern 1996).

„Die deutsche Industrie ist sehr gut im schnellen Austausch und in der schnellen Kombination von Wissensbeständen, die innerhalb historisch gewachsener regionaler Cluster (...) lokalisiert sind. Sie ist umgekehrt aber zögerlich und wenig leistungsfähig, wenn es um

---

[53] Folgender Innovationsbegriff wird zu Grunde gelegt: Innovation ist eine kreative Handlung, in der neue Kombinationen von Methoden, Maschinen und Prozessen situativ geschaffen werden (vgl. Rammert 1997).

[54] „Es reicht nicht mehr, Innovationen zu fordern, als ob sie vom Himmel fallen oder aus staatlich finanzierter Forschung. Innovationen sind Resultate eines neuen Denkens, dessen Neuheit vornehmlich darin besteht, nicht mehr so wie bisher zu denken (...). Produzieren und verwalten zu können, sind selbstverständliche Fertigkeiten in einem Unternehmen; aber wer nur diese Fertigkeiten mitbringt, produziert und verwaltet das Unternehmen so, wie es bisher war. Und so bleibt es dann auch. Genau das ist das Problem, dem wir uns stellen müssen an der Schwelle zum 21. Jahrhundert" (Priddat 1995: 3).

die Kombination von Wissensbeständen geht, die Wissenszugriffe über diese Milieus hinaus erfordern" (Kern 1996: 206).[55]

Die Neukombination von Wissen[56] (Fachwissen i.S. des expliziten Wissens und Erfahrungswissen i.S. des impliziten Wissens) kann jedoch insbesondere durch wechselseitige Lernprozesse erfolgen, d.h. in Netzwerken, die branchenbezogene, fachliche, disziplinäre und hierarchische Kooperations- und Kommunikationsbarrieren überwinden (vgl. Henning u. Hunecke 2002).[57]

**Innovation als Herausforderung**

In Folge der deutlich gestiegenen grenzüberschreitenden Mobilität von Kapital- und Informationsflüssen verschärft sich der internationale ökonomische Wettbewerb (vgl. u.a. Hasse u. Wehner 1997). Die Märkte diversifizieren weltweit und werden auf Grund unvorhersehbarer Nachfragesituationen zunehmend weniger kontrollierbar (vgl. Beck 1999b). Vor diesem Hintergrund werden Unternehmen mit kürzeren Produktlebenszyklen bei gleichzeitig erhöhtem Anspruch an Produktvielfalt und -qualität konfrontiert. Zur Wahrung oder Weiterentwicklung ihrer unternehmerischen Innovationsgeschwindigkeit sind die Unternehmen deshalb abhängig von Informationen und Wissen über die Kapital- und Absatzmärkte, und zwar im Hinblick auf Trends, Börsenkurse, Aktivitäten konkurrierender Firmen, technische Entwicklungen etc.. Dabei haben die Möglichkeiten der Informationsweitergabe exponentiell zugenommen und die weltweite Wissensproduktion weist in den vergangenen Jahren eine bemerkenswerte Beschleunigung auf (vgl. Henning et al. 2000). Als Reaktion auf diese Entwicklungen streben Unternehmen

- einen vorwettbewerblichen Informations- und Erfahrungsaustausch sowie
- die unternehmensinterne und -übergreifende Kombination von unternehmensspezifischen Kompetenzen, Wissensbeständen und materiellen Ressourcen an.

**Innovationstypen**

Die Erfolge der Innovationstypen *„Innovation über den Markt"* und *„Innovation durch Organisation"* sind gegenwärtig an ihre Grenzen gekommen (vgl. Rammert 1997). Der Typus *„Innovation über den Markt"* basiert auf der Schumpeterianischen Innovationsweise, wonach Erfinder-Unternehmer mit neuen Produkten gleichzeitig neue Produktionsverfahren und neue Märkte entwickeln.[58] Da-

---

[55] In der Verknüpfung bislang getrennt voneinander agierender Institutionen und Unternehmen zu Gunsten der Erschließung neuer Ressourcen und neuen Wissens liegt ein zentraler Ansatzpunkt von SENEKA.

[56] Vgl. Kapitel 6.2.

[57] So verbindet die im Projektmanagement von SENEKA genutzte Matrixstruktur u.a. wissenschaftliche Querschnittsaufgaben mit einer Produktentwicklung für Unternehmen.

[58] Das antreibende Moment für die Veränderungen in den wirtschaftlichen Aktivitäten sind für Joseph A. Schumpeter technische und organisatorische Neuerungen, neue Kombinationen der Produktionsmittel – die „Innovation", durchgesetzt vom schöpferischen „Unternehmer" (vgl. Schumpeter 1993).

zu gehören Kauf und Verwertung von Patenten durch Unternehmen sowie Eigentumssicherung und Unternehmensgründung durch Wissenschaftler und Erfinder. Der Typus „Innovation durch Organisation" entspricht einer Innovation in den geregelten Bahnen industrieller Forschung und Entwicklung und staatlich geregelter Großforschung (vgl. Rammert 1997). Die Beschleunigung der Innovationsprozesse führt nun dazu, dass die lineare Rückkopplung zwischen den Instanzen der Innovation nicht mehr zur Koordination ausreicht und die Tempounterschiede zwischen den institutionellen Feldern sich immer weniger synchronisieren lassen[59]. Die Beschleunigung des Tempos der Innovation folgt auf jedem Feld einem anderen Rhythmus, so dass die Abstimmungsprobleme sich im gesamten Innovationsprozess vergrößern. Um mit diesem beschleunigten Innovationstempo Schritt halten zu können, suchen Unternehmen eine engere Kooperation zwischen Entwicklern und Herstellern und eine festere Bindung zwischen Herstellern und Anwendern. Gefordert ist ein Koordinationsmechanismus, der die Nachteile der bislang primär relevanten Innovationstypen vermeidet und ihre Vorzüge vereint.

Angesichts der angedeuteten Symptome für eine Innovationskrise und der sich abzeichnenden Veränderungen in den Mustern der Innovationsverläufe entwickelt sich gegenwärtig ein Innovationstypus „Innovation im Netz" (vgl. Rammert 1997). Dieser ist u.a. eine Konsequenz daraus, dass sich die bisherigen Standardformen von Innovationsverläufen zunehmend auflösen. Dem Typus „Innovation im Netzwerk" wird nun diese besondere Fähigkeit zugesprochen, die institutionellen und zeitlichen Unterschiede im heterogen verteilten System der Innovation einerseits aufrecht zu erhalten und andererseits aufeinander abzustimmen[60]. Diese reflexive Innovationspolitik verfolgt im Vergleich zur *Organisation* eine lockere, aber im Vergleich zum *Markt* verbindlichere Vernetzung heterogener Akteure. Darüber hinaus lassen Netzwerke in zeitlicher Hinsicht heterogene Einheiten, unterschiedliche Tempi und einen offenen Zeithorizont zu. Diese Eigenschaften befähigen sie, die zunehmende Vielfältigkeit durch lockere Kopplung und zeitliche Flexibilität zu koordinieren. Die „Innovation im Netz" kann demzufolge als adäquate institutionelle Antwort auf die Herausforderung der Innovation angesehen werden (vgl. Rammert 1997).[61]

---

[59] Vgl. zu den damit verbundenen Herausforderungen für Innovationsmanagement die Beiträge in Kapitel 4.

[60] „Innovation nach Schumpeter verlangt also eine größere Heterogenität der Beteiligten, eine intensivere Rückkopplung mit vielfältigen Kontexten und eine größere Reflexivität der Akteure. Wenn weder der Schumpetersche risikofreudige Erfinder-Unternehmer noch der kapitalistische Konzern, weder der kreative Wissenschaftler noch die staatliche Großforschung allein den Gang der Innovation bestimmen können, dann werden Innovationsnetzwerke zu den bestimmenden Agenturen im postschumpeterianischen Innovationsregime. Neuerungen sind Netzwerkeffekte. Innovationen entstehen im Netz" (Rammert 1997: 416).

[61] Ein Beispiel für die Stärkung der Innovationsfähigkeit durch die Zusammenarbeit im Netzwerk wird durch die Netzwerkarbeit in SENEKA gegeben.

## Innovationsprozesse in verschiedenen Netzwerktypologien

Entsprechende Innovationsprozesse können in unterschiedlichen Netzwerkvarianten realisiert werden. Grundsätzlich lassen sich die genannten Netzwerktypen mit Hilfe des Grades ihrer Hierarchisierung einerseits und ihrer Dynamik andererseits charakterisieren (Abb. 3.2).

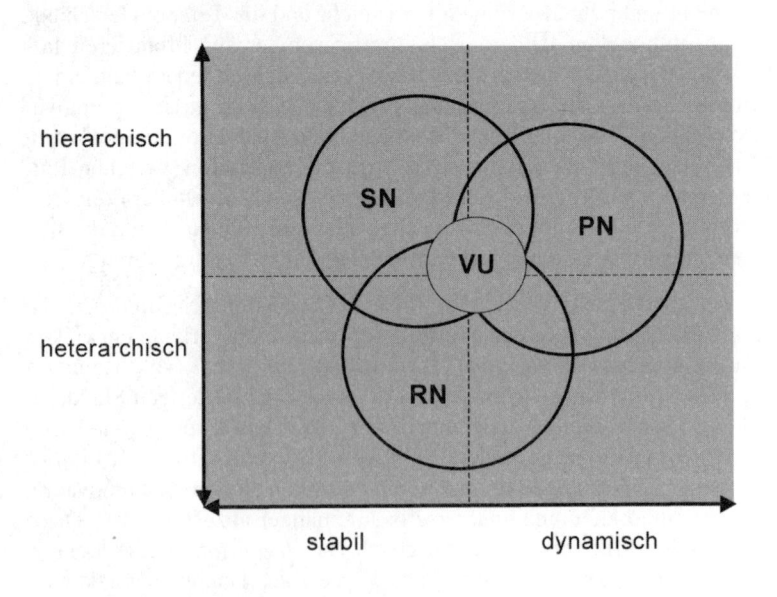

**Legende**
SN Strategische Netzwerke
RN Regionale Netzwerke
PN Projektnetzwerke
VU Virtuelle Unternehmung

- fokale Führung
- polyzentrisch, heterarchisch
- taktisch, kurzfristig
- IT-basiert, markt- bzw. auftragsorientiert

**Abb. 3.2:** Netzwerktypologien (Sydow 1998a)

Charakteristisch für *Strategische Netzwerke (SN)* ist, dass sie von einem oder mehreren Unternehmen strategisch geführt werden. Eine fokale Unternehmung gibt den zu bearbeitenden Markt, die notwendigen Strategien und Technologien sowie die Ausgestaltung der Netzwerkorganisation vor (vgl. Sydow u. Winand 1998). Diese federführende Unternehmung bildet damit auch eine Schlüsselfigur für die Ausrichtung der Innovationsprozesse des Netzwerks. Beispiele für solche strategischen Netzwerke finden sich in der Automobilindustrie, der Mikroelektronik und der Biotechnologie. In den vergangenen Jahren tritt dieser Netzwerktypus auch im Dienstleistungssektor häufiger auf.

*Regionale Netzwerke (RN)* bestehen meistens aus kleinen und mittleren Unternehmen und zeichnen sich im Gegensatz zu strategischen, oft international aufgebauten Unternehmensnetzwerken durch eine räumliche Agglomeration aus. Regionale Netzwerke wie zum Beispiel der „Runde Tisch Bremen" im Teilvorhaben 1 sind zumeist eher polyzentrisch bzw. heterarchisch organisiert[62]. Innovationsprozesse werden hier durch die regionale Kombination von materiellen Ressourcen, Wissen (Fachwissen und Erfahrungswissen) und eine z.T. gemeinsame Vermarktung von Produkten und Dienstleistungen gekennzeichnet. Die Innovationskraft der jeweiligen Region wird maßgeblich durch die wechselseitigen Forschungs- und Entwicklungsimpulse der beteiligten Netzwerkpartner bestimmt. Dokumentierte Beispiele regionaler Netzwerke finden sich z.B. im mittleren Norditalien (insb. in der Emilia Romagna), in Südfrankreich sowie im Silicon Valley (vgl. u.a. Piore u. Sabel 1984; Camagni 1991). In der Praxis sind regionale Netzwerke oft in umfassende, international tätige und strategisch geführte Netzwerke eingebettet. Eine primär regionale Vernetzung ohne internationale Einbettung mit dem vorrangigen Ziel, die regionale Wettbewerbsfähigkeit und Innovationskraft einzelner Akteure zu verbessern, findet sich vor allem zwischen Klein- und Kleinstunternehmen, wie im Handwerk. Kooperationsverbünde, die mit einer Rechtsform wie der so genannten Hand-in-Handwerker GmbH hinterlegt sind (in der Region Aachen, Köln u.v.a.m.), verweisen auf institutionalisierte Netzwerkvarianten, die in Folge des Wettbewerbsdrucks in den letzten Jahren auf regionaler Ebene entstanden (vgl. Hees 2001).

*Projektnetzwerke (PN)* unterscheiden sich von strategischen und regionalen Netzwerken vor allem durch ihre zeitliche Befristung und ihr taktisches Kalkül. Projektnetzwerke sind zumeist in einem sehr spezifischen Innovationsfeld tätig, das in einem fest umrissenen Zeitrahmen mit ausgewählten Partnern zu bearbeiten ist. Da die Initiierung solcher Netzwerke fast immer einem politischen, wirtschaftlich oder wissenschaftlich aktuellen Forschungs- oder Entwicklungsbedarf folgt, ist die Erwartung an die Innovationsleistung vergleichsweise hoch. Projektnetzwerke werden zumeist von einer koordinierenden Unternehmung geführt (z.B. dem koordinierenden Institut oder Unternehmen des Projektes); es sind allerdings auch heterarchisch strukturierte Projektnetzwerke vorstellbar (vgl. Sydow 1998b).[63]

So genannte *Virtuelle Unternehmen (VU)* sind zwar ihrer Außenwirkung nach Unternehmen, tatsächlich handelt es sich hierbei aber um ein Projektnetzwerk bzw. dynamisches Netzwerk mehrerer Unternehmen. Die beteiligten Unternehmen werden temporär zur Erstellung einer gemeinsamen Leistung in einem informations- und kommunikationstechnologisch gestützten Netzwerk so miteinander verknüpft, dass die einzelnen Beteiligten des Verbundes – im Idealfall – dem Abnehmer nicht ersichtlich werden. In SENEKA wird diese Form der Vernetzung im

---

[62] Vgl. hierzu auch Kapitel 3.3.7.
[63] Während in dieser Definition die Merkmale heterarchisch und hierarchisch noch im Sinne der Ausschließlichkeit gedacht werden, richten wir im Projekt den Blick auf die Parallelität dieser Strukturierungsform in Netzwerken – dies betrifft insbesondere den Aufbau und die Organisation von SENEKA als Verbundprojekt.

Virtuellen Institut[64] angestrebt: Das Virtuelle Institut bündelt die beteiligten wissenschaftlichen Institute und fungiert als eigenständige Adresse gegenüber den Unternehmern.

**Resümee**

Die Strategie der Vernetzung begünstigt die Kombination von unternehmensspezifischen Kompetenzen, Wissensbeständen und materiellen Ressourcen. Netzwerke stellen in diesem Sinne einen möglichen Schlüssel für die Erweiterung des Produkt- oder Leistungsspektrums der Netzwerkpartner (Unternehmen) dar; sie bieten somit die Chance zu einer verbesserten Flexibilität und Innovationsfähigkeit von vernetzten Unternehmen.

In Abhängigkeit von der jeweiligen Netzwerktypologie wird eine Steigerung der unternehmerischen Innovationsfähigkeit durch verschiedene Vernetzungskonstellationen bewirkt: Bei strategischen Netzwerken wird die Nutzung von Innovationspotenzialen durch die strategische Führungsrolle eines Unternehmens geprägt. Demgegenüber zeichnet sich die Innovationsfähigkeit regionaler Netzwerke durch wechselseitige und weitgehend gleichberechtigte Interorganisationsbeziehungen aus. Projektnetzwerke richten ihre Innovationsziele weniger auf die Organisationsform des Netzwerks als vielmehr auf spezifische Themenfelder aus, zu denen „Neues" erarbeitet werden soll. Virtuelle Unternehmungen stellen wie Projektnetzwerke auch zeitlich befristete Organisationsformen dar; hier liegt der Schlüssel der Innovationssteigerung jedoch in der grundsätzlichen und konstitutiven Bedeutung von IuK-Technologien.

Unabhängig davon, welcher Netzwerktypus letztendlich gewählt wird, hängt die unternehmensspezifische Fähigkeit zur Innovation ganz entscheidend davon ab, inwiefern es gelingt, das vorhandene Wissen der beteiligten Netzwerkakteure neu zu kombinieren und wechselseitig voneinander zu lernen. Innovation im Netz kann dann realisiert werden, wenn der Zugang zum Netz grundsätzlich offen gehalten wird, wenn Spielraum für Aushandlungen gegeben ist und wenn erfahrungsbasiertes Vertrauen die Beziehungen zwischen Konkurrenz und Kooperation regelt. Es sollte im Netzwerk gelingen, die institutionellen Unterschiede und Tempodifferenzen der beteiligten Akteure aufeinander abzustimmen und gleichzeitig die Verschiedenheit aufrechtzuerhalten.

---

[64] Vgl. Kapitel 2.2.3.

## 3.3.4 Über Qualitätsmanagementsysteme zur Vernetzung von KMU[65]

*Michael Rübartsch*

Die Vernetzung von kleinen und mittleren Unternehmen (KMU) zu flexiblen Wertschöpfungsverbünden stellt derzeit einen vielversprechenden Ansatz zur langfristigen Sicherung der Wettbewerbsfähigkeit dieser Unternehmen dar (vgl. Wildemann 1998; Semlinger 1999 sowie Kap. 2). Auf dem Weg zur Vernetzung müssen Hürden überwunden werden, die vor allem darin bestehen, dass organisatorische Voraussetzungen fehlen, Verbundfähigkeit nicht hinreichend erfasst werden kann, die Qualitätssicherung nicht gewährleistet werden kann und die Evolution des Netzwerks als nicht steuerbar erscheint. Die entscheidenden Defizite bei der Bildung von Netzwerken liegen insbesondere in den fehlenden Grundlagen und Voraussetzungen für die Herstellung der Netzwerkfähigkeit einzelner Unternehmen. In Anlehnung an die theoretische Diskussion in Kapitel 3.3.2 werden sowohl die bestehenden formellen als auch informellen Beziehungen von Netzwerkakteuren berücksichtigt. Unternehmensnetzwerke werden dabei eher als kooperative denn kompetitive Formen der überbetrieblichen Zusammenarbeit verstanden. Dieser Beitrag geht der Frage nach, welche Unterstützungsleistungen zur Bildung und Konstituierung von Netzwerken geleistet werden können.[66] Da kleine und mittlere Unternehmen derzeit vor der prozessorientierten Gestaltung ihrer Qualitätsmanagement-Systeme (QM-Systeme) stehen, bedeutet netzwerkfähige Gestaltung des Qualitätsmanagement-Systems, die Prinzipien der internen Prozessorientierung aufzugreifen und um unternehmensübergreifende Aspekte zu ergänzen (vgl. Rübartsch 2001).

Zur Deckung dieses Handlungsbedarfs wurde am Fraunhofer-Institut für Produktionstechnologie im Rahmen des Verbundprojektes SENEKA das Modell eines Qualitätsmanagement-Systems für die netzwerkfähige Gestaltung von Unternehmensorganisationen erarbeitet, das im Folgenden in seinen Grundzügen vorgestellt wird. Das Modell beschreibt Methoden und Vorgehensweisen, die es dem einzelnen Unternehmen ermöglichen, die erforderliche Netzwerkfähigkeit zu erzeugen, um sich erfolgreich an unternehmensübergreifender Zusammenarbeit zu beteiligen und diese ggf. zu initiieren. Der Entwicklung wurde folgendes Verständnis des Netzwerks zu Grunde gelegt, bei dem die Beziehungen von *Organisationen im Netzwerk* in Abbildung 3.3 visualisiert werden. Das Netzwerk wird hier als ein stabiles Gebilde aus rechtlich selbständigen Unternehmen, die dauerhafte Beziehungen pflegen und in flexiblen Gruppierungen zu aktiven Koppel-

---

[65] Der vorliegende Beitrag basiert auf den Ergebnissen der Dissertation von Michael Rübartsch, die u.a. im Rahmen der Querschnittsaufgabe 1 „Organisationsentwicklung von Netzwerken" erstellt wurde. Vgl. hierzu auch die Liste der im Rahmen des Projektes erstellten Dissertationen im Anhang.
[66] Vgl. Kapitel 3.3.2 und 3.3.5.

stellen intensiviert werden, definiert. Das Netzwerk ist damit die Summe bilateraler Kooperationen (vgl. Rübartsch 2001; Henning u. Schmette 2002).

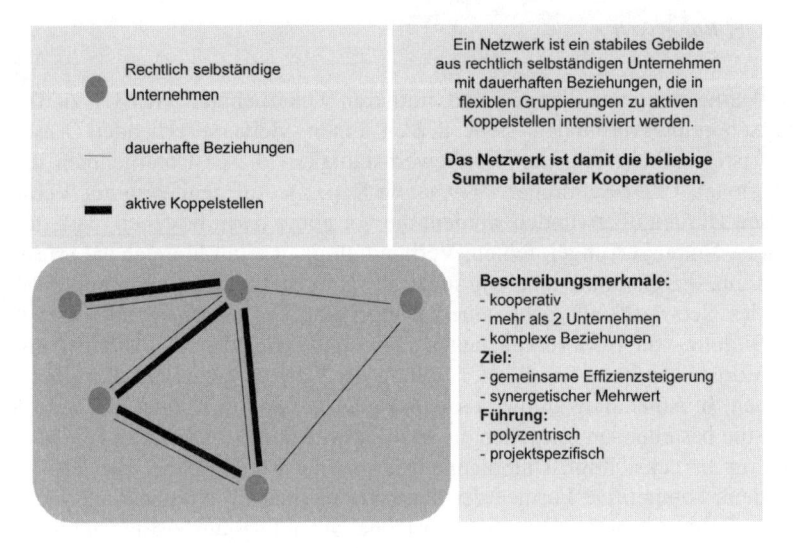

**Abb. 3.3:** Visualisierung der Beziehungen von Organisationen im Netzwerk (Rübartsch 2001: 40)[67]

Auf der Basis einer fundierten Analyse der Struktur von Qualitätsmanagement-Systemen[68] wurde ein Modell des netzwerkfähigen Qualitätsmanagement-Systems[69] erarbeitet, das als Grundlage für die Entwicklung von Gestaltungsmodulen diente. Dabei wurde einerseits die Förderung von Netzwerken und andererseits das Agieren in Netzwerken fokussiert. Es berücksichtigt zwei entscheidende Ebenen des Netzwerks: die Ebene der latenten Netzwerkbeziehungen und die Ebene

---

[67] Mit freundlicher Genehmigung des P3-Verlages aus der Dissertation von Michael Rübartsch entnommen.

[68] Als erster Schritt der Modellentwicklung wurden bestehende Ansätze des Qualitätsmanagements in Netzwerken analysiert. Relevante Vorüberlegungen bestehen im Quality Chain Management und bei der TQM-orientierten Gestaltung von Unternehmenskooperationen. Die Untersuchung bestehender Standards wie DIN EN ISO 9001, QS 9000 oder EFQM-Modell zeigt netzwerkspezifische Forderungen auf, die seit ihrem Erscheinen an die Gestaltung von QM-Systemen gerichtet werden. Das Modell folgt der These, dass die Netzwerkfähigkeit prozessorientierter Organisationen durch die netzwerkfähige Gestaltung aller Prozesse auf beliebigen Detaillierungsebenen einer Organisation gelingt.

[69] Die Basis der Modell-Entwicklung ist die essenzielle Bedeutung der Prozessorientierung sowohl für die Gestaltung von QM-Systemen als auch für die Ausgestaltung von Netzwerken. Die Kunden der entwickelten Ergebnisse sind KMU, die ihre QM-Systeme verbessern, um erfolgreich in Netzwerken zu agieren und ggf. neue Netzwerke zu initiieren.

der aktiven Koppelstellen. Für beide Ebenen werden die entscheidenden Gestaltungsmerkmale identifiziert, die anschließend jeweils durch die Erarbeitung methodischer Module untermauert werden. Auf der Ebene der latenten Netzwerkbeziehungen gilt es, Netzwerkakteure zu entwickeln, eine kooperative Organisationskultur zu fördern und Entwicklungen im Umfeld des Netzwerks zu antizipieren (Abb. 3.4).

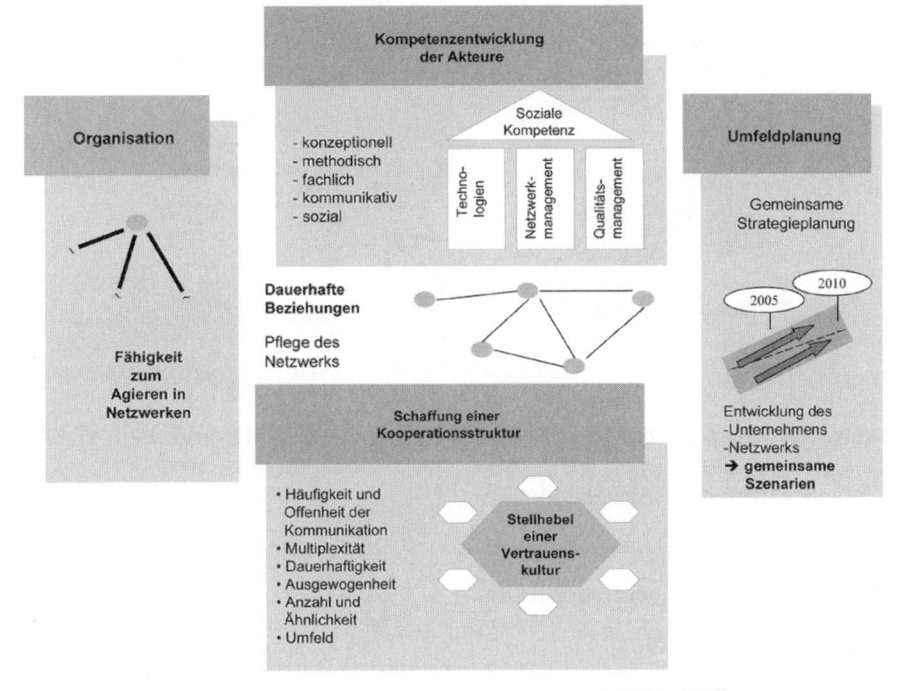

**Abb. 3.4:** Module zur Förderung von Netzwerken (Rübartsch 2001: 45)[70]

Über die Untersuchung der Methodik der Kompetenzentwicklung wird ein Kompetenzprogramm für Akteure in der netzwerkfähigen Organisation entwickelt[71]. Die Entwicklung einer kooperativen Unternehmenskultur gelingt primär durch die Beeinflussung von Stellhebeln interorganisationalen Vertrauens. Schließlich stellt die Szenario-Technik eine hervorragend geeignete Methode zur Antizipation von Umfeldveränderungen dar. Der vierte Baustein des Förderns von Netzwerken besteht in der netzwerkspezifischen Prozessgestaltung. Der Baustein lässt sich weiterhin in die Module Zielentwicklung, Regelung der Prozessqualität,

---

[70] Mit freundlicher Genehmigung des P3-Verlages aus der Dissertation von Michael Rübartsch entnommen.
[71] Vgl. Modul 1 in diesem Beitrag sowie Kapitel 5 in diesem Buch. Zur Kompetenzentwicklung von Netzwerkakteuren werden im Projekt SENEKA in der Querschnittsaufgabe 4 Lösungsansätze, Methoden und Werkzeuge erarbeitet.

Absicherung von Netzwerkprozessen, Bildung geeigneter Partnerkonstellationen und Zuordnung netzwerkspezifischer Methoden und Hilfsmittel unterteilen (Abb. 3.5).

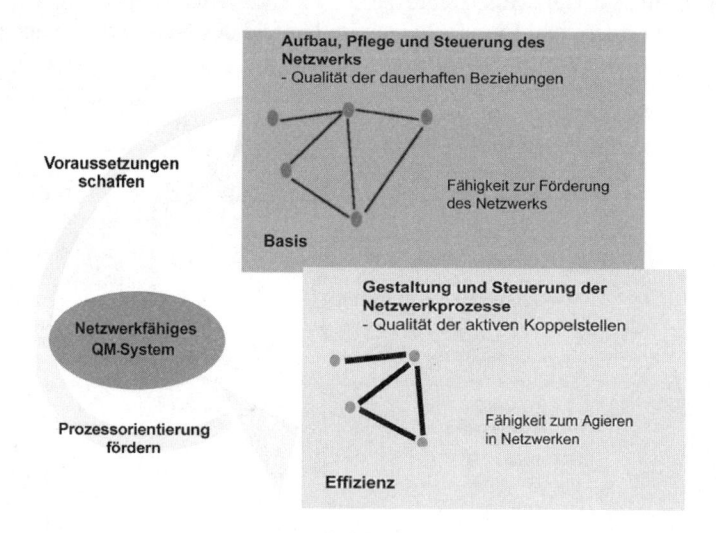

**Abb. 3.5:** Kernaufgaben des „netzwerkfähigen QM-Systems" (Rübartsch 2001: 41)[72]

Zusammenfassend werden die Module

- Kompetenzentwicklung der Akteure,
- Schaffung einer Kooperationskultur,
- Umfeldplanung,
- Zielplanung,
- Regelung der Qualität aktiver Netzwerkprozesse,
- Absicherung unternehmensübergreifender Prozesse,
- Partnerkonstellation und
- Zuordnung netzwerkspezifischer Hilfsmittel

als entscheidend für Qualitätsmanagement-Systeme zur netzwerkfähigen Gestaltung von Organisationen betrachtet.[73]

---

[72] Mit freundlicher Genehmigung des P3-Verlages aus der Dissertation von Michael Rübartsch entnommen.

[73] Jedes der vorstehend genannten acht Module wurde so entwickelt, dass es auch einzeln angewendet einen Mehrwert für KMU bietet.

Zur Entwicklung und Bewertung von Netzwerkzielen stellt die sog. Netzwerk-Scorecard ein leistungsfähiges Instrument dar. Hier wurde zur Regelung der Prozessqualität entlang aktiver Koppelstellen im Netzwerk ein einfaches und flexibles Kennzahlensystem entwickelt. Die Absicherung von Netzwerkprozessen wird dabei in Anlehnung an Konzepte des prozessorientierten Qualitätsmanagements beschrieben. Die Unterteilung von Netzwerkprozessen in Subprozesse ermöglicht außerdem die genaue Zuordnung geeigneter Netzwerkpartner zu resultierenden Teilaufgaben. Auf Basis detaillierter Analysen der Netzwerkpotenziale, -kunden und -partner sowie zurückliegender Projekte führt die exakte Differenzierung von Kundenanfragen an das Netzwerk zur Bildung entsprechender Partnerprofile. Schließlich werden innovative Methoden und zumeist DV-basierte Hilfsmittel zusammengestellt, welche den Informationsaustausch in Netzwerken unterstützen. Diese werden einzelnen Subprozessen der bereits verwendeten Geschäftsprozesstypen zugeordnet.

**Resümee**

Die Fokussierung auf einzelne Module bietet einen erheblichen Mehrwert für Unternehmen, die in oder vor konkreten Netzwerkbeziehungen stehen. Darüber hinaus werden im Sinne einer Synthese Empfehlungen für die ganzheitliche Implementierung aller Module gegeben, die sich dann zum vollständigen netzwerkfähigen Qualitätsmanagement-System ergänzen. Die Belastbarkeit dieser Implementierungsempfehlungen wird durch eine Spiegelung an aktuellen Zertifizierungsanforderungen überprüft und bestätigt. Die Anwendbarkeit der entwickelten Lösungen wurde im Forschungsprojekt SENEKA anhand von drei Praxisbeispielen erprobt. Zukünftiger Handlungsbedarf wird primär in der Weiterentwicklung der vorgestellten Module gesehen, um deren praktische Anwendbarkeit für KMU weiter zu erhöhen.

### 3.3.5 Phasenmodell für Netzwerke

*Martina Schmette, Eva Geiger, Michael Franssen*

Die Entwicklungsdynamik von Netzwerken wird im Wesentlichen von den (strategischen) „Handlungen strukturell eingebundener zielorientierter Akteure [angetrieben], [die] die koevolutionäre Dynamik sozialstruktureller und kultureller Netzwerkkomponenten bestimmen" (Kappelhoff 2000: 41). Die Entwicklung und Gestaltung eines Netzwerks lässt sich dabei in Prozessphasen darstellen (vgl. Sprenger u. Svabik 2001; Howaldt 2001; Hees 2001; Ahrens 2002). Das Konstrukt einer Phaseneinteilung bietet den Vorteil, in einem komplexen Prozess eine gewisse Orientierung zu geben: Die Unterteilung der Netzwerkentwicklung in einzelne Phasen ermöglicht den beteiligten Netzwerkakteuren somit eine bessere Orientierung im Prozess der Netzwerkentwicklung (vgl. Krüger 1983). Das im Rahmen des Projektes SENEKA entstandene Netzwerkentwicklungsmodell[74]

---

[74] Das Netzwerkentwicklungsmodell ist ausführlich dargestellt in Frank u. Oertel 2002.

(Abb. 3.6) hat diese phasenbezogene Prozessorientierung aufgegriffen und unterscheidet drei Phasen (vgl. Endres u. Wehner 1999). Die Sequenz von *Initiierungs-, Stabilisierungs- und Verstetigungsphasen* kann dabei als Lebenszyklus eines Netzwerks aufgefasst werden, der in dieser Abfolge durchlaufen wird[75] (vgl. Tröndler 1987; Sprenger u. Svabik 2001).

In diesem Zusammenhang kann für ein Modell der Netzwerkentwicklung auf den in der Einführung zu Kapitel 3 hingewiesenen Ansatz des Netzwerkkompendiums Bezug genommen werden, in dem eine Ausbalancierung zwischen theoretischer Reflexion und praktischen Handlungsempfehlungen angestrebt wird. Dieses Netzwerkentwicklungsmodell ist einerseits in seiner (inhaltlichen) Ausgestaltung sehr praxisorientiert ausgerichtet, wie in Abbildung 3.6 deutlich wird. Teilelemente des Netzwerkentwicklungsmodells wurden parallel zu ihrer Entstehung in Bezug auf ihre Anwendungsfähigkeit in der Praxis getestet, so dass auf Grund verschiedener Reflexionsprozesse frühzeitig Änderungsnotwendigkeiten erkennbar und entsprechende Anpassungsmaßnahmen vorgenommen wurden. Andererseits hat das Netzwerkentwicklungsmodell eine systemtheoretisch geprägte Basis.

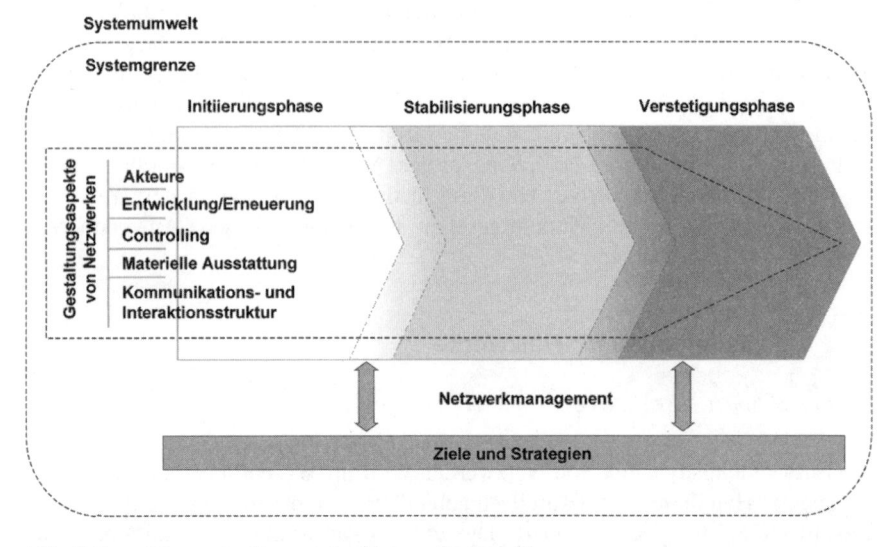

**Abb. 3.6:** Phasen im Prozess der Netzwerkentwicklung

Das Netzwerkentwicklungsmodell greift dabei auf den in der systemischen Organisationsberatung angewandten Systembegriff (vgl. König u. Volmer 1997) so-

---

[75] Vgl. Kapitel 2.3.2 und 2.3.3.

wie auf Erkenntnisse des OSTO-Systemansatzes[76] (vgl. Henning u. Marks 1992) zurück. Dieser von König und Vollmer verwendete Systembegriff steht in der Tradition Gregory Batesons (vgl. Bateson 1983; Ruesch u. Bateson 1995), der soziale Systeme (und Netzwerke werden hier als soziale Systeme betrachtet) als Systeme handelnder Personen definiert. So liegt die Aufmerksamkeit auf dem jeweiligen System und nicht auf einem einzelnen Faktor. Nach Bateson sind soziale Systeme gekennzeichnet durch

- die Personen als die Elemente des Systems,
- deren Bild von der Wirklichkeit und
- die sozialen Regeln, d.h. die Vorschriften darüber, was einzelne Personen in diesem sozialen System tun dürfen und was nicht.

Die zirkuläre Struktur sozialer Systeme entsteht durch Regelkreise, die sich auf der Basis der wechselseitigen Deutungen und sozialen Regeln ergeben.

In Anlehnung an die kennzeichnenden Merkmale sozialer Systeme nach König und Vollmer (1997) sowie an die Gestaltungskomponenten des OSTO-Systemansatzes (vgl. Henning u. Marks 1992) werden in dem in Abbildung 3.6 dargestellten Netzwerkentwicklungsmodell fünf Gestaltungsaspekte von Netzwerken gezeigt. Hiernach sind Netzwerke gestalt- und beschreibbar durch

- Akteure,
- Entwicklung und Erneuerung,
- Controlling,
- materielle Ausstattung sowie
- Kommunikations- und Interaktionsstrukturen.

Für jede Phase lassen sich spezifische Ausprägungen und Charakteristika dieser Gestaltungsaspekte identifizieren. Für den jeweiligen Entwicklungsstand eines Netzwerks ergeben sich hieraus differenzierte Anforderungen an die Ausgestaltung und Behandlung dieser Aspekte.

Im Folgenden werden nun zentrale Charakteristika und Rahmenbedingungen der jeweiligen Phasen herausgearbeitet und mit Hinweisen auf Maßnahmen des Netzwerkmanagements verknüpft. Hierbei ist zu berücksichtigen, dass Modelle

---

[76] Mit dem OSTO-System-Modell lassen sich Unternehmen als offene (O), sozio (S), technische (T) und ökonomische (O) Systeme beschreiben. Für lebende Systeme lassen sich sowohl quantitative als auch qualitative Ausgangsergebnisse (Output) definieren. Die Fähigkeit zur Selbsterneuerung, Lernbereitschaft und Flexibilität des Systems ist für sein Überleben von essenzieller Bedeutung. Dazu leisten Rückführungen aus kybernetischer Sicht einen grundlegenden Beitrag. Vgl. hierzu auch Kapitel 6.4.3.

die Wirklichkeit nur vereinfacht nachbilden.[77] Aus diesem Grunde werden nun bestimmte Netzwerkaktivitäten schwerpunktmäßig einer Phase zugeschrieben, obwohl in der Realität einzelne Aktivitäten des Netzwerkmanagements in der Regel nicht eindeutig nur einer einzelnen Phase zugeordnet werden können, sondern diese z.T. auch in anderen Phasen aufzeigbar sind. Zwischen den Phasen bestehen somit durchaus Übergangsbereiche, sog. Überlappungen. Zudem ist darauf hinzuweisen, dass die Ausgestaltung der einzelnen Phasen flexibel zu gestalten ist, so dass jeweilige Anpassungen an spezifische Rahmenbedingungen möglich sind. Auf Grund vorgesehener Reflexionsprozesse können einzelne Aspekte in den einzelnen Phasen auch wiederholt und rückgekoppelt werden, sofern hierzu ein Bedarf besteht (vgl. Strina 1996).

**Zur Initiierungsphase**

Den Ausgangspunkt dieser Phase bildet die Netzwerkidee, die den Anstoß für den Netzwerkaufbau darstellt. Hierbei kann in der Regel ein sog. Netzwerkinitiator identifiziert werden. Bei der Sensibilisierung für dieses Thema geht es insbesondere darum, dass sich die potenziellen Netzwerkakteure im Vorfeld des eigentlichen Netzwerkentwicklungsprozesses bewusst werden, welche Chancen und Potenziale, aber auch welche Risiken ein Netzwerk beinhalten kann. Folgende Punkte bedürfen einer kritischen Reflexion, die als eine Art Vorbereitungsphase oder Vorstufe für die Netzwerkinitiierungsphase aufgefasst werden kann (vgl. Howaldt 2001; Hees 2001; Sprenger u. Svabik 2001):

- Kennen und Verstehen der Erfolgsfaktoren von Netzwerken (z.B. was sind fördernde Faktoren und Rahmenbedingungen bei einem Netzwerkentwicklungsprozess, wie ist mit kritischen Aspekten im Netzwerkentwicklungsprozess umzugehen),
- Identifizierung möglicher Vernetzungspotenziale,
- Identifizierung und Auswahl geeigneter Partner,
- Entwicklung einer Vision bezogen auf das Netzwerk,
- Formulierung von Erwartungen an das Netzwerk und an dessen Netzwerkpartner,
- Wahrnehmung des eigenen Unternehmens und seines Umfeldes hinsichtlich struktureller und kultureller Rahmenbedingungen,
- Verfügbarkeit und Zuordnung der Ressourcen und Kompetenzen im eigenen Unternehmen und
- Aufzeigen von Vorgehensstrategien für den Netzwerkbildungsprozess.

---

[77] Im Sinne des Radikalen Konstruktivismus muss ein Konzept oder Modell „nicht die Wirklichkeit abbilden, sondern lediglich helfen, sich in der Wirklichkeit zurecht zu finden" (Strina 1996: 68).

Ein mögliches Instrument, Netzwerke zu initiieren, stellt das Konzept der logischen Ebenen (Abb. 3.7) dar.

- Was ist Ihr **Leitbild** für das zu bildende Netzwerk?
- Welche **Ziele** sollen durch das Netzwerk erreicht werden bzw. welche Ziele werden durch eine Beteiligung an dem Netzwerk verfolgt?
- Welche **Rolle** und **Aufgaben** übernehmen Sie, bezogen auf Ihr Leitbild, in diesem Netzwerk?
- Welche **Werte** sind für Sie, bezogen auf Ihre Rolle im Netzwerk, wichtig?
  Um die Dimensionen der ermittelten Werte zu erfassen, stellen Sie sich bitte die Frage, warum Ihnen ... wichtig ist und finden Sie dazu möglichst viele Kriterien.
  Weitere Frage zur Ausdifferenzierung (die schon in die nächste Ebene übergeht): Woran merken Sie, dass die Werte erfüllt sind?
- Welche **Fähigkeiten** haben/benötigen Sie zur Erreichung der Werte und gemäß Ihrer Rolle im Netzwerk?
- **Was tun** Sie im Netzwerk, im Rahmen Ihrer Fähigkeiten, entlang dessen, was Ihnen hinsichtlich des Netzwerks und Ihrer Rolle darin wichtig ist?
- **Wo** und **wann** werden Sie im Netzwerk tätig?

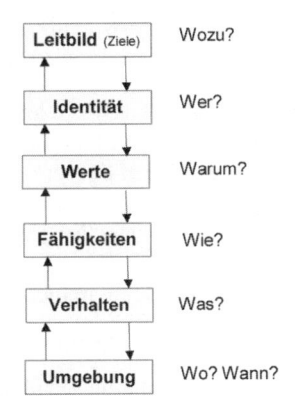

| Leitbild (Ziele) | Wozu? |
| --- | --- |
| Identität | Wer? |
| Werte | Warum? |
| Fähigkeiten | Wie? |
| Verhalten | Was? |
| Umgebung | Wo? Wann? |

**Abb. 3.7:** Das Konzept der logischen Ebenen (vgl. Bateson 1983)[78]

Durch die Aufbereitung der jeweiligen Zielorientierungen und auch Erwartungshaltungen an das Netzwerk können mögliche Ziel- bzw. Interessenskonflikte frühzeitig thematisiert werden. Die Hauptziele sind dabei in Einklang zu bringen, was aber nicht unbedingt auf untergeordnete Ziele zutreffen muss, solange diese nicht die Hauptziele nachteilig beeinträchtigen.

Wurde eine kritische Prüfung zu den o.g. Themen vorgenommen und liegen entsprechende Erkenntnisse vor, kann mit dem eigentlichen Prozess der Netzwerkbildung begonnen werden. In dieser Initiierungsphase sind umfangreiche Abstimmungsleistungen hinsichtlich der Struktur und sozialen Organisation des Netzwerks zu bewältigen (vgl. Schräder 1996; vgl. Sydow 1999). Hierzu zählen vor allem

- die Abstimmung der Erwartungshaltungen, der Wertvorstellungen, des Leitbildes und der grundsätzlichen Ziele,
- die Definition und Einigung erster Themen- und Aufgabenstellungen im Netzwerk,
- die Abstimmung von Aufgaben- und Ressourcenverteilung,
- die Verteilung von Handlungs- und Entscheidungskompetenzen,
- die Klärung des Vorgehens bei der Erledigung der Aufgabenstellungen (z.B. Arbeitsformen und -methoden),

---

[78] Dieses Konzept ist in dem nachfolgenden Praxisbeispiel angewandt worden.

- die Festlegung der Infrastruktur und Technologie,
- die Vereinbarungen über die Gestaltung der Zusammenarbeit (z.B. Teambildung und -zusammensetzung, Definition von Spielregeln, qualifizierende und vertrauensbildende Maßnahmen) und
- ggf. Klärung über die Rückkopplung an die Heimatorganisation.

In dieser Phase des Netzwerkbildungsprozesses ist besonders darauf zu achten, dass die hohe Motivation der beteiligten Netzwerkakteure zu Anfang und die damit vorhandenen Energien kreativ genutzt werden. So kann beispielsweise der Erfolg des Entwicklungsprozesses durch die Verständigung auf gut umsetzbare und schnell erreichbare Teilziele sowie die Transparenz über erste realisierte Teilziele positiv unterstützt werden. Eine gezielte und aktive Moderation kann zusätzliche förderliche Effekte in diesem Zusammenhang bewirken.

**Zur Stabilisierungsphase**

Zentrales Thema dieser Phase ist es, durch ein geeignetes Management das Netzwerk zu stabilisieren sowie die Arbeitsprozesse effizienter und effektiver zu gestalten. Neben der weiteren Konkretisierung der gemeinsamen Arbeitsbasis greifen erste Reflexions- und Evaluationsmaßnahmen zur Überprüfung bereits bestehender Arbeitsprozesse wie auch organisationaler Strukturen (vgl. Howaldt 2001; Hees 2001). Hier erfolgt u.a.

- die Überprüfung der Zieldimensionen,
- die Überprüfung und Institutionalisierung von Spielregeln,
- die Gestaltung von Kommunikations- und Informationswegen (ins Netzwerk und in die Heimatorganisation) und
- ggf. Etablierung einer Rechtsform für das Netzwerk.

Weitere Themen beziehen sich auf die Festigung und Etablierung der (technischen) Infrastruktur, auf die Qualifizierung der Netzwerkakteure sowie ggf. auf den Wechsel oder die Erweiterung von Netzwerkpartnern.

Die Abstimmung zwischen den Netzwerkakteuren sowie die Organisation der Aufgaben- und Ressourcenverteilung zeigt auf Grund der zunehmenden Erfahrung der Netzwerkpartner bei der Bearbeitung von Aufgabenstellungen erste Routinen. Wesentliche Kennzeichen für die Stabilisierung eines Netzwerks sind

- die Entwicklung von Vertrauen gegenüber den anderen Netzwerkakteuren,
- die Herausbildung einer „gemeinsamen Sprache" der Netzwerkakteure (als Hinweis für die Entwicklung einer eigenen Netzwerkkultur) sowie
- die Überführung von Kooperationsergebnissen der Netzwerkakteure in koordinierte Strukturen wie z.B. die Vereinheitlichung des Berichtswesens oder der Aufbau eines gemeinsamen Informationssystems (oder gar Wissensmanagement-Systems) (vgl. Bachmann 2000).

**Zur Verstetigungsphase**

Die nachhaltige Wirkung der Ergebnisse der Netzwerkarbeit nach innen und außen sicherzustellen steht im Fokus dieser Phase. Ein entsprechendes Netzwerkmanagement umfasst daher idealerweise im Rahmen der Realisierung eines netzwerkinternen Wissensmanagements die netzwerkinterne Ergebnissicherung. Darüber hinaus ist der Transfer der Ergebnisse sowohl in die jeweiligen Heimatorganisationen als auch in die Netzwerkumwelt sowie deren Rückbindung an das Netzwerk zu realisieren.

Ferner kann u.U. die personelle und/oder thematische Veränderung des Netzwerks ein Schwerpunkt in dieser Phase sein (vgl. Sydow 1999; Sprenger u. Svabik 2001). Hierzu zählen

- die Erweiterung des Netzwerks (beispielsweise personell um geeignete Partner bzw. Innovationsträger oder inhaltlich durch neue Kompetenzen oder zur neuen Ausrichtung),
- der Austausch von Netzwerkpartnern ohne dabei die Netzwerkgröße zu verändern (z.B. eine Veränderung der Zusammensetzung der Netzwerkakteure),
- die Neuausrichtung des Netzwerks (z.B. auf Grund einer marktbedingten Veränderung der Zielausrichtung),
- die Verkleinerung des Netzwerks (z.B. bei Ausstieg eines Netzwerkpartners auf Grund von Konflikten oder anderen Marktbedürfnissen) oder
- die Beendigung des Netzwerks (z.B. wenn die Netzwerkziele realisiert sind und keine neuen Netzwerkprojekte anvisiert wurden).

Durch entsprechende Veränderungsprozesse innerhalb eines Netzwerks im Sinne der Weiterentwicklung oder Erneuerung bleibt dessen Flexibilität und damit die Leistungs- und Anpassungsfähigkeit erhalten (vgl. Henning u. Marks 1992). In diesem Zusammenhang spielen Maßnahmen der Netzwerkreflexion und Netzwerkevaluation eine wichtige Rolle.

Im nachfolgenden Praxisbeispiel eines Netzwerks für Qualitäts- und Prozessmanagement (Qua-Pro-Net), das im Rahmen des Projektes SENEKA seit 2000 begleitet wird, ist exemplarisch aufgezeigt, wie der Netzwerkentwicklungsprozess eines Unternehmensnetzwerks gestaltet werden kann. Hierzu wird Bezug auf das beschriebene Netzwerkentwicklungsmodell genommen.

### 3.3.6 Praxisbeispiel Qua-Pro-Net: Netzwerk für Qualitäts- und Prozessmanagement

*Martina Schmette, Eva Geiger, Michael Franssen*

Das nachfolgende Beispiel zeigt den Aufbau eines Beratungsnetzwerks in der Automobilindustrie. Die Ausführungen werden sich – in Anlehnung an das in Kapitel 3.3.5 erläuterte Netzwerkentwicklungsmodell – vor allem auf die Darstellung der Netzwerkinitiierungsphase konzentrieren, da diese zum Zeitpunkt der Publikationserstellung weitgehend abgeschlossen war. Zudem können im Sinne eines Ausblicks erste Aktivitäten benannt werden, die zur Stabilisierung des Netzwerks Qua-Pro-Net vorgesehen sind.

Die Ausgangssituation lässt sich in der Hinsicht skizzieren, dass die Inhouse-Beratung eines Automobilkonzerns, die sich auf Beratungsdienstleistungen in den Themen Qualitäts- und Prozessmanagement spezialisiert hat, die Fülle des Beratungsbedarfs des Automobilherstellers mit ihren 15 Mitarbeitern nicht mehr erfüllen konnte. Dieser Inhouse-Beratungsbereich wollte daher zusätzliche externe Beratungs- und Forschungsorganisationen in ihre Arbeit integrieren. In diesem Zusammenhang hatte sich die Inhouse-Beratung zum Wohle des Konzerns das Ziel gesetzt, die in der Forschungs- und Beratungswelt existierenden Kompetenzen zum Qualitäts- und Prozessmanagement zu bündeln und bedarfsorientiert dem Konzern, aber auch seinen System- und Sublieferanten zur Verfügung zu stellen. Zu diesem Zweck wollte die Inhouse-Beratung ein flexibles Beratungsnetzwerk etablieren, das nicht nur das erforderliche Know-how mitbringt, sondern darüber hinaus in der Lage ist, sich den Wünschen und Bedarfen der potenziellen Kunden im Umfeld schnell und erfolgreich anzupassen. Die Zusammenarbeit der zukünftigen Netzwerkpartner sollte daher weit über einen rein informellen Kontakt hinausgehen. In diesem Praxisbeispiel ist die Inhouse-Beratung der Netzwerkinitiator bzw. die Keimzelle des Netzwerks.

Die Aufgabe der wissenschaftlichen Begleitung lag in der Unterstützung des Netzwerkaufbaus bzw. des Netzwerkentwicklungsprozesses, die beispielsweise Analysen bisheriger Kooperationsbeziehungen, Kundenbefragungen oder Konzeption und Durchführung von Workshops beinhalteten.

**Initiierungsphase**

Im Sinne des Netzwerkentwicklungsmodells lassen sich dabei eine Reihe von Aktivitäten benennen, die zunächst als Vorarbeiten für den eigentlichen Netzwerkinitiierungsprozess verstanden werden können.

Die Erstellung einer quantitativ und qualitativ anspruchsvollen Leistung gegenüber den Inhouse-Kunden hängt ursächlich mit der Zusammenführung geeigneter Partner zusammen. Entsprechend wurden die eigenen Leistungs- und Ressourcenpotenziale wie auch mögliche Vernetzungspotenziale identifiziert, die bisherigen Projekterfahrungen (z.T. in kooperativen Strukturen) sowie die Kundenzufriedenheit und -bedarfe analysiert. Diese Analysen stellten eine wichtige Grundlage dar,

Partner im Bereich Prozess- und Qualitätsmanagement auf dem nationalen Markt unter Berücksichtigung eigener Potenziale, Projekterfahrungen und von Kundenwünschen nach bestimmten Kriterien auszuwählen und zu untersuchen. Im Einzelnen werden nun die verschiedenen Aktivitäten skizziert.

**Zur Potenzialanalyse**

Die Potenzialanalyse konnte auf Grund der gegebenen thematischen Ausrichtung der Beratung und der fachlichen Verankerung im Konzern schnell abgeschlossen werden. Ein Vergleich mit dem Stand der Technik in den Disziplinen Qualitäts- und Prozessmanagement zeigte den Beratern, dass der Großteil der bisher angebotenen Dienstleistungen diesem Status entsprach. Folglich bestand hinsichtlich der fachlichen Kompetenzen zunächst nur ein geringer Handlungsbedarf für den Aufbau des Netzwerks. Um diesen Stand nicht nur zu halten, sondern auch zu verbessern, entschied man sich dafür, externe Forschungspartner in das zu entwickelnde Netzwerk zu integrieren. Problematischer erwiesen sich die kapazitiven Aspekte der Potenzialanalyse. Wie einleitend schon erwähnt, sah die Beratungsstelle keine Möglichkeit, alle Anfragen aus dem Konzern entsprechend zu bearbeiten. Daher sollte das zukünftige Netzwerk primär aus Partnern mit den gleichen fachlichen und methodischen Kompetenzen wie die der Beratung bestehen und in der Lage sein, Beratungsprojekte im gleichen oder ähnlichen Stil wie die Inhouse-Beratung abzuwickeln. Nach Klärung der eigenen Verfügbarkeit von Ressourcen und Kompetenzen wurden von der Inhouse-Beratung zugleich Erwartungshaltungen formuliert, die an das zukünftige Netzwerk Qua-Pro-Net und die zukünftigen Netzwerkpartner gestellt wurden. Bezugnehmend auf die fünf Gestaltungsaspekte von Netzwerken, die – wie in Kapitel 3.3.5 dargestellt – wesentlicher Bestandteil des Netzwerkentwicklungsmodells sind, wurden mit der Potenzialanalyse somit insbesondere die Aspekte „Akteure" sowie „Entwicklung und Erneuerung" angesprochen.

**Zur Projektanalyse**

Beginnend mit der Betrachtung aktueller Projekte der Beratung schloss sich eine zweistufige rückwirkende Untersuchung abgeschlossener Projekte an. In der ersten Stufe wurde die Untersuchung mit Hilfe von Fragebögen durchgeführt. Diese Fragebögen bestanden aus einem allgemeinen Abschnitt mit Fragen zu Kenntnissen und Vorstellungen über Netzwerke und einem spezifischen Abschnitt, anhand dessen zuvor ausgewählte Akteure – Führungskräfte, Projektleiter, interne und externe Projektingenieure – hinsichtlich ihrer Erfahrungen in Bezug auf die Zusammenarbeit mit externen Kooperationspartnern in Netzwerken bzw. netzwerkähnlichen Strukturen befragt wurden. In der zweiten Stufe wurde die schriftliche Befragung durch persönliche Interviews ergänzt. Da auch schon in der Vergangenheit viele Projekte in Zusammenarbeit mit externen Partnern bearbeitet wurden, fokussierten diese Interviews speziell die positiven und negativen Erfahrungen bei zurückliegenden Projekten im Hinblick auf die unternehmensübergreifende Zusammenarbeit. Einen weiteren Schwerpunkt bildete dabei die Erhebung erforderlicher Kompetenzen der Netzwerkakteure. Bei der Projektanalyse ging es somit u.a. um das Kennen und Verstehen von Erfolgsfaktoren bisheriger kooperativer Strukturen im Rahmen von Projekten des Inhouse-Beraters. Mit Bezug zum Netzwerkentwicklungsmodell ergaben sich aus der Projektanalyse somit vor allem Hinweise für die Gestaltungsaspekte „Akteure" sowie „Kommunikations- und Interaktionsstruktur"; die anderen Gestaltungsaspekte spielten in diesem Zusammenhang nur eine untergeordnete Rolle. Die Aussagen der zwei Befragungen wurden verdichtet und schließlich in erste Gestaltungsempfehlungen für das geplante Netzwerk Qua-Pro-Net übersetzt (Abb. 3.8).

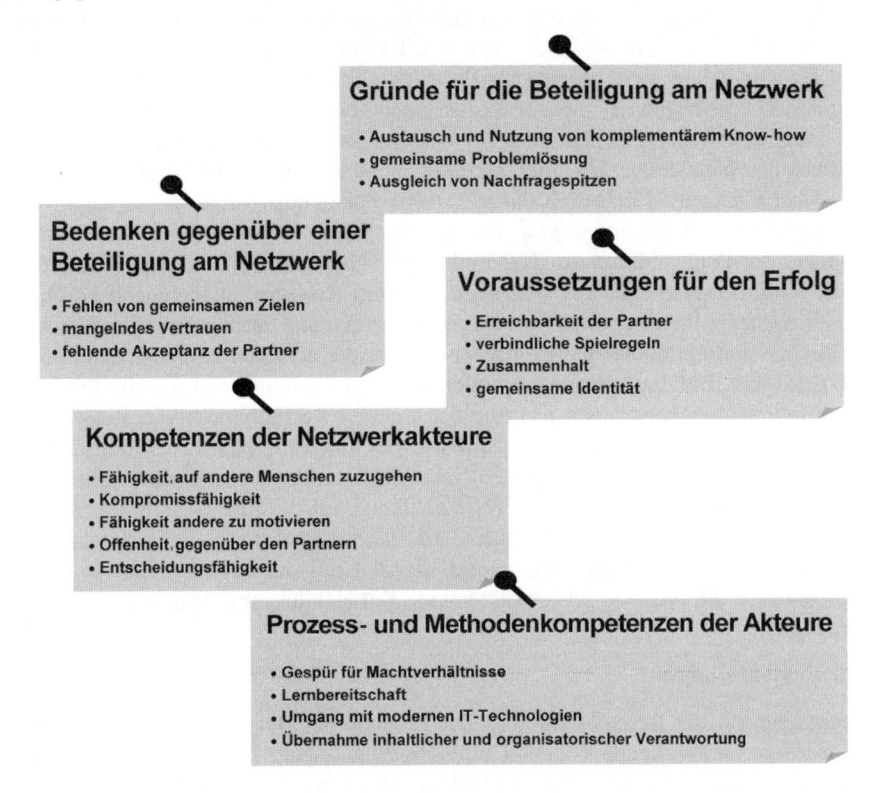

**Gründe für die Beteiligung am Netzwerk**
- Austausch und Nutzung von komplementärem Know-how
- gemeinsame Problemlösung
- Ausgleich von Nachfragespitzen

**Bedenken gegenüber einer Beteiligung am Netzwerk**
- Fehlen von gemeinsamen Zielen
- mangelndes Vertrauen
- fehlende Akzeptanz der Partner

**Voraussetzungen für den Erfolg**
- Erreichbarkeit der Partner
- verbindliche Spielregeln
- Zusammenhalt
- gemeinsame Identität

**Kompetenzen der Netzwerkakteure**
- Fähigkeit, auf andere Menschen zuzugehen
- Kompromissfähigkeit
- Fähigkeit andere zu motivieren
- Offenheit gegenüber den Partnern
- Entscheidungsfähigkeit

**Prozess- und Methodenkompetenzen der Akteure**
- Gespür für Machtverhältnisse
- Lernbereitschaft
- Umgang mit modernen IT-Technologien
- Übernahme inhaltlicher und organisatorischer Verantwortung

Abb. 3.8:   Auswahl von Empfehlungen auf Basis der Projektanalyse

Eine Reihe der aufgedeckten Probleme in den Projekten ergaben sich auf Grund der unternehmensübergreifenden Zusammenarbeit, deren Ursachen oft auf unzureichende Abstimmungen und Klärungen innerhalb dieser Zusammenarbeitsformen zurückzuführen waren. Vor dem Hintergrund der spezifischen Rahmenbedingungen und Anforderungen an Qua-Pro-Net bezogen sich die Empfehlungen beispielsweise auf Klärung der Gründe sowie notwendigen Voraussetzungen für eine Netzwerkbeteiligung. Zudem war es wichtig, sich der Chancen, aber auch der Risiken bewusst zu werden, die mit einer Netzwerkbeteiligung an Qua-Pro-Net verbunden sein können. Schließlich war ebenso zu klären, über welche Kompetenzen die Netzwerkakteure – mit besonderer Fokussierung auf Prozess- und Methodenkompetenz – verfügen sollten.

**Zur Kundenanalyse**

Die Kundenanalyse erfolgte durch persönlich oder telefonisch durchgeführte Interviews. Zielsetzung der Interviews war die Bewertung zurückliegender Projekte aus Kundensicht und die Ermittlung zukünftiger Handlungsbedarfe. Das Interview gliederte sich in vier Themenschwerpunkte: Gründe für die Auswahl der Inhouse-Beratung als Dienstleister, Kundenzufriedenheit bezüglich der erbrachten Ergebnisse, zukünftige Kundenbedarfe und zukünftige Formen der Zusammenarbeit zwischen dem Kunden und dem geplanten Netzwerk.

Die Ergebnisse der Kundenanalyse gaben zunächst wertvolle Hinweise auf die thematische Ausrichtung der Beratung und damit auch des Netzwerks. Es ließ sich ablesen, welche Kompetenzträger in das Netzwerk zu integrieren sind, um in Zukunft das Dienstleistungsangebot zu komplettieren. Entscheidender für die Bildung des Netzwerks waren Aussagen über kundenseitige Wahrnehmungen bisheriger Projekte und die Vorstellung bezüglich der zukünftigen Zusammenarbeit. Es zeigte sich, dass auch aus Kundensicht ähnliche Empfehlungen resultierten, wie sie sich schon aus der Projektanalyse ergaben. Darüber hinaus begrüßte die Mehrheit der Kunden das geplante Netzwerk Qua-Pro-Net, da die Überzeugung vorherrscht, dass die Bündelung bundesweiter Kompetenzen im Qualitäts- und Prozessmanagement für den Konzern förderlich sei.

**Zur Partneranalyse**

Es ist entscheidend, Partner auszuwählen, die allen Forderungen in personeller, finanzieller, technischer und kaufmännischer Hinsicht entsprechen und die bereit sind, sich mit Verantwortung zu engagieren. In verschiedenen Projekttreffen wurde festgelegt, über welches Kompetenzspektrum potenzielle Netzwerkpartner verfügen müssen. Zu diesem Zweck wurden externe Beratungsdienstleister beauftragt, eine Marktstudie durchzuführen, mit der geeignete Beratungs- und Forschungspartner zu den Themenfeldern Qualitäts- und Prozessmanagement in Deutschland identifiziert werden sollten. Als Input für diese Studie wurden in einem gemeinsamen Workshop Kriterien definiert, anhand derer eine grobe Rasterung des immensen Marktangebots erfolgen konnte.

Durch die Recherche mittels Beratungsdatenbanken, Beratungsverbänden und Internet wurde eine erste Sortierung vorgenommen. Die potenziellen Partner, die bei der Recherche auf Grund ihrer Eigendarstellung geeignet erschienen, wurden durch Fragebögen hinsichtlich der definierten Eignungskriterien befragt. Ca. 30 Beratungsfirmen und Forschungsinstitute ließen sich dadurch ausmachen. Nach einer weiteren Durchsicht der vorliegenden Unterlagen wurde die Zahl möglicher interessanter Partner auf ca. zehn verdichtet.

Für den Start dieses neuen Netzwerks Qua-Pro-Net wurde allerdings nach weiteren Diskussionen beschlossen, zunächst ausschließlich auf bereits bekannte Kooperationspartner zurückzugreifen. Letztendlich verringerte sich die Zahl der neuen potenziellen Partner für das Beratungsnetz somit auf zunächst vier Unternehmen. Das Basisnetzwerk bezüglich der Akteure war damit geschaffen (Abb. 3.9).

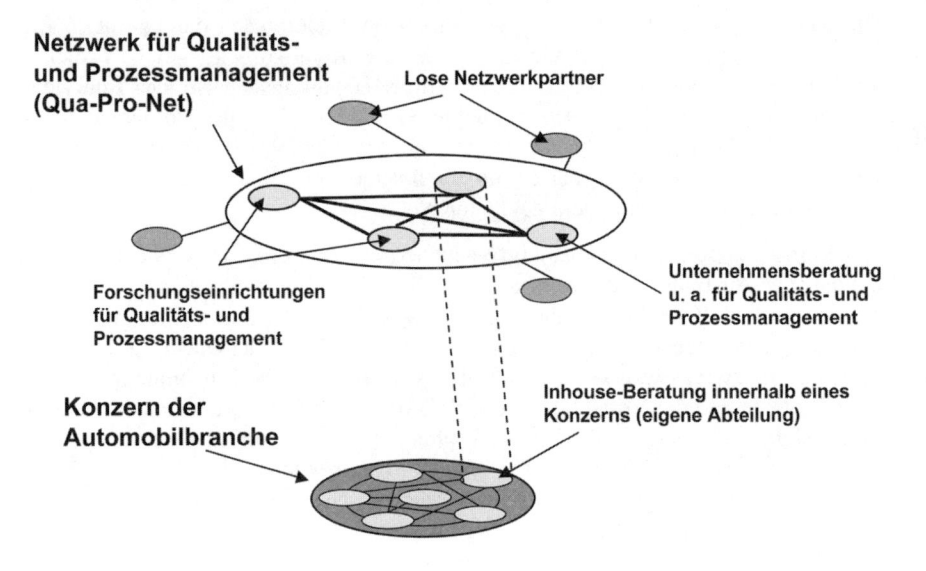

**Abb. 3.9:** Netzwerkpartner von Qua-Pro-Net

Bei den Akteuren handelt es sich im Einzelnen um den Inhouse-Berater eines Automobilkonzerns, um eine Unternehmensberatung sowie um zwei Forschungseinrichtungen mit jeweils thematischen Schwerpunkten im Bereich Qualitäts- und Prozessmanagement.

Die aus der Marktstudie identifizierten Unternehmen können dabei grundsätzlich – nach einer ersten Stabilisierungsphase des Netzwerks – als zusätzliche Partner für eine Erweiterung des Netzwerks in Betracht kommen. Allerdings müssen diese Partner, um ihre wirkliche Eignung als möglicher Netzwerkpartner klären zu können, zukünftig ein spezifisches Prozedere durchlaufen, das folgende Punkte vorsieht: Die Bewertung der „Chemie" zu unbekannten Partnern lässt sich aus Sicht der Inhouse-Beratung nur schwer über messbare Kriterien realisieren. Aus diesem Grund wurde vereinbart, dass vorausgewählte mögliche Partner zukünftig zu persönlichen Workshops eingeladen werden. Geplant ist bisher, dass Partner und Inhouse-Beratung sich gegenseitig typische Qualitäts- und Prozessmanagementprojekte präsentieren, wobei auf die Vorgehensweise, die benutzten Hilfsmittel und die erzielten Ergebnisse eingegangen werden soll. Damit wird das Ziel verfolgt, nicht nur die fachliche Qualität der Partner zu beurteilen, sondern auch ein Gefühl für die Erfahrung der Partner bei der Projektabwicklung zu bekommen. Darüber hinaus können so „weiche" Faktoren der Zusammenarbeit durch den wichtigen ersten persönlichen Eindruck antizipiert werden. Neben diesen Aspekten bestehen weitere Kriterien für die Auswahl beispielsweise in der Bandbreite der Kenntnis von Qualitäts- und Prozessmanagementmethoden, in dem Verständnis der Projektabwicklung und Kundenorientierung, der Einschätzung hinsichtlich Flexibilität und Anpassungsfähigkeit an sich ändernde Rahmenbedingungen in der Projektabwicklung sowie der Beurteilung der Integrationsfähigkeit in die Unternehmenskultur des Automobilkonzerns.[79]

Nachdem diese Vorarbeiten weitgehend abgeschlossen waren, konnte im Rahmen der Netzwerkinitiierung mit dem eigentlichen Netzwerkbildungs- bzw. Netzwerkentwicklungsprozess begonnen werden. Hierzu wurden beispielsweise Maßnahmen zur Klärung der Verteilung von Handlungs- und Entscheidungskompetenzen, das Vorgehen bei gemeinsamer Projektbearbeitung oder auch Vereinbarungen über die Gestaltung der Zusammenarbeit geklärt. Wesentliche Aktivitäten werden hierzu nachfolgend vorgestellt:

**Zur Ausgestaltung der projektbezogenen Interaktionen**

Die Kunden fordern von den Netzwerkakteuren die Lösung ihrer Probleme. Zum Auftakt der Netzwerkaktivitäten wenden sich die Kunden des Automobilkonzerns mit ihren Anfragen weiterhin an die Inhouse-Beratung; dort werden die Anfragen bezüglich der erforderlichen Aktivitäten analysiert, um daraufhin die optimale Konstellation zu finden. Grundlage hierfür ist eine detaillierte Kenntnis der genauen Leistungen, welche durch die einzelnen Partner erbracht werden können. Dazu wurden in einem ersten Schritt Leistungsbeschreibungen erstellt, welche ein übergeordnetes Dienstleistungsangebot in seine Teilaufgaben untergliedert. In einem zweiten Schritt werden Partnerprofile erstellt, in denen die Informationen zur Beschreibung eines geeigneten Partners erfasst werden, die zur Bewältigung der Kundenanforderung bzw. des -auftrags notwendig sind. Hiermit wird in erster Linie der Gestaltungsaspekt „Kommunikations- und Interaktionsstruktur" bei dem Netzwerkentwicklungsprozess angesprochen. Bezogen auf das Netzwerkentwicklungsmodell (vgl. Abb. 3.6) stellen die Kunden in diesem Zusammenhang die Systemumwelt dar.

**Schritt 1: Leistungsbeschreibung der Anbieter im Netzwerk**

Anhand einer Übersicht aller anzubietenden Leistungen des Netzwerks entstand eine Sammlung von Dienstleistungsangeboten, die beispielsweise Pilotanwendungen (Prozessoptimierung, Einführung der Prozesskostenrechnung, Aufbau von Qualitätskreisen etc.), Schulungen und Einführungskonzepte zu Methoden des

---

[79] Auf dieses Prozedere konnte bei den Akteuren des Basisnetzwerks verzichtet werden, da bereits Zusammenarbeitserfahrungen vorlagen und man untereinander bekannt war.

Qualitäts- und Prozessmanagements (FMEA[80], QFD[81], SVM[82] etc.) und Implementierungskonzepte für Qualitätsmanagement-Systeme (DIN EN ISO 9001: 2000, QS 9000, Six Sigma etc.) umfasst. Aus dieser Zusammenstellung ging noch nicht hervor, welche einzelnen Kompetenzen zur Bearbeitung solcher Angebote notwendig sind. Insbesondere war es anfangs schwer zu beurteilen, ob alle Netzwerkpartner unter den nachgefragten Aufgaben auch dieselben Inhalte verstehen. Eine Leistungsbeschreibung detaillierte deshalb ein grobes Dienstleistungsangebot in Teilaspekte. Am Beispiel der Implementierung von DIN EN ISO 9001 Qualitätsmanagement-Systemen wird die Gliederung einer Leistungsbeschreibung veranschaulicht (Abb. 3.10). Die Aufgabe „Implementierung eines DIN EN ISO 9001 QM-Systems" lässt sich beispielsweise in 20 Einzelaspekte untergliedern. Das heißt, bei der Zusammenstellung einer Partnerkonstellation zur Bearbeitung dieser Aufgabe werden prinzipiell Experten für 20 verschiedene Aufgaben gesucht. Jede der identifizierten Teilaufgaben wird anschließend mit dem Ziel einer standardisierten, partnerunabhängigen Anwendbarkeit beschrieben.

Entsprechend muss die Inhouse-Beratung im Dialog mit dem Kunden feststellen, welche der möglichen Kompetenzen im nachgefragten Projekt tatsächlich zu erbringen sind. Das eigentliche Kundenbedürfnis ist zu identifizieren. Ist dies erfolgt, können die geeigneten Kompetenzträger des Netzwerks bestimmt werden. Die Ergebnisse der Leistungsbeschreibung und der Abstimmung mit dem Kunden fließen in ein Partnerprofil ein.

**Schritt 2: Partnerprofil**

Im Partnerprofil werden alle bisher erarbeiteten Informationen zur Beschreibung des geeigneten Partners für eine kundenseitig spezifizierte Aufgabe zusammengefasst. Das Partnerprofil soll dann dem Profil des auszuwählenden Netzwerkpartners entsprechen. Am Beispiel der DIN EN ISO 9001-Implementierung wird entsprechend ein Partner ausgewählt, der über hohe Kompetenzen hinsichtlich der Optimierung der Produktionslogistik und des Aufbaus von KVP-Regelkreisen verfügt. Beim Partnerprofil steht als Gestaltungsaspekt vor allem der „Akteur" im Fokus.

**Zu Spielregeln im Beraternetzwerk Qua-Pro-Net**

Im Anschluss an die Zuordnung der einzelnen Netzwerkpartner zu den passenden Projekten besteht ein weiterer Arbeitsschritt zum Aufbau des Beratungsnetzwerks in der Vereinbarung grundlegender Spielregeln für die Abwicklung gemeinsamer Projekte. Die anfangs noch erforderliche vertragliche Absicherung erster gemeinsamer Arbeiten soll mittel- bis langfristig in die Gestaltung von Rahmenverträgen zwischen den Partnern übergehen, die dann nicht mehr die Zusammenarbeit in einzelnen Aktivitäten, sondern nur noch die groben rechtlichen Randbedingungen

---

[80] FMEA = Fehler-Möglichkeits- und Einflussanalyse bzw. Failure Mode and Effects Analysis.
[81] QFD = Quality Function Deployment.
[82] SVM = Statistische Versuchsmethodik.

regeln. Gestaltungsaspekt ist hierbei die Kommunikations- und Informationsstruktur.

**Implementierung von DIN EN ISO 9001 QM-Systemen**

**Voraussetzungen schaffen**
- Prüfmittelmanagementsystem
- Dokumentenmanagementsystem
- Erstellung von QM-Dokumenten (ggf. elektronisch)
- Schulung, Training, Qualifizierung

**Verbesserungsmöglichkeiten suchen und umsetzen**
- Optimierung interner und externer Kunden-Lieferanten-Schnittstellen
- Benchmarking
- KVP/Kaizen
- Aufbau von Kennzahlensystemen
- Ermittlung qualitätsbezogener Kosten
- Wissensmanagement

**Unternehmensbereiche optimieren**
- Entwicklung
- Fertigung
- Montage
- Interne Dienstleistung
- Produktionslogistik
- Instandhaltung
- Werkzeugbau
- Betriebsmittelbau
- Beschaffung
- Vertrieb

**Zweite Kundenanfrage:** Wir brauchen Hilfe bei der Rückverfolgbarkeit von Produkten! Es kommt wiederholt zu Rückrufaktionen in der Montage!

⇑ Rücksprache und Konkretisierung

**Erste Kundenanfrage:** Wir brauchen Hilfe bei der neuen ISO.

**Partnerprofil**
Wir brauchen Partner mit Kompetenzen in:
- Optimierung von Fertigungs- und Montageprozessen
- Optimierung der Produktionslogistik
- KVP bzw. Kaizen
- Training in SPC und Problemlösungstechniken

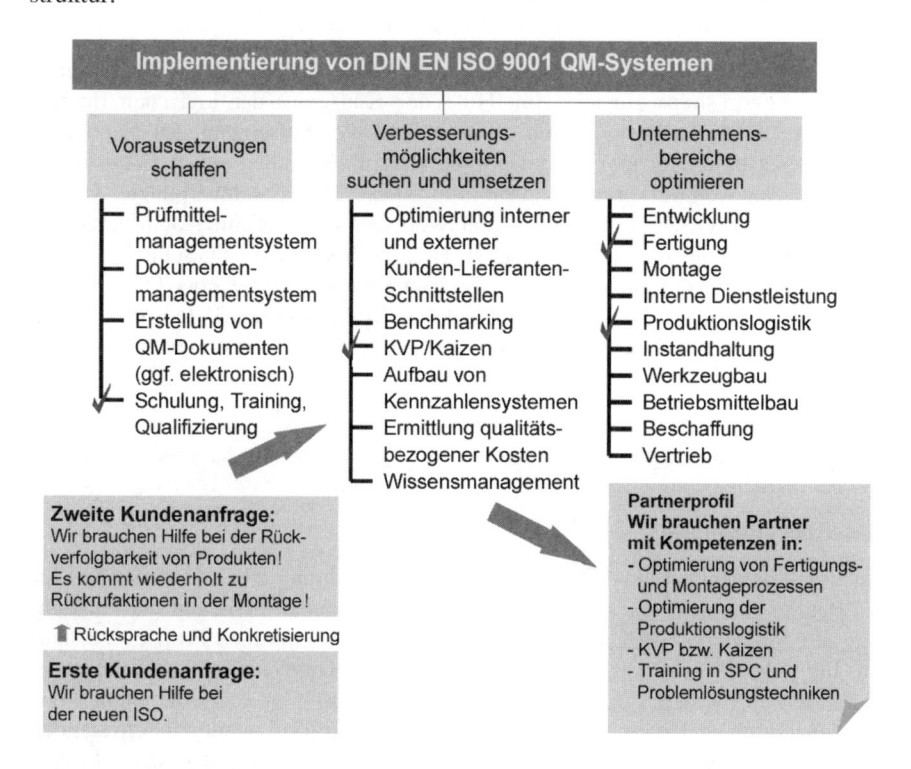

**Abb. 3.10:** Gliederung einer Leistungsbeschreibung am Beispiel der DIN EN ISO 9001

Orientierungsrahmen für die tägliche Zusammenarbeit aller Partner wurde ein Satz von Spielregeln, der in einem Auftaktworkshop aller Netzwerkpartner gemeinsam erarbeitet und verabschiedet wurde. Die Spieregeln wurden nach drei wichtigen Aspekten gegliedert: der Akquisition, der Projektabwicklung und dem Coaching/Clearing. Hierunter finden sich eine Reihe von Vereinbarungen, die als Leitsätze formuliert werden und für alle Partner verbindlich sind (vgl. Abb. 3.11).

Unter Akquisition wurden alle Rahmenbedingungen vereinbart, welche für die Kontaktierung von Kunden, den Anstoß neuer Projekte und die Festlegung möglichst einheitlicher betriebswirtschaftlicher und rechtlicher Bedingungen erforderlich sind. Der Oberbegriff Projektabwicklung beschreibt die Rahmenbedingungen hinsichtlich der Auswahl von Projektpartnerorganisationen, der Konstellation von Projektteams, des einheitlichen Auftretens der Netzwerkteilnehmer im Projekt und der Leistungs- und Ergebnisteilung unter den Projektbeteiligten. Unter dem Begriff Coaching/Clearing wurden die Rahmenbedingungen zusammengefasst, die sich auf die Entwicklung des Netzwerks bzw. der Netzwerkakteure, die Schaffung einer Netzwerkkultur und den Umgang mit Problemen bzw. Unstimmigkeiten innerhalb des Netzwerks beziehen. Die Spielregeln als Gestaltungsaspekt „Kommunikations- und Informationsstruktur" beziehen sich zugleich auf die Gestaltungsaspekte „Controlling" sowie „Entwicklung und Erneuerung".

Neben der Erarbeitung der Spielregeln wurden im Rahmen des zuvor erwähnten Auftaktworkshops zunächst mit Hilfe des Konzeptes der logischen Ebenen (vgl. Kap. 3.3.5) das gemeinsame Leitbild und die Zielsetzung des Netzwerks Qua-Pro-Net erarbeitet und die jeweiligen Rollen, Aufgaben sowie Erwartungshaltungen der Netzwerkpartner abgestimmt. Diese Themenschwerpunkte wurden im Vorfeld zur Vorbereitung des Auftaktworkshops bereits mit jedem einzelnen Netzwerkpartner geklärt und vorbereitet. Hierdurch konnten sehr schnell die Gemeinsamkeiten, aber auch Unterschiede bezüglich des Netzwerks Qua-Pro-Net dargestellt und sich daraus ergebende Ziel- und Interessenkonflikte ermittelt und angesprochen werden. Die zu Beginn aufgezeigten Spielregeln stellen dabei ein zentrales Ergebnis dieser Diskussionen dar.

Der Übergang (im Prozess der Netzwerkentwicklung) von der Initiierungsphase zur Stabilisierungsphase wurde durch den angesprochenen Kick-off-Workshop und der Namensgebung des „Qua-Pro-Nets" eingeleitet.

**Stabilisierungsphase**

Ein Ergebnis des Auftakt-Workshops war die Einrichtung eines Steuerkreises für das Beraternetzwerk, der sich in regelmäßigen Abständen trifft, um die Ausrichtung des Netzwerks, die Zusammenarbeit und die gemeinsamen Projekte zu steuern. Für jedes Projekt wird durch die individuellen Kompetenzen und Stärken jedes einzelnen Partners eine optimale Zusammensetzung erreicht. Der Steuerkreis dient aber auch als Kontrollinstanz und Eskalationsstufe bei eventuell auftretenden Problemen in der Projektarbeit. Die hier angesprochenen Themen spiegeln sich vor allem in den Gestaltungsaspekten „Akteur", „Controlling", „Entwicklung und Erneuerung" sowie „Kommunikations- und Interaktionsstruktur" wider.

Arbeitsschwerpunkte zur Vertiefung der Stabilisierungsphase werden – was hier im Sinne eines Ausblicks zu verstehen ist – die Erprobung der in SENEKA entwickelten Bewertungssystematik für Netzwerke und die Anpassung an die Bedürfnisse des „Qua-Pro-Nets" sein sowie die Erweiterung des Netzwerks um neue Partner. Parallel dazu werden die Spielregeln und die Arbeit des Steuerkreises in einem Review überprüft und bei Bedarf angepasst.

**Fazit zum Netzwerkaufbau Qua-Pro-Net**

Für die Initiierungsphase von Netzwerken lässt sich festhalten, dass sich das in SENEKA generierte Netzwerkentwicklungsmodell in der Praxis bewährt. Mit seiner phasenbezogenen Betrachtung eines Netzwerkentwicklungsprozesses bietet es eine strukturierte Herangehensweise für die Konstituierung und Stabilisierung eines Netzwerks. Mit Hilfe des Netzwerkentwicklungsmodells konnte in dem hier betrachteten Netzwerk Qua-Pro-Net zunächst eine strukturierte Analyse bestehender, z.T. bereits netzwerkähnlicher Kooperationsstrukturen vorgenommen werden, auf deren Basis schließlich der Netzwerkentwicklungsprozess von Qua-Pro-Net angesetzt wurde. Die Analyse dieser bereits existierenden Kooperationsstrukturen machte deutlich, dass für die Zusammenarbeit im Rahmen eines Netzwerks verschiedene Aspekte explizit zu machen sind, um die im Vorfeld des Netzwerkentwicklungsprozesses immer wieder auftretenden Probleme im Rahmen der losen Kooperationsbeziehungen zu vermeiden.

### Akquisition
- Die Inhouse-Beratung ist über Angebote und Anfragen aus dem Konzern zu den Themen QM und PM in Kenntnis zu setzen.
- Die Inhouse-Beratung vermittelt Kontakte schnell und dauerhaft.
- Bestehende Kontakte der Netzwerkpartner im Konzern genießen weiterhin Priorität.
- Es gibt ein einheitliches Preisgerüst für Forschungs- und Beratungsleistungen.
- Projektvorgehensweisen werden soweit abgestimmt, dass eine einheitliche Kundenwahrnehmung bez. des Netzwerks entstehen kann.
- Ein Rahmenvertrag ersetzt langfristig bilaterale Vereinbarungen, um schnell handlungsfähig zu werden.

### Projektabwicklung
- Angebote und Auftragsbestätigungen werden von allen am Projekt beteiligten Partnern freigegeben.
- Alle beteiligten Partner werden an Mittelkürzungen und an Aufstockungen beteiligt.
- Die Beteiligung der Inhouse-Beratung an Projekten ist nicht grundsätzlich erforderlich.
- Die Projektergebnisse gehören den Kunden.
- Mitarbeiter der Inhouse-Beratung übernehmen nicht grundsätzlich die Projektleitung.
- Die beteiligten Partner treffen die eigenständige Auswahl ihrer Projektbearbeiter.
- Die Partner verfügen über vollständige IT-Voraussetzungen.
- Es wird einheitliche Software verwendet.
- Alle halten sich an das Corporate Design des Netzwerks.

### Coaching/Clearing
- Alle Partner stellen für die Entwicklung des Netzwerks eine anteilige Grundfinanzierung zur Verfügung.
- Es wird ein Steuerkreis etabliert, der von allen Partnern bestimmt wird. Themen, die das Netzwerk betreffen, werden hier abgestimmt und entschieden.
- Es wird eine Person festgelegt, welche die operative Betreuung des Netzwerks übernimmt.
- Es werden gemeinsame „Kompetenztreffen" vereinbart, in denen neue Kompetenzen ausgetauscht und erarbeitet werden.
- Geringfügige Probleme werden in Verantwortung der projektbeteiligten Partner gelöst.
- Schwerwiegende Probleme werden grundsätzlich im Rahmen des Steuerkreises gelöst.

Abb. 3.11: Spielregeln des Beraternetzwerks

So konnte herausgearbeitet werden, dass beispielsweise ein gemeinsames Verständnis über Ziel und Zweck des Netzwerks wichtig ist. Auch die Vereinbarung von Spielregeln im Umgang untereinander wie auch die Handhabung der (operativen) Projektabwicklung zählen dazu. Den beteiligten Netzwerkakteuren wurde bewusst, dass für den Erfolg eines Netzwerks eine Vertrauensbasis zwischen den Netzwerkakteuren unerlässlich ist. Diese ermöglicht oft erst die Realisierung der angestrebten Synergiepotenziale.

Im weiteren Verlauf konzentrieren sich die Arbeiten der wissenschaftlichen Begleitung bei Qua-Pro-Net auf eine erste Evaluierung des Netzwerks (z.B. Überprüfung der Spielregeln, Arbeit des Steuerkreises) sowie die Erweiterung des Netzwerks um zusätzliche Partner. In diesem Zusammenhang werden die bisherigen Tools weiterentwickelt bzw. ergänzt (beispielsweise Ausbau der Workshopkonzeptionen für die jeweiligen Netzwerkentwicklungsphasen). Als weiterer Ausblick bleibt festzuhalten, dass die Frage der Übertragbarkeit des Netzwerkentwicklungsmodells und die in diesem Zusammenhang stehenden Unterstützungstools auf andere Anwendungsgebiete zunehmend stärker in den Mittelpunkt rücken wird.

### 3.3.7 Die Konstituierung eines regionalen Netzwerks am Beispiel des „Runden Tisches Bremen"

*Daniela Ahrens*

Ausgehend davon, dass auf Grund des Strukturwandels kundenspezifische produkt- und absatzbegleitende Dienstleistungen zunehmen, wird es für KMU notwendig, ein erhöhtes Service-Bewusstsein und damit verbundenes kundenorientiertes Handeln zu entwickeln. Verstärkt wird diese Bedeutungsverschiebung noch dadurch, dass durch den Globalisierungsprozess neue Preis- und Qualitätskonkurrenten auf den Markt kommen, so dass eine erhöhte Qualität der Produkte und Dienstleistungen wichtiger wird. Unter dem Stichwort „Regionen für den globalen Markt wettbewerbsfähig machen" haben sich vor diesem Hintergrund im Rahmen des Teilvorhaben 1 in Bremen kleinere und mittlere Unternehmen zusammengeschlossen[83]. Ziel des Zusammenschlusses der Unternehmen[84] war die Ausbildung eines heterogenen Lern- und Innovations-Netzwerks.

Das gemeinsame Interesse der beteiligten Akteure lag im Aufbau eines innovativen Wissensmanagements und der damit verbundenen Orientierung an Prozessinnovationen. Nicht die Wissensinhalte – was man weiß – sondern die Wissensprozesse – wie man weiß bzw. wie auf Wissen zurückgegriffen wird und wie es verteilt wird – standen im Vordergrund gemeinsamer Überlegungen. Mit der Betonung praxisnahen Wissensmanagements wird einerseits auf die wachsende Be-

---

[83] Vgl. zu den einzelnen Teilvorhaben Kapitel 2.
[84] Folgende Firmen beteiligten sich an dem Bremer Teilvorhaben: INPEX Consult (Innovative Prozess- und Expertenberatung), Innovationstechnik Gesellschaft für Automation mbH, Nabertherm Industrieofen GmbH & Co. KG, Friedrich W. Renke GmbH, Institut für Normenmanagement Manfred Skiebe (INMAS), KMU-Net-GbR.

deutung der Ressource Wissen im Wertschöpfungsprozess reagiert, andererseits wird durch die regionale Schwerpunktsetzung der Aufwertung der Region als ein zusätzlicher Wettbewerbs- und Innovationsfaktor Rechnung getragen.

Das spezifische Innovationspotenzial von Regionen gründet sich gerade auf die Unmittelbarkeit zwischen Problemlage und den jeweiligen Akteuren. Während auf staatlicher Ebene nur abstrakte „Einheitsrezepturen" formuliert werden können, verringert sich auf regionaler Ebene der Abstraktionsgrad zu Gunsten kontextbezogener Problemformulierungen. Denn nach wie vor ist es so, dass die lokalen und regionalen Akteure am ehesten über die jeweiligen Ausgangsbedingungen Bescheid wissen. Auf regionaler Ebene kann schneller und flexibler reagiert werden als auf staatlicher Ebene. Gegenüber überregionalen Netzwerken geht es regionalen Netzwerken in weitaus stärkerem Maße um das Anknüpfen an vorhandene lokale Ressourcen und Einrichtungen. Durch niedrigschwellige Kontakt- und Kommunikationsmöglichkeiten gelingt in regionalen Kooperations- und Vernetzungsprozessen die Verflechtung verschiedener Wissens- und Informationsquellen oftmals schneller als in weit verstreuten vernetzten Systemen: „Die regionale Konzentration fördert oftmals (...) die soziale Konstruktion lokaler politisch-kultureller Trümpfe wie beispielsweise wechselseitiges Vertrauen, informelle Verständigung, Lerneffekte, Spezialsprachen, transaktionsspezifische Formen des Wissens sowie leistungsfördernde Verwaltungsstrukturen (...)" (Scott 1995: 54).

**Konstituierung und Verlauf des „Runden Tisches Bremen"**

Vor dem Hintergrund dieser Überlegungen entstand im Projektverlauf der sog. „Runde Tisch Bremen"[85]. Die Konstituierung des Netzwerks richtete sich nach der Größe des Unternehmens und seinem regionalen Standort und nicht – wie es für Unternehmensnetzwerke typisch ist – nach der Branchenhomogenität. Bei den Unternehmen handelt es sich um völlig verschiedene Akteure hinsichtlich ihrer Unternehmenskultur, ihrer Größe, ihrer strategischen Ausrichtung, ihrer Kernkompetenzen, ihren branchenspezifischen Beziehungen und ihren bisherigen Netzwerkerfahrungen. Diese Heterogenität birgt den Vorteil, dass die Beziehungen untereinander weder kompetitiven Charakter haben noch von Konkurrenz oder Neid geprägt sind und somit das Problem der „Trittbrettfahrer" so gut wie ausgeschlossen ist.[86]

Um die heterogenen Akteure als ein Netzwerk zu konstituieren, bestand daher die Aufgabe der wissenschaftlichen Begleitung zu Projektbeginn in der Zusammenführung der beteiligten Unternehmensvertreter. Was in Organisationen durch interne Strukturen und Funktionszuweisungen geregelt ist, muss im Netzwerk von den Akteuren selbst erarbeitet werden. Unter dem Leitbild „Runder Tisch Bre-

---

[85] Die Auswahl der beteiligten Unternehmen gründete sich auf folgende Kriterien: Mittelständischer Betrieb, Interesse/Offenheit für das Thema Wissensmanagement, regionaler Standort, Branchenheterogenität.

[86] Die Zusammensetzung des „Runden Tisches Bremen" sowie seine Zielsetzung lassen sich als eine Art Maßstabsverkleinerung von SENEKA begreifen.

men"[87] konzentrierte sich die Konstituierungsarbeit anfangs auf die Abstimmung der unterschiedlichen Erwartungshaltungen und den Aufbau der informellen Beziehungen. Um dies zu erreichen, fanden wechselseitige Besuche mit Rundgängen in den jeweiligen Unternehmen statt, um den anderen Netzwerkpartnern einen Einblick in das jeweilige Unternehmen und dessen Kompetenzen zu ermöglichen. Diese Treffen[88] dienten einerseits der Vertrauensgenerierung und Vertrauensstabilisierung, andererseits bildeten sie eine zentrale Voraussetzung für die Erkundung von möglichen bilateralen Formen der Zusammenarbeit – etwa Hilfestellung bei der Einführung neuer Software im Unternehmen, Beratung zum Thema Personalentwicklung, Kundenbefragung und bei der Seminarentwicklung.

Mit Blick auf die Entwicklung des Netzwerks stellten sich zu Beginn die Fragen: Was hält Netzwerke zusammen? Wie bildet sich vom „kreuz und quer" eine Netzwerkordnung aus?

Von einem stabilen Netzwerk können wir dann reden, wenn die Kontingenz möglicher Wege zu spezifischen Formationen geknüpft wird, die Akteure mithin ihre eigene Topographie entwerfen. Im Vergleich zu Organisationen, in denen die Organisation von Wissen durch Zuständigkeiten, Abteilungen und Hierarchien geregelt ist und die Kommunikationswege in Organigrammen strukturiert sind, verläuft die Kommunikation in Netzwerken gerade zu Beginn „kreuz und quer". Je heterogener ein Netzwerk ist, desto höher ist zwar der Variationsspielraum, aber desto wahrscheinlicher werden Verunsicherung und Unentschlossenheit angesichts der gleichzeitig möglichen, vervielfältigten Optionen. Diese Unentschlossenheit drückt sich beispielsweise im Verhältnis von Geben und Nehmen aus. Netzwerkbeziehungen funktionieren nach dem Tauschprinzip, wobei die Honorierung über die „Währung" der gegenseitigen Inanspruchnahme von Leistungen erfolgt. Gerade weil Transaktionsprozesse in Netzwerken sich nicht ohne weiteres ökonomisch verrechnen lassen, sind sie vielfach nicht exakt spezifiziert und eröffnen die Möglichkeit kurzfristig unausgeglichener und mitunter nur langfristig auszubalancierender Bilanzierungen. Dies birgt einerseits ein gewisses Risiko für Geber und Nehmer, andererseits eröffnet sich dadurch die Möglichkeit und Voraussetzung für wechselseitige Bindungen, Vertrauensgenerierung bzw. Enttäuschungsfestigkeit.

Die folgenden Zitate spiegeln die teilweise hohen zeitlichen und sozialen Kosten beim Aufbau von Reziprozität, dem wechselseitig bedingten Geben und Nehmen von Leistungen und Gegenleistungen, wider:[89]

---

[87] Mit dem Begriff des „Runden Tisches" wird gleichsam auf den partizipatorischen Gehalt sowie die dialog- und konsensorientierte Ausrichtung verwiesen.
[88] Die Treffen fanden alle zwei Monate statt.
[89] Neben den verschriftlichten Interviews dienten die Protokolle der Treffen und Gedächtnisprotokolle im Anschluss an teilnehmende Beobachtung als empirisches Material.

„Ich würde gerne mehr über den Betrieb erfahren, weil es da, glaube ich, spannende und für beide Seiten interessante Möglichkeiten gibt, aber man kriegt da ja nie einen zu fassen, und irgendwann verliert man dann die Lust."

„Ich hab' mir gesagt, wenn die anderen Unternehmen nicht wollen und zögern, dann probieren wir die Sachen bei uns aus – wir tun jedenfalls etwas. Der Unternehmer „unternimmt"!"

In den Zitaten wird deutlich, dass die für Netzwerke typische lose Kopplung nicht per se einen Mehrwert darstellt, sondern gleichermaßen mit einem Mangel an Verbindlichkeit und des „Sich-nicht-entscheiden-Könnens" einhergeht. Gerade weil die Unternehmen völlig unterschiedlicher Natur waren und jeder Unternehmensvertreter zunächst das Interesse seines Betriebs als Orientierungsgröße zu Grunde legte, gestaltete sich die Überführung bilateraler Beziehungen in ein für alle Netzwerkbeteiligten verpflichtendes gemeinsames Vorhaben als äußerst schwierig. Als Netzwerkakteure stehen die Unternehmensvertreter vor der Herausforderung, im Netzwerk Entscheidungen durchzusetzen und eine hohe Kompromissfähigkeit zu leisten, gleichzeitig müssen sie ihre unternehmensspezifischen Interessen im Netzwerk durchsetzen und Vereinbarungen im Netzwerk im jeweiligen Unternehmen verankern. Dieser Interessendualismus kommt insbesondere bei kleinen und mittelständischen Unternehmen zum Tragen, da hier die im Netzwerk vertretenen Akteure in der Regel gleichzeitig die Geschäftsleiter waren. Für die Moderation eines Netzwerks bedeutet dies, dass bei der Initiierung darauf geachtet werden muss, dass wir es im Netzwerk nicht nur mit den Personen XY zu tun haben, sondern immer auch mit den „dahinter" stehenden Unternehmen, dass die Personen nur die Adressaten sind, an die die Kommunikation sich wendet, um das Unternehmen zu erreichen. Die starke Personenorientierung macht den „Runden Tisch Bremen" darüber hinaus anfällig gegenüber Fluktuationen. Deutlich wird dies beim Wechsel oder Ausscheiden von beteiligten Akteuren.

Die Qualität eines Netzwerks ist also nicht zuletzt davon abhängig, inwieweit es gelingt, Leistungen zu mobilisieren, die sonst verschlossen blieben. Ziel und Anspruch ist es dabei, Themen zu verhandeln oder Produkte auf eine Weise zu erarbeiten, die in dieser Form außerhalb des Netzwerks, und das heißt in diesem Fall unternehmensintern, so nicht möglich wäre. Wenn es um unternehmensübergreifenden Transfer von Produkten geht, kommen Unternehmenskultur und Produktspezifität ins Spiel: Selbst wenn das Interesse und die Bereitschaft der einzelnen Unternehmensvertreter hoch ist, können Vernetzungen dann nicht konkretisiert werden, wenn

a)  das Unternehmen in diesem Bereich bislang auf andere Partner zurückgegriffen hat und damit gute Erfahrungen gemacht hat,

b)  die unternehmensinternen Produkte und Prozesse zu spezifisch sind – dies betrifft insbesondere den gesamten Bereich der Informationsverarbeitung und Softwareentwicklung,

c)  das Unternehmen von seiner Kultur stark innenorientiert bastelt und tüftelt und Einblicke in die internen Abläufe nur bedingt zulässt und

d) der Handlungs- und Leidensdruck im Unternehmen zu gering ist.

**Heterogenität: Wer die Lösung hat, hat das Problem ...**

Die Suche nach Vereinheitlichung der einzelnen Sichtweisen und einer Verständigung auf Standards erfordert regelmäßige und in kurzen Abständen stattfindende Aushandlungs- und Verständigungsprozesse über gemeinsame Standards. Folgende Zitate verdeutlichen den zu leistenden Spagat zwischen der Berücksichtigung von Einzelinteressen einerseits und der Operationalisierung des übergeordneten Antragsziels:

„Vielmehr war es so, dass jeder seine Ideen im Hinterkopf hatte, und man dann mit Brainstorming sehr viele Karten an die Wand bekommen hatte, was für unterschiedliche Dinge man zusammenfassen könnte. Das war dann sehr breit und hatte das Resultat, dass sich niemand so richtig wiederfinden konnte und den Nutzen für sich nicht gesehen hat. Das ist ein sehr schwieriger Aspekt."

„Jeder will etwas anderes, aber jeder will was Konkretes. Ich finde es interessant, zu erfahren, was in anderen Unternehmen passiert, irgendwie ist es auch beruhigend, zu sehen, dass bei denen auch nicht alles perfekt läuft. Ich sitz gern mit denen zusammen, aber Aufträge kommen darüber nicht rein."

Im Vergleich zu Organisationen fehlt in Netzwerken der entlastende institutionelle Rahmen, innerhalb dessen Entscheidungen und Abstimmungsprozesse geregelt werden. Um nicht Gefahr eines überproportional hohen zeitintensiven kommunikativen Aufwands zu laufen, sind Vernetzungen wie etwa der „Runde Tisch Bremen" zu Beginn von einer Moderatorentätigkeit abhängig, die gleichermaßen fachliches Wissen und Kommunikationskompetenz – insbesondere Verhandlungsgeschick – besitzt.

Gegenüber dem rein inhaltlichen Wissen, das als Domänenwissen in erster Linie fachspezifische Anteile enthält, sind heterogene Netzwerke darauf angewiesen, neben dem verfügbaren fachlichen Wissen Kenntnisse und Kompetenzen um den Einsatz von Wissen auszubilden, denn: „Nicht was wir wissen, ist entscheidend, sondern wie wir wissen und mit Wissen umgehen" (Degele 2000: 41).[90] Wissensinhalte lassen sich demzufolge nicht auf ihren Sachbezug reduzieren. Situatives Wissen stellt auf lokale Anwendungskontexte ab – wohlwissend, dass diese lokalen Kontexte ihrerseits von nichtlokalen Wissensbeständen geprägt sind. Nicht die Suche nach Vollständigkeit steht im Vordergrund, sondern die Anwendung eines

---

[90] Es geht also um mehr als nur eine Pluralisierung verschiedener Wissensformen, wie sie beispielsweise in der Berufsbildungsforschung mit der These der „Entgrenzung des Fachwissens" (Arnold 1997: 292) zum Ausdruck kommt. Dort geht es um die Erweiterung der „produkt- und fachtheoriebezogenen „Zuschneidung" notwendigen Fachwissens" zu Gunsten eines „personenbezogenen Konzeptes handlungsrelevanten Wissens" (ebd.). Hervorgehoben wird die Relativierung von Fachwissen, ohne jedoch die Frage nach dem „wie" zu stellen, das heißt, wie gehen wir mit einem Wissen um, das seine eigene Vorläufigkeit ebenso in sich trägt wie das damit verbundene Nichtwissen.

maßgeschneiderten Wissens. Die divergierenden Sicht- und Umgangsweisen zum Thema Wissensmanagement haben beispielsweise deutlich gemacht, dass das Verwenden gleicher Begriffe noch lange nicht garantiert, dass man sich auf „gleicher Wellenlänge" befindet. Folgende Zitate spiegeln stellvertretend die Brisanz von Verstehensprozessen wider:

> „Das ist ein Riesenprojekt mit sehr viel Vernetzungen. Ich muss einfach sehen, dass ich bei meinen Sachen bleibe, ich hab meine zwei Schwerpunkte. Es gibt immer so viele Informationen, ich muss sehen, dass ich an die wichtigen Informationen komme."

> „Auch wenn man gleiche Begriffe benutzt, hat man noch lange keine gemeinsame Sprache."

Am Beispiel des „Runden Tisches Bremen" zeigte sich, dass in Netzwerken die Generierung neuer Themen nicht zuletzt davon abhängig ist, inwieweit es den beteiligten Akteuren gelingt, ihr jeweiliges Expertenwissen so „herunterzuhandeln", dass es für die anderen anschlussfähig wird. Von Bedeutung sind hier nicht nur die objektiven Qualifikationen, sondern darüber hinaus die „Kompetenzdarstellungskompetenz" (Hitzler 1994), d.h. die Art und Weise, wie Kompetenz dargestellt und inszeniert wird. Kompetenz liegt weniger darin, richtige Lösungen für bestimmte Probleme zu haben, sondern vielmehr darin, Probleme hinsichtlich bestimmter Lösungen zu deuten und zu formulieren. Kompetenz misst sich somit nicht zuletzt daran, inwieweit es gelingt, das eigene Wissen und das darin enthaltene Problemlösungspotenzial als adäquate Problemlösung erscheinen zu lassen.[91] Für ein Netzwerk, das sich aus Unternehmensvertretern[92] und Wissenschaftlern zusammensetzt, heißt dies, dass die Unternehmensvertreter herausgefordert sind, ihre Produkte zu versprachlichen und in den Diskurs zu bringen, während sich die Wissenschaftler der expliziten problem- und praxisbezogenen Arbeitsweise verpflichten. Das langwierig angeeignete Fachwissen muss ergänzt werden durch „relevantes Wissen für Zusammenhänge" (Schulmeyer, zit. in Weingart 2001: 205).

Für den „Runden Tisch Bremen" lässt sich Folgendes festhalten:

- Die Aufgabe der wissenschaftlichen Begleitung kann und darf sich nicht auf die Beobachtung von Vernetzungsprozessen beschränken, vielmehr muss sie auch ihre Rolle als Beobachter thematisieren. Die wissenschaftliche Begleitung fun-

---

[91] Die hier angesprochenen Kompetenzen von Netzwerkakteuren werden in Kapitel 5 ausführlich behandelt.

[92] An dieser Stelle ist die Verführung groß, an Stelle von Unternehmensvertretern von Praktikern zu sprechen, nicht zuletzt um die Abgrenzung zu Vertretern des Wissenschaftssystems deutlicher zu kennzeichnen. Vor dem Hintergrund der gemachten empirischen Erfahrungen jedoch wählen wir hier bewusst den Begriff der Unternehmensvertreter, um die Beharrungskraft unternehmerischen Eigensinns zu betonen. Der Begriff des „Praktikers" verweist u.E. bereits zu sehr auf eine Kunst des „Verfertigens", des Taktierens zwischen allgemeineren wissenschaftlichen Aussagen und dem empirisch Machbaren, und somit auf eine Praxis, die im wissenschaftlichen Kontext ebenso relevant ist wie in anderen.

giert als Promoter, als Ideengeber, als Moderator und als Reflexionsinstanz: Wenn die wissenschaftliche Begleitung nicht nur als Moderator zwischen verschiedenen Interessen und Praktiken vermittelt, sondern darüber hinaus auch inhaltlich steuernd in die Diskussion eingreifen muss, besteht die Gefahr, dass die Moderatorenfunktion an Akzeptanz verliert und Zuständigkeiten in Frage gestellt werden.

- Eine überzogene Konsensorientierung blockiert Entscheidungen („symbolic talk versus action"): In gleichem Maße wie eine Konsensorientierung als notwendig erachtet wurde, um die partikularen Interessen zu integrieren, wurden dadurch Entscheidungsnotwendigkeiten verzögert. Spätestens an dieser Stelle wird die Frage der Strukturierung von Netzwerkprozessen virulent, denn: Vernetzungsprozesse bedürfen der Regelung und Steuerung, wollen sie sich nicht in einem infiniten Regress der Abstimmung und Konsensherstellung verlieren. Eine Möglichkeit, die sich gerade in zeitlich befristeten Netzwerken als tauglich erwiesen hat, bezieht sich auf das Einlassen auf hierarchische Strukturen. Die Problematik des „Runden Tisches Bremen" ist: Er benötigt eine gewisse Ordnung, um funktionieren zu können, gleichzeitig wollen die beteiligten Akteure aber von ihrem Selbstverständnis her auf Hierarchien und Regelwerke weitgehend verzichten. Sie streben eine Entscheidungsfähigkeit und Komplexitätsbearbeitung an, gleichzeitig verlassen sie sich aber – gerade was die Phase des Aufbaus betrifft – auf Face-to-Face-Kommunikation. Der „Runde Tisch Bremen" wollte die Autonomie seiner Akteure nicht schmälern, gleichzeitig strebte er ein erhöhtes Problemlösungspotenzial sowie die Ausbildung einer eigenen Identität an, die ihn gegenüber seiner Umwelt abgrenzt. Hier wird deutlich, wie Eigenschaften, die erst durch die Vernetzung ausgebildet werden, auf den Vernetzungsprozess selbst zurück-„schlagen" und zum Problem werden können.

- Durch die heterogenen unternehmerischen Interessen konnte ein Transfer von Erfahrungswissen in Gang gesetzt werden, der in dieser Form für die Unternehmer sonst nicht möglich gewesen wäre. Im Vergleich zum Markt bietet das Netzwerk die Möglichkeit, nichtkodifiziertes und nicht handelbares Wissen weiterzugeben. Folgende Zitate verweisen auf das Netzwerk als einen „geschützten Raum":

  > „Man hat nicht das Gefühl gehabt, man erzählt jetzt seinem Konkurrenten irgendwelche Informationen. Das war definitiv nicht der Fall. Und das war extrem wichtig. Man hat die Möglichkeit gehabt, mit jedem sofort in Kontakt zu treten und bestimmte Sachen, worauf die jeweiligen Firmen spezialisiert sind, „anzuknabbern" – sei es Struktur, seien es Produkte. Über diesen Vertrauenskanal war das sehr gut gegeben."

  > „Man hatte nie das Gefühl, der andere nimmt einem die Butter vom Brot. Und da gibt man natürlich sehr viel schneller und leichter Informationen und Erfahrungen weiter, die man in der eigenen Branche nicht unbedingt loswerden würde, weil da ganz andere Rückschlüsse gezogen werden."

- Wendet man die für das Teilvorhaben 1 in SENEKA formulierte Forschungshypothese „Regionen für den globalen Markt wettbewerbsfähig machen" auf den „Runden Tisch Bremen" an, zeigt sich, dass gerade KMU als wichtige Promotoren fungieren können, wenn es darum geht, die Region als einen eigenständigen Wirtschaftsraum auszubauen und regionale Netzwerke auszubilden[93]. KMU sehen kaum Veranlassung, ihr Innovations- und Kooperationsverhalten in räumlicher Hinsicht zu ändern bzw. sich auf Grund zunehmender Globalisierung verstärkt der Region hinzuwenden. Die Region ist für KMU keine Antwort auf Globalisierung, die Region unterstützt jedoch die Ausbildung einer Netzwerkidentität.

- Der aus der Netzwerkforschung von Mark Granovetter herausgearbeitete „embeddedness approach", wonach ökonomische und/oder technologische Probleme keineswegs quasi „von sich aus" nach bestimmten organisatorischen Lösungen verlangen[94], sondern die Einbettung in fortlaufende soziale Beziehungen zur Voraussetzung haben, lässt sich in Bezug auf das Beziehungsgefüge des „Runden Tisches Bremen" dahingehend interpretieren, dass das Bett der sozialen Beziehungen[95] vorhanden war, die interdependenten Ressourcenflüsse sich jedoch nur in begrenztem Maße herstellen ließen.[96]

**Zusammenfassung**

Netzwerke sind dann erfolgreich, wenn durch die Vernetzung ein zusätzlicher Kooperationsnutzen entsteht, der über die Kosten und den Nutzen der einzelnen Akteure hinausgeht. Dies setzt voraus, dass durch das Aufeinandertreffen verschiedener Unternehmen etwas Drittes entsteht bzw. sich eine Perspektive, ein Denken durchsetzt, was anders nicht zu erreichen wäre. Einen ersten Schritt in diese Richtung konnte der „Runde Tisch Bremen" durch den Aufbau informeller Beziehungen als wichtige Voraussetzung für Erfahrungsaustausch leisten. Aus der Per-

---

[93] Dass im Sinne einer „Lernenden Region" neben der Beteiligung von Unternehmen auch weitere politische Akteure hier von Bedeutung sind, wird bei Olbertz (2001) am Beispiel der Wirtschaftsregion Aachen dargestellt.

[94] „Instead, these economic conditions restrict what the possibilities are. Then, individual and collective action, channeled through existing personal networks, determine which possibility actually occurs" (Granovetter 1993: 4).

[95] „Zur Entzifferung der realen „embeddedness of economic action" sind Netzwerkbeziehungen der angemessene Schlüsselbegriff. In ihnen verorten sich die Akteure in Bezug auf ihr Verhältnis zu anderen, erkennen die Identität ihrer Partner und regulieren ihr Handeln im Hinblick auf die situativen Bedingungen wie auf den „historisch" entstandenen Erwartungsrahmen" (Wiesenthal 2000: 47).

[96] Untersuchungen über das „Dritte Italien" haben herausgearbeitet, dass der Aufstieg mittelständischer Unternehmen im Wesentlichen der „Einbettung" ökonomischer Austauschprozesse in regionale Institutionen verdankte. Stabile persönliche Beziehungen zwischen den Unternehmern, dem lokalen Verwaltungsapparat und Kreditgebern bspw. unterstützten nicht nur den schnellen Transfer von Informationen, die Überwachung des lokalen Wettbewerbs und die Einhaltung vereinbarter Qualitätsstandards, sondern waren auch Grundlage für das Engagement für lokale, soziale Projekte, wie etwa Ausbildungsstätten und Wohnungsbauprojekte (vgl. u.a. Mahnkopf 1994).

spektive der beteiligten Akteure werden die solide Vertrauensbasis und die damit einhergehenden informellen Beziehungen als wesentlich hervorgehoben. Der „Runde Tisch Bremen" kann daher als eine zentrale Basis für die Konstituierung eines stärker themenbezogenen Netzwerks verstanden werden.

Was heißt dies für die eingangs aufgeworfene Frage nach dem Organisationsgrad von Netzwerken? Festhalten lässt sich, dass in Netzwerken die Erwartungen im Gegensatz zu Organisationen nicht formal abgedeckt sind und somit eine hohe Interaktionsabhängigkeit nach sich ziehen. Die Erwartung an Organisationsmitglieder unterscheidet sich von einer Mitgliedschaft im Netzwerk insofern, dass die Nichtanerkennung und/oder Nichterfüllung eine Fortsetzung der Mitgliedschaft ausschließt bzw. die Verfahren und Regeln für eine Kontinuität sorgen und Personen (bis zu einem gewissen Grad) austauschbar machen. Diese Formalisierung macht den Aufbau komplexer und dauerhafter Erwartungszusammenhänge möglich, die von den individuellen Besonderheiten und Motivationslagen der einzelnen Personen absehen.[97] Gleichzeitig ermöglicht es eine individuell zurechenbare Karriereplanung, die nicht mit der Personalplanung der Organisation übereinstimmen muss. Kann man sich in Organisationen auf Regeln stützen oder an Abmachungen erinnern, die jedes Organisationsmitglied auf spezifische Weise binden, spielen sowohl bei unternehmensinternen als auch bei unternehmensübergreifenden Netzwerken Aspekte des Entgegenkommens, des Darstellungsgeschicks, des situativen Feingefühls eine wesentliche Rolle, wenn es darum geht, Reziprozität und Erwartungssicherheiten herzustellen. Die Konsequenz ist, dass Netzwerke gegenüber Organisationen in weitaus höherem Maße personenabhängig – und damit auch den Problemen der Unbestimmtheit und Kontingenz ausgesetzt – sind. Netzwerke favorisieren im Vergleich zu Organisationen einen subformalen Verkehr.

## 3.4 Resümee und Ausblick

*Klaus Henning, Daniela Ahrens*

Mit Blick auf die für SENEKA leitende Themenstellung „Nutzung des weltweit verfügbaren Wissens" ist anhand der Ergebnisse der Querschnittsaufgabe 1 deutlich geworden, dass bei der Generierung und Stabilisierung von Wissen Netzwerke als neue „Orte" der Wissensproduktion fungieren, ohne jedoch die Bedeutung „herkömmlicher" Organisationen zu relativieren. In Bezug auf den Fokus der Querschnittsaufgabe 1, die „Organisationsentwicklung von Netzwerken", lässt sich festhalten, dass das Fehlen einer einschlägigen Netzwerktheorie sowie der nahezu inflationäre Gebrauch des Netzwerkbegriffs zu einem sehr heterogenen und zum Teil in sich widersprüchlichen Forschungs- und Untersuchungsfeld füh-

---

[97] Erst in jüngster Zeit lässt sich nicht zuletzt vor dem Hintergrund veränderter Managementkonzepte eine Hinwendung zu stärker personenbezogener Kommunikation beobachten. Man sagt heute eher, was man meint und für richtig hält.

ren. Ob ein Beziehungsgeflecht schon oder noch nicht als Netzwerk zu begreifen ist, ist hierbei nicht unwesentlich von den jeweiligen Interessen und Idiosynkrasien der jeweiligen Forschergruppe abhängig. Für die Forschung besteht daher die Notwendigkeit einer stärkeren Systematisierung der bisherigen und weiteren relevanten Netzwerkforschung.

Durch einen Vergleich unterschiedlicher Ansätze und Forschungsergebnisse zur Entwicklung von Netzwerken, sowie unter Einbeziehung der Erfahrungswerte der SENEKA-Partner auf diesem Gebiet, wurde in disziplinübergreifender Arbeit in der Querschnittsaufgabe 1 mit der Entwicklung des Netzwerkphasenmodells eine Systematisierung dieses Forschungsfeldes angestrebt. Mit diesem Modell können Netzwerke beschrieben und untersucht sowie Handlungsempfehlungen zur Gestaltung, Koordination und Steuerung von Netzwerken abgeleitet werden. In Anlehnung an die Unterteilung der Netzwerkentwicklung in die Phasen *Initiierung, Stabilisierung* und *Verstetigung* zeigen die in SENEKA gemachten Erfahrungen zum Netzwerkaufbau, dass die kurz- und mittelfristige Mobilisierung von Akteuren zur Vernetzung eher erfolgreich verläuft, die Verstetigung von Netzwerken jedoch ein hohes Risikopotenzial des Scheiterns birgt.

Die Steuerung und das Management von Netzwerken oszilliert im Wesentlichen zwischen den geteilten Vorstellungen, Regeln und Annahmen einerseits und den individuellen Zielen und Interessen andererseits. Einen wichtigen informellen Steuerungsmechanismus – gerade in der Initiierungsphase – stellen die existierenden bzw. sich entwickelnden persönlichen Beziehungen zwischen den Netzwerkakteuren dar. In der Stabilisierungs- und Verstetigungsphase dagegen werden zusätzliche Evaluationsverfahren und -instrumente notwendig, um den Netzwerkakteuren den Mehrwert ihres Zusammenschlusses zu spiegeln. In diesem Zusammenhang wäre die Untersuchung der Alterungsfähigkeit von Netzwerken im Vergleich zu Organisationen und Institutionen ein interessanter Forschungsgegenstand. Eine derartige Langzeitperspektive könnte beispielsweise Aufschluss darüber geben, ob und in welchem Maße Netzwerke – gerade auf Grund ihrer besonderen Charakteristika – eher als Modetrend oder als langfristiger Wettbewerbsvorteil zu sehen sind. Vor dem Hintergrund dieser Fragestellung kann ein Vergleich zur „Entdeckung" der Bedeutung von Teamarbeit in den 80er Jahren herangezogen werden. Die Welle von Partizipation und Gruppenarbeit, das Bestreben, Hierarchieebenen aufzulösen, und die – nicht zuletzt durch Habermas gestützte – Hoffnung auf Konsens und herrschaftsfreie Diskurse ist heute zu Gunsten einer nüchterneren und realistischeren Einschätzung hinsichtlich der Rolle von Teams und Gruppen relativiert. Teams sind unerlässlich, wenn die Problemlösungskapazität und die Fähigkeit Einzelner nicht mehr reicht, und wenn es gelingt, den sozialen Prozess eines Teams zu einem Kernprozess für die Organisation zu machen, der hilft, die Stellung der Organisation in ihrer Umwelt nachhaltig zu verbessern (vgl. Hunecke 2002). Teams sind aber unnötig, ja sogar existenzgefährdend für eine Organisation, wenn die Beteiligten „Nichtangriffspakte" schließen und zu einer „Kuschelgruppe" werden (vgl. Henning 2002).

In Anlehnung an diesen Vergleich legen die innerhalb des Projektes SENEKA sowie die über den Projektrahmen hinaus zu beobachtenden positiven und negativen Erfahrungen mit und in Netzwerken eine Unterscheidung in „Schönwetter-Netzwerke" und „Schlechtwetter-Netzwerke" nahe. Auch in Netzwerken werden – notwendigerweise – für die Initiierungsphase die Konsensorientierung und der Verzicht auf Führungsrollen als Erfolgskriterien formuliert und ein herrschaftsfreier Diskurs als Idealvoraussetzung angenommen.

Solche „Schönwetter-Netzwerke" bewähren sich aber häufig nur in Wachstumsphasen der Märkte der Netzwerkpartner oder durch die Interessen der „Stakeholder" solcher Netze. In Krisensituationen – sei es durch Marktkrisen oder durch veränderte Interessenlagen der Umwelt – tendieren solche Netzwerke zum Zerfall bzw. zur Abgrenzung unter den Partnern (Abb. 3.12 oben rechts). In dieser Situation bedarf es des bewussten „Störens" und des provokativen Intervenierens von Akteuren, die nicht dem Prinzip des herrschaftsfreien Diskurses folgen und die in Netzwerkkrisen – vorerst bilateral – „die Karten auf den Tisch legen" (Abb. 3.12 unten links). Wird diese Irritation im Netzwerk produktiv weiterverfolgt, entstehen tendenziell Konstellationen, die familientherapeutischen Ansätzen entsprechen, in denen einzelne Akteure – durch entsprechende Moderation und Prozesssteuerung – aus der Not bzw. Krise geborene (neue) Netzwerke bilden oder den Wert früherer Netzwerke wiederentdecken (Abb. 3.12 unten rechts). Die so „durchlittene" Organisationsentwicklung vom „Schönwetter-Netzwerk" zum „Schlechtwetter-Netzwerk" scheint (eher) einen wettbewerbsentscheidenden Faktor darzustellen, während möglicherweise die „Schönwetter-Netzwerke" eine Modeerscheinung bleiben.

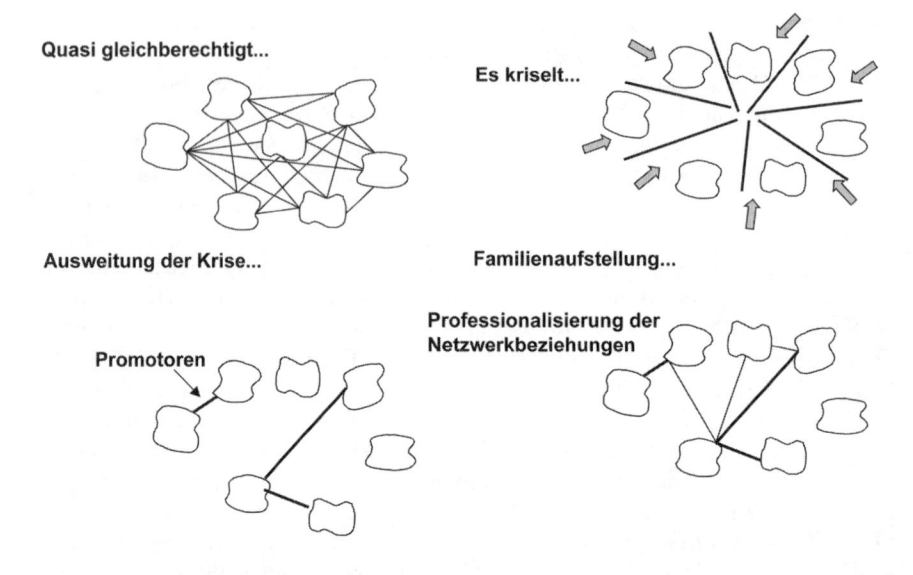

**Quasi gleichberechtigt...**

**Es kriselt...**

**Ausweitung der Krise...**

**Familienaufstellung...**

**Promotoren**

**Professionalisierung der Netzwerkbeziehungen**

Abb. 3.12: Schönwetter-Netzwerke versus Schlechtwetter-Netzwerke (vgl. Henning u. Schmette 2002)

Basierend auf Erfahrungen zum Thema Netzwerkaufbau sind im Folgenden einige *paradoxe Empfehlungen* aufgeführt, die „sicherstellen", dass Netzwerke misslingen (vgl. Logik des Misslingens bei Problemlösungen, Probst u. Peter 1997):

- Tauschen Sie in der Anfangsphase die Akteure beliebig aus; dann lernen Sie möglichst viele Leute kennen!
- Sorgen Sie möglichst früh für eine Institutionalisierung; dann haben Sie etwas, an dem Sie sich festhalten können!
- Lassen Sie Konkurrenten innerhalb des Netzwerks aufeinander losgehen; dann haben Sie einen hohen Unterhaltungswert!
- Lassen Sie die Frage, wie regional oder überregional das Netzwerk sein soll, möglichst lange offen; dann vermeiden Sie unnötige Festlegungen!
- Dasselbe gilt für die Themenpalette und die Form ihrer Behandlung: Vermeiden Sie die Formulierung einer gemeinsamen Zielrichtung!
- Vermeiden Sie unter allen Umständen die Benennung eines neutralen Netzwerkmanagers!
- Und wenn sich unbedingt eine(r) nach vorne drängt: Wieso soll er/sie dafür bezahlt werden?

Die Zukunft wird zeigen, inwieweit Netzwerke als zusätzlicher alternativer Steuerungsmodus an Bedeutung gewinnen und selbst strukturbildende Prozesse initiieren können oder ob sie nur als Reaktion auf Struktur- und Umweltveränderungen zu betrachten sind.

# 4 Querschnittsaufgabe 2: Innovationsmanagement

**Zusammenfassung**

*Im Zuge der Querschnittaufgabe 2 des SENEKA-Projektes wurde im Spannungsfeld von Vernetzung und Innovation ein Innovationsmodell entwickelt, welches den Anspruch der Betriebstauglichkeit erhebt. In den folgenden Kapiteln wird die Funktionalität des SENEKA-Innovationsmodells (SIM) theoretisch begründet und die Einsatzmöglichkeiten anhand von Beispielen aus dem SENEKA-Verbunden werden dargestellt. Es wird ein Beispiel angeführt, das aufzeigt, in welchen Phasen des Innovationsprozesses das SIM der Unternehmensführung durch ein Angebot an Informationen und Handlungsmöglichkeiten hätte helfen können, die aufgetretenen Probleme zu vermeiden. Zwei weitere Beispiele analysieren die Entstehung von Spin-offs aus dem SENEKA-Verbund heraus, die durch die Gewinnung neuer Erkenntnisse aus der Verbundarbeit zu begründen sind. Anschließend wird die Entwicklung, Umsetzung und Auswertung eines innovativen Vorhabens analysiert, das eine wirtschaftliche Erwägung eines Veränderungsprozesses anhand der systemischen Betrachtung und des Konzeptes der Balanced Scorecard durchdenkt.*

## 4.1 Einleitung

*Giuseppe Strina, Jaime Uribe*

Noch vor kurzem schien die so genannte „New Economy" der Sektor der Ökonomie zu sein, der ein nachhaltiges Wirtschaftswachstum sichern könnte. Diese Annahme basierte auf den starken und unerwarteten Produktionssteigerungen, die durch die neuen Entwicklungen in der Informations- und Kommunikationstechnologie forciert wurden (vgl. Bosomworth u. Grittini 2001). Die spätere Analyse des bekannten Endes dieses „Booms" (vgl. Oliner u. Sichel 2000)[98] hat gezeigt, dass viele von diesen heute z.T. nicht mehr existierenden Unternehmen, auch wenn sie ihre Innovationspotenziale erkannt hatten, spekulative Investitionen auf Basis übertriebener Erwartungen tätigten oder erste Signale rezessiver Konjunktur mit zurückgeschraubten Investitionen in Zukunftsentwicklungen und durch kurzfristigeres Denken und Handeln beantworteten (vgl. Wolpert 2002). Eine sorgfältig und umfassend erarbeitete Innovationsstrategie, deren Erfolg durch die rich-

---

[98] Der „Boom" der „New Economy" war Thema mehrerer Beiträge in der Business Week (November 1997, Heft 17).

tige Marktpositionierung weiterentwickelter und neuer Produkte oder Dienstleistungen gekennzeichnet ist, hätte manche Firmen in Krisenzeiten retten können.

Auf dem globalen Markt der Zukunft werden unter solchen Umständen nur noch Unternehmen Erfolg haben, die nachhaltig hochinnovativ bleiben. Diese Firmen charakterisieren sich nicht nur dadurch, dass sie ihre Innovationspotenziale frühzeitig erkennen, sondern auch dadurch, dass sie diese Potenziale systematisch erfassen und nutzen (vgl. Wechsler 2000). Die Verbindung zwischen Innovationsmanagement und Wettbewerbsfähigkeit ist im betrieblichen Alltag kein Geheimnis. Während einerseits manche Firmen diesen Zusammenhang rein „instinktiv" in ihre Prozesse einfließen lassen, beschäftigen sich andere Firmen mit der Systematisierung des eigenen Innovationsprozesses bis ins Detail. Dazwischen befinden sich alle, die einen Kompromiss zwischen „Alltagsstress" und „Genauigkeit durch Aufwand" getroffen haben. Diese wirtschaftlich problematische Situation ist gleichermaßen eine Herausforderung für die Wissenschaft. Gebraucht werden turbulenztaugliche Unterstützungsmethoden, die Unternehmen in die Lage versetzen, flexibel und dennoch effizient und effektiv die eigenen sowie die fremden innovationsfördernden Erfolgsfaktoren, insbesondere durch eine verbesserte Vernetzung der Akteure, zu steuern.

Aus diesen Gründen sind Wissenschaft und Wirtschaft mehr denn je gefordert, praxisorientierte Ansätze zur Unterstützung der betrieblichen Innovationsprozesse gemeinsam und interdisziplinär zu entwickeln und deren Betriebstauglichkeit zu erproben (vgl. Little 2000). Im Rahmen der wissenschaftlichen Arbeiten der Querschnittsaufgabe 2 „Innovationsmanagement" wurden im Projekt SENEKA existierende Ansätze zur Optimierung von Innovationsstrategien analysiert und daraus das SENEKA-Innovationsmodell (SIM) entwickelt. Dieses erhebt den Anspruch, Unternehmen bei der Analyse und Nutzung der eigenen Innovationspotenziale mit einer pragmatischen und prozessbegleitenden Vorgehensweise zu unterstützen. Eine wissenschaftliche und praxisorientierte Beschreibung des SENEKA-Ansatzes und dessen Anwendung zur Optimierung betrieblicher Innovationsprozesse sind die Themen der folgenden Kapitel.

## 4.2 Stand der Forschung, Thesen und wissenschaftliche Fragestellungen

*Giuseppe Strina*

### 4.2.1 Problemhintergrund und wissenschaftliche Fragestellungen

Die Bedeutung der betrieblichen Innovationsfähigkeit steht nicht – auch nicht während Krisenzeiten – zur Debatte. Jede Firma erkennt die Notwendigkeit dieser Fähigkeit und versucht, mehr oder weniger systematisch, das so genannte Innovationsmanagement auf die betrieblichen Ziele auszurichten. Bei der Implementierung werden dennoch unterschiedliche Problemfelder erkennbar, welche sich in folgenden wissenschaftlichen Fragestellungen widerspiegeln:

*Forschungsfrage 1: Inwieweit kann das Management den optimalen Ablauf von Innovationsprozessen regeln bzw. steuern? Welche Rolle spielen „Freiräume" bei der Verwirklichung dieser Prozesse?*

Obwohl die meisten Unternehmen eine nachhaltige Innovationsfähigkeit als lebensnotwendig erkennen und entsprechend Strategien und Maßnahmen ableiten und implementieren, kennen die meisten die eigenen Innovationspotenziale und Erfolgsfaktoren nur selten oder lediglich „aus dem Bauch" heraus (vgl. Drucker 1985). Immer wieder machen Unternehmen die Erfahrung, dass „kreative Köpfe" in der Regel nach betrieblichen Rahmenbedingungen verlangen, die ihnen erlauben, persönliche Charakteristika (dazu gehören u.a. Interesse, Hintergründe, Neugier, Überheblichkeit, Bereitschaft zuzuhören, Zuversicht, Bescheidenheit) in die Arbeitswelt zu integrieren (vgl. Hargadon u. Sutton 2000).

Unternehmen können demnach die Mitarbeiter nur motivieren bzw. halten, wenn diese die entsprechenden „Freiräume" finden und nutzen können. Shelton (2001) erkennt diese betriebliche Notwendigkeit und schlägt die Einführung des Konzeptes „Interner Innovationsmarktplatz" vor, das eine Balance zwischen Kreativitäts- und Kommerzialisierungsprozess[99] anstrebt. Prozesse, auch Innovationsprozesse, müssen aber so optimal wie möglich laufen, was nichts anderes bedeutet als Zielorientierung, Ressourcenverteilung, Kosten- und Nutzenanalyse u.a. Aspekte, die die Geschäftsführung zu Recht nicht dem Zufall überlassen möchte. Dies wird besonders deutlich in der Abbildung 4.1; sie zeigt, in welchem meist nur geringen Umfang innovative Ideen zu Erfolgsprodukten führen.

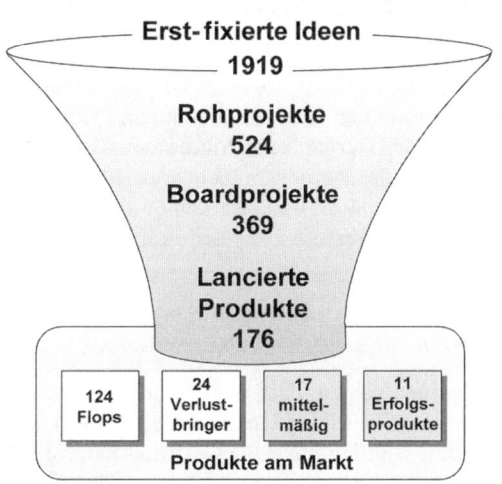

**Erst-fixierte Ideen**
**1919**

**Rohprojekte**
**524**

**Boardprojekte**
**369**

**Lancierte Produkte**
**176**

| 124 Flops | 24 Verlustbringer | 17 mittelmäßig | 11 Erfolgsprodukte |

**Produkte am Markt**

**Abb. 4.1:** Der Innovationswolf (vgl. Berth 1993)

---

[99] Aus dem Englischen „balance of the creativity and commercialisation processes".

*Forschungsfrage 2: Wie lässt sich eine Unternehmenskultur gestalten, so dass kreative Köpfe nicht unnötig eingeengt werden?*

Die Frage der „Freiräume" hängt in vielerlei Hinsicht von der Unternehmenskultur ab. Unter Berücksichtigung des Begriffs Kultur als „Summe der Überzeugungen, die eine Gruppe, ein Volk oder eine Gemeinschaft im Laufe ihrer Geschichte entwickelt hat, um mit den Problemen der internen Integration (Zusammenhalt) sowie der externen Anpassung (Überleben) fertig zu werden" (Doppler u. Lauterburg 1994: 54), kann die Unternehmenskultur als

„normative Kraft, die sowohl die strategische als auch die operative Managementebene umspannt und im Zeitablauf zu einer Veränderung der Unternehmenspolitik und des unternehmerischen Leitbildes führen kann, bezeichnet werden" (Armbrecht u. Zabel 1998: 93).

Gerade deswegen ist das Prinzip des Vertrauens sowohl in die Mitarbeiter als auch der Mitarbeiter zum Unternehmen bei der Frage der Innovationssteuerung relevant (vgl. Jensen et al. 1999). Obwohl die Kultur eines Unternehmens individuell ist, werden viele ihrer Werte und Prinzipien stark von der Kultur der Gesellschaft geprägt, in welche die Organisation symbiotisch eingebunden ist.

Eine Studie der Unternehmensberatung Droege & Comp. aus Düsseldorf[100] machte deutlich, dass deutsche Firmen im Vergleich zu ihren Pendants in den USA und Japan bei dem Erfolgsfaktor „Unternehmenskultur" offensichtlich zurückliegen. 45 % der Befragten beklagen, dass ihre Mitarbeiter „Neuem" nicht aufgeschlossen gegenüberstehen. Daraus leitet sich die Fragestellung ab:

*Forschungsfrage 3: Welchen Anteil haben die Faktoren „Ideengenerierung" und „Umsetzung" für die erfolgreiche Anwendung des Innovationsmanagements?*

Aus der Untersuchung von Droege & Comp. wurde ebenso deutlich, dass der Haupterfolgsfaktor der Innovationsprozesse bei deutschen Unternehmen das „Projektmanagement" zusammen mit der „Patentanmeldung" und dem „Kosten-Controlling" ist. Andererseits ergab eine Studie der Universität Karlsruhe (vgl. Walter 1997), dass 78 % der betriebsbrauchbaren Ideen außerhalb des Unternehmens entstehen (vgl. Kap. 4.3.1). Damit könnte die Bedeutung der Unternehmenskultur für Innovationsprozesse leicht relativiert werden. Deshalb ist die Frage wichtig:

*Forschungsfrage 4: Wie kann die Innovationsfähigkeit eines Unternehmens durch Kompetenzentwicklung der Mitarbeiter verbessert werden?*

Weitere Untersuchungen zeigen, dass in den meisten deutschen Unternehmen, vor allem in den kleinen und mittleren Unternehmen (KMU), die Entwicklung von fachlichen Kompetenzen deutlich ausgebaut werden kann. Fachkräfte müssen in der Lage sein, unter hohem Arbeits- und Wettbewerbsdruck externes Wissen auf-

---

[100] In der Untersuchung, die in Kooperation mit dem Bundesverband der Deutschen Industrie stattfand, befragte das Meinungsforschungsinstitut Emnid fast 1900 Unternehmen weltweit.

zunehmen, komplexe Innovationsprobleme zu analysieren und Lösungen zu entwickeln bzw. umzusetzen. Um das erreichen zu können, müssen Unternehmen in der Lage sein, zu erkennen, was ihr Ist-Zustand bezüglich der oben genannten Entwicklung ist und welche Möglichkeiten ihnen zur Verfügung stehen, diese Kompetenzentwicklung nachhaltig zu verbessern[101]. Stichworte dieser Problematik sind z.B. „Bildungscontrolling" (vgl. Strina et al. 2001) oder „Qualifizierungsmanagement" (vgl. Kap. 5.3.2). Dies führt zu der Frage:

*Forschungsfrage 5: Wie kann der wirtschaftliche Erfolg der Innovationsfähigkeit eines Unternehmens gemessen und gesteuert werden?*

Die Messung des wirtschaftlichen Erfolgs auf Grund der Innovationsfähigkeit eines Unternehmens ist eines der Themen, das sich ähnlich wie die Bewertung von Wissen nicht ausschließlich mit Ansätzen aus der traditionellen Wirtschaftsanalyse (TWA) beantworten lässt. Eines der Hauptprobleme der Erfolgsmessung von Innovationen besteht darin, direkte Rückflüsse sowohl zeitlich als auch ursprünglich – vor allem kurzfristig – nachzuweisen. Nach dynamischen Ansätzen der TWA, z.B. Endwert- oder Annuitätenmethode (vgl. Olfert 1992), werden die Ausgaben für innovationsfördernde Maßnahmen in Bezug auf ihren Erfolgsbeitrag als Investition betrachtet. Gleichwohl lassen sich aber andere Wertschöpfungsindikatoren wie die Geschwindigkeit und Qualität von Prozessen oder der Anteil der Qualitätskosten an den Gesamtkosten der Investition berücksichtigen.

Durch die Betrachtung der Innovationserfolgsfaktoren (z.B. „Unternehmenskultur") wird deutlich, dass sich nicht alle Aspekte des wirtschaftlichen Erfolgs von Innovationen durch die TWA angemessen analysieren lassen. Dieses Problem ist aber nicht neu. Die Antwort der Wissenschaft auf die Herausforderung, die traditionelle Bewertung um menschliche und organisationale Aspekte zu erweitern, ist die sog. „Erweiterte Wirtschaftlichkeitsanalyse (EWA)" (vgl. Reichwald et al. 1996), die mit Ansätzen wie dem „Skandia Navigator" (vgl. Sveiby 2001), der „Erfolgspotenzialerfassung" (vgl. Pittermann 1998) oder der „NutzenOrientierten WirtschaftlichkeitsSchätzung" (NOWS-Verfahren) (vgl. Weydandt 2000) den Unternehmen Unterstützungsinstrumente zur eigenen Analyse zur Verfügung stellt.

Diese Ansätze gehen im Wesentlichen davon aus, dass in der Zukunft nicht Anlagen und Maschinen, sondern in erster Linie das Humankapital der Arbeitskräfte den Wert eines Unternehmens ausmachen. Ein bisher nicht gelöstes Problem ist der mit diesen Methoden verbundene große Aufwand. Praktiker finden in der Regel – „wegen des Tagesgeschäftes" – keine Zeit für die Anwendung und entscheiden letztendlich nach dem alten „Bauch-Gefühl". Die früher vorherrschende Ansicht, dass alle für den wirtschaftlichen Erfolg notwendigen Fähigkei-

---

[101] Eine Studie dieser Art wurde in der Zeitschrift BerlinNews (März 2001, Heft 18) veröffentlicht. Das Bundesministerium für Bildung und Forschung (BMBF) hat im März 2001 ein Aktionsprogramm zu diesem Thema ins Leben gerufen. Informationen dazu gibt es in einer Pressemitteilung des BMBF auf der Homepage des Ministeriums (www.bmbf.de).

ten und Fertigkeiten eher betriebsintern aufgebaut werden sollten, ist spätestens durch den verstärkten Globalisierungsprozess in vielen Aspekten relativiert worden. Die Notwendigkeit, Kosten zu sparen und Nutzen zu erhöhen, ist ab einer bestimmten kritischen Ressourcenmenge nur durch die Bündelung von Ressourcen erreichbar. In diesem Sinne ist der Aufbau von Partner-Netzwerken ein wesentlicher Bestandteil der Innovationsstrategie von Unternehmen geworden (vgl. Kap. 3). Diese Situation und die Knappheit an betrieblichen Ressourcen führen zu der Frage:

*Forschungsfrage 6: Wie sieht die Verbindung zwischen Vernetzungs- und Innovationsstrategien aus?*

Die Fragen, die aus der Praxis kommen und zurzeit die Wissenschaft beschäftigen, beziehen sich z.B. auf die Entwicklung von Methoden und Instrumenten, die eine genaue Identifikation des Zeitpunktes ermöglichen, an dem die betriebliche Situation für die Bildung von netzwerkähnlichen Partnerschaften reif ist oder mit denen sich ermitteln lässt, welche Kooperationsformen geeignet sind (vgl. Rübartsch 2001; Kap. 3.3.4). Untersuchungen (vgl. Boardmann u. Crooker 2001; Frank u. Oertel 2002) aus der Praxis, die u.a. die Ausgangssituationen von Unternehmen aus verschiedenen Branchen darstellen und daraus allgemeine Schlussfolgerungen ziehen, sind Beispiele erster Ergebnisse aus der Forschung.

*Forschungsfrage 7: Wie können Innovationsprozesse beschleunigt und gleichzeitig mit Nachhaltigkeit gestaltet werden?*

Durch die Verkürzung der Lebenszyklen der Produkte[102] sind Unternehmen unter den wirtschaftlichen Druck geraten, die „Time to Market" und Innovationszeiten zu verkürzen und trotzdem qualitativ hochwertig und wettbewerbsfähig zu bleiben. Abbildung 4.1 verdeutlicht, warum das Innovationsmanagement die effiziente Erhöhung der Erfolgsquote (Anzahl der „Erfolgsprodukte" im Vergleich zur Anzahl der „erst-fixierten Ideen") als strategisches Ziel haben soll. Dies stellt eine Herausforderung für die Betriebe und zugleich für die Wissenschaft dar. Die erwarteten pragmatischen Lösungen können nur interdisziplinär entwickelt werden, da die unterschiedlichen Aspekte des sozio-technischen Systems „Unternehmen" (Mensch, Organisation und Technik) betroffen sind.

### 4.2.2 Aus der Praxis abgeleitete Thesen zum „Innovationsmanagement"

Aus diesen in der Praxis entstandenen Fragen ergeben sich folgende Thesen, die im Rahmen des Forschungsvorhabens der Querschnittsaufgabe 2 und in diesem Kapitel weiter thematisiert werden:

- *These 1:* Der betriebliche Innovationsprozess kann nur dann zum Erfolg führen, wenn eine gesunde Kombination zwischen Systematisierung der Innovations-

---

[102] Der Begriff Produkt berücksichtigt hier ebenso den Begriff „Dienstleistung".

prozesse und Schaffung von kreativen Freiräumen von der Unternehmenskultur und -führung unterstützt wird.

- *These 2:* Aus innovativen Ideen werden dann Erfolgsprodukte, wenn der Prozess von der Ideengenerierung bis zur Markteinführung von einem effizienten und effektiven Projektmanagement begleitet wird, welches nicht nur die kurz- und mittelfristigen internen und externen Entwicklungen beobachtet, sondern auch langfristig wirkende Maßnahmen ableitet und implementiert.

- *These 3:* Die Erfolge der Innovationsstrategie des Unternehmens können nur nachhaltig gestaltet werden, wenn diese Strategie eine aktive Kompetenzentwicklung der Mitarbeiter durch ein entsprechendes Bildungscontrolling mit einbezogen hat.

- *These 4:* Die Wirtschaftlichkeitsanalyse des Erfolgs einer Innovationsstrategie kann nur zu aussagekräftigen Ergebnissen führen, wenn erweiterte Bewertungsparameter, wie z.B. Wissensverteilung oder Innovationsförderung, durch ein adäquates Instrumentarium in die Bewertungsmethode einfließen.

- *These 5:* Weil Bildung und Aufbau von Netzwerken an ihrem Erfolg bei der Förderung von betrieblichen Innovationsprozessen gemessen werden, ist die aktive Rolle des Managements zur Schaffung optimaler Rahmenbedingungen ein Erfolgsfaktor des Innovationsmanagements, der ebenso gemessen werden sollte.

- *These 6:* So wie Daten und Informationen der essenzielle Rohstoff für die Generierung und Nutzung von Wissen sind, ist Wissensmanagement eine Säule für ein nachhaltiges und ständig lernendes Innovationsmanagement.

### 4.2.3 Stand der Forschung

In der Literatur wird vieles über Innovation bzw. Innovationsmanagement geschrieben und beschrieben. Eine Vielzahl von Definitionen und Konzepten ist entwickelt worden; eine klare allgemeingültige Begrifflichkeit scheint allerdings ein noch nicht erreichtes Ziel der Wissenschaft zu sein (vgl. Drucker 1985; Pearson 1988; Brown 1991; Chesbrough u. Teece 1996; Wolpert 2002).

Einige Ansätze verwenden die Begriffe Innovationsmanagement und Projektmanagement synonym und entwickeln Modelle, die sich in der Praxis häufig als zu umständlich herausstellten (vgl. Hauschildt 1997). Weitere theoretische Entwicklungen verstehen Innovationsmanagement als „Phasenmodell" (vgl. Fähnrich u. Meiren 1998), in dem Innovationskonzepte mit Konzepten aus dem „Service Engineering" in Verbindung gebracht werden. Innovation wird dabei als Prozess mit unterschiedlichen Phasen wie Forschung und Entwicklung, Produktion und Marketing betrachtet (vgl. Galbraith 1982). Die Anzahl von Phasen differiert, je nachdem mit welchem Modell Innovation betrachtet wird (vgl. Marquis 1969). Neueste Entwicklungen (vgl. König u. Reißer 2000) bringen das Konzept „Innovation als Regelkreis" in die Diskussion. Diese Modelle sind allerdings häufig kein Regelkreis, wie er in der Total-Quality-Management-Begrifflichkeit verstanden wird, sondern eine kreisförmige Anordnung von Stufen, die keine Steuerung von Ergebnissen durch Korrektur auf Grund von Beobachtungen ermöglicht (vgl. Wunn 1997; Haferkamp 2000; Raue 2002). Demzufolge ist es notwendig, für weitere Forschungsvorhaben zum Thema Innovationsmanagement eine anschauliche und gleichzeitig logische Kombination aus Phasenmodell und Kreismodell zu konzipieren, die sowohl die Wechselwirkung zwischen Vernetzung und Innovation (vgl. Kap. 3.3.3) als auch zwischen Wissensmanagement und Innovation beschreibt. Ein solcher Ansatz würde Unternehmen in die Lage versetzen, interne und externe Umweltfaktoren und deren Auswirkungen auf die betrieblichen Innovationsprozesse zu verstehen, und damit besser regeln und steuern zu können. Eine Innovation ist in diesem Kontext ein(e) qualitativ neuartige(s) Produkt/Dienstleistung oder Verfahren, das erstmalig in eine Organisation oder von einer Organisation in ihre relevante Umwelt eingeführt wird. Da hiermit i.d.R. technische, personelle, organisationale und/oder ökonomische Veränderungen verbunden sind, werden Innovationen als umfassende Neuerungen verstanden.

Die Definitionen von Innovation (vgl. Staudt u. Kriegesmann 1998) können im Grunde genommen in zwei Kategorien aufgeteilt werden (vgl. Ghoshal u. Bartlett 1987): Zum einen diejenigen, die Innovation als *Endprodukt* betrachten, zu dem „neue" Ideen, Methoden oder materielle Dinge gehören (vgl. Zaltman et al. 1973), und zum anderen diejenigen, die Innovation als *Prozess* von der Konzeption einer neuen Idee bis zur Lösung des Problems betrachten (vgl. Meyers u. Marquis 1968). Diese Unterscheidung kann, in Anlehnung an Strina (1996) und Hartmann (2002), als „Innovation erster Ordnung" (Innovation als Ergebnis eines Prozesses) und „Innovation zweiter Ordnung" (Innovation als Prozess zur Erzeugung dieses Ergebnisses) bezeichnet werden.

Unter dem Begriff „Projektmanagement" werden alle planenden, durchführenden und kontrollierenden Maßnahmen einschließlich der Führung verstanden, die neben der Problemlösung im eigentlichen Sinne bei der *Neugestaltung von Systemen* im Vordergrund stehen (vgl. Strina 1996; Hauschildt 1997).

Der Begriff „Innovationsmanagement" hingegen beinhaltet über das Projektmanagement hinaus Konzepte und Maßnahmen zur Ideengenerierung und zur Ideenbewertung (u.a. im Vergleich zum Wettbewerb). Diese Konzepte und Maßnahmen zielen darauf ab, die betrieblichen Rahmenbedingungen, welche die Kreativität der Mitarbeiter optimal fördern und nutzen, entsprechend zu gestalten (vgl. Roberts u. Fusfeld 1982; Hargadon u. Sutton 2000). Unternehmen, die Innovationsmanagement gezielt betreiben, zeichnen sich dadurch aus, dass sie sich an klar erkannten und gezielt entwickelten Stärken und Kernkompetenzen orientieren (auch durch Vernetzung), die sie schnell und in neuartigen Kombinationen zu kundenorientierten Produkten und/oder Dienstleistungen umsetzen können.

Der Weg zur erfolgreichen Innovation kann in der Theorie durch Modellierung der Problemfelder dargestellt werden, da hier in der Regel bestimmte Rahmenbedingungen festgelegt werden können (ceteris paribus); in der Praxis jedoch können entstehende Probleme nur teilweise eingegrenzt bzw. angegangen werden. Einige dieser Problemfelder (Abb. 4.2), die Barske (2001) als „Fehler" bezeichnet, können wie folgt zusammengefasst werden:

*Problemfeld 1: Überbewertung der eigenen Wünsche und Bedürfnisse gegenüber denen der Kunden*

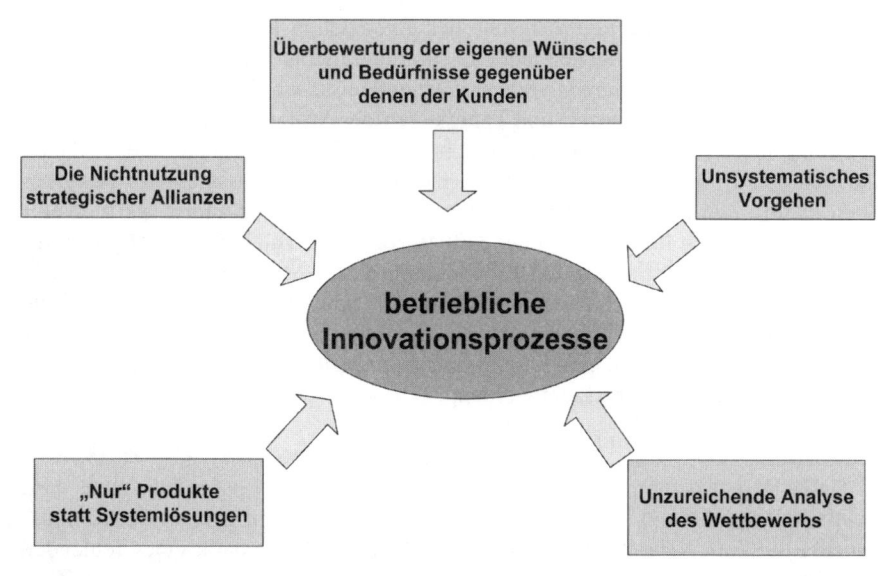

**Abb. 4.2:** Problemfelder betrieblicher Innovationsprozesse

Es scheint in der Natur des Menschen zu liegen, dass die eigenen Erwartungen und Sichtweisen zum Maßstab für die Einschätzung des Erfolgs einer Innovation werden. Das Verhalten der Zielkunden oder -gruppen wird dann häufig als gegebene Voraussetzung für den wirtschaftlichen Markterfolg angenommen. Diese Vorstellung vom Kunden und die wirkliche Situation müssen aber nicht unbedingt übereinstimmen.

Daraus ergibt sich die Erkenntnis, dass der Kunde eine Schlüsselfigur auf dem Weg zum Innovationserfolg ist, die planmäßig und rechtzeitig in den Innovationsprozess involviert werden sollte. Thomke und von Hippel (2002) schlagen in ihrem Ansatz vor, den Kunden schon bei der „Design-Phase" einzubeziehen, indem er mit entsprechenden Tools bestimmte Entwicklungen selber nach Wunsch gestalten kann. Der Kunde wird hier so früh und umfassend wie möglich involviert. Dem gegenüber stehen Argumente (vgl. Ulwick 2002), die sich auf die Psychologie des Kunden beziehen. Da die meisten Kunden angeblich nur eine limitierte Anzahl von Vergleichsparametern haben, die wiederum nur von den eigenen Erfahrungen abhängen, sind sie nicht in der Lage, sich das „Unbekannte" vorzustellen. „Echte" Innovationen (keine Weiterentwicklungen) können sie deswegen nicht repräsentativ (als Forderung für die Wirtschaftlichkeit) beurteilen. Auf Grund der Praxiserfahrung kann dennoch vermutet werden, dass die Frage nicht „ob", sondern „wie" lautet. Andererseits wird auch vergessen, dass die Beispiele für Innovationserfolge zeigen, dass neue Wege beschritten wurden, die nicht nur für den Kunden zu „deutlich" messbaren Fortschritten führten, sondern auch eine glaubwürdige und dadurch effiziente Kommunikation mit ihm ermöglichten.

*Problemfeld 2: Unzureichende Analyse des Wettbewerbs*

Gute Kenntnisse über die Wünsche der potenziellen Kunden und die eigenen Stärken und Schwächen reichen nicht aus, um den Erfolg von Innovationen zu garantieren, auch nicht, wenn sie vielversprechend aussehen. Eine parallele Analyse der Aktivitäten, Kompetenzen und Fähigkeiten der Mitbewerber bzw. deren Entwicklung muss kontinuierlich erfolgen. In der Euphorie, die „neue Idee" schnell auf den Markt zu bringen, wird üblicherweise vergessen, dass die Mitbewerber auch kreativ und aktiv sind. Die Patentanmeldungen werden häufig als Indikator der zu erwartenden Innovationen der Mitbewerber oder zumindest als Hinweis auf die Richtung der Forschung und Entwicklung dieser Mitbewerber gesehen (vgl. Schmid 2002). Die Chancen und Risiken, die z.B. durch neue technologische Entwicklungen entstehen, spielen hier eine wichtige Rolle. Auch wenn das Unternehmen sie nicht selbst steuern kann, können so ungleiche Wettbewerbsbedingungen der Unternehmen verursacht werden.

*Problemfeld 3: Unsystematisches Vorgehen*

Unter Berücksichtigung der o.g. Definition von Innovationsmanagement wird deutlich, dass sich ein unsystematisches Vorgehen auf den ganzen Innovationsprozess bezieht. Während hier meist zurecht an die Problematik eines fehlenden Projektmanagements gedacht wird, dessen Phasen Informationsgewinnung, Zielsetzung, Planung, Durchführung und Kontrolle beinhalten, sind die Phasen der Ideengenerierung bzw. -bewertung ebenfalls betroffen (vgl. Hargadon u. Sutton 2000). Diese Relevanz ist allerdings, wenn nicht alle Zusammenhänge gründlich analysiert wurden, der Grund für blinden Aktionismus – gerade in der Phase der Ideengenerierung. Das systematische Vorgehen in diesen Phasen sollte sich eher auf die Förderung von Freiräumen konzentrieren, also sich mit den Rahmenbedingungen beschäftigen, anstatt zu versuchen, die Freiräume einzugrenzen. Durch Systematisierung an den richtigen Stellen kann das innovationsbedingte Risiko minimiert werden. Informationen über Zielgruppen, Marktpotenziale, erforderlichen Investitionsaufwand, Wettbewerb, Vertriebsfragen oder politische und technologische Entwicklungen, die sonst häufig zu spät zur Verfügung stehen, können so rechtzeitig in den Innovationsprozess gelangen.

*Problemfeld 4: Die Nichtnutzung strategischer Allianzen*

In einer immer globaler und vernetzter werdenden Wirtschaft sollten Unternehmen nicht glauben, sie könnten oder müssten alles selbst (ohne Kooperationen) machen, um die eigene innovative Idee nicht preiszugeben. Die Konzentration auf die eigenen Kompetenzen und Fähigkeiten ist ein wesentlicher Baustein in jeder betrieblichen Innovationsstrategie. Wer sich nicht auf die eigenen Stärken und Chancen konzentriert und strategische Allianzen außerhalb der Kernkompetenzen übersieht oder absichtlich umgeht, vernichtet zu Gunsten der Wettbewerber die eigenen Innovationspotenziale.[103] Mit den rasanten Entwicklungen der Informations- und Kommunikationstechnologie werden geografische und soziale Barrieren immer leichter überwindbar, und Vernetzung – sowohl formell als auch informell – wird in vielen Aspekten selbstverständlich. Diese Vernetzung kann in Form vertikaler oder horizontaler Extension stattfinden, kann in der Regel[104] überregional konzipiert und durchgeführt werden und bezieht sich auf alle betrieblichen strategischen Gebiete, darunter z.b. Entwicklung, Produktion, Personalwesen und Vertrieb.

*Problemfeld 5: „Nur" Produkte statt Systemlösungen*

Die Entwicklungen in der Informations- und Kommunikationstechnologie haben dazu geführt, dass die Kunden (auch potenzielle) immer besser informiert sind und entsprechend mehr spezifische Anforderungen in der Nachfrage stellen. Kunden wissen nicht nur, welche Produkte am besten ihre Anforderungen erfüllen, sondern auch, welche zusätzlichen Leistungen dazugehören und verlangen diese auch. Sowohl kleine und mittlere Unternehmen (KMU) als auch große Unternehmen sind nicht mehr bereit, mit zehn unterschiedlichen Lieferanten zu verhandeln, wenn sie ein Problem so schnell wie möglich lösen möchten. Sie bevorzugen eine Systemlösung, z.B. die technische Wartung der gekauften Geräte, Schulungsmaßnahmen für das eigene Personal und weltweiten Support zu *einem* Preis und bei *einem* Lieferanten (vgl. Fritz u. Müller 2000). Allgemein anerkannte innovative Firmen wie z.B. Nokia, Canon, Sun Microsystems, BMW, DaimlerChrysler, SAP und Microsoft bieten bereits auf dem Markt Systemlösungen an, die sie schon früh als unternehmenswertbringende „Produkte" erkannten (vgl. Sommerlatte 2002).[105]

Der wirtschaftliche Erfolg von Innovationen hängt letztendlich davon ab, ob diese als erfolgreiches Produkt bzw. Systemlösung auf dem Markt bestehen können. Die beste betriebliche Innovation kommt entweder auf den Markt, weil sie von Kunden nachgefragt wird, oder in die Schublade, bis die Nachfrage kreiert oder plötzlich unter anderen Umständen wieder entdeckt wird.

Diese Problembereiche deuten darauf hin, dass eine Systematisierung des Innovationsprozesses für die Erreichung des erwünschten wirtschaftlichen Erfolgs nicht genügt. Disziplin und Kreativität müssen in einer Innovationsstrategie koexistieren können und es ist Aufgabe des (Top-)Managements, die entsprechenden Rahmenbedingungen mit den passenden Maßnahmen zu gestalten. Die theoretische Unterstützung hierfür wird durch diverse Innovationsmodelle geliefert, die in zwei Kategorien aufgeteilt werden können: lineare und dynamische Modelle.

„Linear models of technological innovation may be useful in describing key steps in the R&D process and in documenting projects after the fact, but are not particularly helpful in understanding the process in real time" (Carlsson et al. 1976).

---

[103] Vgl. das Konzept der „Strategischen Netzwerke" in Kapitel 3.3.3 sowie Rübartsch 2001.
[104] Vgl. hierzu Kapitel 6.4.1.
[105] Weitere Beiträge hierzu finden sich auch in PriceWaterhouseCoopers 1999; PA Consulting 1999.

Lineare Modelle beschreiben, „was" geschehen ist, jedoch nicht „wie", und erwecken dabei den Glauben, es gäbe bestimmte Ordnungsregeln, die es nicht gibt. Dynamische Modelle haben stattdessen „das System" zum Gegenstand (vgl. Senge 1990). Die Verfügung einer visuell anschaulichen und gleichzeitig logischen Kombination aus Phasen- und Kreismodell (dynamisches Modell) ist insofern eines der daraus resultierenden Bedürfnisse von Unternehmen, um im betrieblichen Alltag die eigenen Innovationspotenziale optimal zu managen.

## 4.3 Forschungsergebnisse und ausgewählte Praxisbeispiele

### 4.3.1 Das SENEKA-Innovationsmodell (SIM) als Unterstützung für die Optimierung der betrieblichen Innovationsprozesse

*Giuseppe Strina, Jaime Uribe, Michael Franssen*

Der Innovationsprozess, von der Ideengenerierung bis zur Markteinführung, benötigt nicht nur ein gut funktionierendes und etabliertes Projektmanagement, sondern auch eine systematisierte Vorgehensweise bei der Betrachtung intern und extern relevanter innovationsbeeinflussender Faktoren. Das im Folgenden dargestellte SENEKA-Innovationsmodell (SIM) hat den Anspruch, Unternehmen in die Lage zu versetzen, die eigenen Innovationspotenziale rechtzeitig zu erkennen, zu erfassen und zu nutzen und dadurch den nachhaltigen Wettbewerbsvorsprung in einer praktikablen Form zu ermöglichen. Das SIM basiert auf der Erkenntnis, dass eine Systematisierung des betrieblichen Innovationsprozesses allein kein relevanter Erfolgsfaktor sein kann. Es gibt andere Elemente in diesem Prozess, die im Laufe der Jahre im unternehmerischen Alltag ihre Bedeutung erkennen ließen, und die schrittweise in der Wissenschaft einen Platz bei der Suche von praktikablen Ansätzen gefunden haben. Im Rahmen der Querschnittsaufgabe 2 wurden Gründe untersucht, warum sich anscheinend gute Produktideen nicht erfolgreich vermarkten ließen. Verschiedene Tools, von der Diagnose der in der Unternehmensumwelt bestehenden innovationsfördernden bzw. -hemmenden Faktoren bis zur Markteinführung, wurden dazu konzipiert und bei einigen Partnern eingesetzt. Die ersten Ergebnisse zeigten, dass trotz Nachfrage am Markt, guter Organisation und hohem persönlichen Einsatz wesentliche Faktoren in der Umgebung des Produktes bzw. der Firma nicht adäquat oder rechtzeitig berücksichtigt wurden. Diese Umgebungsfaktoren wurden gesammelt und konnten in fünf Felder eingestuft werden, nämlich

- Verstehen der Innovationsstrategien der Mitbewerber,
- Verstehen der eigenen Erfolgsfaktoren,
- Verfügbarkeit und Zuweisung der Ressourcen und Kompetenzen,
- strukturelles und kulturelles Unternehmensumfeld und

- Vernetzungspotenziale[106].

Dem Modell liegt ein fünfphasiges Projektmanagement-Modell zu Grunde, das zentral auf einer kreisförmigen Scheibe angeordnet wurde. Die Umgebungsfaktoren im äußeren Bereich ordnen sich ebenfalls kreisförmig an (vgl. Abb. 4.3). Das SIM ist ein dynamisches Modell: In jeder Phase müssen alle Umgebungsfaktoren berücksichtigt werden. Deshalb ist das Modell so zu verstehen, dass sich die innere Scheibe mit dem Projektmanagement und die äußere Scheibe mit den Umgebungsfaktoren um eine gemeinsame Mittelachse drehen. Da sich die Umgebungsfaktoren jederzeit ändern können, ist der Einsatz von Monitoring-Instrumenten sinnvoll.

**Phase I: Ideengenerierung und Bewertung**

Bei der Problemlösung während der Ideengenerierung und der Produktentstehung kann das menschliche Vorstellungsvermögen zwar einerseits erstaunliche Blüten treiben, ist aber dennoch begrenzt. Von Interesse ist insbesondere die problemlösende Vorgehensweise, das Verhalten und die Arbeitsweise des jeweiligen Mitarbeiters in dieser Phase. Der größte Anteil der Schwierigkeiten bei der Lösungsfindung von komplexen Fragestellungen ist dementsprechend die Denkpsychologie des einzelnen Menschen (vgl. Munzert 2001). Diese Phase zeichnet sich dadurch aus, dass hier die Ideen generiert bzw. bewertet und in Projekte umgewandelt werden.

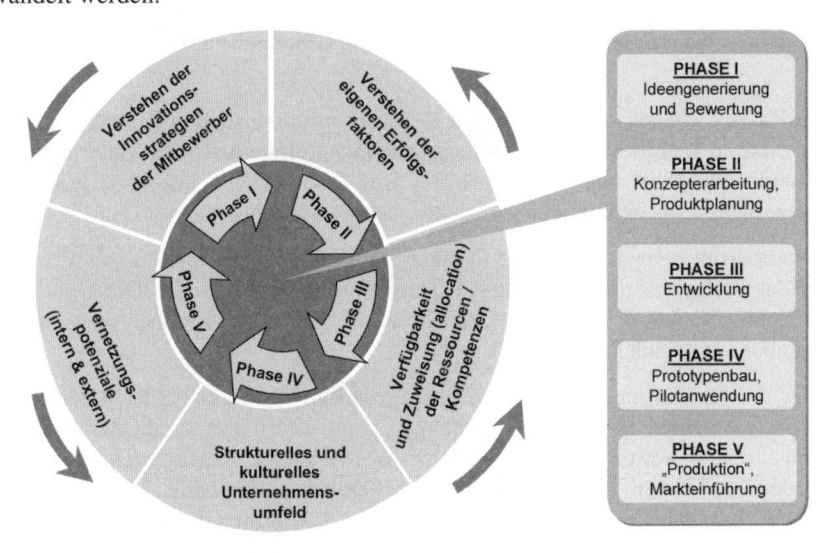

**Abb. 4.3:** Das SENEKA-Innovationsmodell (SIM)

---

[106] Diese Umweltfaktoren entsprechen z.T. auch den Analyseelementen des „Innovative Capabilities Audit Framework" (vgl. Burgelman u. Maidique 1998; Nystrom 2000).

Diese Produktideen resultieren zumeist aus einem unbewussten, intuitiven Prozess, der in ca. 78 % der Fälle außerhalb des Betriebs stattfindet (Abb. 4.4), und stellen am Anfang nur eine „Sichtweise" auf das noch nicht entstandene Produkt dar.

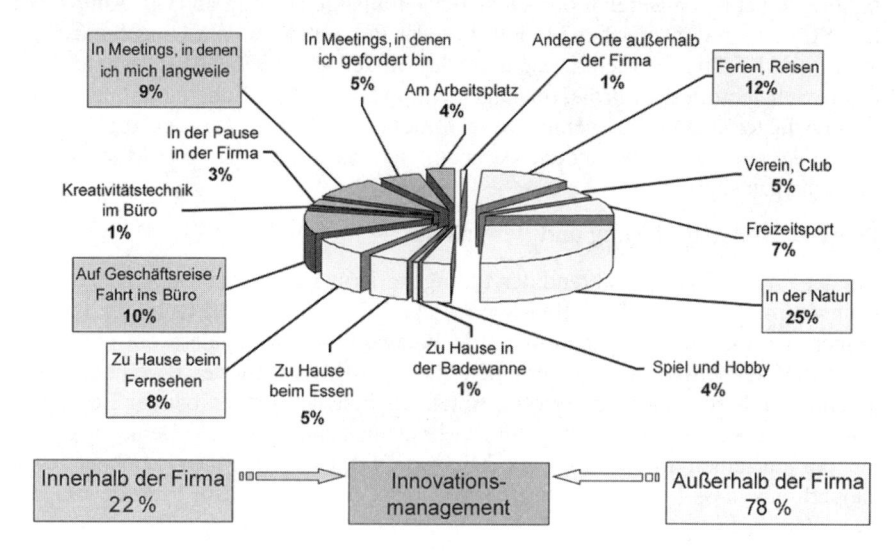

**Abb. 4.4:** Wo entstehen betriebsbrauchbare Ideen? (vgl. Berth 1993)

In Phase I können schon die ersten Kontakte mit potenziellen Kunden im Rahmen eines ersten Bewertungsansatzes stattfinden. Innerhalb des Unternehmens existieren allerdings noch sehr stark auf Know-how-Träger bezogene Fokussierungen, die die Entstehung eines Projektes behindern können.

Methodisch betrachtet werden in dieser Phase vor allem Ansätze zur Erweiterung der Sichtweisen eingesetzt (vgl. Hargadon u. Sutton 2000). Die Durchführung kann sowohl auf einer individuellen als auch auf der virtuellen oder auf der Teamebene stattfinden.

Bei der Bewertung von Ideen können grundsätzlich zwei Fehler unterlaufen: erstens, es werden Produktideen vorangetrieben, deren Potenziale nicht ausreichend untersucht wurden, und zweitens, es werden in umgekehrter Form Produktideen verworfen, die zu einer erfolgreichen Innovation hätten führen können. Um die entsprechenden Ideen auf ihre Potenziale zu prüfen, sollten u.a. folgende Kriterien berücksichtigt werden: Kundenpotenzial, Kundennutzen, Kundenansprache, Vor- und Nachteile gegenüber Unternehmen, damit verbundene Kosten und Ressourcen, Flexibilität und Rückzugsposition (vgl. Shelton 2001).

**Phase II: Konzepterarbeitung, Produktplanung**

Die Marktforschung, Entwicklung, Investition, Markteinführung und das Controlling von Innovationen erfordern einen immensen Aufwand, der mit dem innovativen Produkt über dessen Laufzeit eingespielt werden muss, und aus dessen Gewinnen, möglichst teilweise oder sogar komplett, Innovationen finanziert werden sollen. Innovationen müssen daher in eine sorgfältige Produktplanung integriert sein, welche die Entwicklungs-, Investitions-, Produktions-, Absatz-, Kapazitäts-, Personal- und Finanzplanung miteinander koordiniert und die Basis für das spätere Controlling bildet. Die Produktplanung ist ein Prozess, aus dem unterschiedliche Sollvorgaben in Bezug auf Ressourcen, Kapazitäten und Termine entstehen.

**Phase III: Produktentwicklung**

Je gründlicher die Produktidee untersucht wurde, desto leichter wird die Zielerreichung der Produktentwicklung, nämlich die Konzeption eines fertigungsreifen Prototyps des Produktes. Beginnen sollte es mit der Definition der inhaltlichen Entwicklungsziele und der wesentlichen zeitlichen Etappen. Die konstruktive Umsetzung des Produktes und der Anspruch der Kunden werden im Wesentlichen das Design des Produktes bestimmen. Das Design wiederum wird einen großen Einfluss auf die spätere Produktion haben (vgl. Cooper 2002). In Phase III werden vor allem Aspekte wichtig, welche die Feststellung von Kundenpräferenzen, die Ursachenforschung durch Experten, eine mathematisch-statistische Aufarbeitung der Ergebnisse, ein Optimierungsansatz mit statistischer Versuchsplanung, die Wiederholung, die Produktüberprüfung, die Haltbarkeit und die Messung von Dauerpräferenzen betreffen. Andere wichtige Aspekte sind z.B. die einzuhaltenden Standards, Fragen der Ergonomie, der Zertifizierung, der Sicherheit und des Recyclings.

**Phase IV: Prototypenbau, Pilotanwendung**

Das Ziel dieser Phase – in der die angestrebten Projektziele erneut im Vordergrund stehen – ist es, die Designideen unter „realen" Bedingungen auszuprobieren. Prototypen des Produktes sollen dazu dienen, potenzielle Kunden mit Designmerkmalen und Abläufen zu konfrontieren, um deren Verständlichkeit und Verbesserungsmöglichkeiten zu überprüfen. Die Erstellung und Vorstellung von Prototypen ist ein Prozess, der politisch wahrgenommen werden muss. Gerade deswegen ist die Zusammenstellung und der Zusammenhalt des „Prototypen-Teams" von relevanter Bedeutung für die Außenkommunikation und Akzeptanz des Projektes und sollte entsprechend geplant werden. Bei der Erstellung eines Prototyps muss darauf geachtet werden, dass gewünschte, grundlegende Veränderungen rechtzeitig durchgeführt werden können. Erst dann kann dieser Prozess, auch „Prototyping" genannt, iterative Zyklen von Design, Evaluation und Verbesserung des Designs beinhalten, die am Ende durch die Entscheidung zur „Massenproduktion" gekennzeichnet sind (vgl. Macht 1999). Je nach Größe des Projektes können mehrere Prototypen, unterschieden nach Projektphase und Zielsetzungen, erstellt werden. Zu beachten ist, dass bei der Untersuchung der Erfolgschancen nach Zielsetzungen differenziert wird. Ansonsten könnten sich hier Schwierigkeiten ergeben, die sich auf Qualität, Entwicklungszeit und Image auswirken können:

- Synergieeffekte zwischen den verschiedenen Zielsetzungen können durch das Entstehen von Konflikten übersehen werden und

- die hohen Entwicklungskosten eines Prototyping-Prozesses mit mehreren Prototypen verhindern eine rechtzeitige Ausstiegsentscheidung, wenn vorher entsprechend investiert wurde.

**Phase V: „Produktion", Markteinführung**

Diese Phase zeichnet sich durch ihre technologische, zeitliche, örtliche und effiziente Zusammenwirkung von Produktionsfaktoren zur Herstellung bzw. Erstellung einer abgegrenzten Gütermenge bzw. eines Konzeptmaßes in bestimmter Qualität aus. Die „Massenproduktion" und die Übernahme sämtlicher Aktivitäten durch den Vertrieb und das Marketing des Unternehmens charakterisieren diese Phase. Diese prozessorientierte Betrachtung der betrieblichen Innovation muss aber zusätzlich in jeder Phase die Auswirkung der unterschiedlichen Umfeldfaktoren berücksichtigen. Dafür bedient sich das SIM der systemischen Sichtweise, die bereits im Netzwerkmodell (vgl. Frank u. Oertel 2002; vgl. Kap. 3.3.5) mit den Aspekten „beteiligte Akteure", „Fähigkeit zur Entwicklung/Erneuerung (Flexibilität, Anpassungsfähigkeit)", „Controlling", „materielle Ausstattung", und „Kommunikations- und Interaktionsstruktur" eingeführt wurde. Diese Aspekte weisen wiederum in jeder Phase, in der sich eine Innovation befindet, spezifische Ausprägungen und Charakteristika auf. Je nach Entwicklungsstand der Innovation stellen sich differenzierte Anforderungen an die Ausgestaltung und Behandlung dieser Aspekte, die im Folgenden kurz erläutert werden:

**Beteiligte Akteure**

Unter Akteuren werden alle Personen, die im Innovationsprozess eine aktive Rolle spielen, sowie deren Rollen, Erwartungen und Bedürfnisse materieller wie psychischer Art verstanden. Betrachtet werden hier neben dem Know-how und den Erfahrungen der Teilnehmer auch deren Werte und Motivationen. Ein Klima des Vertrauens bzw. Misstrauens ist stark durch die Charakteristika der Akteure geprägt. Auch deren Kontinuität der Mitarbeit oder Fluktuation hat einen wesentlichen Einfluss auf den Innovationsprozess als Ganzes und erfordert eine besondere Betrachtung. Subjektive Deutungen können einen wesentlichen Einfluss auf die Arbeit in einem Innovationsprozess haben. Daher gehören auch die individuelle Balance zwischen den persönlichen Zielen und ggf. abweichenden Organisationszielen sowie der Umgang mit unterschiedlichen Sichtweisen zu den relevanten Aspekten, die im Kontext der Betrachtung der Akteure berücksichtigt werden müssen.

**Fähigkeit zur Entwicklung und Erneuerung**

Die fortwährende Veränderung lebender Systeme und die sich verändernden Einflüsse aus ihrer Umwelt fordern das System, sich ständig neu anzupassen. Durch Maßnahmen der Entwicklung und Erneuerung wird die Flexibilität sowie die Leistungs- und Anpassungsfähigkeit der Innovationsprozesse erhalten und laufend weiterentwickelt. Dadurch können Verfahren entwickelt werden, die helfen, Rahmenbedingungen für kontinuierliche Verbesserungen zu installieren und zu festigen (vgl. Henning u. Marks 1992).

## Controlling

Die Integration der einzelnen Aktivitäten sowie die Kooperation der Partner ist gerade bei der Steuerung großer Innovationen eine komplexe Aufgabe. Für die Koordination der vielfältigen Maßnahmen und das Projektmanagement sind leistungsfähige und flexible Zielplanungs- und Messsysteme erforderlich. Folgende Aspekte stehen hierbei im Fokus der Betrachtung:

- Reduzierung der Komplexität durch die Bildung geeigneter Kennzahlen,
- Gewährleistung der Orientierung im Team,
- Nutzung bereits vorhandener Steuerungsinstrumente,
- Abdeckung verschiedener Bereiche des gesamten Controllings (Berichtswesen, Geldfluss, Produkterstellung etc.).

## Materielle Ausstattung

Die materielle Ausstattung umfasst die Maschinen, die Betriebsmittel, die Gebäude (Sachmittel) etc. und deren Beziehung untereinander, d.h. alle materiellen und räumlichen Gegebenheiten. Im Besonderen sind hier auch kommunikationsunterstützende IT-Systeme zu betrachten.

## Kommunikations- und Interaktionsstruktur

Neben der Aufbau- und Ablauforganisation, also den Funktionen und Hierarchien sowie der Regelung der Ablaufprozesse, gehören auch Formen der Führung (formell/informell), die Art der Kontakte sowie Spielregeln des Umgangs miteinander und Zuständigkeiten bzw. Verantwortlichkeiten zur Kommunikations- und Interaktionsstruktur.

Der Einfluss jedes der o.g. Betrachtungsaspekte wird in den folgenden „Umweltfaktoren" identifiziert und beschrieben.

## Strukturelles und kulturelles Unternehmensumfeld (intern/extern)

Leitfragen zu diesem Umfeldfaktor einer Innovation sind:

- Wie weit verbreitet sind die „informellen" Netze (innerhalb und außerhalb des Unternehmens)?
- Sind die Funktionen von Personen und Abteilungen im Unternehmen durchschaubar?
- Wie schnell und stark beeinflussen politische und soziale Veränderungen das Geschehen im Unternehmen? Durch welche Mechanismen werden sie erfasst?
- Inwieweit ist die Berücksichtigung von Zukunftstrends (wirtschaftlich, gesellschaftlich, technologisch) im Denken der Akteure verankert?

Auf der Akteursebene zählt zum internen Unternehmensumfeld z.B. die Fähigkeit der Manager, Geschäftsstrategien für neue Initiativen zu entwickeln. Ebenso zählen hier klare Vorstellungen über Werte und Erfolg, die Kreativität und Flexibilität von Führungspersonal und Mitarbeitern und die Bereitschaft zum Lernen bei allen Beteiligten dazu. Externe Akteure im Innovationsprozess sind z.B. die Kunden, deren kulturellen Hintergrund das Unternehmen in seinen Planungen berücksichtigen muss (vgl. Burgelman u. Maidique 1998).

Auf der Ebene von Entwicklung und Erneuerung sind hier als Kultur zu nennen: Die Erkennung und Beurteilung unternehmens- und branchenübergreifender technologischer Möglichkeiten (wirtschaftlich, gesellschaftlich, technologisch) und das Management der Forschungs- und Entwicklungsaktivitäten[107]. Je besser diese entwickelt sind, desto leichter ist es, Innovationsmöglichkeiten zu erkennen und die Entwicklung in diese Richtung voranzutreiben. Zu den strukturellen Gegebenheiten innerhalb des Unternehmens, die Innovationen fördern, gehört z.B., wie gut die Mechanismen zum Technologietransfer von Forschung zu Entwicklung sind und inwieweit Mechanismen zur Integration verschiedener funktionaler Gruppen in den neuen Produktentwicklungsprozess vorhanden sind und funktionieren.

Bezüglich des Controllings sollte das Augenmerk auf das Beurteilungs- und Belohnungssystem für unternehmerisches Verhalten gerichtet werden. Auf der Ebene der materiellen Ausstattung tragen folgende Strukturen zum Innovationsprozess bei: die Existenz von Champions, um eine Definition der Chancen neben dem Kerngeschäft zu ermöglichen, und der Stand der Informationstechnologien. Zu den Kommunikations- und Interaktionsstrukturen, die Innovationen begünstigen, gehören Mechanismen, ungeplante Initiativen zu unterstützen, wie z.B. die Förderung des Vorschlagswesens in Mitarbeiterkreisen. Kulturell macht sich hier bemerkbar, wie innovationsgünstig der Umgang mit Menschen und Hierarchien und der Umgang mit Kritik im Unternehmen ist. Auch der Stil, wie Entscheidungen getroffen werden, und der Führungsstil allgemein beeinflussen den Innovationsprozess.

Zu den externen Faktoren des strukturellen und kulturellen Unternehmensumfeldes gehören allgemeine Marktstrukturen und das Marktpotenzial sowie die konjunkturelle Gesamtlage. Auch die vorhandene Technologieentwicklung beeinflusst die Innovationsfähigkeit. Kulturelle Aspekte wie die jeweilige Gesetzeslage und/oder lokale, regionale und nationale Kulturkreise müssen ebenso berücksichtigt werden. In der Debatte um die Stammzellenforschung zeigt sich beispielsweise, wie stark die Bedingungen zu Forschung und Innovation auch kulturell mitgestaltet werden.

**Verstehen der eigenen Erfolgsfaktoren**

Leitfragen zu diesem Umfeldfaktor einer Innovation sind:

- Warum sind wir so gut?

- Welche Prozesse laufen besonders gut?

---

[107] Forschung und Entwicklung wird hier und im Folgenden mit F&E abgekürzt.

- Haben die qualifizierten Mitarbeiter in dem Unternehmen eine Perspektive?

Auf Akteursebene spielt das Wissen der Mitarbeiter über Firma, Produkte und Märkte eine Rolle. Eine realistische Einschätzung der persönlichen Kompetenzen im Innovationsprozess verhütet Fehlbesetzungen und -entwicklungen (vgl. Nystrom 2000). Auf der Entwicklungs- und Erneuerungsebene ist der Stand des F&E-Know-hows relevant, während im Controlling die Beurteilung des Zusammenhangs unternehmerischen Handelns mit den Kernkompetenzen des Unternehmens wichtig ist. Entspricht das Verhalten des Managements diesen Kompetenzen? Bei der materiellen Ausstattung sollten F&E-Investitionen und das Verfügen über Patente und Lizenzen beachtet werden. Hinsichtlich der Kommunikations- und Interaktionsstruktur spielt z.B. eine Rolle, ob das Top-Management eine langfristige Strategie zur Unternehmensentwicklung präsent hat. Auch die Fähigkeit des operativen und strategischen Managements zur konstruktiven Zusammenarbeit bei der Unterstützung von Produktinitiativen ist wichtig für den Innovationsprozess. Eine Beurteilung, inwieweit die Initiativen mit den Kernkompetenzen übereinstimmen, ist unerlässlich. Ebenso wichtig sind die Mechanismen, ungeplante Initiativen zu unterstützen, die im Unternehmen bestehen.

**Verstehen der Innovationsstrategien der Mitbewerber**

Als Leitfragen lassen sich hier formulieren:

- Wie schaffen die Mitbewerber das?
- Wie kann man die beruflichen Potenziale einzelner Mitarbeiter hinsichtlich der Innovation umfassend miteinbeziehen?
- Wie kann man die überfachliche Kompetenz stärker fördern?

Das Wissen und die Orientierung über die Mitbewerber (deren Produkte, Strategien, Unternehmenskulturen) und die Motivation zum Wettbewerb spielen auf der Akteursebene eine wichtige Rolle, wenn es um den Erfolg von Innovationsprozessen geht. Besonders relevant in dem Sinne ist die Mobilität der Mitarbeiter, der wesentlichen Wissensträger eines Unternehmens. Was Entwicklung und Erneuerung anbelangt, sollten Szenarien hinsichtlich der Bildung von Interdependenzen unterschiedlicher Branchen entwickelt werden. Durch die Umsetzung von Ergebnissen der Marktforschung wird dem Wissen über die Mitbewerber Rechnung getragen. Auch das Niveau und die Entwicklung der F&E-Aktivitäten im Vergleich zu den Hauptwettbewerbern und dem stärkstem Konkurrenten sollten bekannt sein (vgl. Burgelman u. Maidique 1998). Bei der materiellen Ausstattung sind Nachrichtensysteme und verfügbare Daten wichtig, um ausreichend über die Strategien der Mitbewerber informiert zu sein. Hier lassen sich ebenfalls Wettbewerbsvorteile oder -nachteile hinsichtlich Kosten, Ausstattung etc. gegenüber den Mitbewerbern erfassen. Die Kommunikations- und Interaktionsstrukturen sollten so beschaffen sein, dass es möglich ist, förderliche oder hinderliche externe Kräfte vorherzusagen, welche die Innovationsstrategie des Unternehmens betreffen. Auch die Fähigkeit, Innovationsstrategien und industrielle Entwicklungen der

Wettbewerber zu identifizieren, zu analysieren und vorherzusagen, spielt eine wichtige Rolle für das Erfolgspotenzial eigener Innovationen.

**Vernetzungspotenziale**

Leitfragen sind hier:

- Wen können wir noch miteinbeziehen?
- Wer könnte an dieser Entwicklung interessiert sein?
- Welche Kompetenz/Ressource fehlt uns noch?
- Gibt es intern/extern jemanden, der uns helfen könnte?

Bei den Akteuren erfordert dies Aufgeschlossenheit und die Fähigkeit, „über den eigenen Tellerrand hinauszublicken", sowie eine gute Teamfähigkeit. Bei Entwicklung und Erneuerung wird eine höhere Problemlösekapazität und das Anstreben neuer Formen der Wissensproduktion nötig, ebenso eine Steigerung der Lern- und Anpassungsfähigkeit (vgl. Rübartsch 2001) und eine flexiblere Bündelung von Ressourcen, Strukturen und Prozessen (vgl. Boardman u. Crooker 2001). Auf der Ebene der materiellen Ausstattung sind die Realisierung von Vernetzungspotenzialen, das Vorhandensein und die Nutzung von Kommunikationstechnologien und Investitionen in Vernetzungstechnologien wichtig.

Innerbetrieblich sind die Verknüpfung von internen Informationen und Teambildung sowie Teamarbeit wichtige Indikatoren dafür, wie gut die vorhandenen Kommunikations- und Interaktionsstrukturen das Vernetzungspotenzial nutzen. Auch übergreifende Workshops und Arbeitskreise stellen eine innovationsfördernde Vernetzung dar. Eine hinreichende Vernetzung mit dem externen Umfeld erfordert den Zugang zu externen F&E-Quellen und Kooperationen, z.B. mit Instituten, Kammern, anderen Unternehmen und Interessenverbänden.

**Verfügbarkeit und Zuweisung von Ressourcen und Kompetenzen**

Als Leitfragen können hier formuliert werden:

- Was brauchen wir alles?
- Haben wir das?
- Können wir zum richtigen Zeitpunkt darauf zugreifen?
- Werden die Ressourcen optimal genutzt?
- Sind die Kompetenzen sinnvoll verteilt?

Auf der Akteursebene ist zunächst der Personalbestand zu betrachten, vor allem das Bildungs- und Erfahrungsniveau der Mitarbeiter spielt bei Innovationsprozessen eine herausragende Rolle. Auf der Entwicklungs-/Erneuerungsebene sind Niveau und Entwicklung der F&E-Aktivitäten (im Vergleich zu den Verkäufen, Hauptbewerbern und stärksten Wettwerbern) zu betrachten. Die Ressourcen und Kompetenzen auf der Ebene der materiellen Ausstattung umfassen sowohl das zur

Verfügung stehende Kapital, Räumlichkeiten, Anlagen und Technik als auch die Fähigkeiten des Unternehmens in F&E, Ingenieurwesen und Marktforschung. Auf der Ebene von Kommunikations- und Interaktionsstruktur ist zu fragen, wie gut Kompetenzzuteilungen funktionieren und wie gut die Mechanismen zur Unterstützung von Neuentwicklungen sind.

Mit der Betrachtung betrieblicher Innovationsprozesse anhand von Phasen und Umweltfaktoren werden Unternehmen in die Lage versetzt, ihre Innovationspotenziale zu erkennen, zu erfassen bzw. durch die entsprechenden Strategien zu nutzen. Diese in der Praxis nicht immer einfachen Prozesse werden durch den Anspruch von SIM, nämlich die „richtigen" Fragen im „richtigen" Moment zu stellen, unterstützt und vereinfacht. Dennoch ist es notwendig, dass Unternehmen den betrieblichen Innovationsprozess nach wie vor als iterativen Prozess betrachten. In Abbildung 4.5 ist das iterative Vorgehen bei der Betrachtung und Steuerung des betrieblichen Innovationsprozesses mit dem SIM dargestellt.

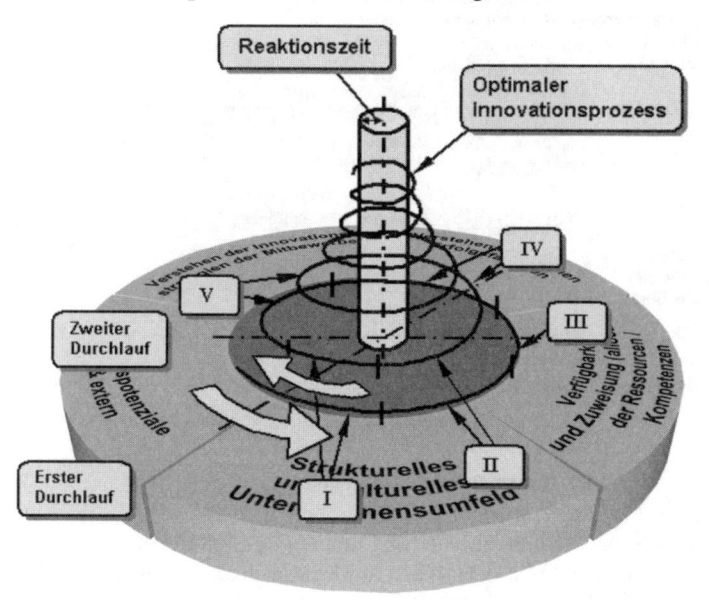

**Abb. 4.5:** Das iterative Vorgehen bei der Anwendung des SENEKA-Innovationsmodells (SIM)

Auf der Basis des in dieser Abbildung vorgestellten Modells werden in einem ersten Durchlauf die entsprechenden Phasen (I bis V) anhand der Umweltfaktoren nacheinander analysiert. Die Iteration dieses Vorgehens fördert bei „lernenden Unternehmen" eine Verkürzung der Reaktionszeit gegenüber Veränderungen in der Umwelt, die bei einem „unternehmensbezogenen, optimal eingestellten Innovationsprozess" dem Radius der in der Mitte dargestellten Säule entspricht (optimale Reaktionszeit). Da Unternehmen einige Zeit brauchen, um die Umweltveränderungen wahrzunehmen bzw. entsprechend zu reagieren, wird die Reaktionszeit immer höher als Null sein. In der Praxis bedeutet dies, dass Unternehmen durch die Unterstützung des SIM in die Lage versetzt werden, den eigenen betrieblichen Innovationsprozess und die dazu gehörenden Einflussfaktoren der unternehmerischen Umwelt besser zu verstehen und die Reaktionszeit auf die ständig stattfindenden Veränderungen dieser Umwelt zu verkürzen. Die den Unternehmen zur Verfügung stehenden Gestaltungsmöglichkeiten[108] bei den sich ergebenden Schnittstellen sind in Abbildung 4.6 dargestellt. Je nach Bedarf ermöglicht die Vorgehensweise des SIM die Anwendung anderer im Rahmen von SENEKA entwickelter Instrumente zur Organisationsgestaltung und darüber hinaus auch von weiteren schon bekannten Management-Ansätzen.

| | Phase I | Phase II | Phase III | Phase IV | Phase V |
|---|---|---|---|---|---|
| | Ideengener. Bewertung | Konzepterarb. Produktplan. | Entwicklung | Prototypbau Pilotanwend. | Produktion Markteinfüh. |
| Verfügbarkeit von Ressourcen und Kompetenzen | Innovationsdiagnose | | Schlüsselkompetenzen der Zukunft | | |
| | W.I.R. Webbasierter Informationsraum | | | | |
| | NOWS-Verfahren | | Interner Prozessbegleiter | | |
| | Wissenslandkarte | | | | |
| Unternehmensumfeld | Frühwarnsysteme | Qualifikationsmanagement | | | |
| | | | Frühwarnsysteme | | |
| | Kunden- und Strategieworkshop | | | BSC-Change Mangement | |
| Vernetzungspotenziale | Virtuelle Plattform | | | | |
| | | | Netzwerkkompendium | | |
| | Wissenslandkarte | Workshopreihe zur Kompetenzentwicklung | | | |
| Innovationsstrategien der Mitbewerber | | | Anwendung der Szenariotechnik | | |
| | Frühwarnsysteme | | | | |
| eigene Erfolgsfaktoren | W.I.R. Webbasierter Informationsraum | | | | |
| | Wissensmanagement | | | | |
| | | Workshop | Produkt/Begleitung | | |

**Abb. 4.6:** SENEKA-Unterstützungsinstrumente

Obwohl der größte Nutzen von SIM in einer „ex-ante"-Anwendung zu erzielen ist, ist die Analyse bereits gelaufener Innovationsprozesse auch möglich und zielführend. Während die „ex-ante"-Anwendung den Innovationsprozess begleitend unterstützt und dadurch optimiert, erzielt die „ex-post"-Anwendung die Gewinnung von strategisch relevanten Informationen über gelaufene Innovationsprozesse (erfolgreich oder nicht erfolgreich), die zur Identifikation der internen und externen innovationsfördernden und -hemmenden Faktoren dient.

---

[108] Diese Gestaltungsmöglichkeiten beziehen sich auf die Produkte und Dienstleistungen, die im Rahmen von SENEKA bereits entwickelt oder weiterentwickelt wurden (mehr Informationen zum Projekt und Produkten unter: http://www.seneka.de). Es ist natürlich auch möglich, andere auf dem Markt existierende Produkte oder Dienstleistungen nach diesem Schema in die Matrix einzuordnen.

## 4.3.2 Das SIM in der Praxis – ausgewählte Praxisbeispiele

*Giuseppe Strina, Jaime Uribe, Michael Franssen*

**Zur Methodik**

Aus den in der Querschnittaufgabe 2 „Innovationsmanagement" gewonnenen Erkenntnissen wurden zwei Beispiele aus dem Verbund ausgewählt („Entwicklung eines Internetportals als Spin-off" und „Entwicklung eines neuen Seminars").

---

**Strukturelles und kulturelles Unternehmensumfeld**

1. **Wie gut waren die vorhandenen Strukturen zum Innovationsmanagement?**
(Informationsstrukturen, Organisation, Arbeitsstrukturen, Berücksichtigung von Zukunftstrends, Management von F&E)

          Sehr gut          ungenügend

Phase 1 (Ideengenerierung und Bewertung)

Phase 2 (Konzepterarbeitung, Produktplanung)

Phase 3 (Entwicklung)

Phase 4 (Pilotanwendung, Prototypenbau)

Phase 5 („Produktion", Markteinführung)

2. **Wie gut wurden die vorhandenen Strukturen genutzt?**
(Erkennung und Beurteilung von Möglichkeiten; Unterstützung ungeplanter Initiativen)

          Sehr gut          ungenügend

Phase 1 (Ideengenerierung und Bewertung)

Phase 2 (Konzepterarbeitung, Produktplanung)

Phase 3 (Entwicklung)

Phase 4 (Pilotanwendung, Prototypenbau)

Phase 5 („Produktion", Markteinführung)

---

**Abb. 4.7:**   Ausschnitt aus dem Fragenkatalog zum Interview

Diese wurden dann anhand einer „ex-post"-Anwendung des SIM dokumentiert. Für die Sammlung der entsprechenden Informationen wurde ein Fragenkatalog[109] (Abb. 4.7) entwickelt, in dem sowohl die Umweltfaktoren (unternehmensintern und -extern) als auch deren Einflussgrad auf die jeweiligen Phasen betrachtet werden.[110] Dieser Fragenkatalog[111] wurde im Rahmen eines Interviews mit einem in dem entsprechenden Innovationsprozess als „Entscheider" involvierten Unternehmensvertreter ausgefüllt.

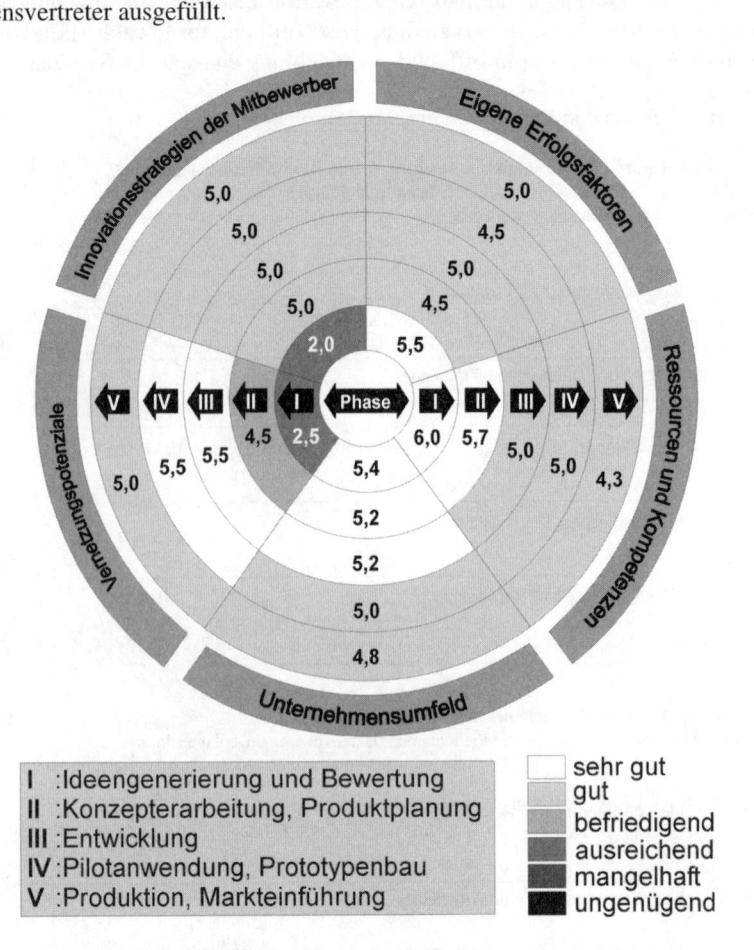

**Abb. 4.8:** Grafische Auswertung der Berücksichtigung von Umweltfaktoren

---

[109] Die vorgesehene Zeit für das Ausfüllen des Fragenkatalogs im Rahmen eines Interviews beträgt ca. 30 Minuten.

[110] In Bezug auf die Erfolgsfaktoren für betriebliche Innovationsprozesse, die Bedeutung dieser Faktoren bei der Entwicklung neuer Produkte sowie Erkenntnisse bezüglich bekannter Messgrößen wie Umsatz, Anzahl der Mitarbeiter und Branche.

[111] Der Fragenkatalog besteht aus einer Anzahl von Fragen, die insgesamt alle innovationsbeeinflussenden Umweltfaktoren stichprobenartig hinterfragen.

Für die Darstellung der Auswertung der gesammelten Daten wurde eine kreisförmige Grafik entwickelt (Abb. 4.8), in der alle Umweltfaktoren und deren Einfluss auf die jeweiligen Phasen quantitativ abgebildet werden.

In einer Skala von 1 (ungenügend) bis 6 (sehr gut) werden die ausgewerteten Daten[112] aus dem Fragenkatalog nach Phase und Umweltfaktor dargestellt. Dadurch soll deutlich werden, welchen Einfluss spezifische Umweltfaktoren auf einzelne Phasen hatten. Die Mittelwerte gleichen sich in den einzelnen Phasen. Die Umfeldfaktoren werden also während dieses Innovationsprozesses meistens als gleichartig und stabil wahrgenommen. Im Falle einer „ex-ante"-Analyse werden im Interview Erwartungswerte nachgefragt. Durch die entsprechende Dokumentation wird ein späterer Vergleich[113] möglich. Darüber hinaus wird die Relevanz der unterschiedlichen Phasen des betrieblichen Innovationsprozesses miteinander verglichen, um die Optimierungspotenziale besser zu erkennen.

In einem weiteren Praxisbeispiel wird ein vom Laboratorium für Werkzeugmaschinen (WZL) der RWTH Aachen im Rahmen der wissenschaftlichen Arbeiten in der Querschnittaufgabe 2 entwickeltes Tool in seiner Anwendung vorgestellt: Der Referenzprozess zur systematischen Dienstleistungsentwicklung (Abb. 4.9). Der Referenzprozess unterstützt die Analyse und Durchführung verschiedener Phasen des betrieblichen Innovationsprozesses (von der Ideengenerierung bis zur Markteinführung) durch den Einsatz ausgewählter Checklisten und Methoden und mit dem Ziel, die geforderten Maßnahmen rechtzeitig ableiten bzw. durchführen zu können. Die hierzu entwickelten Checklisten unterstützen die Analyse in den unterschiedlichen Phasen und beinhalten spezifische Fragestellungen u.a. zu den Themen: Ideenfindung, allgemeine, rechtliche, technische und wirtschaftliche Kriterien, Abschätzung der Markt- und Erfolgschancen neuer Ideen, Kundenwünsche, Ressourcenplanung, Identifikation des notwendigen Wissens, Durchführung von Praxistests, Auswertung, Ableitung und Ausarbeitung von Verbesserungsmaßnahmen, Erstellung eines Marketingkonzeptes und Markteinführung.

Anschließend wird ein Beispiel zu dem Thema „Betriebliche Performance-Messung" vorgestellt. Der Bewertungsansatz hierfür ist die Balanced Scorecard (BSC) von Kaplan und Norton (vgl. Kaplan u. Norton 1997); diese wurde anhand des OSTO-Systemmodells[114] (vgl. Rieckmann 1980, 1982; Henning u. Isenhardt 1994) und des systemischen Management- bzw. Organisationsentwicklungsansatzes von Hanna (vgl. Hanna 1988) weiterentwickelt. Dieses Beispiel ist insofern für die Thematik der Querschnittsaufgabe 2 interessant, da die Integration

---

[112] Die Befragten hatten die Möglichkeit, die eigene Leistung in Bezug auf den betrachteten betrieblichen Innovationsprozess in einer ex-post-Analyse quantitativ (1 bis 6) zu bewerten. Die in der Grafik gezeigten Zahlen beziehen sich auf gewichtete Durchschnitte aller im Interview ermittelten Werte.

[113] Ein späterer Wertevergleich wird dann möglich, wenn eine ex-post-Betrachtung durchgeführt wird bzw. vorhanden ist, oder wenn im Rahmen des iterativen Innovationsprozesses neue Erwartungswerte ermittelt werden.

[114] Weitere Erläuterungen zum OSTO-Systemmodell sind in Kapitel 3.3.5 sowie 6.4.3 ausgeführt.

der Balanced Scorecard in den OSTO-Systemansatz die gesamte Entwicklung eines Innovationsprozesses der „ersten Ordnung" darstellt.[115]

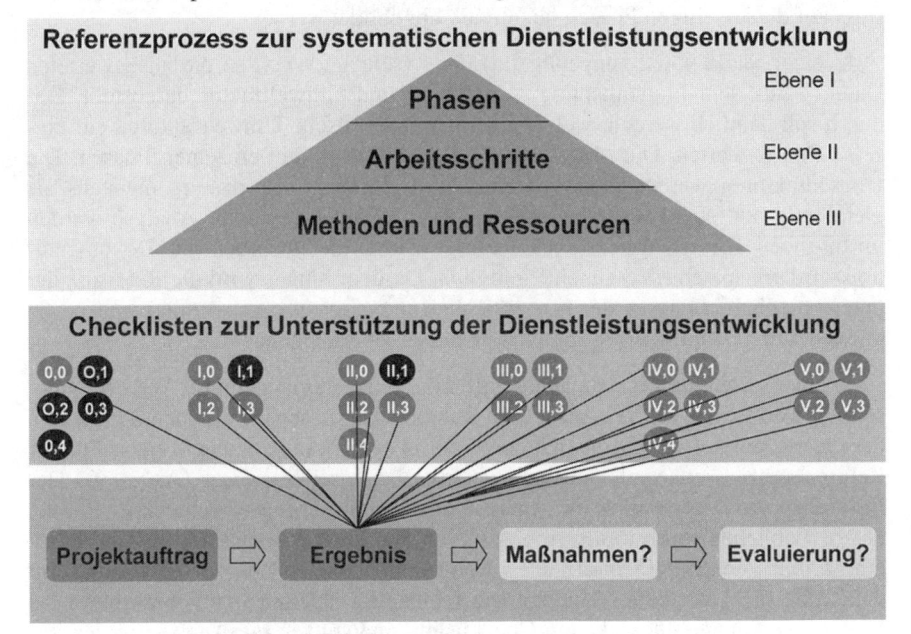

**Abb. 4.9:** Referenzprozess zur systematischen Dienstleistungsentwicklung

### 4.3.3 Praxisbeispiel Spin-off „web it easy®"

*Tom Tiltmann, Bernhard Frohn*

*Firma:* VIKA Ingenieur GmbH, Aachen

*Produkt:* Das Contentmanagementsystem von VIKA „web it easy®"

**Unternehmensbeschreibung und Ausgangssituation:**

Die VIKA Ingenieurgesellschaft ist in der Baubranche als Dienstleister tätig. Die Planung der technischen Gebäudeausrüstung, das Erstellen von Energiekonzepten sowie deren Umsetzung gehören ebenso zu den Geschäftsfeldern wie die Beratung zu modernen Finanzierungsinstrumenten oder das Informationsmanagement. Im Rahmen des Projektes SENEKA entwickelt VIKA eine Wissensmanage-

---

[115] Um die Frage, wie ein Performance-Messsystem für systemische Organisationsentwicklung eingeführt wird, beantworten zu können, wurde ein Entwicklungsprozess eingeleitet, dessen Ergebnis der OSTO/BSC-Ansatz war: Innovation als Ergebnis eines Prozesses.

mentlösung auf Internetbasis, die insbesondere für kleine und mittelständische Unternehmen geeignet sein wird. Für Vertrieb und Service der bereits fertigen Lösung wurde ein SENEKA Spin-off mit Namen „web it easy®" gegründet. Wer als kleines oder mittelständisches Unternehmen Lösungen für das Internet sucht, wird häufig enttäuscht. Anspruch, Wünsche und finanzielles Budget decken sich meistens nicht. Diesbezüglich entwickelte VIKA eine Produktreihe.

Das erste Produkt dieser Reihe ist ein dynamisches Contentmanagementsystem mit den Merkmalen:

- Homepage-Pflege ganz ohne Programmierkenntnisse,

- einfache Erstellung unter Beibehaltung der firmeneigenen Corporate Identity,

- beliebige Erweiterungsmöglichkeiten nach dem Baukastenprinzip,

- Verwaltung der gesamten Unternehmenskommunikation von jedem Arbeitsplatz der Welt aus sowie

- Internetauftritt als effektives Mittel zur Kundenbindung.

**Analyse**

Die Ergebnisse der Befragung zeigen deutlich, dass sich die *Selbsteinschätzung* über alle Projektphasen hinweg im „guten" Bereich befindet; der betrachtete Innovationsprozess ist in der Gesamtbetrachtung also gut gelaufen. In Abbildung 4.10 wird deutlich, dass die Nutzung der verschiedenen Umfeldfaktoren noch Verbesserungspotenziale bietet.

Das Verstehen der Konkurrenz und der Vernetzungspotenziale wurde nach eigener Einschätzung zwar ausreichend untersucht; hier könnte man in zukünftigen Projekten allerdings durch weitere Marktuntersuchungen noch viel tun, vor allem in der ersten Phase, in der grundsätzlich unternehmensinterne Faktoren die wichtigste Rolle spielen. Aus der Befragung wird deutlich, dass bei der internen sowie externen Vernetzung des betrachteten Innovationsprozesses das größte Potenzial gesehen wird.

Da es sich bei dem hier untersuchten Unternehmen um ein KMU handelt, wurden vor allem in der ersten Phase (Ideengenerierung und Bewertung) sehr wenige Mitarbeiter beteiligt. In den folgenden Phasen (II-V) wurden dann weitere Mitarbeiter in den Prozess involviert. Vernetzung über die Unternehmensgrenzen hinweg wurde während des ganzen Prozesses genutzt. Hier wurde von Anfang an mit einem Partner kooperiert, der den technischen Teil des Produktes entworfen und realisiert hat. Das strukturelle und kulturelle Unternehmensumfeld wurde über alle Phasen hinweg als gut bis sehr gut bewertet. Hier besteht nach eigener Einschätzung nur wenig Verbesserungspotenzial. Die Verfügbarkeit und die Zuweisung vorhan-dener Ressourcen und Kompetenzen wurden ebenfalls gut eingeschätzt. Die Ressourcen und Kompetenzen der Firma waren bekannt und wurden dann entsprechend zugewiesen. Das Verständnis für die eigenen Erfolgsfaktoren wird ebenfalls als gut eingestuft. Hier wurde erkannt, dass alle involvierten Mitarbeiter ein Verständnis für die eigenen Erfolgsfaktoren erlangen konnten, was darin begründet lag, dass sich in allen Innovationsphasen das vorhandene Wissen auf nur wenige Mitarbeiter verteilte.

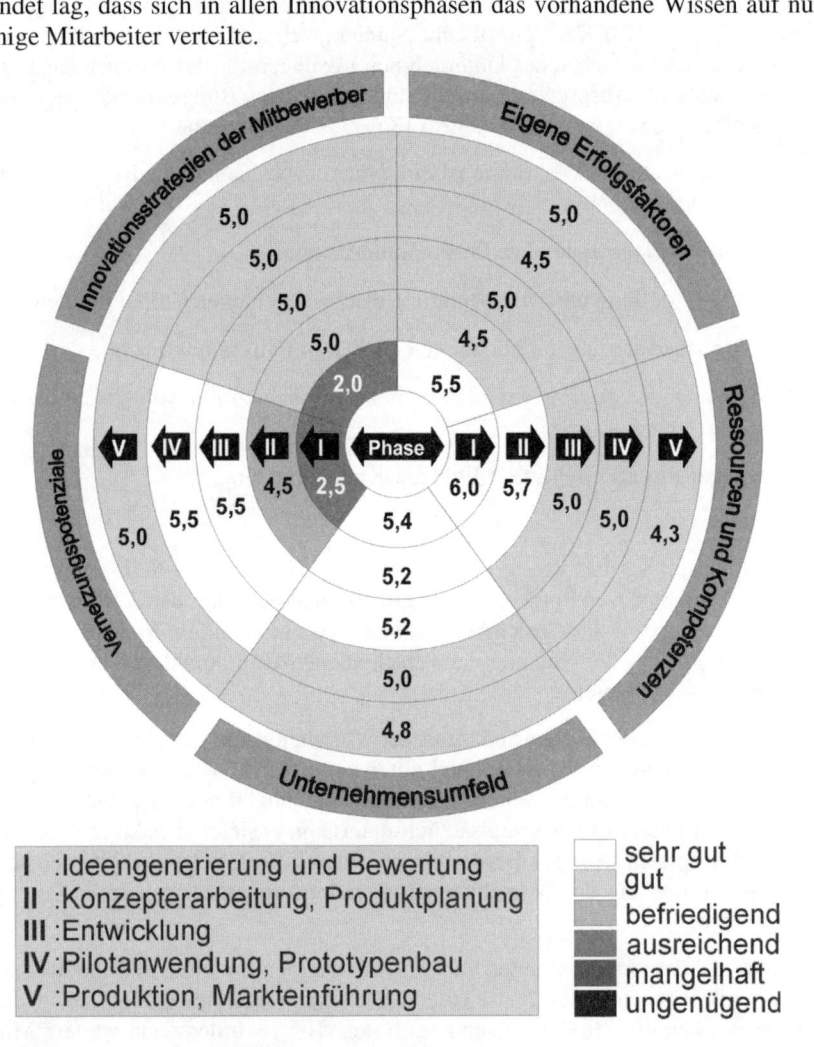

**Abb. 4.10:** Auswertung Beispiel Web-it-easy®

Eine Betrachtung aller Phasen deutet darauf hin (Abb. 4.11), dass in der ersten Phase die meisten Optimierungspotenziale erzielt werden können.

**Diskussion und Auswertung**

Die Unternehmensgröße und Struktur wurden als vorteilhaft für diesen Innovationsprozess erachtet. Die Stärken des Unternehmens liegen in den hohen Kompetenzen einzelner Mitarbeiter, die stark zielgerichtet ein innovatives Produkt entwickelt haben. Das Verständnis für die Stärken der Mitbewerber und auch die

Kooperation mit anderen Unternehmen werden allerdings noch als verbesserungsfähig gesehen.

Das Interview erwies sich für die „ex-post"-Analyse dieses Innovationsprozesses als nur teilweise geeignet. Für die Begleitung und Verbesserung derartiger Innovationsprozesse könnten darüber hinaus Checklisten, die zu jeder Phase des Prozesses Fragen zu den wichtigsten Aspekten stellen, als Ergänzung eingesetzt werden.

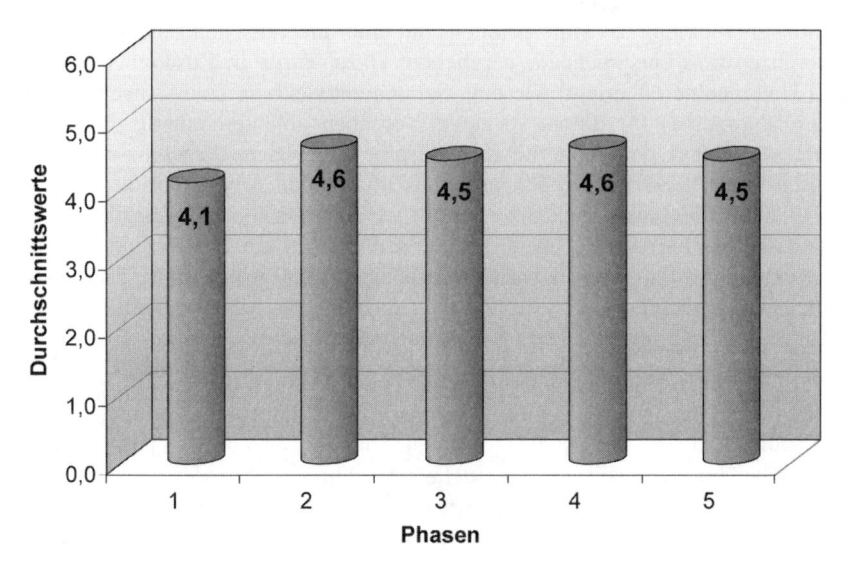

**Abb. 4.11:** Durchschnittswerte pro Phase / Web-it-easy®

### 4.3.4 Praxisbeispiel „Seminarentwicklung bei einem mittelständischen Unternehmen"

*Stephan Heiliger*

*Firma:* Mittelständisches Unternehmen der Beratungsbranche.

**Unternehmensbeschreibung**

Das Unternehmen hat sich auf die Beratung kleiner und mittelständischer Unternehmen spezialisiert. Die potenziellen Kunden des Unternehmens befinden sich sowohl in den Bereichen Anlagenbau, Bauwesen, Dienstleistungsunternehmen, Ingenieurbüros, Maschinenbau als auch in der Zulieferindustrie.

## Analyse

Das Unternehmen hat zur Erweiterung seines Angebots und zur Erschließung neuer Kundenkreise in seinem Fachgebiet ein neues Seminar entwickelt. Das fertige Seminarprodukt wurde der Stammkundschaft sowie potenziellen Neukunden angeboten, fand aber nicht den gewünschten Anklang.

Um die Gründe für diesen wirtschaftlichen Misserfolg genauer analysieren und Versäumnisse im Vorgehen seiner Entwicklung aufzeigen zu können, wurde die Seminarentwicklung des Unternehmens mit einer theoretischen Entwicklung, dem Referenzprozess entsprechend, verglichen. Dazu wurde in Zusammenarbeit mit dem Unternehmen überlegt, wie eine Seminarentwicklung unter Anwendung des Referenzprozesses für dieses spezielle Vorhaben ablaufen müsste. Nach jeder Phase wurde mit dem Unternehmen besprochen, welche Ergebnisse vorliegen müssen. Mit Checklisten, in denen die auszuführenden Arbeitsschritte und die zu erwartenden Ergebnisse gegenübergestellt werden, wurde sichergestellt, dass alle Arbeitsschritte und Methoden des Referenzprozesses am Beispiel der Seminarentwicklung auf ihre Anwendbarkeit hin überprüft und während der Entwicklung berücksichtigt wurden.

Der Referenzprozess zur systematischen Dienstleistungsentwicklung dieses mittelständischen Unternehmens (Abb. 4.12) wurde durch die Auswahl und Kombination der relevanten Checklisten an das Entwicklungsvorhaben angepasst und umgesetzt. Während der Analyse stellte sich heraus, dass zwar Klarheit über die technische Umsetzbarkeit und eventuelle Ausschlusskriterien des geplanten Seminars bestanden, dass aber zu einem frühen Zeitpunkt nicht daran gedacht worden war, wirtschaftliche Chancen, Kundeninteressen, Kundenbedarf oder das Vorhandensein potenzieller „Lead User" zu prüfen. Die Mitarbeiter des Unternehmens haben bestätigt, dass sie schon hier die Entwicklung eingestellt oder grundlegend überdacht hätten, wenn sie sich des geringen Kundeninteresses bewusst gewesen wären.

Durch die weiteren Analysen des Referenzprozesses wurde darüber hinaus festgestellt, dass die potenziellen Kunden auch auf Grund des Namens den Sinn des Seminars nicht verstanden hatten und folglich keinen Bedarf für sich erkennen konnten. Maßnahmen zur Überprüfung der wirtschaftlichen Chancen wurden auch im weiteren Entwicklungsverlauf nicht durchgeführt. Nach einer solchen Prüfung wäre die Entwicklung spätestens bei Nichterreichen der oben genannten Ergebnisse eingestellt worden. Die Entwicklung der Dienstleistung mit ihren genannten Ausprägungen und der Ressourcenplanung wurde in einem unstrukturierten Projekt durchgeführt. Unterschiedliche Fachbereiche, die informiert werden mussten, existierten innerhalb des Unternehmens nicht. Auf Grund dieser geringen Größe wurden alle Aufgaben der Entwicklungsphase vom Entwicklungsteam übernommen. Zum Abschluss dieser Phase wurde mit dem Management ein Messpunkt vereinbart, an dem folgende Messwerte zu prüfen waren:

- Eine Aufstellung des für das Seminar benötigten Wissens, eine Aufstellung des im Unternehmen identifizierten Wissens und wiederverwendbarer Module und eine Aufstellung fremdbeschafften Wissens und fremdbeschaffter Module,
- ein vollständig entwickelter Prototyp mit ausgearbeiteten Modulen, allen erforderlichen Schulungsunterlagen, Materialien und technischer Ausrüstung,
- fertig entwickelte kundenspezifische Varianten (Qualifizierungsseminare),
- eine Darstellung des Seminars und aller Varianten in einem Ablaufplan sowie eine detaillierte Ressourcenplanung und
- ein ausgebildeter „Root-Trainer", der das Seminar durchführen kann.

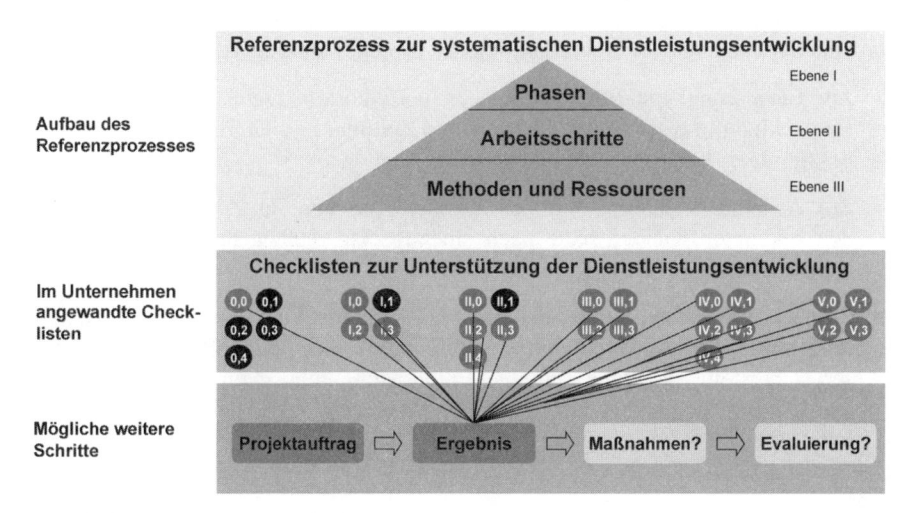

**Abb. 4.12:** Anwendung des Referenzprozesses

Im Gespräch mit Mitarbeitern des Unternehmens hat sich herausgestellt, dass sofort nach Fertigstellung des Seminars versucht worden war, dieses den Kunden anzubieten. Angaben über den Aufbau der internen Leistungsbereitschaft oder die Durchführung von Testläufen wurden nicht gemacht. Die eigentliche Seminarentwicklung wurde durchgeführt, nachdem die Berater glaubten, den Bedarf für das Seminar bei ihren Kunden erkannt zu haben. Das Seminar wurde dann vollständig entwickelt und die Schulungsunterlagen und Materialien zusammengestellt. Das fertige Produkt fand aber, selbst bei Stammkunden, wenig Anklang.

**Auswertung und Diskussion**

Zusammenfassend kann gesagt werden, das Seminar hätte mit Hilfe ausgewählter Checklisten besser entwickelt werden können, da diese durch ihre Verkettung die Prinzipien des Referenzprozesses während der Entwicklung insgesamt umgesetzt hätten. Bei Anwendung des Referenzprozesses wären die potenziellen Kunden schon in Phase I mit der Seminaridee konfrontiert worden. Durch die frühe Auseinandersetzung mit den Kunden hätte sich herausgestellt, ob es sinnvoll ist, die Entwicklung fortzuführen. Spätestens in Phase II hätte Klarheit über die Forderungen bisheriger Kunden an die Inhalte des Seminars bestanden und die Erfolgschancen des Produktes wären durch eine Konkurrenzanalyse, einen Wettbewerbsvergleich und eine Wirtschaftlichkeitsanalyse abgesichert worden. So wäre das Vorhaben vor der kostenintensiven Detailentwicklung und Beschaffung der Ressourcen eingestellt oder überarbeitet worden. Die Anwendung des Referenzprozesses im Entwicklungsprozess des Seminars hätte zu folgenden Vorteilen geführt:

- Zur wirtschaftlichen Absicherung: Durch das frühzeitige Erkennen des mangelnden Kundeninteresses und -verständnisses für die Inhalte des Seminars wäre das Entwicklungsvorhaben frühzeitig abgesichert und schon in Phase I über eine Fortsetzung oder Überarbeitung des Projektes entschieden worden.

- Zur Einsparung von Entwicklungszeit und -kosten: Durch das Beenden der Entwicklung in einer frühen Phase hätten Zeit und Kosten für die Ausarbeitung des Seminars eingespart werden können.

- Zur Auseinandersetzung mit den Kundenwünschen: In Zusammenarbeit mit den bekannten Kunden hätte nach einer marktgerechten Produktidee gesucht werden können.

- Zum systematischen Ablauf der Ausarbeitung: Auch die eigentliche Ausarbeitung wäre durch Anwendung des Referenzprozesses optimiert worden, da dieser sicherstellt, dass alle für eine Entwicklung relevanten Aspekte beachtet werden, und durch den Referenzprozess versucht wird, den neuen Entwicklungsaufwand möglichst gering zu halten.

### 4.3.5 Praxisbeispiel Spin-off „Diversity Management GbR"

*Jaime Uribe, Susanne Preuschoff*

*Firma:* Deutsche Asia Pacific Gesellschaft e.V. (DAPG), Köln

*Produkt:* „Beratende Dienstleistungen zum Thema Diversity Management"

**Unternehmensbeschreibung**

Die Deutsche Asia Pacific Gesellschaft e.V. (DAPG) ist ein eingetragener Verein, der als Ziel die Beratung und Unterstützung seiner deutschen und asiatischen Mitglieder bei Fragen bez. des Engagements auf den entsprechenden Märkten hat. Dazu gehören u.a. die ständige Aufbereitung von Informationen über Märkte, Vermittlung von Kontakten, Betreuung von Organisationen und Organisation von Tagungen.

**Analyse**

Die intensive Beschäftigung der DAPG mit diesen Themen und weitere Erfahrungen[116] innerhalb des SENEKA-Verbundes führten zunächst dahin, sich in Form der Erstellung eines „Leitfadens zur Arbeit in multikulturellen Teams" im Rahmen von SENEKA einzubringen. Dieser Leitfaden sollte in erster Linie „betroffenen Mitarbeitern"[117] als Orientierungshilfe dienen, in einem multikulturellen Team in Deutschland wie auch im Ausland erfolgreich zusammenarbeiten zu können. Das ursprüngliche Ziel des Leitfadens, interkulturelle Besonderheiten zu erklären und verständlich darzustellen (vgl. Preuschoff 2000), wurde allerdings bald von der Realität überrollt.

In den unterschiedlichen Arbeitskreisen zu diesem Thema in SENEKA, in denen u.a. die Praxiserfahrungen der Unternehmen anhand der Forschungsfragen des Projektes analysiert werden, wurde immer deutlicher, dass Unternehmen eher an spezifischen und dennoch systemorientierten Lösungen interessiert waren und nicht an wegweisenden Leitfäden, wie sie in ähnlichen Formen bereits auf dem Markt existieren. Weitere Gespräche inner- und außerhalb des SENEKA-Verbundes deuteten darauf hin, dass die meisten der potenziellen Kunden eines solchen umfassenden Dienstleisters Unterstützung in Form von firmen- und situationsangepassten Beratungen, Trainings oder Workshops (vgl. Kap. 5.3.5) erwarten. Das Problemfeld von betrieblichen Innovationen „Produkte statt Systemlösungen" wurde hiermit noch einmal in der Praxis bestätigt. Darüber hinaus machte die DAPG die Erfahrung, dass Unternehmen an mehr als nur dem Umgang mit Begrüßungen, Esskultur, Abschied, Farbenlehre, Visitenkarten und Ähnlichem interessiert waren. Durch die Prozesse der Internationalisierung und Globalisierung werden die Mitarbeiterstruktur und die Aufgaben der Mitarbeiter multinationaler. Einzelne Mitarbeiter beanspruchen sowohl in ihren Arbeitsgewohnheiten als auch in ihren Lebenssituationen ein hohes Maß an Individualität (vgl. Preuschoff 2000). Unternehmen stehen damit nicht nur vor der Vielfalt der eigenen *Märkte,* sondern auch der eigenen *Mitarbeiter,* und sie fragen sich, wie dieser anscheinend neue Produktionsfaktor zu managen ist und mit welchen Maßnahmen die Mitarbeiter multikulturell qualifiziert werden können.

„In Zukunft wird die Zusammensetzung der Teams, in denen wir arbeiten, immer vielfältiger. Alter, Geschlecht und Herkunft sind nur die offensichtlichen Verschiedenheiten."[118]

---

[116] Beispiele hierfür sind die Organisation und Betreuung von Arbeitskreisen zu den Themenbereichen „Internationalisierung" und Diversity Management.

[117] Der Begriff „betroffene Mitarbeiter" bezieht sich in diesem Abschnitt grundsätzlich auf Mitarbeiter, die durch Veränderungen in der Unternehmensumwelt (intern und/oder extern) in besonderer Maße mit Aspekten der Internationalisierung und der Vielfalt (Diversity) konfrontiert werden.

[118] Susanne Preuschoff, Geschäftsführerin der Deutschen Asia Pacific Gesellschaft in Köln.

Aus dieser Erkenntnis heraus wurde die Diversity Management GbR als Spin-off von SENEKA gegründet. Die Diversity Management GbR hat sich zum Ziel gesetzt, Unternehmen bei der Einführung und Nutzung von „Diversity Management" zu unterstützen und zu begleiten. Das in Amerika entstandene Thema „Diversity" befasst sich grundsätzlich mit den *ethnischen* Unterschieden in der Gesellschaft. Später wurde dort für Unternehmen klar, dass darüber hinausgehende *Vielfalt* innerbetrieblich als Herausforderung und zugleich als Chance anzunehmen bzw. zu managen ist. Dies war die Geburtsstunde des „Diversity Managements". Das Wort „Diversity" beschreibt zunächst nichts anderes als das Phänomen, dass eine große Anzahl von Faktoren die Menschen zu unterschiedlichen, nicht ersetzbaren Individuen macht. Die vorherrschende Sichtweise benennt als so genannte „Kern-Dimensionen von Diversity" die Faktoren, die den Menschen unveränderbar prägen: Geschlecht, Ethnizität, Befähigung/Behinderung, Alter, sexuelle Orientierung und religiöse Prägung. Zu diesen Dimensionen kommen noch Denk- und Arbeitsweisen, Kultur und Sprache, Ausbildung und private Lebensumstände, aber auch unternehmensspezifische Faktoren wie die Zugehörigkeit zu verschiedenen Standorten, Unternehmensbereichen, Funktionen und die Dauer der Zugehörigkeit zum Unternehmen (vgl. Kohler-Braun 1999).

Die Diversity Management GbR unterstützt Unternehmen und Mitarbeiter dabei, den Faktor „Vielfalt" als solchen zu verstehen. Durch unternehmensspezifisches Training, Beratung und ähnliche Dienstleistungen bringt dieses Spin-off von SENEKA Praxis und Forschung näher zusammen.

**Auswertung und Diskussion**

Der Verlauf dieses Beispiels hebt besonders die Relevanz von zwei Forschungsfragen der Querschnittsaufgabe 2 hervor. Zum einen wird durch das Beispiel deutlich, dass ein gewisser Vernetzungsgrad[119] zur Entwicklung von Innovationsstrategien beiträgt. Die Zusammenarbeit zwischen den SENEKA-Partnern, die sowohl aus der Wirtschaft als auch aus der Wissenschaft kommen, erleichterte die Analyse unterschiedlicher Umweltfaktoren (vgl. Abb. 4.7) und führte dazu, dass die Reaktionszeit und die Kosten[120] aller Beteiligten durch das gemeinsame Agieren gesenkt werden konnten. Zum anderen konnte durch dieses Beispiel festgestellt werden, dass unternehmensübergreifende Innovationsprozesse unter bestimmten Rahmenbedingungen[121] beschleunigt werden können.

---

[119] Der Begriff Vernetzungsgrad ähnelt hier dem Konzept von Kooperationen (vgl. Rübartsch 2001).

[120] Die Reaktionszeit wurde insofern gesenkt, dass die Beteiligten, als einzeln agierende Akteure, die Analyse selbst hätten durchführen müssen. Sie hätten dies auch in Auftrag geben können; in diesem Fall wären die Kosten aber gestiegen.

[121] Zum Beispiel Rahmenbedingungen, die die Zusammenarbeit zwischen Partnern aus der Wirtschaft und Wissenschaft in einem Forschungsvorhaben definieren.

## 4.3.6 Einführung der Balanced Scorecard als Performance-Mess-System für systemische Organisationsentwicklungsprozesse

*Jaime Uribe, Stephan Petzolt*

*Firma:* InfraServ Gendorf GmbH & Co. KG, Werk GENDORF, Burgkirchen

*Produkt:* Einführung der Balanced Scorecard als Performance-Mess-System für systemische Organisationsentwicklung (vgl. Petzolt 2001)

**Unternehmensbeschreibung und Ausgangssituation**

Gegründet wurde die InfraServ Gendorf GmbH & Co. KG 1998 nach der Aufspaltung des Hoechst-Konzerns. Mit über 1000 hochqualifizierten Mitarbeitern, einer soliden Ausstattung aller notwendigen Aktiva sowie attraktiven Kunden, die z.T. im gleichen Werk produzierten, besitzt die InfraServ Gendorf GmbH & Co. KG ein Portfolio, in dem alles enthalten ist, was Chemieunternehmen benötigen, um zu produzieren. In ca. 1700 Leistungstypologien werden Personaldienstleistungen, Informatik, Sicherheit, Gesundheit, Umweltschutz und Ingenieurleistungen von der Personalbetreuung bis zum Bau und dem Betreiben von kompletten Chemieanlagen den Kunden angeboten.

Vor dem Hintergrund der neuen Situation im Jahr 1998 stellte sich die Geschäftsführung bereits viele Monate vor dem juristischen Vollzug der Neugründung des Unternehmens die Fragen: Wie kann die Planungs-, Handlungs- und Lernfähigkeit des Unternehmens unter wechselnden Zielen sichergestellt werden, und welche Aktivitäten und Teilbeiträge von Mitarbeitern sind in welcher Qualität und Menge zu welchem Zeitpunkt erforderlich?

**Analyse und Vorgehensweise der Produktentwicklung**

Die Herausforderung des Unternehmens lag darin, einerseits die Performance messen zu wollen und zu müssen sowie andererseits die wachsende Komplexität und Dynamik im Unternehmensumfeld wahrzunehmen und zu managen. Für beide Aspekte existierten Lösungsansätze aus dem strategischen Controlling und der systemischen Organisationsentwicklung (OE), die sich bis dahin jedoch isoliert gegenüberstanden. In diesem Beispiel wurde daher eine Integration von Performance-Messsystemen und systemischen OE-Modellen unternommen, die die Lücke zwischen diesen Ansätzen schließen sollte. Hierzu wurde die Balanced Scorecard (BSC) von Kaplan und Norton zielgerichtet weiterentwickelt und in ein bewährtes Modell der systemischen Organisationsentwicklung (OSTO-Systemansatz) integriert[122]. In dem Sinne stellt dieser Entwicklungsprozess einen Innovationsprozess erster Ordnung dar. Die Gefahr, mit der Balanced Scorecard alle Indikatoren eines Veränderungsprozesses mit harten Kennzahlen messen zu wollen, wurde entsprechend erkannt, und so wurde aus dem Zitat von Kaplan und Norton „*Was ich nicht messen kann, kann ich nicht managen!*" die unter-

---

[122] Zu dem OSTO-System-Modell vgl. auch Kapitel 6.4.3.

nehmensbezogene Aussage *„Was ich nicht beobachten kann, kann ich nicht managen!"*.

Das Schema, unter dem die Umsetzung der OSTO/BSC betrachtet werden kann, wird in Abbildung 4.13 dargestellt. Hier wird die Ergänzung des systemischen OSTO-Ansatzes mit dem Bewertungsansatz von Norton und Kaplan deutlicher. Nur der kombinierte OSTO/BSC-Ansatz ist in der Lage, sowohl die Rekursionsebene als auch die Zeit- und Verhaltensebene zusammen zu betrachten.

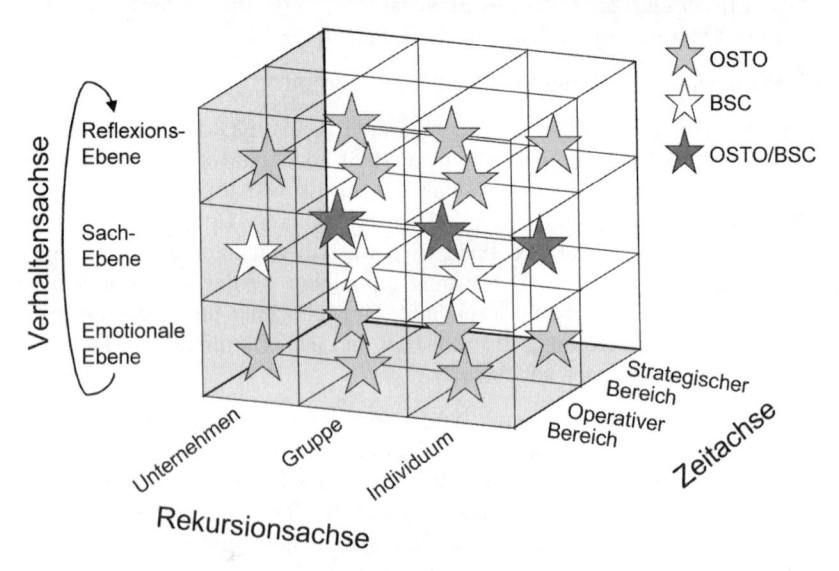

**Abb. 4.13:** Lerndimensionen des integrierten OSTO/BSC-Ansatzes

Für die Erfassung der Performance (Handlungen und Wirkungen) wurden dann verschiedene Indikatoren der Beobachtung angewendet. Diese unterschieden sich nach ihrer Messbarkeit (qualitativ/quantitativ) und ihrer zeitlichen Entfernung zum Wandel (früh/spät). Dadurch konnte der Fokus sowohl auf den Prozess als auch auf das Ergebnis gelegt werden und dabei ein breites Beobachtungsspektrum abdecken. In einem Zeitraum von zwei Jahren wurden im Rahmen eines Organisations- und Entwicklungsprozesses (OE-Prozess) ca. 30 Balanced Scorecards (BSC) erarbeitet. Dabei waren rund 100 Mitarbeiter beteiligt, was ca. 150 Funktionen im Unternehmen entsprach.

Die Erarbeitung der BSC unterstützte dabei die strategische Ausrichtung der Bereiche auf die Unternehmensziele und trug im Wesentlichen zur Klärung der verschiedenen Rollen von Mitarbeitern einer Matrixorganisation und zum ganzheitlichen Verständnis von Führungsaufgaben in einer derartigen Organisation bei. Des Weiteren unterstützte die Einführung der BSC den sorgsamen betrieblichen Umgang mit Kennzahlen. Durch den Einsatz dieses „kombinierten Ansatzes (so genannter „OSTO plus"-Ansatz) wird deutlich, dass „OSTO plus" in der Ausgewogenheit der Ziele, im internen und externen Feedback sowie in der Phase der stetigen Unternehmensentwicklung – sowohl innerhalb als auch außerhalb des Unternehmens – Vorteile gegenüber dem klassischen OSTO-Ansatz aufweist (vgl. Petzolt 2001).

**Auswertung und Diskussion**

Durch die Erfahrungen bei InfraServ Gendorf GmbH & Co. KG wird deutlich, dass die erweiterte BSC eine sinnvolle Ergänzung für systemische OE-Prozesse darstellt und dazu beiträgt, diese in einen kontinuierlichen Prozess der Weiterentwicklung zu überführen.

Die Integration der Balanced Scorecard in das OSTO-Systemmodell verbessert und verstärkt die Beobachtung. Dort, wo das Feedback nicht durch quantitative Rückmeldungen erfolgt (BSC), setzen die qualitativen Rückmeldungen (OSTO) ein. Letztere sind jedoch turnusmäßig zu erfassen, um die nötigen Signale innerhalb und außerhalb des Systems frühzeitig aufnehmen und verarbeiten zu können. Die kurzfristige Erfassung von Veränderungsbedarf wird zusätzlich zum OSTO-Ansatz auch durch operative Kennzahlen erfasst. Die Entwicklung und Umsetzung dieses kombinierten strategischen Tools sind ein Beispiel eines Innovationsprozesses erster Ordnung, in dem man die in Kapitel 4.2.2 aufgestellten Thesen (T2, T3 und T6) wiederfindet. Das Projekt OSTO/BSC bei der InfraServ Gendorf GmbH & Co. KG wurde jederzeit von einem effektiven und effizienten Projektmanagement begleitet. Die daraus entstehende Systematisierung einiger Prozesse (z.B. ständige Bewertung durch die Mitarbeiter) im Pilotprojekt hatte die spätere Umsetzung deutlich gefördert. Die Geschäftsführung erkannte frühzeitig, dass die Mitarbeiter eine wesentliche Rolle in der Umsetzung und der Bewertung des Change-Management-Prozesses spielen würden, und förderte rechtzeitig entsprechende Maßnahmen. Die Mitarbeiter wurden nicht nur im Umgang mit Change-Management, sondern auch mit dem OSTO/BSC-Ansatz geschult. Als Nebeneffekt wurde die Erhöhung der Akzeptanz der Change-Management-Maßnahmen und der Motivation der Mitarbeiter festgestellt.

Die aus dem Umsetzungs- und Bewertungsprozess entstandenen Informationen und Erfahrungen wurden durch die Analyse der Verhaltensebene (vgl. Abb. 4.13) anhand der Rekursionsebene ständig auf die strategische und operative Auswirkung hin geprüft. Auch wenn viele Mitarbeiter dies nicht so nannten, betrieben sie hiermit zugleich Wissensmanagement und sorgten damit für ein lernendes Innovationsmanagement im Unternehmen. Eine noch offene Frage ist das Fortfahren eines Innovationsprozesses zweiter Ordnung in der InfraServ Gendorf GmbH & Co. KG anhand der gewonnenen Erkenntnisse. Dabei müsste gefragt werden, wie der Innovationsprozess erster Ordnung gelaufen ist, was optimiert werden könnte und warum. Das Ergebnis dieses Prozesses wäre dann vielleicht ein Leitfaden zur Entwicklung und Umsetzung des OSTO/BSC-Ansatzes in der Chemieindustrie als Change-Management-Maßnahme zur Sicherstellung unternehmensstrategischen Handelns.[123]

---

[123] Der richtige Umgang mit dem Konzept der BSC ist hierfür vorausgesetzt.

## 4.4 Resümee und Ausblick

*Giuseppe Strina, Jaime Uribe*

Im heutigen betrieblichen Umfeld fordern der hohe Sättigungsgrad der Märkte und die harte Konkurrenz Unternehmen zum innovativen Handeln auf, sowohl auf den lokalen als auch auf den internationalen Handelsplätzen. Unternehmen müssen dafür sorgen, dass die betrieblichen Leistungen, ihre Produkte und ihre internen Prozesse mindestens so schnell angepasst und weitergeführt werden, wie sich die Markt- und Wettbewerbsanforderungen verändern. Was in der Theorie relativ einfach aussieht, ist in der betrieblichen Realität allerdings kein selbstverständliches Handeln. Unternehmen, die *bewusst* ihre Strategien in diese Richtung steuern, können in blinden Aktionismus geraten und dadurch ihre Überlebenschancen gefährden. Stattdessen scheint *unbewusstes* Handeln anderer Firmen die eigene Überlebensfähigkeit zu fördern. Wo liegen dann die Grenzen und die Möglichkeiten? Die Erfahrungen aus der Praxis und die bisher in SENEKA gewonnenen Erkenntnisse identifizieren die Innovationsfähigkeit des Unternehmens als einen der relevantesten betrieblichen Erfolgsfaktoren. Innovationsfähige Unternehmen zeichnen sich dadurch aus, dass sie durch die aktive Erkennung, Erfassung und Nutzung der eigenen Potenziale in der Lage sind, die wirtschaftlichen und sozialen Veränderungen in der eigenen firmenrelevanten Umwelt rechtzeitig zu identifizieren und mit entsprechend angepassten oder neu entwickelten Produkten, Dienstleistungen oder Geschäftsprozessen den Veränderungen entgegenzukommen.

**Zu den Forschungsfragen**

- *Forschungsfrage 1: Inwieweit kann das Management den optimalen Ablauf von Innovationsprozessen regeln bzw. steuern? Welche Rolle spielen „Freiräume" bei der Verwirklichung dieser Prozesse?*

- *Forschungsfrage 2: Wie lässt sich eine Unternehmenskultur so gestalten, dass kreative Köpfe nicht unnötig eingeengt werden?*

Versuche, den betrieblichen Innovationsprozess zu systematisieren, haben gezeigt, dass eine gewisse Grenze zwischen Systematisierung und „Freiräumen" respektiert und implementiert werden muss. Die Ideengenerierung, welche anscheinend zum größten Teil außerhalb des Unternehmens stattfindet, verlangt Kompromisse der Geschäftsführung und Unterstützung bei der Überwindung „festgelegter unternehmenskulturbedingter Barrieren" auf dem Weg zum Experimentieren mit dem „Neuen".

Die Erwartungen, aus innovativen Ideen allein durch ein effizientes und effektives, prozessorientiertes Projektmanagement Erfolgsprodukte erzielen zu können, ist ein verbreiteter Irrglaube. Dies führt dazu, dass diese Firmen innovationsrelevante Faktoren in die Analyse der eigenen Innovationsprozesse nur unzureichend, wenn überhaupt, einbeziehen.

- *Forschungsfrage 3:* Welchen Anteil haben die Faktoren „Ideengenerierung" und „Umsetzung" für die erfolgreiche Anwendung des Innovationsmanagements?

- *Forschungsfrage 4:* Wie kann die Innovationsfähigkeit eines Unternehmens durch Kompetenzentwicklung der Mitarbeiter verbessert werden?

Die Erhaltung und/oder Erreichung von Wettbewerbsvorteilen durch die Steuerung der eigenen Innovationspotenziale, und dadurch der betrieblichen Innovationsfähigkeit, kann nur nachhaltig gestaltet werden, wenn entsprechende Strategien der Personal- und Organisationsentwicklung mit den Innovationsstrategien des Unternehmens abgestimmt werden. Die Denkfähigkeit des Menschen darf nicht unterbewertet, sondern muss gefördert werden. Dies bedeutet auch, dass die Unternehmensführung unter Umständen akzeptieren muss, dass sich die Entstehung neuer Ideen zum größten Teil nicht „betrieblich" managen lässt. Vorhandene und nicht vorhandene Fachkompetenzen müssen systematisch auf ihre Markt- und Unternehmenstauglichkeit überprüft werden. Ein funktionierendes und etabliertes Bildungscontrolling als Teil der strategischen Ausrichtung der Firma eignet sich hierfür. Betriebliche Innovationsprozesse werden andauernd von internen und externen Umweltfaktoren beeinflusst. Solche Veränderungen fordern eine begleitende Anwendung von „Frühwarnsystemen", die es den Firmen ermöglichen, kurz-, mittel- und langfristige Maßnahmen abzuleiten und zu implementieren.

- *Forschungsfrage 5:* Wie kann der wirtschaftliche Erfolg der Innovationsfähigkeit eines Unternehmens gemessen und gesteuert werden?

Bei der Frage der Wirtschaftlichkeitsanalyse des Erfolgs einer Innovationsstrategie bzw. eines Innovationsprozesses mangelt es den Unternehmen zurzeit an einem adäquaten und wirtschaftlich aussagekräftigen Instrumentarium. Einige Ansätze aus der „Erweiterten Wirtschaftlichkeitsanalyse" lassen erkennen, dass eine Bewertung dieses Erfolgs nur unter Berücksichtigung „harter" und „weicher" Faktoren gegeben ist. Diese sind jedoch bisher unzureichend erprobt bzw. im betrieblichen Umfeld wenig akzeptiert worden. Die Gründe für die mangelnde Akzeptanz seitens der Unternehmen liegen zum einem bei der „Ungenauigkeit" der Bewertung, die sich mit der finanzorientierten Controlling-Philosophie nicht vereinen lässt, und zum anderen im Umfang der Bewertungsmethodik, die den zeitlich unter Druck stehenden Unternehmen nicht entspricht. Die Bereitschaft zur Anwendung bereits bestehender oder zukünftiger Bewertungsmethoden wird bei Unternehmen meistens zu einem Kompromiss zwischen „Genauigkeit" und „Umfang" führen. Die Frage der Messung des innovationsbezogenen Erfolgs kann aber nicht umgangen werden, da davon die Frage der Ressourcenverteilung im Unternehmen abhängt. Die eigene Innovationsfähigkeit muss das Unternehmen u.a. mit der Bereitstellung von Ressourcen aller Art (finanziellen, personellen usw.) herstellen, die wie jede andere strategische Entscheidung spätestens im Rahmen der Jahresplanung „wirtschaftlich" begründet werden muss.

- *Forschungsfrage 6:* Wie sieht die Verbindung zwischen Vernetzungs- und Innovationsstrategien aus?

- *Forschungsfrage 7: Wie können Innovationsprozesse beschleunigt und gleichzeitig mit Nachhaltigkeit gestaltet werden?*

Firmen können und dürfen sich einer innovationsfördernden und -notwendigen Kooperation nicht entziehen, weil der Ressourcenbestand des Unternehmens in der Regel begrenzt ist und nicht immer aus eigenen Kräften aufgebaut werden kann. Die Unternehmensführung muss dafür sorgen, dass die Rahmenbedingungen und der richtige Zeitpunkt für diese Kooperation übereinstimmen und dass der Erfolg dieser Aufgabe ebenso gemessen wird. Betriebliche Prozesse wie Wissens- und Qualitätsmanagement sollen als Bausteine zur Erhaltung und Verstärkung der eigenen Innovationsfähigkeit betrachtet werden, deren Ansätze die Innovationsprozesse in den Firmen an zahlreichen Schnittstellen unterstützen. Mit Hilfe des SENEKA-Innovationsmodells ist es möglich, Innovationsprozesse in Unternehmen zu analysieren und durch die Erkennung, Erfassung und Nutzung der eigenen Innovationspotenziale zu unterstützen. Die vom Modell vorgeschlagene Vorgehensweise ist sowohl für eine „ex-ante"- als auch für eine „ex-post"-Analyse gedacht und ermöglicht die Anwendung von nicht nur in SENEKA entwickelten Tools zur Organisationsgestaltung, sondern auch von anderen bekannten Management-Tools.

# 5 Querschnittsaufgabe 3: Kompetenzentwicklung für Netzwerkakteure

**Zusammenfassung**

*Die Ausführungen zur Querschnittsaufgabe 3 verknüpfen die Themen Kompetenzentwicklung, Netzwerke und Akteursrollen zu einem Erklärungsmodell der „Kompetenzentwicklung für Netzwerkakteure". Im Anschluss an eine kurze Darstellung der Arbeitsschwerpunkte der Querschnittsaufgabe 3 wird dabei der Frage nachgegangen, wie die Netzwerkstruktur der dem Projekt SENEKA zu Grunde liegenden „Wertschöpfungskette des Wissens" zielführend beschrieben werden kann. Die leitende Fragestellung hierbei ist, welche verschiedenen Rollen die Akteure dieses Netzwerks innehaben und welche spezifischen Kompetenzen sie zu deren Ausführung besitzen bzw. benötigen. Ausgewählte Praxisbeispiele zeigen, inwiefern eine gesteuerte Kompetenzentwicklung für diese Akteure zu einem sich verstärkenden Kompetenzzuwachs und Innovationsvermögen in allen Subsystemen der „Wertschöpfungskette des Wissens" führt.*

## 5.1 Einleitung

*Frank Hees, Stefan Frank, Ingrid Isenhardt*

Im Zusammenhang mit der Betrachtung von Netzwerken und ihren Funktionsmechanismen stellt sich neben den technischen und organisationalen Komponenten die Frage nach den personellen Strukturen, ihren Dependenzen und den zur Aufgabenerfüllung des Netzwerks notwendigen Kompetenzen seiner Akteure. Jenseits aller theoretischen Ausführungen zum „new network paradigm" zeigt sich in der Praxis, dass den hohen Anforderungen an die Gestaltung eines solchen Netzwerks häufig eine weitgehende Unkenntnis der Netzwerkakteure hinsichtlich des praktischen Managements der Netzwerkstrukturen und -prozesse gegenüber steht (vgl. Sydow 1999). Insgesamt besteht bei der Entwicklung von Methoden und Instrumenten zur Steuerung von Netzwerken noch Handlungs- und Forschungsbedarf, auch wenn z.B. im Rahmen der Arbeiten in den Querschnittsaufgaben 1 „Organisationsentwicklung von Netzwerken", Querschnittsaufgabe 2 „Innovationsmanagement" und Querschnittsaufgabe 4 „Wissensmanagement"[124] in SENEKA wichtige Arbeiten bereits abgeschlossen werden konnten. Bei der hierzu notwendigen Entwicklung von Konzepten zur Kompetenzentwicklung besteht jedoch ebenso noch Handlungsbedarf wie bei der Entwicklung der angesprochenen Me-

---

[124] Vgl. Kapitel 3, 4 und 6.

thoden und Instrumente selbst (vgl. Howald 2002). Netzwerkakteure, so der Befund, sind mehrheitlich auf ihre Intuition angewiesen und agieren auf der Basis methodischer Vorgehensweisen, die in „weniger vernetzten" Arbeitsumgebungen geschaffen wurden. In der Entwicklung angepasster Kompetenzen scheint ein wesentlicher Engpass hinsichtlich der Effizienz von Netzwerken und ihrer Dauerhaftigkeit zu liegen (vgl. Hees 2001).

## 5.2 Stand der Forschung, Thesen und wissenschaftliche Fragestellungen

*Frank Hees, Stefan Frank, Ingrid Isenhardt*

### 5.2.1 Thesen und wissenschaftliche Fragestellungen

Gerade das Management von Wissen hat sich zu einem Wertschöpfungsprozess entwickelt, der zunehmend in (weltweiten) Netzwerken organisiert wird und (zumindest) als Unterstützungsleistung in kaum einem Arbeitsprozess unserer Gesellschaft fehlen darf. Aus diesem Grund sind die Prozesse im BMBF-Leitprojekt SENEKA selbst so konzipiert, dass sie prototypisch eine „Wertschöpfungskette des Wissens" abbilden[125]. Der Grundgedanke sieht dabei vor, dass die weltweit verfügbaren Informationen und Wissensbestände auf drei verschiedenen Funktionsebenen über Netzwerke von Informations- und Wissensdienstleistern (IWDL), Bildungsmanagern (BM) und Anwendern (AW) „aufbereitet" werden und die Entwicklung innovativer Produkte und Dienstleistungen in der (deutschen) Wirtschaft unterstützen (Abb. 5.1).

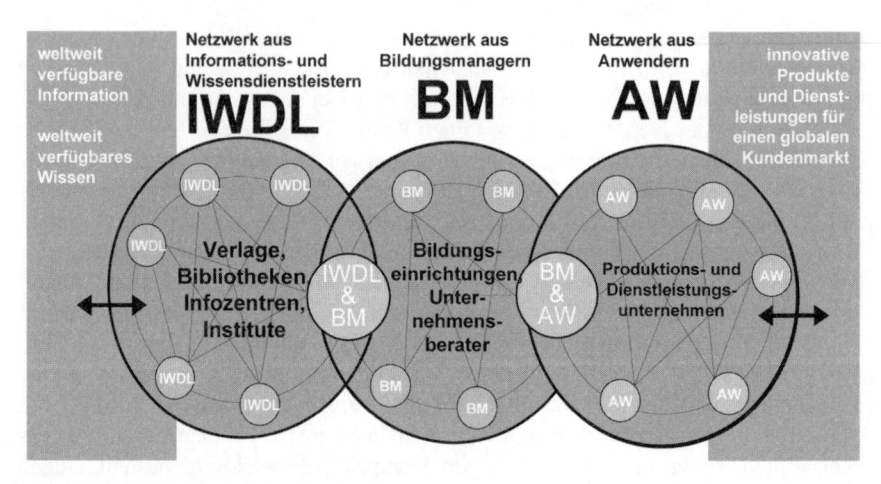

**Abb. 5.1:** Wertschöpfungskette des Wissens

---

[125] Vgl. Kapitel 2.1.2.

Vor diesem Hintergrund und basierend auf Praxisanalysen ergeben sich hinsichtlich der Kompetenzentwicklung für Netzwerkakteure folgende wissenschaftliche Fragestellungen, die im Rahmen der Querschnittsaufgabe 3 bearbeitet wurden:

- Welche Formen des zielgruppengerechten „Lernens im Prozess der Arbeit" können zur Kompetenzentwicklung für Netzwerkakteure eingesetzt werden?
- Welche Bewertungskriterien für die Kompetenzentwicklung von Netzwerkakteuren stehen zur Verfügung, und wie können sie in der Praxis eingesetzt werden?
- Wie begegnet man unterschiedlichen kulturellen Einflüssen in (internationalen) Netzwerken?
- Welche Akteursgruppen und Rollenmuster bestehen in Netzwerken?

Zur Klärung dieser Fragen wird in Kapitel 5.2.2 zunächst der Begriff des „Akteurs" definiert und im Zusammenhang mit den Rollen der jeweiligen Akteure erörtert. Um diesen Rollen gerecht zu werden, bedarf es spezifischer Kompetenzen. Kapitel 5.2.3 befasst sich daher im Kontext von Netzwerken mit dem Begriff der Kompetenz und fokussiert im Besonderen auf diejenigen Fähigkeiten, die als notwendige Voraussetzung für das Management von Netzwerkbeziehungen anzusehen sind.

In Kapitel 5.2.4 wird schließlich dargestellt, wie diese Kompetenzen zielgerichtet gefördert werden können. Es wird somit gezeigt, dass die Kompetenzentwicklung als Basis dafür dient, Dispositionen für die nachhaltige Handlungsfähigkeit von Akteuren in Netzwerken zu schaffen.

In den in Kapitel 5.3 dargestellten Praxisbeispielen werden verschiedene Netzwerksituationen skizziert, die Rollenausprägungen ihrer Akteure beschrieben und konkrete Maßnahmen zur Entwicklung der geforderten Handlungskompetenz erläutert. Es werden Beispiele für Informations- und Wissensdienstleister, Bildungsmanager und Anwender beschrieben. Hierbei wird deutlich, dass in neuartigen Organisationsformen die Netzwerk-Akteursrolle einer weiter gefassten Kontextuierung bedarf, als dies bisher angenommen wurde.

## 5.2.2 Netzwerkakteure und ihre Rollen

Gegenstand dieses Kapitels ist die Erörterung des Akteursbegriffs. In Netzwerken, wie jenen in der „Wertschöpfungskette des Wissens", sind sowohl Individuen als auch Gruppen und Organisationen als „Akteure" zu verstehen. Als wesentlicher Aspekt wird dabei herausgestellt, dass diese Akteure unabhängig von ihrer Funktionsebene (IWDL-, BM- oder AW-Netzwerke) spezifische Rollen einnehmen und die Netzwerke innerhalb der Wertschöpfungskette eine selbsständige Struktur aufweisen. Letztlich kann gezeigt werden, dass

- Individuen in Netzwerken,

- von Individuen konstituierte Gruppen sowie
- Organisationen

als Summe der bestehenden Beziehungsgeflechte einen Rollencharakter besitzen, der unabhängig von der Funktion innerhalb der „Wertschöpfungskette des Wissens" ist.

**Der Akteursbegriff**

„Akteure" können zusammenfassend als „handelnde Einheit" bezeichnet werden (vgl. Parsons 1975; Grabher 1993; Büschges et al. 1998; Abraham 2001). Nach Schimank (1985) kann der Akteursbegriff in einer eingrenzenden Sichtweise für diejenigen *Individuen* und *Gruppen* in einer Organisation verwendet werden, die handlungsfähig sind, d.h. die Möglichkeit zur Einflussnahme haben[126]. Akteur ist, wer Definitionsmacht besitzt, wer also seine Organisation prägend beeinflussen kann (Greifenstein et al. 1993). Auch Organisationen selbst kann in ihrer Funktion als „handelnde Einheit" eine Akteursrolle zugeschrieben werden (vgl. Wiesenthal 1993). Im Projekt SENEKA können Akteure nach dieser Auffassung sowohl Einzelpersonen oder Gruppen als auch Organisationsformen wie z.B. Unternehmen, Forschungs- und Bildungseinrichtungen, Technologietransferstellen und Fördereinrichtungen sein. Bezüglich der Akteursrolle wird innerhalb der „Wertschöpfungskette des Wissens" eine fraktale Struktur[127] sichtbar (vgl. Abb. 5.2).

*Individuen* als Netzwerkakteure sind Personen, die in sozialen oder technischen Netzwerken innerhalb oder zwischen Gruppen oder Organisationen tätig sind. Es handelt sich um Initiatoren und Ausführende von Innovations- und bestehenden Arbeitsprozessen, für deren Ablauf ihre individuelle Expertise Voraussetzung ist. Sie müssen in Zukunft in kürzerer Zeit spezielleres Wissen einsetzen, um den Ansprüchen des Marktes gerecht zu werden (vgl. Henning et al. 1999).

---

[126] Greifenstein unterscheidet zwischen handlungsfähigen und handlungsprägenden Akteuren (vgl. Greifenstein et al. 1993).

[127] Der Begriff „Fraktal" stammt aus der mathematisch-geometrischen Beschreibung natürlicher Strukturen bei lebenden Organismen und von Materie. Kennzeichen dieser Fraktale (von lat. fractus = gebrochen, fragmentiert) ist die Selbstähnlichkeit, d.h. jedes Bruchstück (Fraktal) eines „Ganzen" enthält wiederum die Gesamtstruktur des Ganzen. Die Übertragung dieses Begriffs im Rahmen der Betrachtung von Netzwerken verdeutlicht die Selbstähnlichkeit von Organisationen und einzelnen Fraktalen: alle Fraktale der Organisation (Bereiche, Teams, Mitarbeiter) sind selbständige und eigenverantwortliche Organisationseinheiten, in denen die Organisationsziele und organisationsspezifisches Denken und Handeln gelebt werden. Fraktale sind Organisationen in Organisationen. Jedes Fraktal verfolgt im kleinen die Ziele des Gesamtsystems und betreibt weitgehend Selbstorganisation und Selbstoptimierung. Die Merkmale Selbstorganisation, Selbstähnlichkeit und Dynamik haben deshalb auch in fraktalen Organisationen und Netzwerken eine zentrale Bedeutung (vgl. Henning 1993; Warnecke 1992).

Gleichzeitig wird Arbeit in Organisationen und Netzwerken zunehmend in Form von *Arbeitsgruppen* organisiert (im Bereich der Neuentwicklung von Produkten und Prozessen, aber auch im „Alltagsgeschäft"). Gruppen können dabei als klar abgrenzbare Einheiten betrachtet werden (vgl. Unger 2002). Neben diesem Objektcharakter besitzen Gruppen jedoch auch einen Entitäts- bzw. Subjektcharakter[128], der dazu führt, dass Gruppen als Ganzheit zum Interaktionspartner des Einzelnen werden können (vgl. Geißler 1994). Daraus folgt, dass Gruppen nicht allein aus den Merkmalen ihrer konstituierenden Elemente bestehen, sondern durch das spezifische dynamische Zusammenspiel etwas qualitativ Neues entsteht, das ihnen subjekthafte Züge verleiht (vgl. Unger 2002).

Organisationen müssen unter wachsendem Zeitdruck spezifische Markt-, Organisations- und Produktionsstrategien entwickeln. Sie sind soziale Systeme, die ein Eigenleben führen und durch ihre Umwelt, in der sie bestehen wollen, beeinflusst werden (vgl. Isenhardt 1994). Diese Beeinflussung kann direkt, z.B. durch Markteinflüsse, oder indirekt über die in ihnen handelnden Individuen erfolgen (vgl. Becker u. Langosch 1986). Oftmals kann ein Wertschöpfungsprozess nur durch eine kurzfristige Zusammenarbeit mehrerer unabhängiger Partner realisiert werden. Dabei können sich die Partner in ihren Ressourcen, ihren Angeboten und in ihrem Wissen ergänzen. Solche Entwicklungen zu „virtuellen Zusammenschlüssen" für bestimmte Aufgaben und Projekte auf Zeit führen zu komplexen Beziehungsstrukturen. Es bilden sich *Netzwerke mit Sub-Netzwerken* in selbstähnlichen Strukturen (vgl. Henning et al. 1999). Abbildung 5.2 zeigt die beschriebenen Akteure in der „Wertschöpfungskette des Wissens".

**Der Rollenbegriff**

Ein wesentliches Merkmal von Unternehmensnetzwerken ist deren polyzentrische Organisation, besonders die dezentral verteilte Macht- und Entscheidungskompetenz (vgl. Winkler 1998). Somit existieren keine klaren hierarchischen Weisungs- und Kontrollbeziehungen zwischen den Netzwerkakteuren (vgl. Sydow 1995). Das Handeln in Netzwerken für bestimmte Zielstellungen bedingt daher den Umgang mit komplexen Beziehungsstrukturen.[129] So kann ein Netzwerkakteur in un-

---

[128] In diesem Zusammenhang wird auch von *korporativen Akteuren* gesprochen. Es handelt sich hier um institutionell geregelte Zusammenschlüsse von Personen, die als Gruppe so organisiert und mit Institutionen ausgestattet sind, dass sie kollektive Entscheidungen fällen und in bestimmten Handlungskontexten wie Individuen agieren können. Die Körperschaft ergreift Einheitshandlungen mit eigenen Ressourcen und ist nicht nur die Manifestation eines kollektiven Willens oder gemeinschaftlichen Ziels, welche ihre Mitglieder zum Handeln veranlasst (vgl. Boudon 1980; Coleman 1992).

[129] „Die Begriffe ‚Struktur' und ‚Handeln' bezeichnen so die allein *analytisch* unterschiedenen Momente der Wirklichkeit strukturierter Handlungssysteme. Strukturen selbst existieren gar nicht als eigenständige Phänomene räumlicher und zeitlicher Natur, sondern immer nur in der Form von Handlungen und Praktiken menschlicher Individuen. Struktur wird immer nur wirklich in den konkreten Vollzügen der handlungspraktischen *Strukturierung* sozialer Systeme ..." (Giddens 1988: 290).

terschiedlichen Kontexten Kooperationspartner bzw. Wettbewerber sein (Integration von Kooperation und Wettbewerb).

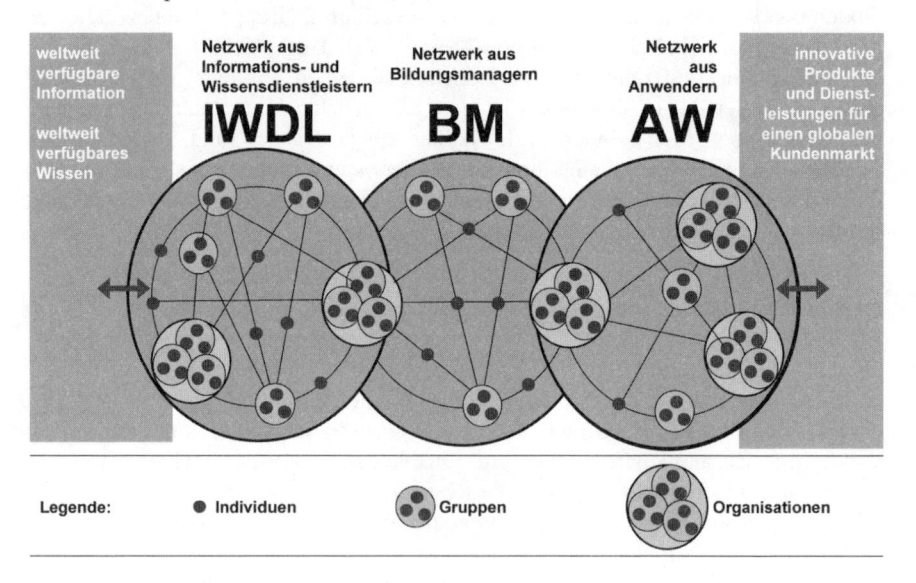

**Abb. 5.2:** Akteure in der Wertschöpfungskette des Wissens

Schuh und Göransson identifizieren solche Rollen in Netzwerken, welche die Aktivitäten des Netzwerkmanagements typologisch beschreiben (vgl. Göransson u. Schuh 1997; Schuh et al. 1998). Hierbei sind jeweils unterschiedliche Aufgabenfelder und Akteursrollen aufzeigbar, deren Zusammenspiel eine optimale Leistungserbringung ermöglicht (Abb. 5.3): Broker, Leistungsmanager, Auftragsmanager, Leiter In-/Outsourcing, Netzwerkcoach und Auditor.

Dabei übernimmt der *Broker* eine Vermarkterfunktion; der *Leistungsmanager* hat die Aufgabe, die Einzelleistungen der Netzwerkpartner zu bündeln. Die Aufgabe des *Auftragsmanagers* ist es, ein organisationsübergreifendes Projektmanagement sicherzustellen. Innerhalb einzelner Partnerorganisationen haben die *Leiter In-/Outsourcing* die Aufgabe, die spezifischen Leistungen in das Netzwerk einzubringen. Für die kontinuierliche Weiterentwicklung des Netzwerks ist der *Netzwerkcoach* verantwortlich, der *Auditor* übernimmt verschiedene Controlling-Funktionen.

Im Kontext des oben dargestellten Akteursbegriffs ist gut argumentierbar, dass nicht nur Individuen, sondern auch Gruppen und Organisationen in intraorganisationalen Netzwerken Rollen einnehmen, die nach dem dargestellten Muster klassifizierbar sind. Erste Belege zur Validierung dieser These wurden bei Hees am Beispiel von lateralen und vertikalen Netzwerken im Baugewerbe geliefert (vgl. Hees 2001). Eine weitere Untermauerung folgt mit den in Kapitel 5.3 vorgestellten Praxisbeispielen.

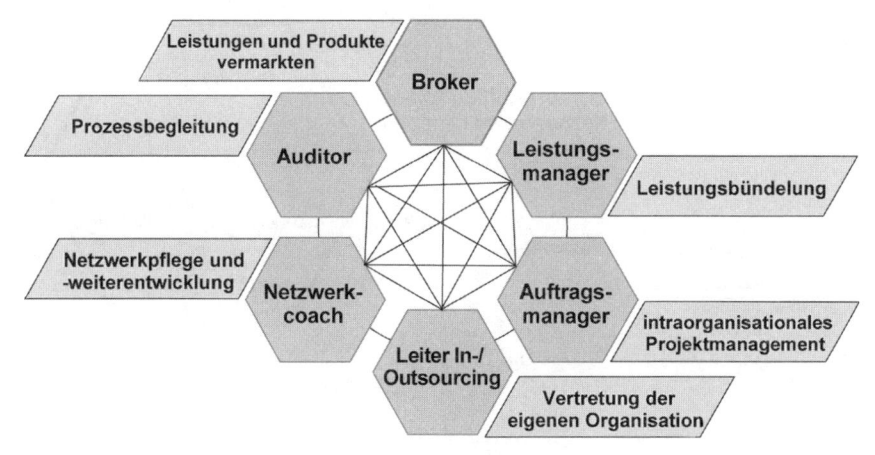

**Abb. 5.3:** Rollen von Netzwerkakteuren (vgl. Schuh et al. 1998; Göransson u. Schuh 1997)

Das erweiterte Rollenverständnis im Sinne einer Fraktalstruktur ist in Abbildung 5.4 dargestellt. Danach verfügt ein Unternehmen, das als Leistungsmanager innerhalb eines Anwendernetzwerks fungiert, wiederum über Gruppen und Individuen, die untereinander eine kongruente Rollenstruktur aufweisen.

Die sechs Rollen, die eng miteinander verknüpft sind und sich selten in ihrer ausschließlichen Form manifestieren, können auch in Personalunion übernommen werden (vgl. Göransson u. Schuh 1997; Schuh et al. 1997; Schuh et al. 1998). Ihre diskrete Beschreibung stellt eine Vereinfachung der Realität dar, indem wohldefinierte Grenzen zwischen diesen Rollen angenommen werden und der Kontinuumscharakter und Überschneidungen weitestgehend ausgeblendet werden. Dies ist jedoch sinnvoll, um einzelne Merkmale deutlicher herausarbeiten zu können (vgl. Unger 2002).

Individuen sind durch ihr Handeln befähigt, ihre Rolle bzw. Rollen auszufüllen und so prägend ihre Gruppe, ihre Organisation und ihr Netzwerk zu gestalten (vgl. Parsons 1975). Daher werden im Folgenden die einzelnen Rollen auf der Individualebene in Anlehnung an Schuh und Göransson beschrieben, die Gruppen- und Organisationsrollen innerhalb von Netzwerken lassen sich hieraus implizit ableiten.

Der *Broker* hat die Aufgabe, die Leistungen und Produkte des Netzwerks zu vermarkten. Er ist die Schnittstelle zwischen Kunde und Netzwerk und sorgt dafür, dass Aufträge akquiriert werden. Als Erfolgsfaktor zählt hierzu vor allem eine professionelle Ausgestaltung und Durchführung der Marketingaufgaben wie auch ein Abgleich zwischen Angebot und Nachfrage. In der Regel sind mehrere Broker gleichzeitig aktiv, um die Netzwerkkompetenzen auf den Markt zu bringen. Der Broker arbeitet hinsichtlich der Abstimmung über die Aufträge eng mit dem Leistungsmanager zusammen (vgl. Göransson u. Schuh 1997).

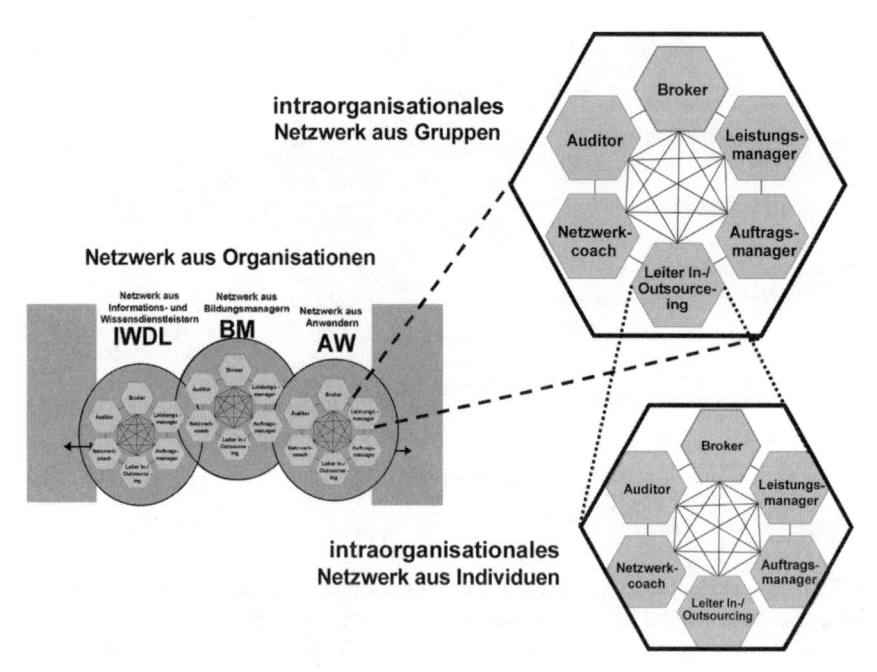

**Abb. 5.4:** Fraktalstruktur der Rollen in Netzwerken

Der *Leistungsmanager* hat umfassende Kenntnis über die im Netzwerk vorhandenen Kompetenzen und über verfügbare Technologien. Seine Aufgabe ist daher die Zusammenführung der Einzelleistungen der Netzwerkpartner zu einer Gesamtleistung für den Kunden. In diesem Zusammenhang definiert und koordiniert er alle für die Bearbeitung des Auftrags relevanten Leistungssysteme wie beispielsweise Auftragsmanagement, Inbetriebnahme, Engineering und Service. Auch er hat Kontakt zum Kunden, da er z.B. den Preis festlegt und letztendlich über die Realisierbarkeit eines Auftrags entscheidet. Dem Leistungsmanager kommt auch die Rolle eines „neutralen" Ansprechpartners und Konfliktvermittlers für die netzwerkinternen Abstimmungsprozesse bei der Auftragsabwicklung zu.

Für das gruppen- oder organisationsübergreifende Projektmanagement ist der *Auftragsmanager* zuständig. Er trägt Verantwortung für die zeitlich korrekte wie auch qualitativ hochwertige Abwicklung von Aufträgen. Diesbezüglich hält er Kontakt zu den Leitern In-/Outsourcing der Partnerorganisationen, um ggf. Netzwerkpartner, die der Produkt- und Lieferqualität nicht entsprechen, zu beeinflussen. Zentrale Aufgabe ist die Bewältigung eines organisationsübergreifenden Schnittstellenmanagements, das sowohl kulturelle als auch organisatorische und technische Aspekte berührt, um die überbetrieblichen Prozesse möglichst optimal zu gestalten und damit die Effizienz der Auftragsabwicklung gewährleisten zu können. Eine derartige Aufgabe erfordert neben fachlichen Kompetenzen vor allem auch viel Know-how im Bereich Projektmanagement und Einfühlungsvermögen in der Zusammenarbeit mit verschiedenen Unternehmen. Nur so können möglicherweise auftretende Divergenzen beseitigt und „Disharmonien in Harmonien" umgewandelt werden (vgl. Göransson u. Schuh 1997; Schuh et al. 1997; Schuh et al. 1998).

Die jeweiligen *Leiter In-/Outsourcing* der Netzwerkorganisationen sind Ansprechpartner sowohl für die Broker als auch für die Leistungs- und Auftragsmanager. Sie bringen die unternehmenseigenen Ressourcen, Technologien und Kompetenzen in das Netzwerk ein und tragen auch die Verantwortung für die Bereitstellung der Produktions- oder Dienstleistungen gegenüber den anderen Netzwerkpartnern. Zu ihren Tätigkeiten zählen neben der allgemeinen Interessensvertretung des eigenen Unternehmens die Koordination der gesamten innerbetrieblichen Auftragsabwicklung, das Anbieten und Nachfragen von Technologiekapazitäten wie auch die Vereinbarung bzw. Aushandlung von Preisen und Terminen. Ein Leiter In-/Outsourcing muss daher sowohl über Vermarktungs-Know-how als auch über Kompetenzen in der Auftragsvorbereitung sowie Leistungserstellung verfügen (vgl. Schuh et al. 1998).

Der *Netzwerkcoach* ist verantwortlich für die Pflege und Weiterentwicklung des Netzwerks. In diesem Zusammenhang ist er zuständig für die Netzwerkdarstellung nach innen (vgl. Häfliger 2000). Er nimmt eine neutrale Position ein und vertritt die Interessen der Gesamtheit der Netzwerkpartner. Weiterhin kümmert sich der Netzwerkcoach um die Schaffung einer Vertrauenskultur und um das Konfliktmanagement (vgl. Hauschildt 1997). Hierzu vereinbart er mit den Netzwerkakteuren sog. „Spielregeln", die Umgang und Verhaltensweisen untereinander klären sollen. Darüber hinaus ist er Ansprechpartner für die Organisation von organisationsübergreifenden Diskussionsrunden oder Workshops, die zur Klärung von Problemlagen, als Diskussionsforum oder zum Wissensaustausch genutzt werden können. Diese Rolle kann sowohl netzwerkintern als auch -extern, z.B. durch Einschaltung von Unternehmensberatern, besetzt werden (vgl. Kemmner u. Gillessen 2000).

Als weitere Rolle in einem strategischen Unternehmensnetzwerk kann die Funktion eines *Auditors* aufgezeigt werden, der im Sinne einer internen und externen Revisionsinstanz die Prozesse im Netzwerk begleitet. Er nimmt dabei eine beratende, aber auch eine prüfende Tätigkeit als Justiziar, Controller und Wirtschaftsprüfer des Netzwerks wahr, mit dem Ziel, zur Verringerung der Risiken zwischen den Netzwerkpartnern und den Netzwerkkunden beizutragen (z.B. Überprüfung der Einhaltung von Vertragsvereinbarungen). Ein Auditor muss daher über Know-how aus den Bereichen Finanz- und Rechnungswesen, Leistungsbewertung und Controlling sowie Recht verfügen (vgl. Schuh et al. 1998).

### 5.2.3 Kompetenz von Individuen, Gruppen und Organisationen

**Der Kompetenzbegriff**

Um den oben beschriebenen Rollen in Netzwerken gerecht zu werden, müssen Akteure über vielfältige Kompetenzen verfügen. Neben Kompetenzen, die für ein erfolgreiches fachliches Handeln notwendig sind, bedarf es auch spezieller Kompetenzen zum Management von Netzwerken. Diese allgemeinen und speziellen Kompetenzen werden im folgenden Abschnitt zunächst auf der Ebene des Individuums beschrieben. Es erfolgt auch hier eine Erweiterung des Kompetenzbegriffs auf die Ebenen der Gruppe und der Organisation innerhalb von (Sub-)Netzwerken.

**Die Kompetenz von Individuen**

Wie in Kapitel 5.2.2 beschrieben, beinhaltet die Definition des „Akteurs" seine Handlungsfähigkeit. Diese Handlungsfähigkeit, also die Disposition[130] zum selbstorganisierten Handeln, wird von Erpenbeck als Kompetenz bezeichnet (vgl. Erpenbeck 1997). Der selbstorganisativ-dispositionelle Aspekt wird in diesem Zusammenhang von vielen Autoren betont (vgl. Nyhan 1991; Sonntag u. Schaper 1992; Heidack 1993; Bullinger u. Gidion 1994; Geißler 1994; Grootings 1994). Unter *Kompetenz* werden zusammenfassend alle Fähigkeiten, Wissensbestände und Denkmethoden verstanden, die ein Mensch in seinem Leben erwirbt und betätigt. Es sind Dispositionen, die den Menschen auch in neuen, komplexen Situationen handlungs- und reaktionsfähig machen und ihn befähigen, effektiv mit seiner Umwelt zu interagieren (vgl. Weinberg 1996).

Kompetenz beinhaltet somit notwendigerweise die Fähigkeit, Informationen mental zu reorganisieren, um sich damit in immer wieder neuen Aufgabenfeldern und Situationen zurechtfinden zu können. Der Akteur kann so zu einer Problemlösung bei neuartigen Aufgaben kommen, indem er bereits bestehendes Wissen umstrukturiert. Diese Umstrukturierung bezeichnet man als Transferleistung (vgl. Weinberg 1996). Effizientes Handeln geht über gelerntes, explizites Wissen hinaus und beinhaltet auch Anteile impliziten Wissens. Dieses implizite Wissen ist den handelnden Akteuren nicht unbedingt bewusst und äußert sich nur in ihren Handlungen selbst (vgl. Sell 1989; Bergmann 2000). Erpenbeck und Sauer (2000) unterscheiden folgende Kompetenzbereiche (Abb. 5.5):

- *Fach- und Methodenkompetenz* beschreibt Fertigkeiten und Kenntnisse, die dazu dienen, flexibel einsetzbare, situationsübergreifende, kognitive Fähigkeiten zu entwickeln (z.B. zur Problemstrukturierung und -lösung oder Entscheidungsfindung).

- *Sozial-kommunikative Kompetenz* umfasst kommunikative und kooperative Verhaltensweisen (social skills) von Organisationsmitgliedern. Die Bewältigung einer Arbeitssituation wird in sozialen Interaktionssituationen optimiert, was zu einem erfolgreichen Realisieren von gemeinschaftlichen Zielen und Plänen führt (vgl. Dassen-Housen 2000).

- *Personale Kompetenz* führt zu bewusster Selbstwahrnehmung und dem aktiven Reflektieren eigener Fähigkeiten (Selbstkonzept) und fördert die damit zusammenhängenden motivationalen und emotionalen Aspekte des Individuums.

---

[130] Anlagen, Fähigkeiten, Bereitschaften.

- Unter *Handlungskompetenz* wird die Fähigkeit von Individuen, Gruppen und Organisationen verstanden, aufgabengemäß, zielgerichtet, situationsbedingt und verantwortungsbewusst Aufgaben zu erfüllen und Probleme zu lösen.

**Kompetenzbereiche von Individuen**

Handlungskompetenz

Fach- und Methodenkompetenz | Sozialkommunikative Kompetenz | Personale Kompetenz

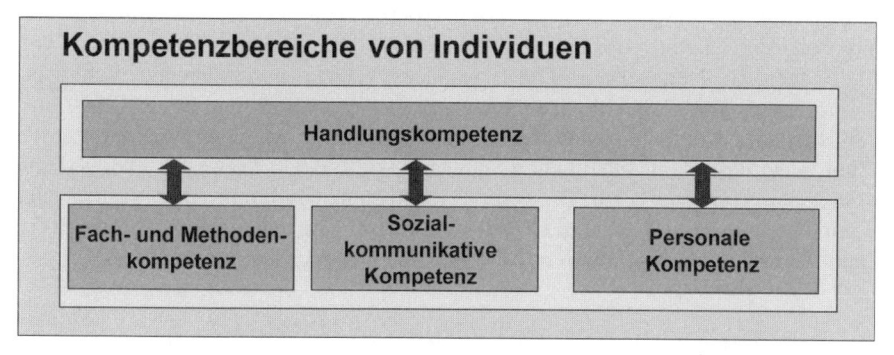

**Abb. 5.5:** Kompetenzbereiche von Individuen (vgl. Erpenbeck u. Sauer 2000)

**Schlüsselkompetenzen für Individuen in Netzwerken**

Über diese inzwischen in weiten Teilen der Wissenschaft allgemein anerkannten Kompetenzbereiche und ihre Wechselwirkungen hinaus beschreibt Dassen-Housen ein weiteres Bündel von Fähigkeiten, die vor dem Hintergrund aktueller sozio-ökonomischer Trends zur Gestaltung von Lernprozessen in Netzwerken besonders relevant erscheinen (vgl. Dassen-Housen 2000; Hees 2001).

Da Netzwerkakteure bestimmte Rollen ausfüllen (müssen), sich zugleich aber in einer sich ständig ändernden Netzwerkumgebung befinden, sind sie gezwungen, ständig neues Wissen zur Erfüllung der mit ihren Rollen verbundenen Aufgaben zu erwerben (vgl. Erpenbeck u. Heyse 1989). Fachspezifische Kompetenzen stehen bei Netzwerkakteuren daher nicht immer unmittelbar im Vordergrund einer effizienten Aufgabenerfüllung. Zunehmend werden spezielle überfachliche Kompetenzen zum Management von Netzwerken als wichtige Fähigkeit eines Netzwerkakteurs angesehen (vgl. Kauffeld et. al 2000; Dassen-Housen 2000).

Das Management von Netzwerken besteht nach Sydow (1992) insbesondere darin, eine Abstimmung der einzelnen Strategien der Netzwerkteilnehmer sowie deren Einbettung in abgestimmte kollektive Strategien des Netzwerks zu ermöglichen (vgl. Sydow 1992; Kickert et al. 1997). Wildemann sieht hingegen Netzwerkmanagement als „Aufbau, Pflege und Erhaltung der Netzwerkstrukturen und -beziehungen in sachlicher, zeitlicher und sozialer Dimension" (Wildemann 1996: 306).

Insgesamt bedarf es im Kontext von Netzwerken und den darin entstehenden Lern- und Wissensprozessen offenbar besonderer Schlüsselkompetenzen, die von Henning et al. (1999) beschrieben und von Hees (2001) am Beispiel von Kooperationsverbünden im Baugewerbe operationalisiert, erprobt und evaluiert wurden (Abb. 5.6).

Zu diesen – im Folgenden kurz skizzierten – Schlüsselkompetenzen zählen auf Ebene des Individuums die *Prozesskompetenz*, die *Selbstverantwortungs- und Überraschungskompetenz* sowie die *Parallelitätskompetenz*, die *Multikulturelle Kompetenz*, die *Team- und Koordinationskompetenz* und die *Konflikt- und Kompromissfähigkeit* (vgl. Dassen-Housen 2000; Hees 2001). Zusammengefasst ergeben sich daraus die in Abbildung 5.6 dargestellten Kompetenzen von Individuen in Netzwerken. Die von Hees (2001) beschriebenen Schlüsselkompetenzen sind dabei als Teilmenge der von Erpenbeck und Sauer (2000) unterschiedenen Kompetenzbereiche zu verstehen. Die in Abbildung 5.6 dargestellte Zuordnung basiert auf inhaltlichen Schwerpunkten. Bezüge etwa der Prozess- und Parallelitätskompetenz zur Personalen Kompetenz sind mit Hilfe gestrichelter Linien nur angedeutet, während Team- und Koordinationskompetenz z.B. im Kern dem Bereich sozial-kommunikativer Fähigkeiten zugeordnet werden kann.

**Abb. 5.6:** Kompetenzen von Individuen in Netzwerken

Unter *Prozesskompetenz* ist das Verständnis für organisationsübergreifende Prozesse, ihren Ablauf und ihre Einflussgrößen zu verstehen. Sie beinhaltet ein „Gefühl" dafür, wo konkrete Informationen und Entscheidungen erforderlich sind und wo bewusst eingeräumte Spielräume sich günstiger auswirken (vgl. Hees 2001). Prozesskompetenz beinhaltet auch technisches Wissen, das erforderlich ist, um die Probleme, Ziele und Bedürfnisse der Partner zu verstehen und analysieren zu können (vgl. Zahn u. Stanik 2000).

*Parallelitätskompetenz* beschreibt die grundsätzliche Fähigkeit, zu einem gegebenen Zeitpunkt und in einem Arbeitsabschnitt mehrere parallele Prozesse bearbeiten und ggf. koordinieren zu können.

*Konflikt- und kompromissfähig* zu sein heißt, konstruktiv mit Konflikten umgehen, sie frühzeitig erkennen und offen ansprechen zu können sowie zu einer für alle akzeptablen Lösung zu kommen[131].

Die Fähigkeit, eigene und durch Kooperationen erzielbare Potenziale im vorhinein zu erkennen und unter günstigsten Bedingungen realisieren zu können, kennzeichnet die *Team- und Koordinationskompetenz* (vgl. Dassen-Housen 2000).

*Multikulturelle Kompetenz* beschreibt die Fähigkeit, sich auf die Unternehmenskultur des Kooperationspartners einstellen zu können oder ggf. zwischen den unterschiedlichen Nationalitäten der Mitarbeiter vermitteln zu können (vgl. Dassen-Housen 2000). Des Weiteren sind in diesem Zusammenhang die zum globalen Denken und Handeln benötigte multikulturelle Sensibilität und Orientierungsfähigkeit von Bedeutung (vgl. Henning u. Isenhardt 1998).

Zur Bildung und Nutzung informeller Strukturen sowie der erforderlichen inneren Flexibilität im Umgang mit unerwarteten Veränderungen ist *Selbstverantwortungs- und Überraschungskompetenz* notwendig (vgl. Rieckmann 1996). Aber auch das Erkennen der menschlichen und organisationalen Grenzen der Flexibilität, die den Erhalt einer Identität und Handlungsfähigkeit erst ermöglicht, gehört in diese Kompetenzkategorie (vgl. Sennet 1998).

Individuen als Netzwerkakteure beeinflussen und prägen durch ihre individuellen Kompetenzen die Gruppen, Organisationen und Netzwerke, in denen sie sich bewegen. Da auch diesen Entitäten, wie in Kapitel 5.2.3 beschrieben, *Subjekt- und Akteurscharakter* zugemessen werden kann, resultiert auch auf den Ebenen der Gruppe, der Organisation und des Netzwerks eine subjektbezogene Kompetenz.

**Kompetenz von Gruppen und Organisationen in Netzwerken**

Die Kompetenz einer *Gruppe* ist charakterisiert durch das Handlungsfeld einer bestimmten Situation, in der zwei oder mehrere Personen interagieren (vgl. Greif 1996). Das Lernen und der daraus resultierende Kompetenzzuwachs der Gruppe vollzieht sich u.a. in den Interaktionsprozessen ihrer Mitglieder, indem eine gemeinsame Sprache entwickelt und kollektive Werte oder Zielvorstellungen geprägt werden. Synchronisierte Vorgehensweisen zur Lösung komplexer Problemlagen werden erzeugt und kollektives Wissen generiert, das sich in von allen geteilten Sichtweisen der Realität wiederfindet (vgl. Wimmer 1988).

Die Anwendbarkeit des Kompetenzbegriffs ist auch aus einer *organisationalen* Perspektive gegeben. „Wurde häufig eine Differenzierung zum Qualifikationsbegriff über die Personengebundenheit von Kompetenzen eingezogen, so erscheint der Kompetenzbegriff in den jüngeren Diskussionen um „lernende Organisationen" auch in einer organisationalen Perspektive anschlussfähig zu werden" (Orthey 2002: 13). Aus organisationalen Lernprozessen resultieren organisa-

---

[131] Habermas spricht hier in anderem Zusammenhang auch von einer „Frustrationstoleranz", die beinhaltet, „... inwieweit das handelnde Subjekt (einer bestehenden) Rollen-ambivalenz gewachsen ist" (Habermas 1968: 11).

tionales Wissen und Erfahrung, die sich in Form von Werten und Normen und der gemeinschaftlichen Sicht auf die „Außenwelt" manifestieren. Dieses organisationale Wissen ist relativ unabhängig von Einzelpersonen oder einzelnen Gruppen im Gesamtsystem. In diesem Zusammenhang wird auch von einem „Organisationalen Gedächtnis" gesprochen, vor dessen Hintergrund Wahrnehmungen, Handlungen und Strategien der Mitglieder interpretiert werden (vgl. Hedberg 1981). Dabei gilt auch hier, dass das Ganze mehr ist als die Summe seiner einzelnen Bestandteile. Im Kontext von SENEKA wird hier von „*Kompetenz von Organisationen*" oder auch „*Organisationaler Kompetenz*" gesprochen (vgl. Wiesenthal 1993).[132]

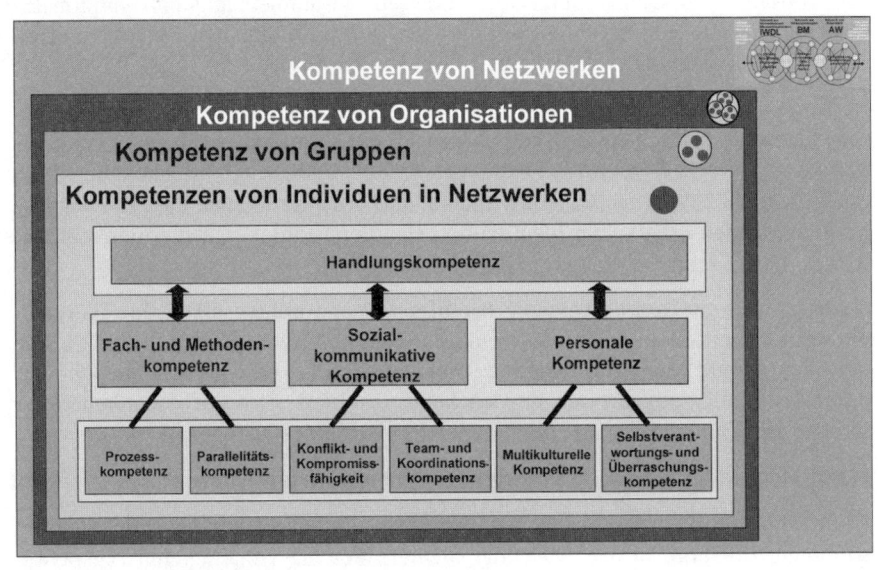

**Abb. 5.7:** Akteurs-Kompetenz-Übersicht: Individuen, Gruppen, Organisationen als Akteure

Die beschriebenen Mechanismen gelten analog auch für Netzwerke, die sich im Sinne der oben beschriebenen Fraktalstruktur aus kompetenzbehafteten Entitäten zusammensetzen. Auch sie entwickeln eine spezifische Kompetenz, die im Folgenden als „*Kompetenz von Netzwerken*" bezeichnet wird.

Abbildung 5.7 stellt die oben beschriebenen Kompetenzen von Individuen in Netzwerken (vgl. Abb. 5.6) in den Kontext von Gruppen, Organisationen und Netzwerken. Deren Gestaltung und Management basiert wiederum auf den Handlungen des Einzelnen und den von ihm eingebrachten Fähigkeiten. Aus den jeweiligen Interaktionen resultieren dementsprechend die oben beschriebenen

---

[132] Die Netzwerkkompetenz eines Unternehmens ist die Kombination der Netzwerkqualifikation der einzelnen Mitarbeiter mit den organisatorischen Fähigkeiten des Unternehmens, Netzwerkaufgaben zu bewältigen (vgl. Zahn u. Stanik 2000).

Gruppen-, Organisations- und Netzwerkkompetenzen. Die Fragen, ob beispielsweise auch Organisationen selbst eine sozial-kommunikative Kompetenz oder auch Schlüsselkompetenzen wie Konflikt- und Kompromissfähigkeit ausprägen können, bleiben bei dieser Betrachtung zunächst offen und müssen als weiterhin forschungsrelevant angesehen werden.

### 5.2.4 Die Entwicklung von Kompetenzen für Netzwerkakteure

Kompetenzen können auf der Basis eines Impulses von außen (z.b. Anforderungen der Organisation) oder durch Energie von innen in Handlungssituationen erweitert bzw. erneuert werden (vgl. Orthey 2002). Durch Lernprozesse in einer Handlung und über diese Handlung (Reflexion) werden bestehende Kompetenzen auf ein neues Niveau gebracht (vgl. Heeg u. Schidlo 1998). Unter Kompetenzentwicklung wird daher die Entwicklung bzw. Weiterentwicklung von Handlungsvoraussetzungen verstanden. Sie besteht zu einem wesentlichen Teil im Aufbau pragmatischer Denkschemata für die Steuerung und Kontrolle des eigenen Handelns. Kompetenzen können dabei in verschiedenen räumlichen, zeitlichen und handlungsbezogenen Zusammenhängen erworben werden (vgl. Erpenbeck 1997).

Kompetenzentwicklung für Netzwerkakteure kann beispielsweise durch Training als „klassische" Form der Weiterbildung außerhalb des Arbeitsplatzes gefördert werden (vgl. Bergmann 1999). Darüber hinaus spielt auch die Kompetenzentwicklung direkt am Arbeitsplatz (vgl. Sonntag 1997) „im Prozess der Arbeit" oder die Schaffung lernbegünstigender Rahmenbedingungen in Organisationen eine wesentliche Rolle. Dabei ist besonders hervorzuheben, dass der Aufbau von Netzwerken Arbeitsprozesse und Organisationsstrukturen verändert und somit per se bereits zur Kompetenzentwicklung der Beteiligten beiträgt. Im Folgenden werden drei wichtige Formen der Kompetenzentwicklung kurz umrissen.

**Training als „klassische" Form der Kompetenzentwicklung**

Mit Training werden spezifische Methoden der Lernunterstützung zur Bewältigung von Arbeitsaufgaben bezeichnet. Sie sind in der Regel an spezielle Zielgruppen angepasst und haben spezifische Ziele, die z.B. in zu erreichenden Leistungskennwerten ausgedrückt sind. Diese Ziele werden nur zu einem geringen Teil durch Wissensvermittlung, schwerpunktmäßig aber durch Hilfen zur selbstständigen Aneignung erforderlicher Arbeitsmethoden und durch systematische Übungen mit differenzierten Rückmeldungen erreicht (vgl. Bergmann 1999).

**Lernen im Prozess der Arbeit**

In den Arbeiten von Rubinstein (1964), Leontjew (1977), Hacker (1998) und zusammenfassend Baitsch (1998) sind eine Vielzahl von Argumenten enthalten, die darauf verweisen, dass der wesentliche Teil der Kompetenzentwicklung durch die bezahlte Arbeit, also im Prozess der Arbeit stattfindet (vgl. Frieling et al. 1999). Zu den wichtigsten Voraussetzungen für solch eine arbeitsimmanente Kompetenzentwicklung gehört einerseits die tatsächliche Veränderbarkeit von Arbeitsaufgaben und -strukturen. Andererseits ist vor allem die subjektive Wahrnehmung dieser Veränderbarkeit durch die Beschäftigten zu nennen (vgl. Ulich 1999). Das Angebot neuer Arbeitsinhalte genügt nicht, um entsprechende Qualifizierungsbereitschaften auszulösen. Es ist vielmehr erforderlich, die Beschäftigten durch aktive Mitwirkung in den Prozess der Veränderung einzubeziehen, d.h. „Betroffene zu Beteiligten machen" (vgl. Baitsch 1993; Ulich 1999; Lorscheider et al. 1997a,b). Die Beteiligung an der Entscheidung ist nach Lewin (1982) das Bindeglied zwischen Motivation und Handlung.[133]

**Kompetenzförderliche Organisationsgestaltung**

Argyris und Schön (1978) betrachten Organisationen als „cognitive enterprises", die erst zu solchen werden, indem ihre Mitglieder sie in einer einheitlichen Weise deuten. Den individuellen Bildern („private images") stehen die „public maps" gegenüber, die von den Organisationsmitgliedern gemeinsam konstruiert werden (Argyris u. Schön 1978). Andererseits werden auch bestimmte Verhaltensweisen oder -formen von Organisationsmitgliedern durch die Organisation erworben und sind Ergebnisse eines Lernprozesses (vgl. Klimecki et al. 1991). Das Lernen des Individuums über die Organisation kann sich dabei auf strukturelle Aspekte der Organisation wie Regeln, Verfahren oder Funktionen beziehen. Eine Organisation, die durch ihre Struktur die Vernetzung der Mitarbeiter fördert (z.B. durch Reflexion der organisationalen Normen oder durch kontinuierlichen Wissensaustausch in Wissensnetzwerken) hat damit auch Einfluss auf die individuellen Kompetenzen der Mitarbeiter. Diese erhalten durch begünstigende organisationale Rahmenbedingungen erst die Möglichkeit, die Bedeutung ihrer Kompetenzen im Umgang mit anderen zu erkennen, wertzuschätzen und weiterzuentwickeln. Wird interne Netzwerkfähigkeit als wichtiges Kompetenzmerkmal nicht erkannt und gefördert, kann die Organisation selber kein kompetenter Netzwerkakteur sein (vgl. Hedberg 1981).

**Entwicklung von Schlüsselkompetenzen**

In Tabelle 5.1 werden einige typische Maßnahmen zur Kompetenzentwicklung für Netzwerkakteure hinsichtlich ihres Einflusses auf die Förderung der oben dargestellten Schlüsselkompetenzen für Netzwerkakteure bewertet (vgl. Hees 2001). Es wurden hier ohne Anspruch auf Vollständigkeit Beispiele für klassische Formen der Weiterbildung wie Workshops zur Teamentwicklung bzw. zum Moderations- und Kommunikationstraining bewertet. Job Rotation, Job Enrichment, Job Enlar-

---

[133] Kompetenz kann nur dann entstehen, wenn die konkreten Anstrengungen der Problemlösung zu einem persönlichen Nutzen führen. Voraussetzung der Kompetenzentwicklung und des damit verbundenen Aufwands ist daher, dass der antizipierte Nutzen die Anstrengungen (z.B. der Übernahme verantwortungsvollerer Aufgaben) überwiegt. Befunde von Pressley, Burkowsky und Schneider (1987) beschreiben in diesem Zusammenhang Aufwand-Nutzen-Kalkulationen. Um die Bereitschaft zu entwickeln, neue Aufgaben- und Arbeitsfelder zu übernehmen, müssen die Arbeitsziele relevant für die eigenen, selbstgesetzten Ziele sein. Dadurch wird die Entwicklung der eigenen Kompetenz Mittel zur Erreichung persönlicher Ziele.

gement, Lerninseln und Lernwerkstätten dienen als Beispiele für „Lernen im Prozess der Arbeit".

**Tabelle 5.1:** Einfluss exemplarischer Maßnahmen zur Kompetenzentwicklung auf die Entwicklung von Schlüsselkompetenzen für Netzwerkakteure

| Bezug | Maßnahmen zur Kompetenzentwicklung (Beispiele) | Multikulturelle Kompetenz | Team- und Koordinationskompetenz | Konflikt- und Kompromissfähigkeit | Prozesskompetenz | Selbstverantwortungskompetenz | Parallelitätskompetenz |
|---|---|---|---|---|---|---|---|
| Klassische Form der Kompetenzentwicklung | Teamentwicklung | ○ | ● | ● | ○ | ◐ | ◐ |
| | Moderationstraining | ● | ● | ● | ○ | ○ | ◐ |
| | Kommunikationstraining | ● | ◐ | ● | ○ | ○ | ◐ |
| Lernen im Prozess der Arbeit | Job Rotation | ● | ◐ | ○ | ● | ● | ○ |
| | Job Enrichment | ○ | ◐ | ○ | ● | ◐ | ◐ |
| | Job Enlargement | ○ | ◐ | ○ | ● | ◐ | ● |
| | Lerninseln | ◐ | ◐ | ○ | ◐ | ● | ● |
| | Lernwerkstatt | ◐ | ● | ○ | ◐ | ◐ | ○ |
| Kompetenzförderliche Organisationsgestaltung | Feedbacksysteme schaffen | ◐ | ○ | ● | ○ | ● | ○ |

Legende
○ = schwacher Effekt
◐ = mittlerer Effekt
● = starker Effekt

Die Schaffung von Feedbacksystemen zum Controlling der Mitarbeiter-Kompetenzen stellt eine Form lernförderlicher Organisationsentwicklung dar, das hier einer Bewertung unterzogen wird. Die Bewertungen basieren auf qualitativen Erhebungsmethoden und Erfahrungswerten.[134]

In den folgenden Praxisbeispielen werden die dargestellten Facetten von Kompetenzentwicklung für Netzwerkakteure in den verschiedenen Rollen beschrieben. Es wird gezeigt, welchen Einfluss einzelne Maßnahmen auf die Förderung der beschriebenen Schlüsselkompetenzen haben. Dazu zählen

- das in einem netzwerkartig strukturierten Hochschulinstitut umgesetzte Curriculum zur Förderung der Kompetenzen, die zum internen Prozess-Controlling notwendig sind. Es handelt sich hier um Kompetenzentwicklung durch internes Training *(klassische Form der Kompetenzentwicklung),*

- die Beschreibung des Qualifikationsmanagements eines Softwareherstellers als Beispiel *kompetenzförderlicher Organisationsgestaltung* bei einem Bildungsmanager,

- ein modularer Ausbildungsgang zum Mechatroniker als Beispiel der Kompetenzentwicklung durch eine Kombination von Trainingseinheiten *(klassische Form der Kompetenzentwicklung)* und Elementen des *Lernens im Prozess der Arbeit,*

- die Qualifizierung für interne produktionsnahe Prozessbegleiter bei einem Landmaschinenhersteller als Beispiel der Kompetenzentwicklung durch eine Kombination von Trainingseinheiten *(klassische Form der Kompetenzentwicklung)* und Elementen des *Lernens im Prozess der Arbeit* und

- als Beispiel für die Förderung multikultureller Kompetenzen eine Abhandlung über deren Notwendigkeit und darauf aufbauend eine Beschreibung eines hierzu im Rahmen von SENEKA entwickelten Trainingskonzeptes.

Abbildung 5.8 zeigt eine Einordnung der Praxisbeispiele bez.. der betrachteten Netzwerk-Rollen der Akteure und ihrer Positionierung in der „Wertschöpfungskette des Wissens". Die Rolle des Brokers wurde bei der Auswahl der Praxisbeispiele nicht berücksichtigt, da er die Schnittstelle zwischen dem Netzwerk und externen Kunden darstellt. Das Verhalten in diesem Bereich muss durch ein „Grundbewusstsein" in Richtung Kundenorientierung geprägt sein.

In diesem Zusammenhang wird hier oftmals von „Dienstleistungskompetenz" gesprochen. Diese ergibt sich sowohl aus fachlichen Kompetenzen wie auch aus einer geforderten „Dienstleistungsmentalität", die stark in den Bereich der sozialen Kompetenz hineinreicht (vgl. Bickmann u. Schad 1998). Die Mentalität, „mit Leistung zu dienen", hat notwendigerweise Auswirkungen auf Prozesse der Kom-

---

[134] Forschungsvorhaben des ZLW/IMA, in denen Maßnahmen zur Kompetenzentwicklung im Kontext klein- und mittelbetrieblicher Strukturen angewendet wurden, haben Erkenntnisse zur Entwicklung von Schlüsselkompetenzen erbracht. Sie wurden einerseits mit Hilfe der „teilnehmenden Beobachtung" ermittelt und sind andererseits Ergebnis regelmäßiger Feedbacks der Teilnehmer entsprechender Veranstaltungen und Beratungsprozesse zur Personal- und Organisationsentwicklung (vgl. Hees 2001).

petenzentwicklung (vgl. Henning u. Isenhardt 1997). Dabei ist noch nicht abschließend geklärt, inwieweit Schlüsselkompetenzen für Netzwerkakteure eine hinreichende Voraussetzung für das Agieren als Broker innerhalb der „Wertschöpfungskette des Wissens" darstellen. Die besonderen Anforderungen, die sich aus dem Umgang mit Kunden(-Netzwerken) ergeben, sollen daher an dieser Stelle nicht Gegenstand der Betrachtung sein. Hier folgen die angesprochenen Praxisbeispiele der Kompetenzentwicklung für Netzwerkakteure.

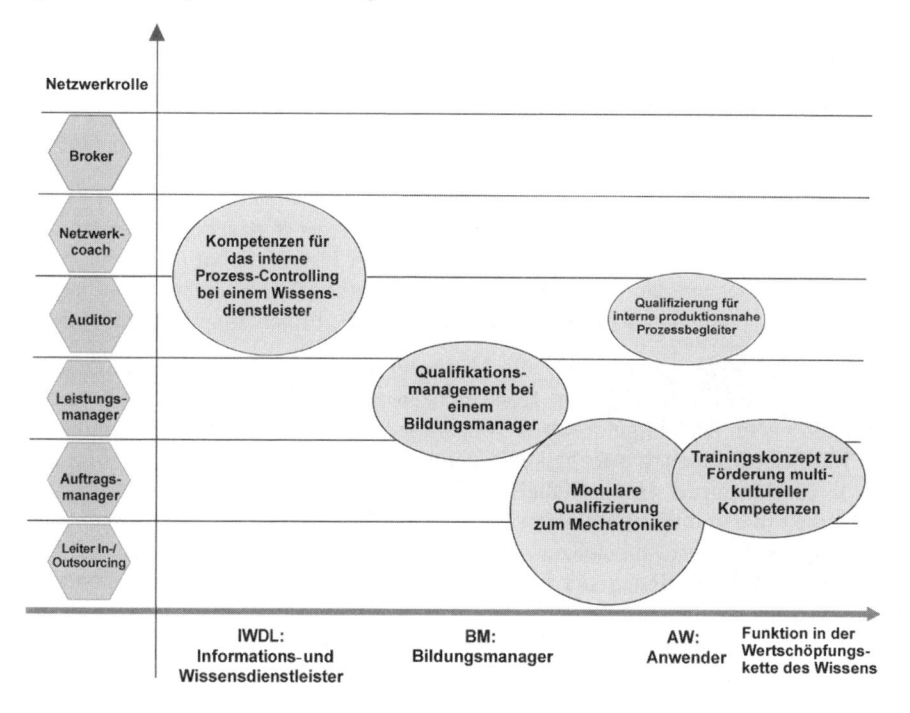

**Abb. 5.8:** Einordnung der Praxisbeispiele

## 5.3 Forschungsergebnisse und ausgewählte Praxisbeispiele

### 5.3.1 Kompetenzen für das interne Prozess-Controlling bei einem Wissensdienstleister

*Christiane Michulitz*

**Ausgangslage**

Das Zentrum für Lern- und Wissensmanagement/Lehrstuhl Informatik im Maschinenbau (ZLW/IMA) der RWTH Aachen ist netzartig strukturiert: 35 wissenschaftliche und nichtwissenschaftliche Angestellte sowie 70 studentische Mitarbeiter arbeiten in fünf interdisziplinären Geschäftsbereichen an etwa 20 inhaltlichen Schwerpunkten. Das Institut ist im Sinne der Wertschöpfungskette des Wissens als Informations- und Wissensdienstleister klassifizierbar (vgl. Abb. 5.1). Viele Projekte werden bereichsübergreifend durchgeführt, um so die unterschiedlichen fachlichen Kompetenzen optimal für die Projektarbeit zu bündeln.

Das ZLW/IMA hat das Ziel, alle Mitarbeiterinnen und Mitarbeiter in den für Netzwerkakteure erforderlichen Kompetenzen zu qualifizieren. Zum Curriculum gehören neben der obligatorischen Teilnahme und Durchführung von Seminaren zu Rhetorik, Präsentationstechniken, Teamschulung und Moderation auch der gezielte Einsatz in der Hochschullehre. Durch diese Maßnahmen und die Zusammenarbeit in den interdisziplinären Forschungsteams werden bestehende fachliche und überfachliche Kompetenzen weiterentwickelt. Diese sind notwendiger Bestandteil zur Bewältigung der im Arbeitsprozess gestellten Anforderungen und Standard für alle im Prozess der Arbeit durchzuführenden Workshops, Präsentationen und Berichte. Ein in den formellen Kommunikationsprozessen verankertes Feedbacksystem sichert den bewussten Umgang mit der Weiterentwicklung dieser Kompetenzen.

Alle Mitarbeiter und Mitarbeiterinnen des ZLW/IMA nehmen in der Projektarbeit ständig wechselnde Akteurs-Rollen ein: Mit der Leitung eines Projektes ist immer auch die Mitarbeit in einem anderen Projekt verbunden. Durch diesen Rollenwechsel sammeln die Mitarbeiter Erfahrungen mit den im Arbeitsalltag an die verschiedenen Aufgaben gebundenen Herausforderungen sowie über ihre individuellen Stärken und Schwächen.

Neben diesen curricularen und im Arbeitsprozess verankerten Kompetenzentwicklungsmaßnahmen reflektieren die Mitarbeiterinnen und Mitarbeiter des ZLW/IMA in regelmäßigen Teambesprechungen, bei der jährlich stattfindenden Klausurtagung und im Rahmen des einwöchigen Seminars „Systemisches Management" die Möglichkeiten und Grenzen des Arbeitens in Netzwerken.

## Beispiel: Internes Prozess-Controlling

Der Zentralbereich für Personal & Controlling ist mit fünf Verwaltungsangestellten unter der Leitung einer wissenschaftlichen Mitarbeiterin die organisationsinterne Dienstleistungseinheit. Das Team sichert die im Forschungsalltag schwer herzustellende Kontinuität in den Arbeitsprozessen durch ständige Anwesenheit und das damit verbundene Wissen über alle standardisierten administrativen Vorgänge. Der Zentralbereich koordiniert alle Personal- und Verwaltungsangelegenheiten. Zudem sammeln die MitarbeiterInnen das in der Organisation verteilte Prozesswissen und geben es weiter. Unabdingbare Voraussetzung zur Erfüllung dieser Aufgabe ist die Kenntnis über die in der Organisation vorhandenen Kompetenzen und Strukturmerkmale, ebenso wie die Fähigkeit, diese Kenntnis im Hinblick auf das gewünschte Produkt gewinnbringend zu verwenden.

Der Zentralbereich nimmt im Sinne der in Kapitel 5.2.2 dargestellten Beschreibung die Rolle eines Auditors und Netzwerkcoaches ein (Abb. 5.9).

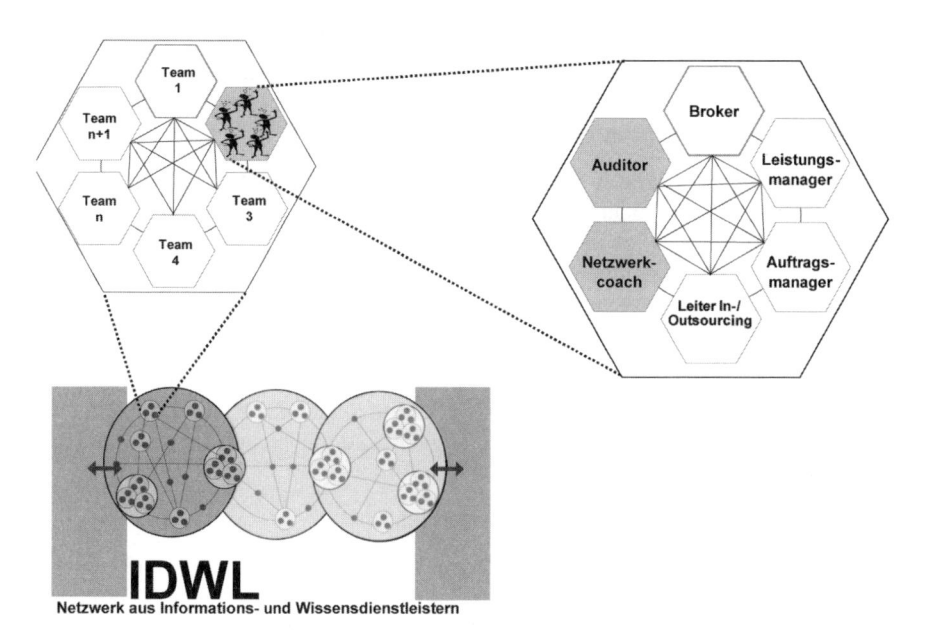

**Abb. 5.9:** Der Zentralbereich als Auditor und Netzwerkcoach des ZLW/IMA der RWTH Aachen

Um die mit dem internen Prozess-Controlling verbundenen Aufgaben bewältigen zu können, sind neben den von Hees (2001) beschriebenen intrapersonalen Kompetenzen u.a. folgende Fähigkeiten entscheidend:

- *Priorisierung und Grenzziehung*[135]: Um im Arbeitsalltag die Parallelität von Prozessen bewältigen zu können und somit stets entscheidungsfähig zu bleiben, müssen die anfallenden Aufgaben permanent in ihrer Bedeutung für den Gesamtprozess bewertet werden. Um die wichtigen und dringenden Aufgaben erledigen zu können, müssen im Geschehen zeitliche und inhaltliche Räume zur Abwicklung geschaffen werden.

- *Ausdauer und Misserfolgstoleranz*[136]: Das zwischen Verwaltungsvorschriften und der Notwendigkeit pragmatischer und kundenorientierter Lösungen agierende Personal- und Finanzwesen ist für Fachfremde oft undurchsichtig. Die Auseinandersetzung mit vielen formalen Details, die pragmatische Umsetzung von Vorschriften und der Umgang mit internen Kunden, die in der Regel wenig Verständnis für jede Form von Bürokratismus haben, erfordern ein hohes Maß an Ausdauer und Misserfolgstoleranz.

- *„Einstecken und austeilen können"*[137]: Die exponierte Stellung im internen Netzwerk als Ansprechpartner und Konfliktvermittler für die netzwerkinternen Abstimmungsprozesse (vgl. Göransson u. Schuh 1997) ist zwiespältig: Sie bedarf des Durchsetzungsvermögens gegenüber personengebundenen Widerständen und der Fähigkeit, mit der durch diese Macht verbundenen Randposition im System zurechtzukommen: „Macht macht einsam!"

- *„Net-thinking"*[138]: Jede in der Organisation getroffene Entscheidung bedeutet *neue Möglichkeiten* oder *Möglichkeitsausschluss* für die Zukunft (vgl. Luhmann 2000). Die damit in der Organisation verbundenen Konsequenzen sind selten unmittelbar ableitbar. Um die Auswirkungen von Einzelentscheidungen abschätzen und verstehen zu können, bedarf es einer umfassenden Systemkenntnis: Jede Organisation reagiert auf die für sie typische Art und Weise.

Diesen Fähigkeiten liegt sozial-kommunikative Kompetenz zu Grunde (vgl. Erpenbeck u. Sauer 2000). Durch Kommunikation prägen die Netzwerkakteure ihre Organisation und entwickeln ihre *individuelle* und die *organisationale* Identität (vgl. Michulitz u. Isenhardt 2002).

**Beispiel: Kostensenkung durch Synergieeffekte**

Im Rahmen der Satzungsänderung der RWTH Aachen wurde das ehemalige Hochschuldidaktische Zentrum (HDZ) in „Zentrum für Lern- und Wissensmanagement" (ZLW) umbenannt. Die Verantwortung für die Umbenennung lag im Zentralbereich des Instituts.

Im Vorfeld zur Namensumstellung gab es im ZLW/IMA Kalkulationen zu den Kosten des Umstellungsprozesses. Zudem wurde über die optimale Zusammenstellung des für die Umstellung verantwortlichen Projektteams beraten. Es wurde

---

[135] Vgl. Selbstverantwortungs- und Überraschungskompetenz in Kapitel 5.2.3.
[136] Vgl. Konflikt- und Kompromissfähigkeit in Kapitel 5.2.3.
[137] Vgl. Konflikt- und Kompromissfähigkeit in Kapitel 5.2.3.
[138] Vgl. Parallelitätskompetenz in Kapitel 5.2.3.

beschlossen, den gesamten Umstellungsprozess durch den Zentralbereich koordinieren zu lassen. Bei der Nachkalkulation wurde deutlich, dass die für den Umstellungsprozess veranschlagte Summe um die Hälfte unterschritten wurde: Die Kenntnis über die im Netzwerk vorhandenen Strukturen, die Fähigkeit, gezielt die richtige Person anzusprechen und die für eine Verfolgung des Ziels notwendige Entscheidungskompetenz haben den Reibungsverlust auf ein Minimum reduziert und die Kostensenkung ermöglicht.

**Fazit**

Das organisationsinterne Netzwerk des ZLW/IMA bedarf einer an die Struktur angepassten Kompetenzentwicklung. In seinem Selbstverständnis als lernförderliche Organisation bemüht sich das ZLW/IMA, die Organisation lernförderlich zu gestalten, Lernen im Prozess der Arbeit zu ermöglichen und die curricular vermittelten Kompetenzen im Arbeitsprozess ständig zu aktualisieren. Der Zentralbereich unterstützt als institutionalisierter Auditor diesen komplexen Prozess. Die durch das Auditing und Coaching entwickelten flexiblen Kommunikationsstrukturen dienen der Stabilisierung der Organisation. Außerdem können sie für außerordentliche Projekte zur Kostenreduzierung nutzbar gemacht werden.

### 5.3.2  Qualifizierungsmanagement bei einem Bildungsmanager

*Stefan Frank, Lutz Zillich*

**Ausgangslage**

Die Anpassung an immer kürzere Produkt- und Innovationszyklen, gestiegene Kundenanforderungen und wachsende Konkurrenz durch globalisierte Märkte[139] erfordern in immer höherem Maße die optimale Förderung und Nutzung der Fähigkeiten und Fertigkeiten von Mitarbeitern in Unternehmen und Organisationen. Insbesondere kleine Unternehmen im dynamischen Dienstleistungsbereich sind auf Grund ihrer Größe und Qualifikationsstruktur darauf angewiesen, sich abteilungsübergreifend zu organisieren und die eigene Spezialisierung interorganisational zu kompensieren. Es entstehen Netzwerkbeziehungen.

Das hier betrachtete Unternehmen, die AIXO Informationstechnologie GmbH, ist ein Unternehmen der Softwarebranche und realisiert als Entwicklungspartner individuelle Software-Lösungen. An seinem Standort in Aachen waren 2002 ca. 45 Ingenieure und Informatiker beschäftigt; zu den Kunden zählen viele auch international tätige Unternehmen unterschiedlicher Branchen. Teilbereiche der Firma arbeiten als eigenständige Profit-Center und stellen interne Dienstleistungen zur Verfügung. Die Firma arbeitet zu einem großen Teil für Stammkunden, die Kooperation mit den Kunden ist hierbei in der Regel sehr eng.

---

[139] Vgl. Kapitel 1.

Die Mitarbeiter müssen in der Lage sein, bei Kunden mit verschiedenen Anspruchsgruppen zu diskutieren, in internen und externen abteilungsübergreifenden Teams spezifische Software unter Berücksichtigung dieser verschiedenen Anforderungen zu entwickeln und Einführungsprozesse zu begleiten. Sie müssen in organisationsübergreifenden Netzwerken Lernprozesse initiieren bzw. erhalten und das erworbene Wissen wiederum in ihrer Organisation verbreiten.

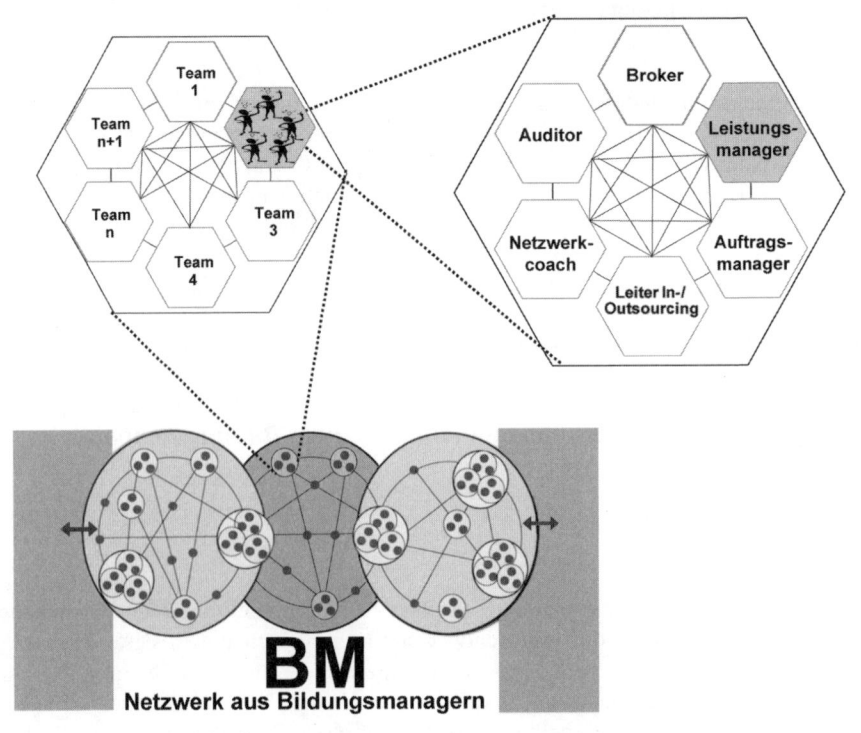

**Abb. 5.10:** Das Unternehmen AIXO Informationstechnologie GmbH in der Wertschöpfungskette des Wissens – der Softwareberater als Leistungsmanager

Im Sinne der obigen Beschreibung der Wertschöpfungskette des Wissens handelt es sich bei dem Unternehmen um einen Bildungsmanager. Die Mitarbeiter dieses Unternehmens nehmen in der Regel zwar alle in Kapitel 5.2.2 beschriebenen Akteursrollen an, die Rolle des Leistungsmanagers stellt jedoch einen Schwerpunkt dar (Abb. 5.10).

Um diesen Rollen gerecht zu werden, müssen die Akteure über vielfältige Kompetenzen verfügen. Gerade in der IT-Branche ist es heute mehr denn je eine Frage des Überlebens geworden, durch optimal ausgebildete und motivierte Mitarbeiter die Herausforderungen turbulenter Märkte zu meistern (vgl. Frank 2001). Aufgabe des Qualifizierungsmanagements ist es daher, durch eine zielorientierte, geplante und systematische Messung und Steuerung die erforderlichen gegenwärtigen und zukünftigen Kompetenzen der Mitarbeiter zu sichern (vgl. Hölterhoff u. Becker 1986). Entwickelt wurde dabei ein Feedbacksystem, das es den Mitarbeitern ermöglichen soll, strukturiert ihre Kompetenzen zu reflektieren und zielgerichtet Kompetenzentwicklung zu planen. Die hierzu notwendige Messung und Steuerung vorhandener Kompetenzen beschränkt sich jedoch nicht nur auf die fachlichen Kenntnisse und Fähigkeiten der Mitarbeiter; vor allem überfachliche Kompetenzen müssen in die Betrachtung mit einfließen. Die Konzeption für ein Instrument zur Messung der fachlichen und überfachlichen Kenntnisse und Fähigkeiten berücksichtigt zwei Kategorien. Erfasst werden die *Vorstellungen der Mitarbeiter* als Leistungs- und Bedürfnisträger zur Leistungserbringung, d.h. ihr *Persönlichkeitspotenzial* (Wollen), und die *Forderungen des Unternehmens* nach Leistung, d.h. die Frage nach dem *Leistungspotenzial* (Können) *des Mitarbeiters* (vgl. Hoffmann 1996).

**Die Bewertung der Kompetenzen**

Um den Analyseprozess operationalisierbar zu machen, ist ein Raster von zu bewertenden Faktoren notwendig, das der Bewertung Struktur gibt und Einzelbewertungen vergleichbar macht. In Zusammenarbeit mit der Firma AIXO Informationstechnologie GmbH wurde dazu das von Hoffmann vorgeschlagene Konzept umgesetzt und zu einem umfassenden Controllingsystem weiterentwickelt. Es wurden für die wichtigsten Unternehmenspositionen, die ein Mitarbeiter des Unternehmens einnehmen kann (Abb. 5.11), individuelle Anforderungsprofile (Abb. 5.12) erarbeitet.

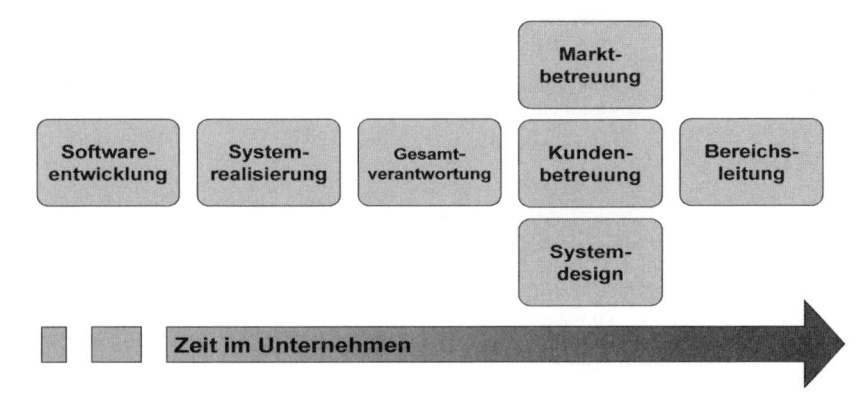

**Abb. 5.11:** Die wichtigsten Unternehmenspositionen bei der AIXO Informationstechnologie GmbH

Einzelne Mitarbeiter können mit Hilfe dieser für ihre Aufgaben spezifischen Anforderungsprofile bewertet und individuellen Konzepten zur weiteren Kompetenzentwicklung zugeordnet werden. Abbildung 5.12 zeigt beispielhaft ein Anforderungsprofil für Berater. Dabei werden einzelne Teammitglieder nach

- ihren persönlichen Eigenschaften,

- ihren Einstellungen,
- ihren fachlichen Fähigkeiten und
- ihrer Ausbildung und Erfahrung

bewertet. Auf Grund der Handhabbarkeit des Systems wird auf eine differenzierte Bewertung der einzelnen Anforderungen verzichtet; es wird lediglich beurteilt, ob der einzelne Berater in jeweils einem gesamten der oben genannten vier Beurteilungsblöcke noch Entwicklungsbedarf hat (Bewertung: „-") oder ob er die beschriebenen Anforderungen vollständig erfüllt (Bewertung: „+").

```
                    Teammitglieds-
                    qualifikation
                   /              \
         Persönlichkeits-      Leistungs-
           potenzial           potenzial
          /         \         /         \
 Eigenschaften  Einstellungen  Fähigkeiten  Ausbildung
                                            Erfahrung

 • Sympathie    • Ziel- und Erfolgs-  • Rechtzeitige Be-  • Breite Allgemein-
 • Sensibilität   bewusstsein          darfserkennung      bildung
 • Hartnäckigkeit • Kunden-           • Entwicklung von   • Überblickswissen
 • Überzeugendes   orientierung         Strategien und     (fachlich +
   Auftreten    • Vereinbarungs-       Maßnahmen          AIXO-Know-how)
                  kultur              • Kundensicht      • Vertrags-
                                        verstehen         management
                                      • Verhandlungs-    • Detailwissen
                                        geschick          bez. Kunden
```

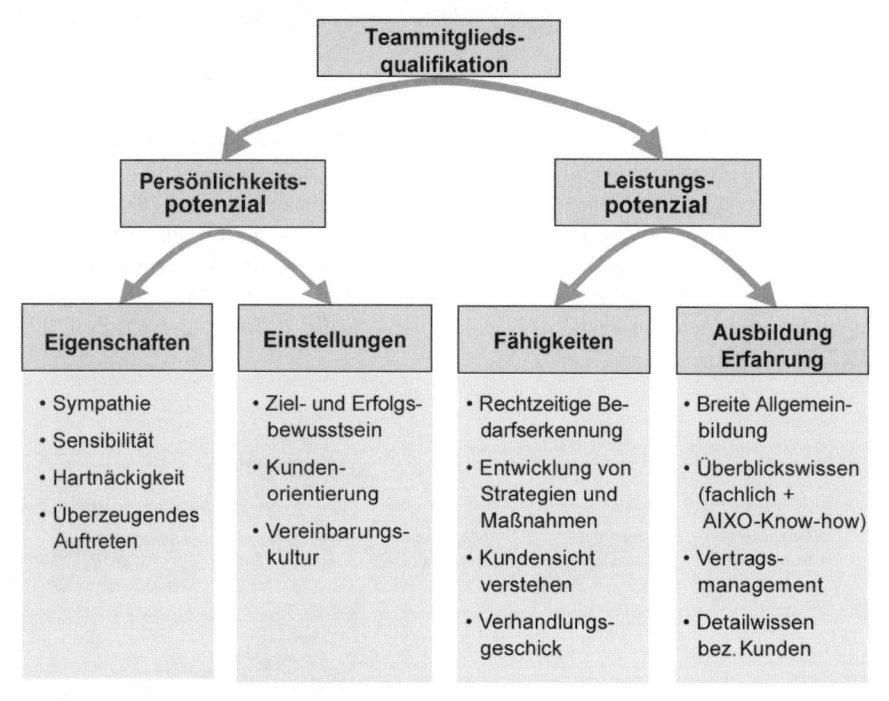

**Abb. 5.12:** Exemplarisches Anforderungsprofil für Berater bei der AIXO Informationstechnologie GmbH

Die aus dieser Betrachtung folgenden vier Bewertungen werden im Rahmen von Mitarbeitergesprächen durchgeführt und in eine sog. Qualifikationsmatrix eingetragen (Abb. 5.13).

Daraus resultiert einerseits eine für weitere Kennzahlen zu verwendende Klassifizierung des einzelnen Mitarbeiters (0 bis 4) und andererseits eine Typologisierung, die für die Planung individueller Weiterbildungsstrategien Handlungsoptionen (a bis p) vorgibt. Mit Hilfe speziell für das Unternehmen entwickelter Algorithmen können nun Kennzahlen erstellt werden.

Diese Kennzahlen ermöglichen es,

- Trends über den Kompetenzstand des Unternehmens zu ermitteln,
- Aussagen über die Qualität der Zusammensetzung einzelner Teams zu treffen,
- Soll-Ist-Vergleiche und Zielvorgaben durchzuführen bzw. zu ermitteln,
- Aussagen zu sich ändernden Kompetenzprofilen der Neueinsteiger zu machen und damit schließlich
- eine strategische Planung und ein auf quantifizierten Kenngrößen basierendes Controlling der Personalentwicklung zu entwickeln.

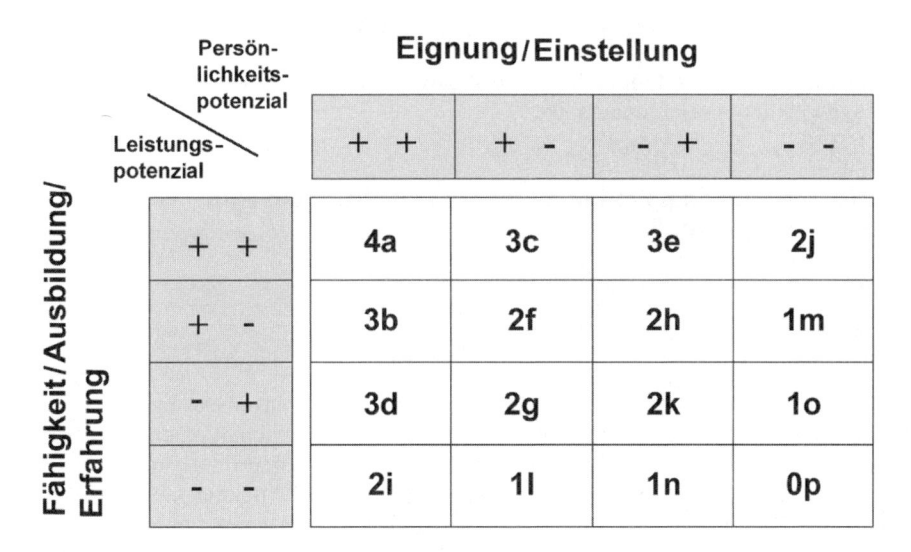

| Fähigkeit/Ausbildung/Erfahrung \ Persönlichkeitspotenzial → Leistungspotenzial ↓ | Eignung/Einstellung | | | |
|---|---|---|---|---|
| | + + | + - | - + | - - |
| + + | 4a | 3c | 3e | 2j |
| + - | 3b | 2f | 2h | 1m |
| - + | 3d | 2g | 2k | 1o |
| - - | 2i | 1l | 1n | 0p |

**Abb. 5.13:** Die Qualifikationsmatrix (vgl. Hoffmann 1996)

**Fazit**

Die Einführung eines Qualifizierungsmanagements nach dem oben dargestellten Muster setzt einen intensiven Feedback- und Diskussionsprozess über die notwendigen Kompetenzen der Mitarbeiter in Gang und sensibilisiert daher die Entscheidungsträger für die strategische Relevanz dieses Themas. Das System ermöglicht den Personalverantwortlichen, Mitarbeiterbewertungen durchzuführen und diesen eine Struktur und einen durchgängigen Rahmen zu geben, der auf den im Unternehmen allgemein akzeptierten und beteiligungsorientiert entwickelten Anforderungen beruht. Das System ermöglicht es, Aussagen über Kompetenzen auf der Ebene der Individuen, der Gruppen und der Organisation zu treffen. Somit wird sichergestellt, dass auf allen dieser drei Ebenen nicht nur fachliche Kompetenzen, sondern auch Schlüsselkompetenzen für Netzwerkakteure kontinuierlich gefördert und weiterentwickelt werden können. Somit kann die Handlungsfähigkeit der Organisation innerhalb der Wertschöpfungskette des Wissens durchgängig aufrechterhalten und verbessert werden.

Zusammenfassend ergeben sich folgende Aspekte, die eine geplante und koordinierte Organisations- und Personalentwicklung fördern:

- Die Kompetenz der Individuen, Gruppen und der Organisation wird transparent, gezielt entwickel- und bewertbar.
- Schlüsselkompetenzen für Netzwerkakteure werden in die Bewertung mit einbezogen.
- Veränderungen und Trends werden wahrnehmbar.
- Ein langfristiges Strategie-Controlling im Personalwesen ist somit möglich.
- Damit wird die individuelle Personalentwicklung und auch die Unternehmensentwicklung gezielt unterstützt.

### 5.3.3 Berufsbegleitende modulare Qualifizierung zum Mechatroniker

*Walter Michaeli, Michael Franssen*

**Ausgangslage**

Die Struktur in der Region Schwarzwald-Naar-Heuberg mit überwiegend kleinen und mittelständischen Unternehmen bringt neben den wirtschaftlichen Problemen auch besondere Anforderungen im Bereich Aus- und Weiterbildung mit sich. Die in der Region angesiedelten Unternehmen verfügen im Allgemeinen über einen knappen Personalbestand, der in den vergangenen Jahren auf Grund der wirtschaftlichen Lage reduziert wurde. Der Wettbewerb und der Zeitdruck, in dem sich diese Unternehmen bewegen, erfordern die Vernetzung von Beschäftigung und Qualifizierung. Um dies zu erreichen, werden von Bildungsdienstleistern entsprechende Möglichkeiten und Angebote erwartet.

Im Rahmen von SENEKA wurde deshalb mit einem neuen Konzept die Qualifizierung von Mechanikern zu Mechatronikern mit dem Bildungsträger „Bildungszentrum Turmgasse, Winkler-Ausbildungs-GmbH" (BZT) gestartet.

Die Unternehmen des Maschinenbaus und Sondermaschinenbaus haben in den vergangenen Jahren große Veränderungen bei technischen Lösungen umgesetzt. Mechanische Lösungen werden heute in hohem Maße durch intelligente Steuerungen und den Einsatz von elektrischen, hydraulischen und pneumatischen Komponenten ersetzt. Um diese Techniken zu beherrschen, waren bis vor kurzem sowohl Elektroniker als auch Mechaniker nötig, was insbesondere bei Wartungsarbeiten zu erhöhten Personalkosten führte. 1998 wurde daher das neue Berufsbild „Mechatroniker" geschaffen, das die Qualifikationen „Mechaniker" und „Elektroniker" in sich vereint (vgl. Franssen 2000)[140]. Bei Mechatronikern handelt es sich um Netzwerkakteure, da sie in der Lage sein müssen, mit verschiedenen Anspruchsgruppen von Kunden zu diskutieren, in abteilungsübergreifenden Teams komplexe technische Systeme umzusetzen, diese bei Kunden in Betrieb zu nehmen und Wartungsarbeiten durchzuführen. Sie müssen zwischen unterschiedlichen fachlichen Disziplinen vermitteln und das bei den Kunden erworbene Wissen wiederum in ihrer Organisation verbreiten. Im Sinne der obigen Definition der Funktion in der „Wertschöpfungskette des Wissens" (vgl. Kap. 5.2.1) handelt es sich bei den Unternehmen, die Mechatroniker beschäftigen, um *Anwender* weltweit verfügbaren Wissens. Die Mechatroniker nehmen vor allem die in Kapitel 5.2.2 beschriebenen Rollen des *Auftragsmanagers* und des *Leiters In-/Outsourcing* ein (Abb. 5.14).

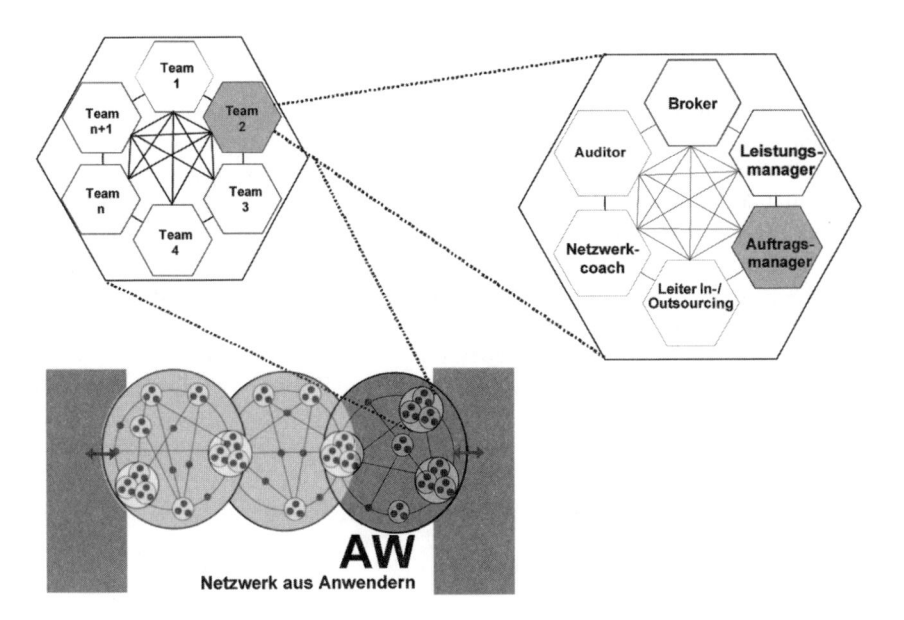

**Abb. 5.14:** Mechatroniker als Auftragsmanager und Leiter In-/Outsourcing in KMU-Netzwerken

## Kompetenzentwicklung im Curriculum und im Prozess der Arbeit

Um den Ansprüchen der Unternehmen nach einer Vernetzung von Beschäftigung und Qualifizierung gerecht werden zu können, wird ein modulares Arbeits- und Lernaufgabensystem verwendet. Dieses ermöglicht den Lernenden, sich entsprechend ihrem individuellen Zeitrhythmus und innerhalb des betrieblichen Alltags fortzubilden. Module über Pneumatik, Elektropneumatik, Elektrotechnik,

---

[140] Vgl. hierzu auch die Ausführungen der IHK/DIHT 2000.

Elektronik, Digitaltechnik und SPS sind hierbei die Inhalte, die den Mechatroniker zum „Allrounder" der Werkstatt machen. Die Module sind so angelegt, dass sie systematisch vom Einstieg bis hin zur Facharbeiterreife des Mechatronikers führen. An den Planungen waren neben dem Bildungsträger Winkler-Ausbildungs-GmbH (BZT) die IHK Villingen-Schwenningen, das Bundesinstitut für Berufsbildung (BIBB), das Arbeitsamt und eine Gewerbeschule beteiligt, die einen Teil der Weiterqualifizierung leistet. Wissenschaftlich begleitet wird das Projekt von dem Institut für Kunststoffverarbeitung (IKV) der RWTH Aachen. In den Basismodulen erarbeiten die Lernenden die theoretischen Zusammenhänge im Selbststudium. Zu diesen Themen werden ihnen von der Winkler-Ausbildungs-GmbH Arbeits- und Lernaufgaben gestellt. Darüber hinaus kann der Lernende jederzeit Kontakt mit einem persönlichen Betreuer im BZT aufnehmen. Im Rahmen der Fachmodule werden die Lernenden entsprechend ihren theoretischen Kenntnissen in die praktische Arbeit eingewiesen und erwerben so die elementaren praktischen Fertigkeiten. Im Rahmen der Vertiefung innerhalb der Firmen werden diese praktischen Fertigkeiten weiterentwickelt: Anhand von firmenspezifischen Arbeits- und Lernaufgaben werden den Lernenden die Kenntnisse und Fertigkeiten vermittelt, die einerseits für die Mechatroniker-Qualifizierung nötig und andererseits für die jeweilige Firma wichtig sind. Ein weiterer Vorteil der Modularisierung ist in der Flexibilität der Lehrein-heiten zu sehen. Mit den verschiedenen Modulen wird benötigtes Wissen kompakt vermittelt und kann in den Betrieben schnell umgesetzt werden. Die überschaubaren Lehreinheiten können auch als einzelne Module eingesetzt werden, wenn beispielsweise nicht alle Lehrinhalte des Mechatronikers in einer Firma benötigt werden, sondern nur einzelne Fachanteile. Ein Modul ist definiert über die Ziele, Inhalte, Methoden und die Dauer des Moduls. Jedes Modul soll neben der Fachkompetenz auch Methoden- und Sozialkompetenz vermitteln (Abb. 5.15).

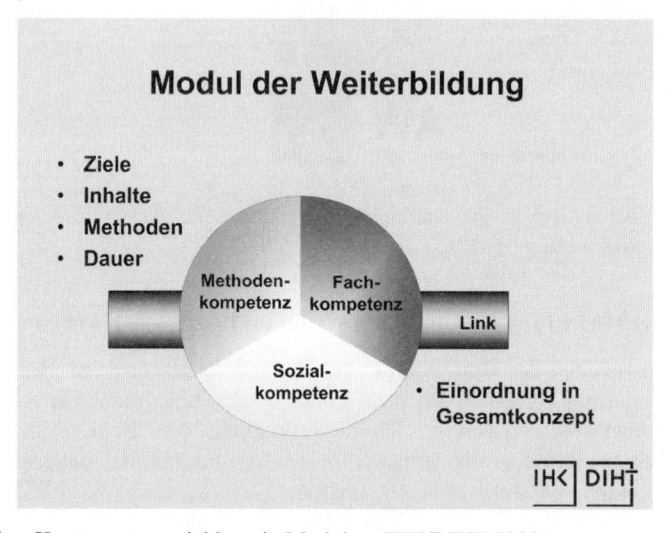

Abb. 5.15:   Kompetenzentwicklung in Modulen (IHK/DIHT 2000)

Die Unternehmen und der einzelne Lernende können je nach betrieblichen und persönlichen Gegebenheiten die Qualifizierung mitgestalten. So ist es z.B. denkbar, dass die Module in Zeitspannen saisonal bedingter geringer Auslastung eines Betriebs eingesetzt werden. „Dadurch, dass wir die Themen der einzelnen Lernmodule mit beeinflussen können, haben wir die Möglichkeit, die Qualifizierung zum Mechatroniker angepasst an unser Unternehmen durchzuführen", so eine Mitarbeiterin aus der Personalabteilung eines beteiligten Unternehmens.

Hat ein Lernender alle Module bearbeitet, kann er die Prüfung vor der IHK ablegen. Um zu einer bestimmten Qualifikation zu gelangen, können verschiedene Module in Abhängigkeit von betrieblichen und persönlichen Anforderungen durchlaufen werden.

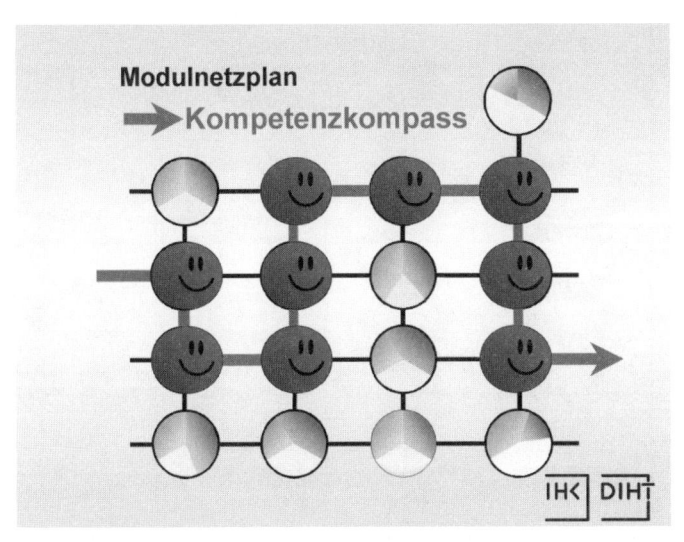

**Abb. 5.16:** Zusammenstellung von Lernwegen durch Kombination einzelner Module (IHK/DIHT 2000)

**Durchführung**

Um die Qualifizierung entsprechend den Anforderungen der beteiligten Unternehmen zu gestalten, wurden zunächst die Arbeitsbedingungen und Anforderungsprofile für die zukünftigen Mechatroniker analysiert. Gemeinsam mit den zu vermittelnden Fachinhalten der Mechatroniker-Qualifizierung flossen die Erkenntnisse der Firmenanalysen ebenso wie die Vorstellungen der Lernenden in die Gestaltung der Module ein (Abb. 5.16 u. Abb. 5.17).

Durch die Einbeziehung aller Interessengruppen wurde erreicht, dass hier Kompetenzentwicklung in den Arbeitsalltag, also in den „Prozess der Arbeit", integriert werden konnte. Im Januar 2001 begann die Qualifizierung zum Mechatroniker unter Beteiligung von fünf Firmen. Bis November 2002 konnten die Bereiche „Pneumatik", „Elektropneumatik", „Elektrotechnik" und „Digitaltechnik" in „Theorie" und „Einführung in die Praxis" erfolgreich abgeschlossen werden. In den anschließenden Evaluierungen wurde die Qualifizierung von den Beteiligten positiv bewertet. Dagegen bereitete die Vertiefung des Erlernten in den Firmen Schwierigkeiten: Hier musste die Verteilung von Ressourcen und Kompetenzen optimal gestaltet werden. Gemeinsam mit allen Beteiligten wurden neue Strukturen diskutiert, um den Lernenden im Arbeitsalltag den notwendigen Freiraum und ein unterstützendes Coaching gewähren zu können und den Lernprozess in den Arbeitsalltag zu integrieren.

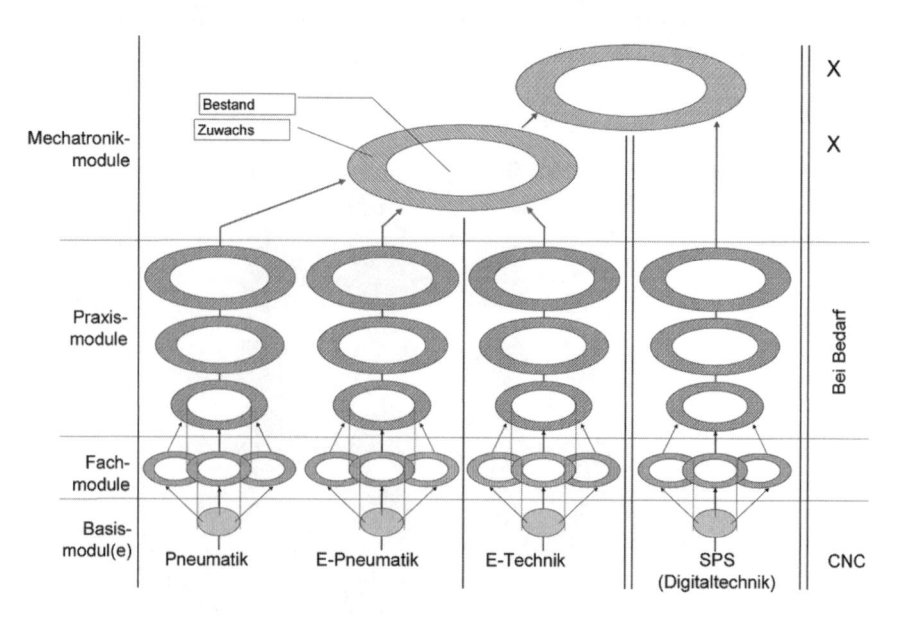

**Abb. 5.17:** Der modulare Aufbau des Qualifizierungskonzeptes

**Fazit**

Der Wettbewerb und Zeitdruck, unter dem insbesondere KMU stehen, erlaubte keine lang andauernden, zeitraubenden Qualifizierungsmaßnahmen außerhalb der Unternehmen. Deshalb ist die Entwicklung von modularen Lerneinheiten erforderlich, die den KMU möglichst viel Spielraum bei der Abwicklung ihres Kerngeschäfts lassen.

Die Module des Konzeptes beinhalten sowohl Aspekte curricularer Qualifizierung als auch solche des „Lernens im Prozess der Arbeit". Die berufsbegleitende modulare Qualifizierung zum Mechatroniker ist eine Möglichkeit, auch in wirtschaftlich schwierigen Zeiten eine zielgerichtete Kompetenzentwicklung der Mitarbeiter zu fördern und somit die Innovationsfähigkeit des Unternehmens zu wahren. Mittels der eingesetzten Module können maßgeschneiderte Qualifizierungen angeboten und die spezifischen Gegebenheiten der Unternehmen optimal berücksichtigt werden. Dem Bildungsdienstleister bietet sich durch die Modularisierung der Qualifizierung die Möglichkeit, schnell und gezielt auf Firmenanfragen zu reagieren und spezifische Angebote zur Qualifizierung mit geringerem Aufwand vorlegen zu können.

### 5.3.4 Qualifizierung zum produktionsnahen Prozessbegleiter[141]

*Nele Honecker, Stefan Frank*

**Ausgangslage**

Eine Studie der Universität St. Gallen verdeutlicht, dass in Unternehmen eine Vielzahl von Veränderungsprozessen begonnen, jedoch nur wenige zu Ende geführt werden und die intendierten Ziele erreichen. Um Veränderungsprozesse zu initiieren und aufrecht zu erhalten, werden in der Regel externe Berater, in jüngerer Vergangenheit aber auch vermehrt eigene Mitarbeiter eingesetzt. Die Aufgabe der internen Prozessbegleiter besteht darin, Veränderungen vor Ort in ihrer Umsetzung kontinuierlich zu begleiten und für eine nachhaltige Sicherung und Weiterentwicklung der begonnenen Prozesse zu sorgen. Dabei liegt ihr Fokus auf der sozialen Unterstützung der Beteiligten und der methodischen Begleitung des Veränderungsprozesses (vgl. Binz et al. 2000). Seit Beginn der 1990er Jahre als Methode zur nachhaltigen Einführung und Sicherung von Gruppenarbeit angesehen (vgl. Hurtz et al. 1997), wird Prozessbegleitung in jüngerer Zeit auch im Kontext von Veränderungsprozessen aller Art eingesetzt (vgl. Binz et al. 2000).

Prozessbegleiter nehmen dabei vor allem die Rolle von *Auditoren interner Netzwerke* im oben beschriebenen Sinne wahr (Abb. 5.18)[142]. Es sind Personen, die im Sinne einer internen Revisionsinstanz (Veränderungs-)Prozesse in intraorganisationalen (Netzwerk-)Strukturen begleiten. Sie nehmen dabei beratende, aber auch prüfende Tätigkeiten wahr, mit dem Ziel der Vermittlung zwischen einzelnen Akteursgruppen in internen Netzwerken und ggf. auch zwischen externen Kunden. Zum Prozessbegleiter werden dabei häufig Mitarbeiter ausgebildet, die Wissen über die Kernprozesse und Probleme ihrer Betreuungsbereiche besitzen und gleichzeitig von den betroffenen Personen akzeptiert werden.

Zusätzlich ist Wissen über die Begleitung von Individuen und Gruppen für die Tätigkeit von Prozessbegleitern unabdingbar. Am zuletzt genannten Aspekt setzen überfachliche Maßnahmen zur Kompetenzentwicklung an (vgl. Göransson u. Schuh 1997).

---

[141] Der vorliegende Beitrag basiert auf den Ergebnissen der Dissertation von Nele Honecker, die u.a. im Rahmen der Querschnittsaufgabe 3 „Kompetenzentwicklung für Netzwerkakteure" erstellt wurde. Vgl. hierzu auch die Liste der im Rahmen des Projektes erstellten Dissertationen im Anhang.

[142] Vgl. Kap. 5.2.2.

Das Ziel der Qualifizierung zu internen produktionsnahen Prozessbegleitern besteht in der sozialen und methodischen Unterstützung aller Beteiligten bei der Umsetzung von produktionsnahen Veränderungsprozessen. Vor diesem Hintergrund erscheint eine Erweiterung bestehender Qualifizierungskonzepte um eben diese Kompetenzen notwendig.

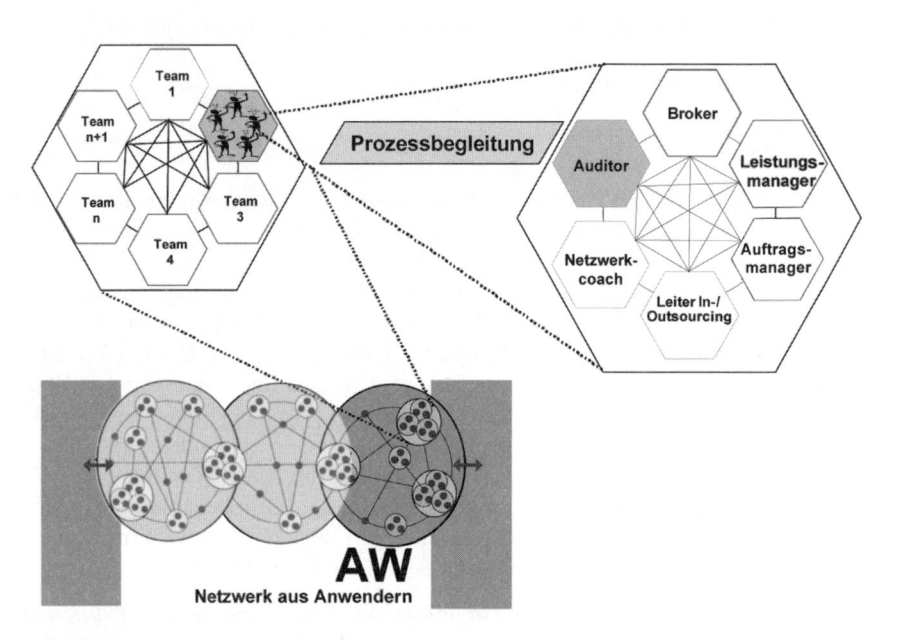

**Abb. 5.18:** Die Rolle der Prozessbegleiter als Netzwerkakteure

In einem Qualifizierungskonzept für interne produktionsnahe Prozessbegleiter werden dementsprechend folgende Module aufgegriffen: Moderation, Projektmanagement, Arbeits- & Arbeitssystemgestaltung, Prozessmanagement, Teamentwicklung, Wissensmanagement sowie ein Modul zur Netzwerkbildung zwischen den Prozessbegleitern. Ergänzt werden diese Module durch ein Praxisprojekt, in dem die Prozessbegleiter die Inhalte der Module im Prozess der Arbeit erproben können (Abb. 5.19).

Durch diese Module werden umfassend alle oben beschriebenen Schlüsselkompetenzen für Netzwerkakteure gefördert. Eine nicht trennscharfe, aber tendenzielle Zuordnung der Module zu den einzelnen Schlüsselkompetenzen zeigt die Tabelle 5.2.

Tabelle 5.2: Geförderte Schlüsselkompetenzen in einzelnen Modulen des Curriculums

| Modul | Schlüsselkompetenzen |
|---|---|
| Moderation | • Konflikt- und Kompromissfähigkeit<br>• Team- und Koordinationskompetenz<br>• Multikulturelle Kompetenz |
| Projektmanagement | • Team- und Koordinationskompetenz |
| Arbeits- und Arbeitssystemgestaltung | • Fach- und Methodenkompetenz |
| Prozessmanagement | • Prozesskompetenz |
| Teamentwicklung | • Team- und Koordinationskompetenz<br>• Multikulturelle Kompetenz<br>• Selbstverantwortungs- und Überraschungskompetenz |
| Wissensmanagement | • Sozial- kommunikative Kompetenz |
| Wissensnetzwerk | • Konflikt- und Kompromissfähigkeit<br>• Team- und Koordinationskompetenz<br>• Selbstverantwortungs- und Überraschungskompetenz<br>• Prozesskompetenz<br>• Parallelitätskompetenz<br>• Multikulturelle Kompetenz |
| Praxisprojekt | • Fach- und Methodenkompetenz<br>• Parallelitätskompetenz |

**Kompetenzentwicklung im Curriculum und im Prozess der Arbeit**

Neben der Integration zusätzlicher Inhalte liegt ein besonderes Augenmerk auf dem Transferkonzept der Qualifizierungsmaßnahme, d.h. Sicherung der Übertragung der Lerninhalte auf den spezifischen Arbeitskontext der Teilnehmer. Als ein Element zur Sicherung des Lerntransfers sind betriebliche Experten in jedes Weiterbildungsmodul des Curriculums integriert. Sie bringen Konzepte, Vorgehen, Erfahrungen und Probleme aus der konkreten betrieblichen Praxis ein.

Wichtiger ist jedoch, dass jeder Teilnehmer zeitgleich zur Weiterbildung in den Qualifizierungsmodulen ein Praxisprojekt aus seinem Zuständigkeitsbereich bearbeitet und dabei durch einen innerbetrieblichen Coach unterstützt wird. In diesen betrieblichen Projekten besteht die Möglichkeit, die in den Qualifizierungsmodulen erworbenen Kenntnisse direkt im Arbeitsalltag zu prüfen, an eigene Bedingungen und Anforderungen anzupassen sowie eigene Ansätze zu entwickeln. Zusätzlich wird vor der Qualifizierungsmaßnahme eine Art „Zielvereinbarungsgespräch" zwischen dem Teilnehmer, seinem Vorgesetzten und dem Coach geführt. Durch diese Vereinbarung soll für alle Beteiligten der Nutzen der Maßnahme verdeutlicht werden.

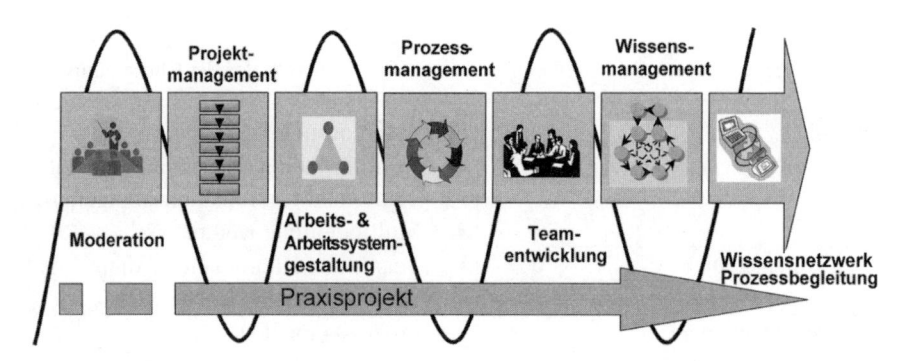

**Abb. 5.19:** Qualifizierungskonzept für interne Prozessbegleiter (Honecker u. Müller 2001)

Durch die Praxisprojekte und ihre innerbetriebliche Betreuung besteht ein großer Teil der Qualifizierungsmaßnahme, neben der Teilnahme an den einzelnen Qualifizierungsmodulen, in konkreten Lernsituationen im beruflichen Alltag. Diese Lernerfahrungen werden zum einen mit den Coaches, zum anderen in jedem Qualifizierungs-Modul gemeinsam thematisiert und reflektiert. Im Verlauf der Qualifizierungsmaßnahme übernehmen dabei die Teilnehmer zunehmend mehr die Rolle eines Netzwerk-Coaches bzw. Begleiters für ihre Seminarkollegen, d. h. die innerbetrieblichen Coaches und Trainer werden in ihren Rollen entlastet und die Teilnehmer erwerben in kollegialem Umfeld relevante Kompetenzen zur sozialen und methodischen Begleitung von Projekten.

Im Rahmen der Prozessbegleitung gilt das Prinzip der *Hilfe zur Selbsthilfe*. Das heißt: Die Unterstützung durch die Prozessbegleiter ist derart, dass die Beteiligten des Veränderungsprozesses dazu befähigt werden, die Situation/Aufgabe zukünftig ohne Hilfestellung zu bewältigen. Dies bedeutet, dass Prozessbegleitung auf den Kompetenzerwerb im Prozess der Arbeit ausgerichtet ist. Aufgabe der Prozessbegleiter ist, dafür zu sorgen, dass die begleiteten Personen gezielt Kompetenzen erwerben, während sie den Veränderungsprozess durchlaufen. Diese hohen Anforderungen werden in den letzten beiden Modulen thematisiert und bleiben über die Dauer der Qualifizierung hinaus Inhalte der Netzwerktreffen zwischen den Prozessbegleitern.

Bei der Durchführung der Qualifizierung für interne produktionsnahe Prozessbegleiter sind die Unternehmen über die Entsendung der Mitarbeiter hinaus aktiv in die Maßnahme eingebunden – durch Expertenbeiträge, die Arbeit an den Praxisprojekten und die Bereitstellung eines innerbetrieblichen Coaches. Dies stellt einen hohen Aufwand für die Unternehmen dar. Wird dieser Aufwand jedoch nicht geleistet, bleiben die Lerninhalte auf Erfahrungen und Erkenntnisse in den Qualifizierungsmodulen beschränkt und können von den Teilnehmern nur schwer in den betrieblichen Alltag integriert werden. Über die Qualifizierung hinaus bedarf es für die Arbeit interner produktionsnaher Prozessbegleiter eines beteiligungsorientierten Veränderungsprozesses.

**Fazit**

Die Inhalte der Qualifizierungsmodule führen in Verbindung mit den Erfahrungen, die im Rahmen des Praxisprojektes im Prozess der Arbeit gewonnen werden können, zu einer umfassenden Entwicklung von Schlüsselkompetenzen für Netzwerkakteure (vgl. Tab. 5.1). Diese werden benötigt, um im letzten Modul den Grundstein für ein unternehmensweites Wissensnetzwerk aus Prozessbegleitern zu legen. Auf diese Weise wird der Wissenstransfer über Abteilungsgrenzen hinweg und auch die individuelle Kompetenzentwicklung der Mitarbeiter gefördert.

Insgesamt bewerten Unternehmen[143], die die Qualifizierungsmaßnahme durchgeführt haben, diese trotz des hohen Aufwands positiv. Als besonders wichtig werden der enge Austausch zwischen den beteiligten Betrieben sowie die konkrete Arbeit an den Praxisprojekten hervorgehoben. Diese Bewertung spiegelt sich in dem hohen Engagement der beteiligten Unternehmen, in der Evaluation des Qualifizierungskonzeptes, der Integration der Ergebnisse in ein überarbeitetes Konzept sowie in der bereits dritten Durchführung der Maßnahme wider.

### 5.3.5 Interkulturelles Training zur Zusammenarbeit in multikulturellen Teams

*Susanne Preuschoff*

**Ausgangslage**

Die internationale Konkurrenz um Humankapital, verbunden mit demographischen Entwicklungen, erfordert auch für kleine und mittlere Unternehmen (KMU) in Deutschland die Zusammenarbeit von Arbeitskräften vieler unterschiedlicher Kulturen. „Europa ist ein Einwanderungskontinent mit fallenden Geburtenraten, steigender Lebenserwartung und demographisch alternder Bevölkerung" (vgl. Bade 2001). Die Auswirkungen des sinkenden deutschen Arbeitskräftepotenzials müssen vor allem bei mittelständischen Unternehmen betrachtet werden, da zurzeit etwa 80 % der Arbeitsplätze in der Privatwirtschaft von mittelständischen Firmen angeboten werden[144]. Diese „Anwender" von weltweit verfügbarem Wissen im Sinne der „Wertschöpfungskette des Wissens" (vgl. Abb. 5.1) sind in immer stärkerem Maße darauf angewiesen, dieses Wissen auch durch die Beschäftigung von Personen aus anderen Kulturkreisen für sich nutzbar zu machen. Viele OECD-Länder verfügen daher längst über wirkungsvolle Instrumente in Bezug auf die Anwerbung ausländischer Fachkräfte. Es ist bereits viel Wissen und Know-how über multikulturelle Zusammenarbeit verfügbar; wichtig ist vor allem die unternehmensspezifische Aufbereitung in einer multipolaren und multikulturellen Welt.

---

[143] Die beteiligten Unternehmen waren: John Deere Werke Mannheim und die Bosch Rexroth AG, Lohr a. Main.
[144] Vgl. ASU 2001.

Die „Ressource" Mensch wird zu einem Engpassfaktor, die permanente Anpassung des Managementwissens wird zur Voraussetzung des Unternehmenserfolgs (vgl. Djarrahzadeh 1993). „Today we talk about world markets for cars, computers and capital. Tomorrow we will talk about a world market for labour" (Johnston 1991). Für den Standort Deutschland bedeutet dies die demographisch und wettbewerbsbedingte Notwendigkeit für Unternehmen, vermehrt Mitarbeiter ungeachtet ihrer kulturellen Herkunft zu beschäftigen. Statistische Analysen prognostizieren eine dramatische Verknappung des Arbeitskräftepotenzials (vgl. Hof 1996). Viele dieser ausländischen Mitarbeiter finden Positionen im mittleren Management von KMU und übernehmen damit in den dort vorhandenen internen und externen Netzwerken eine Multiplikatorenrolle sowohl hinsichtlich ihrer fachlichen als auch ihrer besonderen überfachlichen Kompetenzen. Sie nehmen im Wesentlichen die oben beschriebene Rolle des *Auftragsmanagers* wahr, wenn auch einige Bestandteile anderer Rollen hier zum Tragen kommen (Abb. 5.20).

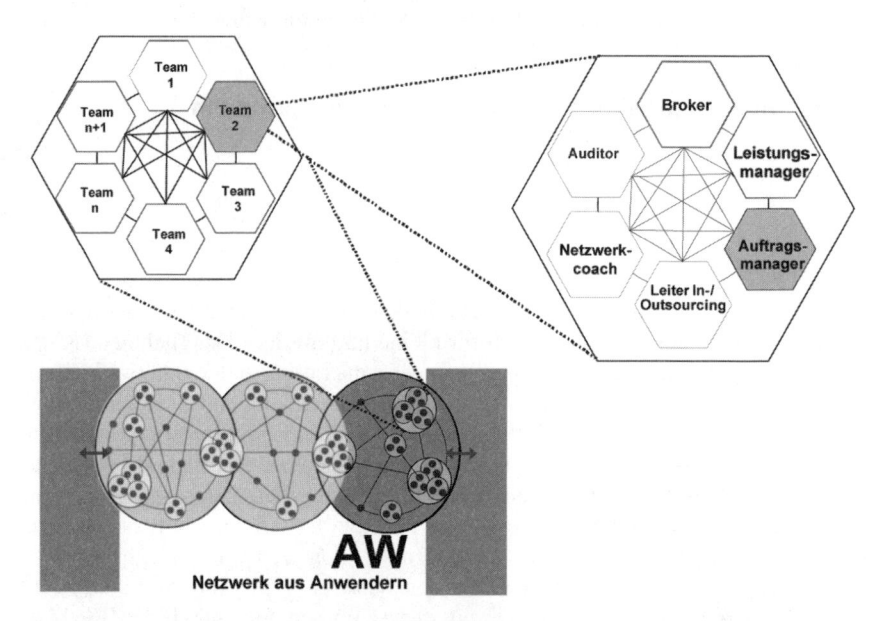

**Abb. 5.20:** Multikulturelle Akteure in Anwenderunternehmen – ausländische Mitarbeiter als Auftragsmanager in internen und externen KMU-Netzwerken

Im Rahmen des Projektes SENEKA wurde daher von der Deutschen Asia Pacific Gesellschaft e.V. (DAPG) für die oben beschriebene Zielgruppe ein interkulturelles Trainingskonzept zur Förderung multikultureller Kompetenzen entwickelt.

## Interkulturelles Training

Dieses Training vermittelt den Teilnehmern die Kompetenzen, die sie für die erfolgreiche Bewältigung ihrer Aufgabe in einem interkulturell zusammengesetzten Team brauchen. Ziele sind dabei unter anderem:

- Wissensvermittlung über einen spezifischen Kulturkreis,
- Verbesserung der Kommunikationsbedingungen der Teilnehmer,
- Erleichterung im Umgang mit Landesspezifika.

Dazu erfolgt nach einer intensiven und durch partizipative Elemente gekennzeichneten Phase des Kennenlernens der Teilnehmer die Vermittlung wichtiger Daten und Fakten über Deutschland. Es werden geografische und politische Kenntnisse, Informationen über Mentalität, Sozialstruktur, Philosophie, Erziehung, Wirtschaftsordnung, Industrialisierungsgrad, Familienkonzept, Gesundheitsstandards und die historische Entwicklung vermittelt. Die Wissensvermittlung erfolgt durch Vorträge und Filme.

Nach dieser ersten Phase erfolgt eine Auseinandersetzung mit den individuellen Selbst- und Fremdbildern sowie dem vermuteten Fremdbild. Auch der Umgang mit sog. Stereotypen spielt eine Rolle im Training. Als Stereotype bezeichnet man Fremdbilder, welche die Eigenschaften ganzer Nationen in wenigen Begriffen zusammenfassen. Stereotype sind nach Stroebe „die von einer Gruppe geteilten impliziten Persönlichkeitstheorien hinsichtlich dieser oder einer anderen Gruppe" (Stroebe 1980: 97). Sie werden vor allem über Kulturen gebildet, die wenig bekannt sind, und dienen dazu, eine erste grobe Orientierung zu schaffen. Auch wenn der Begriff in der Alltagssprache eher negativ besetzt ist, stellt das Stereotypisieren allerdings zunächst eine fundamentale Wahrnehmungsfunktion dar, ist als solche von hohem Nutzen und sind somit in ihrer aktiven Nutzung eine wichtige multikulturelle Kompetenz.

Die Teilnehmer werden so für die Tatsache sensibilisiert, dass sie Stereotype vor allem über jene Bereiche der Welt besitzen, über die sie nichts oder kaum etwas wissen. Es soll verdeutlicht werden, dass jedes Individuum über Stereotype verfügt. Die Akteure erkennen, dass Stereotype nicht per se schlecht sind, sondern zur psychischen Grundausstattung des Menschen gehören und eine Orientierungsfunktion erfüllen. Die Bewusstmachung und das Eingestehen von Stereotypen hilft dabei, zu differenzierten Bewertungen über eine fremde Kultur zu gelangen (vgl. Stroebe et al. 1996). In weiteren Teilen des Trainings können die Teilnehmer erfahren, dass sich kulturelle Unterschiede in vielfältigen Situationen auswirken und gegenseitiges Verstehen erschweren können. Weiterhin sollen die Teilnehmer durch die Erkenntnis der Begrenztheit ihrer Kenntnisse über fremde Kulturen für eine weitere Auseinandersetzung mit der interkulturellen Thematik motiviert werden.

**Fazit**

Interkulturelle Kompetenz erlangt neben fachlicher Kompetenz in der Arbeitswelt eine immer größere Bedeutung. Interkulturelle Kompetenz bedeutet die Fähigkeit und Bereitschaft, sich Wissen über fremde Kulturen, aber auch über die eigene Kultur anzueignen, sich in fremde Kulturen hineinzuversetzen und die eigene kulturelle Prägung zu reflektieren. Dies gilt aber nicht nur für den Manager, nicht nur für ins Ausland entsandte „Expatriates" und nicht nur für bikulturelle Verhandlungen. Immer mehr Bedeutung erlangt die Arbeit gleichberechtigter Mitarbeiter in multikulturellen Teams, sei es auf virtueller oder persönlicher Ebene. Das vorgestellte interkulturelle Training stellt im Sinne von Kapitel 5.2.4 eine klassische Form der Kompetenzentwicklung dar, mit deren Hilfe die angesprochenen Personengruppen eine wichtige Schlüsselkompetenz für Netzwerkakteure erlangen können.

## 5.4 Resümee und Ausblick

*Frank Hees, Stefan Frank, Ingrid Isenhardt*

Die im Kontext von SENEKA gemachten und anhand der Praxisbeispiele dargelegten Erfahrungen mit Netzwerken haben gezeigt, dass die in die Netzwerkarbeit involvierten Akteure ein bestimmtes Kompetenzprofil mitbringen und/oder erlangen müssen. Zur systematischen Generierung dieser Kompetenzen ist es notwendig, auf theoretischer Ebene eine Verknüpfung der Erkenntnisse aus der Kompetenz- und Netzwerkforschung zu realisieren. Die Untersuchungen haben gezeigt, dass sich die unterschiedlichen Rollen von Netzwerkakteuren und das damit verbundene, stark differierende Aufgaben- und Kompetenzspektrum als tragfähige Brücke zwischen Netzwerktheorie einerseits und Kompetenzforschung andererseits erweist.

Das Ausfüllen dieser Rollen kann, so die weitere Argumentation, nur gelingen, wenn Netzwerkakteure – über das fachlich-methodische, sozial-kommunikative und personale Können hinaus – über besondere netzwerktaugliche Schlüsselkompetenzen verfügen. Diese gelten auf Basis des gedanklichen Modells der Wertschöpfungskette des Wissens zunächst nur auf der Ebene von Individuen. Die Übertragung der identifizierten Kompetenzanforderungen auf die Akteursebenen der Gruppe, der Organisation bzw. des Netzwerks (vgl. Abb. 5.7) ist als zielführend anzusehen, konnte im Rahmen der vorliegenden Untersuchung jedoch noch nicht operationalisiert und nachgewiesen werden. Prinzipiell dient die Selbstähnlichkeit der beschriebenen Netzwerkstruktur aber als Ausgangspunkt für einen Ordnungsrahmen, der die vielfältigen Rollen im komplexen Beziehungsgeflecht von Netzwerken verortet und Ansätze für weitere Untersuchungen liefert.

Darauf aufbauend liefern die beschriebenen Fallstudien Beispiele dafür, welche Formen des zielgruppengerechten „Lernens im Prozess der Arbeit" zur Kompetenzentwicklung für Netzwerkakteure eingesetzt werden können und wie die Wirkung entsprechender Maßnahmen bewertet werden kann. Die Qualifizierung zum produktionsnahen Prozessbegleiter und das interkulturelle Training als Antwort auf die wachsende Internationalisierung belegen den Nutzen dieser Systematik an konkreten Fällen und überzeugen durch einen hohen Wert hinsichtlich ihrer Übertragbarkeit.

Auch wenn in dem hier vorgestellten Modell der Wertschöpfungskette des Wissens Akteure mit subjekthaftem Charakter auf allen Ebenen, also als Individuum, Gruppe und Organisation betrachtet werden, ist dennoch das Individuum als Ausgangspunkt und Kern von Innovation und Veränderung zu verstehen. Kompetenz als eine Kombination von Fähigkeiten, Wissensbeständen und Denkmethoden, die im Hinblick auf die Erreichung eines bestimmten Ziels eingesetzt werden, stehen dem Individuum als Handlungs- und Verhaltensrepertoire zur Verfügung. Hierdurch kann es die Gruppen, Organisationen und Netzwerke, in denen es sich bewegt, prägend beeinflussen. Begünstigt durch eine lernförderliche Gestaltung des Arbeitsprozesses und durch Schaffung kompetenzförderlicher organisationaler Rahmenbedingungen können so Entitäten gebildet werden, die „kompetent" innovierendes Wissen generieren, makeln und nutzen.

Die im Zusammenhang mit der Querschnittsaufgabe „Kompetenzentwicklung für Netzwerkakteure" des Vorhabens SENEKA erfolgten Untersuchungen haben dazu wichtige Erkenntnisse hinsichtlich der in Kapitel 5.2.1 genannten Fragestellungen gewonnen. Zugleich werfen sie aber auch weitere Fragen für die zukünftige Diskussion und Maßnahmenentwicklung auf. So konnte bislang noch nicht abschließend geklärt werden,

- wie die Definition der Kompetenzen auf der Individualebene im Sinne der Fraktalstruktur von Netzwerken auf Gruppen, Organisationen und Netzwerke übertragen werden kann,

- wie die Rollen von Gruppen, Organisationen und Netzwerken als Akteure zweckmäßig beschrieben und so operationalisierbar gemacht werden können,

- welche beschreibbaren Effekte von Vernetzungsprozessen auf die Kompetenzentwicklung von Individuen, Gruppen, Organisationen und Netzwerken identifizierbar sind und

- ob Vernetzungsprozesse an sich als Mittel zur Kompetenzentwicklung definiert werden können.

Insgesamt versteht sich das dargelegte Erklärungsmodell zum einen als integrierter theoretischer Denkrahmen für die weitere Forschung in diesem Feld. Zum anderen dient es als praxistaugliches Instrument zur Analyse, Gestaltung, Steuerung und Reflexion von Prozessen der Kompetenzentwicklung in Netzwerken. Damit liefert es auch wichtige Strukturierungsansätze zur Lösung der immer drängender werdenden Probleme im Zusammenhang mit dem Management zunehmend virtueller und internationaler werdender Netzwerke.

# 6 Querschnittsaufgabe 4: Wissensmanagement

**Zusammenfassung**

*Im folgenden Beitrag werden die Arbeiten der Querschnittsaufgabe 4 im Projekt SENEKA dargestellt. Hierzu wird nach einer Einleitung auf Grundlagen, Begrifflichkeiten und Definitionen von Wissen und Wissensmanagement eingegangen. Im Anschluss daran werden die zentralen wissenschaftlichen Fragestellungen dieser Querschnittsaufgabe zusammengefasst. Diese werden in den Einzelbeiträgen der Querschnittsaufgabe aus verschiedenen Blickwinkeln diskutiert, und im Projekt erarbeitete Lösungsansätze werden vorgestellt. Anhand von ausgewählten Praxisbeispielen wird dargestellt, wie gemeinsam mit den Unternehmen in SENEKA Wissensmanagement für die Praxis umgesetzt wird.*

## 6.1 Einleitung

*Tilo Pfeifer, Mark Betzold*

Woher kommt das in den letzten Jahren gestiegene Interesse an Wissen respektive an Wissensmanagement? Zahlreiche Konferenzen und unzählige Beiträge in Fachpublikationen belegen, dass Wissen und das dafür propagierte Wissensmanagement in aller Munde sind. Der Trend zur Wissensberatung und die in fast allen größeren Unternehmen laufenden Projekte zum Thema Wissensmanagement belegen die wachsende Überzeugung, dass Wissen über Wissen eine unverzichtbare Grundlage für den zukünftigen Unternehmenserfolg ist. Viele Fachleute gehen sogar davon aus, dass es *der* zukünftige Produktionsfaktor und für das Überleben einer Organisation von entscheidender Bedeutung sein wird (vgl. Stewart 1998).

Wissen wird zu einem Produktionsfaktor der Zukunft, dies belegt eine Umfrage des Fraunhofer-Instituts für Arbeitswirtschaft und Organisation (IAO) in Stuttgart. Demnach trägt der Produktionsfaktor Wissen bereits mehr als 50 % zur Wertschöpfung der befragten Unternehmen bei. 96 % der Unternehmen gaben an, dass sie Wissensmanagement für wichtig bis sehr wichtig halten (vgl. Bullinger 1997). Diese Aussage wird durch eine Studie, welche die Dr. Reinold Hagen Stiftung in Zusammenarbeit mit dem Laboratorium für Werkzeugmaschinen und Betriebslehre (WZL) der RWTH Aachen im Rahmen des SENEKA-Projektes durchgeführt hat, bestätigt. Hier gaben 57 % der befragten Unternehmen an, dass Wissensmanagement für sie eine strategische Bedeutung hat (vgl. Pfeifer et al. 2000).

Wissen muss gemanagt werden[145], um beispielsweise die Wiederholung von Fehlern oder die „Neuerfindung des Rads" zu verhindern. Darüber hinaus befinden sich Organisationen häufig in der Situation, dass im betrieblichen Alltag Ideen nur unzureichend ausgetauscht werden und dass eine Abhängigkeit von Schlüsselpersonen, die über bestimmtes Wissen verfügen, besteht. Ferner führt ein mangelhaftes Wissensmanagement in vielen Fällen dazu, dass die Entwicklung von Dienstleistungen, Produkten oder neuen Strukturen nur schleppend verläuft. Hier verbirgt sich also ein gewaltiges Verbesserungspotenzial, welchem gerade vor dem Hintergrund globaler Märkte eine besondere Bedeutung zukommt.

Die Zukunft wird weitere Herausforderungen für die Unternehmen bringen. Global operierende Unternehmen werden dazu gezwungen sein, ihr spezifisches Wissen weltweit zur Verfügung zu stellen. Szenarien wie das Global Engineering, bei denen Projekte rund um die Uhr weltweit bearbeitet werden und aus diesem Grunde beispielsweise Konstrukteure in Asien auf das Erfahrungswissen von europäischen Mitarbeitern direkt zugreifen müssen, sind bereits Realität.

Als ein wesentlicher Grund für die zunehmende Bedeutung von Wissensmanagement wird in der Literatur der radikale Übergang von einer Industrie- hin zu einer Wissensgesellschaft angeführt (vgl. Kreibich 1986). Diese Entwicklung hat einen Umbau von der in den Unternehmen vorherrschenden traditionellen „tayloristischen" in eine wissensbasierte Organisation zur Folge (vgl. North 1999). Organisationen sind nur dann in einem globalen Wettbewerb zukunftsfähig, wenn sie Wissen als kritische Ressource genauso sorgfältig managen wie Arbeitsbeziehungen oder Kapitaleinsatz (vgl. Stewart 1998).

## 6.2 Was ist Wissensmanagement?

*Tilo Pfeifer, Mark Betzold*

Es stellt sich jedoch die Frage, was unter Wissen und Wissensmanagement zu verstehen ist. In der Fachliteratur gibt es eine begriffliche Vielfalt sowie unterschiedliche Ansätze. Daher wird im Folgenden auf die vorherrschenden Definitionen im Themenkomplex Wissensmanagement eingegangen. Es wird eine klare Abgrenzung der verwendeten Begriffe und Definitionen vorgenommen, da sie maßgeblich für die Gestaltung von Wissensmanagement(-aktivitäten) ist.

**Daten, Information und Wissen**

„Daten sind keine Information und Information ist kein Wissen" (Simon 1999). Eine Abgrenzung der Begriffe Daten, Information und Wissen wird im Folgenden

---

[145] In den Beiträgen der QA 4 wird davon ausgegangen, dass Wissen gemanagt werden muss. Dies findet hier Erwähnung, da es vereinzelt Standpunkte gibt, die davon ausgehen, dass Wissen nicht gemanagt werden kann (vgl. Malik 2002; Peter 2002).

anhand der so genannten Wissenspyramide (Abb. 6.1) erläutert (vgl. Davenport u. Prusak 1998).

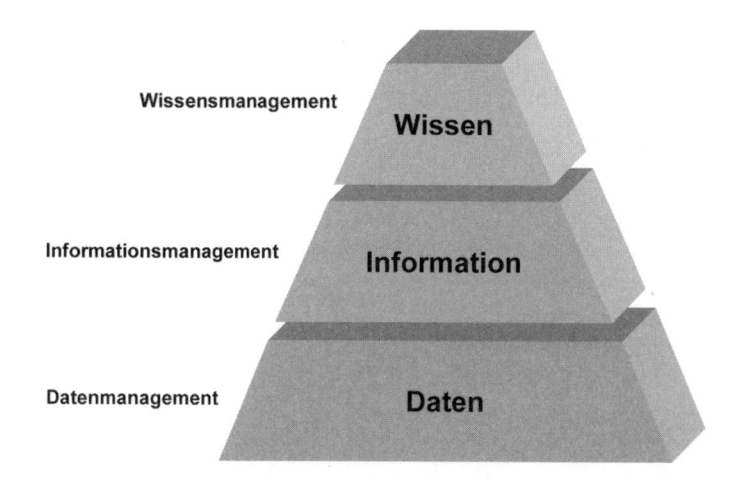

**Abb. 6.1:** Wissenspyramide (vgl. Davenport u. Prusak 1998)

Ihr Aufbau verdeutlicht, dass Wertigkeit und Komplexität von Daten über Informationen zu Wissen hin steigen und damit auch die Anforderungen an das jeweilige Managementsystem wachsen bzw. sich verändern. Die Basis in diesen Betrachtungen bilden die Daten, die in dieser Definition folgende Eigenschaften aufweisen:

- Sie kennzeichnen objektive Fakten.
- Sie besitzen als solche kaum Bedeutung oder Zweck.
- Sie stellen in Unternehmen eine strukturierte Aufzeichnung von Transaktionen dar.

Die nächste Stufe in der Wissenspyramide bildet die Information. Wie Daten und Informationen zusammenhängen bzw. wie aus Daten Informationen entstehen, veranschaulicht Davenport (vgl. Davenport u. Prusak 1998) mit den folgenden Methoden, die in Abbildung 6.2 dargestellt sind.

Die Aufwertung von Daten zu Informationen kann nach Davenport und Prusak durch verschiedene Methoden erreicht werden. *Kontextualisierung* bezieht sich auf die Frage, zu welchem Zweck die Daten beschafft wurden. Mit *Kategorisierung* wird beschrieben, dass Kenntnis über die Analyseeinheiten oder Hauptkomponenten des Datenmaterials besteht. Durch *Kalkulation* wird das Datenmaterial mathematisch analysierbar und statistisch auswertbar. In der *Korrektur* werden Fehler beseitigt und anschließend mittels *Komprimierung* Daten zusammengefasst.

Rechnerunterstützung mag einen Beitrag zu einer solchen Auswertung und Umwandlung von Daten zu Informationen leisten, aber bezüglich einer Kontextualisierung ist sie weniger effektiv, und auch bei der Kategorisierung, Kalkulation und Komprimierung bedarf es gewöhnlich eines menschlichen Eingriffs (vgl. Davenport u. Prusak 1998). Damit lässt sich erklären, dass ein „Mehr" an Informationstechnik nicht zwangsläufig eine Verbesserung des Informationsstandes zur Folge hat (vgl. Pfeifer 2001).

**Kontextualisierung**
o Zu welchem Zweck wurden die Daten beschafft?

**Kategorisierung**
o Einordnung des Datenmaterials

**Kalkulation**
o Mathematische Analyse oder statistische Auswertung

**Korrektur**
o Fehlerbeseitigung

**Komprimierung**
o Zusammenfassung des Datenmaterials

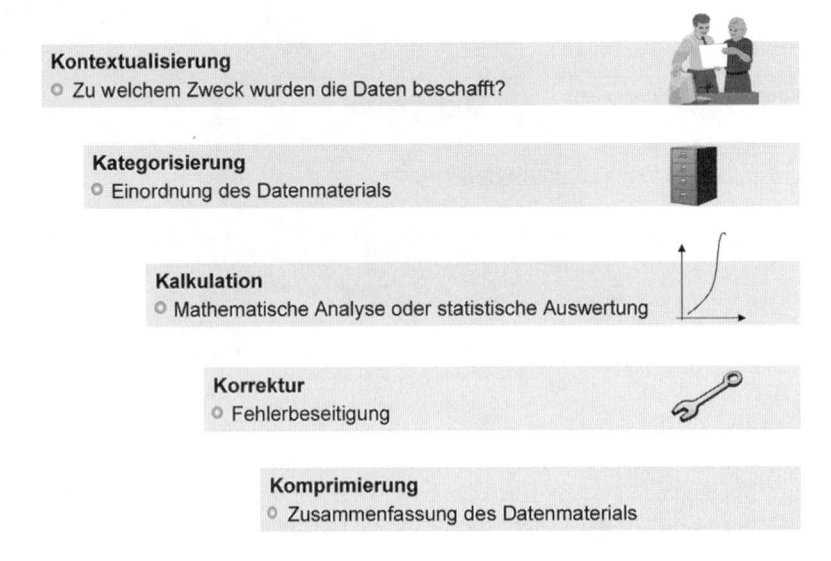

**Abb. 6.2:** Zusammenhang von Daten und Information (vgl. Davenport u. Prusak 1998)

Wissen stellt die höchste Stufe der Wissenspyramide (vgl. Abb. 6.1) dar und ist zwar einfach gegenüber Daten, aber ungleich schwerer gegenüber Information abzugrenzen. Werner (1995) beispielsweise bezeichnet Information als „neues Wissen" über ein Ereignis, einen Tatbestand oder einen Sachverhalt. Nonaka schafft ebenfalls keine klare Trennung zwischen Information und Wissen. Seiner Meinung nach liefern Informationen neue Gesichtspunkte zur Interpretation von Geschehnissen oder Dingen und enthüllen zuvor nicht erkannte Bedeutungen und Zusammenhänge. Damit stellt er die Information als notwendiges Medium oder Material für die Bildung von neuem Wissen dar (vgl. Nonaka u. Takeuchi 1997). Informationen stellen „Flüsse von Botschaften, die im Zusammentreffen mit den Vorstellungen und dem Engagement eines Menschen Wissen erzeugen" (ebd.), dar. Hervorgehoben werden muss, dass eine Information aus zwei verschiedenen Perspektiven betrachtet werden kann: Zum einen aus der syntaktischen (der *Form* nach) und zum anderen aus der semantischen Perspektive (der *Bedeutung* nach). Für die Bildung von Wissen ist nach Nonaka der semantische Anteil der Information wichtiger als die Syntax.

Die Schwierigkeit bei der Abgrenzung von Information und Wissen ist einer der Gründe, warum sich der Begriff „Wissen" nur schwer eindeutig beschreiben lässt. Aus der Vielzahl existierender Definitionen von Wissen aus unterschiedlichen Disziplinen sind nachfolgend exemplarisch zwei für SENEKA praxisrelevante Definitionen aufgeführt.

Nach Davenport und Prusak (1998) ist Wissen „eine fließende Mischung aus strukturierten Erfahrungen, Wertvorstellungen, Kontextinformationen und Fachkenntnissen, die in ihrer Gesamtheit einen Strukturrahmen zur Beurteilung und Eingliederung neuer Erfahrungen und Informationen bietet. Entstehung und Anwendung von Wissen vollziehen sich in den Köpfen der Wissensträger. In Organisationen ist Wissen häufig nicht nur in Dokumenten oder Speichern enthalten, sondern erfährt auch eine allmähliche Einbettung in organisatorische Routine, Prozesse, Praktiken und Normen" (Davenport u. Prusak 1998).

North bezeichnet Wissen als „den Prozess der zweckdienlichen Vernetzung von Informationen. Wissen entsteht hier als Ergebnis der Verarbeitung von Informationen durch das Bewusstsein. Informationen sind daher der Rohstoff, aus dem Wissen generiert wird und die Form, in der Wissen kommuniziert und gespeichert wird" (North 1999).

Diese Definitionen zeigen, dass Wissen nicht wohlgeordnet oder einfach zu erfassen ist, da es eine Zusammensetzung verschiedener Komponenten darstellt. Das Wissen ruht in den Köpfen der Menschen und unterliegt damit zwangsläufig der menschlichen Komplexität.

Zusammenfassend kann man daher sagen, dass Wissen die Gesamtheit der Kenntnisse und Fähigkeiten bezeichnet, die Individuen zur Lösung von Problemen einsetzen. Wissen stützt sich immer auf Daten und Informationen, ist im Gegensatz zu diesen jedoch immer an Personen gebunden. Daher müssen Daten-, Informations- und Wissensmanagement stets zusammenspielen (vgl. Probst et al. 1998).

Weitere Definitionen und Erklärungen, die in der Fachliteratur ausführlich Erwähnung finden, hier aber nicht näher erläutert werden, betonen ebenfalls, dass der Mensch bei der Umwandlung von Information zu Wissen nicht zu ersetzen ist.

**Wissensarten**

Wie in dem vorhergehenden Kapitel dargelegt, existiert eine Vielzahl von Definitionen für Wissen. Ferner kann man verschiedene Wissensarten unterscheiden (Abb. 6.3), die eine weitere Differenzierung ermöglichen. In der Literatur werden sehr viele Unterscheidungsmöglichkeiten beschrieben, die im Wesentlichen durch den Blickwinkel der sie entwickelnden Wissenschaftsdisziplinen beeinflusst sind (vgl. Pfeifer 2001).

Probst et al. (1998) unterscheiden auf erster Ebene zwischen individuellem und kollektivem Wissen (Abb. 6.3). Individuelles Wissen bezieht sich auf eine Einzelperson: Beispielsweise kann nur ein bestimmter Mitarbeiter eines Unternehmens eine spezielle Aufgabe lösen, weil nur er die notwendigen Informationen und Erfahrungen hat. Dagegen wird kollektives Wissen von mehreren Menschen geteilt. Ein Beispiel hierfür stellen ungeschriebene Verhaltensregeln dar (vgl. Herbst 2000).

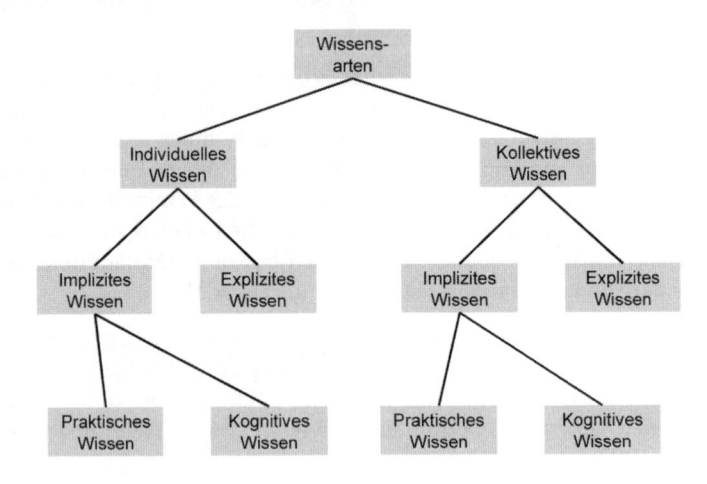

**Abb. 6.3:** Wissensarten in Organisationen (vgl. Probst et al. 1998)

Auf der nächsten Ebene ist die Unterscheidung zwischen *implizitem* und *explizitem* Wissen wichtig (vgl. Polanyi 1958), da die Potenziale der Übertragbarkeit höchst unterschiedlich sind (vgl. Kap. 6.4.1). *Explizites* Wissen lässt sich vergleichsweise einfach verbalisieren bzw. visualisieren und somit auch übertragen. „Es stellt ein beschreibbares, formalisierbares, zeitlich stabiles Wissen dar, welches standardisiert, strukturiert und methodisch in sprachlicher Form in Dokumenten, Datenbanken, Patenten, Produktbeschreibungen, Formeln, aber auch in Systemen, Prozessen oder Technologien angelegt werden kann" (Pfeifer 2001). Im Vergleich dazu lässt sich das *implizite* Wissen nicht ohne weiteres verbalisieren bzw. visualisieren und ist somit nur schwer auf andere Personen übertragbar. Implizites Wissen findet sich beispielsweise in individuellen Erfahrungen wieder. Das implizite Wissen beschreibt Polanyi auch als „stilles Wissen" (Polanyi 1958) und Schütt als „Schatz in den Köpfen" (Schütt 2000).

Schließlich unterscheiden Probst et al. auf der untersten Ebene beim impliziten Wissen zwischen praktischem und kognitivem Wissen. Das praktische implizite Wissen beschreibt beispielsweise die handwerklichen Fähigkeiten, die eine Person im Laufe ihres Berufslebens erworben hat, während das kognitive implizite Wissen auf Ansichten, Wertvorstellungen sowie auf dem kulturellen Umfeld einer Person beruht und unbewusst großen Einfluss auf die Entscheidungen einer Person ausübt.

## Konzepte des Wissensmanagements

In der Fachliteratur existiert bisher (noch) kein einheitliches Verständnis von Wissensmanagement. „Abgenutzt und breitgetreten trägt der Begriff Wissensmanagement heute eher zur Verwirrung als zu einer Klärung bei" (Schütt 2000). Ebenso wenig existiert in der Fachliteratur ein einheitlicher Ansatz eines Wissensmanagement-Modells. Im Folgenden werden einige der meistzitierten Wissensmanagement-Modelle kurz vorgestellt.

Viele der heutigen Wissensmanagement-Ansätze basieren auf dem Modell der *Wissensspirale* von Nonaka und Takeuchi (1997). Grundlage dieses Modells ist die Unterscheidung von implizitem und explizitem Wissen. Neues Wissen in Unternehmen (in Form von innovativen Produkten oder Prozessen) entsteht demzufolge, wenn diese zwei Arten von Wissen auf eine bestimmte Weise unter bestimmten Arbeitsbedingungen miteinander zusammenspielen. Hierdurch entsteht ein Wissensfluss, der in Form einer Wissensentwicklungsspirale dynamisch die Stufen von wissensentwickelnden Einheiten (Individuum, Gruppe, Organisation, Inter-Organisation) durchläuft (Abb. 6.4).[146]

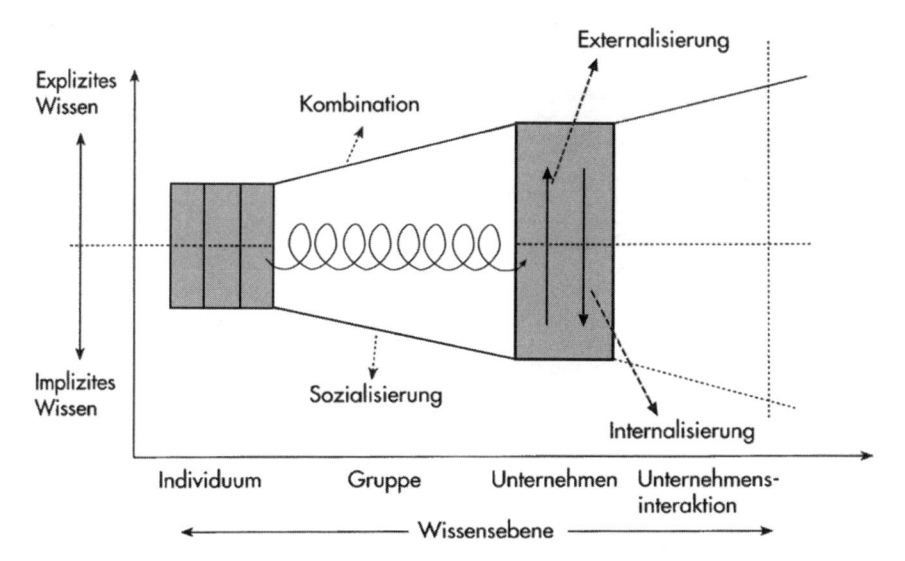

**Abb. 6.4:** Spirale der Wissensschaffung im Unternehmen (Nonaka u. Takeuchi 1997)

Das Wissensmanagement-Modell von Willke (1998) dagegen orientiert sich an systemischen Grundgedanken und stellt eher ein Erklärungs- als ein Implementierungsmodell dar. Willke betrachtet Wissensmanagement als einen Geschäftsprozess, der der Organisation dazu dient, ihre strategischen Ziele besser, schneller

---

[146] Vgl. Kapitel 6.4.2.

und effizienter zu erreichen, um damit ihre Leistungserbringung gegenüber ihren Kunden und somit insgesamt ihr Überleben im Wettbewerb zu ermöglichen.

Ein weiteres vielbeachtetes Wissensmanagement-Modell ist das des *Wissenskreislaufs* von Probst et al. (1998). Das aus der Praxis heraus entwickelte Modell unterscheidet mehrere Funktionen, durch die Wissen gemanagt wird. Die zu Kernprozessen bzw. operativen Bausteinen des Wissensmanagements zusammengefassten Funktionen werden in Wissensidentifikation, Wissenserwerb, Wissensentwicklung, Wissensverteilung, Wissensnutzung und Wissensbewahrung untergliedert. Jeder dieser Kernprozesse ist eng mit den anderen Prozessen vernetzt und hat Auswirkungen auf diese. Die operativen Aktivitäten ergänzt Probst um zwei strategische Elemente: Wissensziele und Wissensbewertung. Damit wird das Modell zu einem Managementprozess ausgebaut (Abb. 6.5).

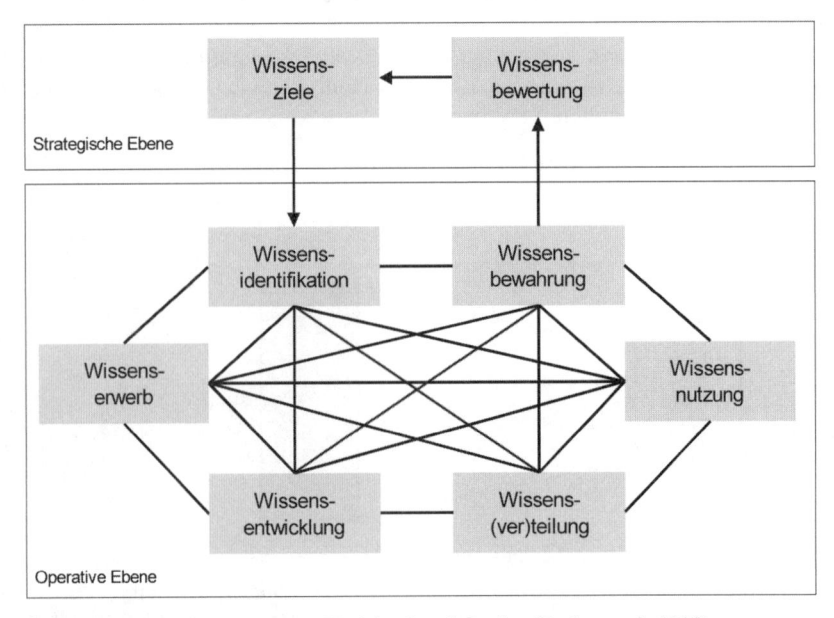

**Abb. 6.5:** Wissensmanagement-Kreislauf nach Probst (Probst et al. 1998)

Dieses Modell liegt zahlreichen Arbeiten innerhalb der Querschnittsaufgabe 4 zu Grunde, da sich in der Zusammenarbeit mit den Unternehmen innerhalb von SENEKA gezeigt hat, dass gerade dieses Modell besonders geeignet ist, die Vielfältigkeit der potenziellen Aktivitäten im Wissensmanagement transparent darzustellen (vgl. Kap. 6.3).

Der Kreislauf des Wissensmanagements nach Probst ist daher im Projekt SENEKA zu einem wichtigen Strukturierungskonzept geworden. Im Einzelnen stellt sich das Modell folgendermaßen dar.

Das Element *Wissensidentifikation* steht für Maßnahmen, mit denen eine Transparenz der internen und externen Wissensbestände erreicht sowie bestehende Wissenslücken und Fähigkeitsdefizite aufgezeigt werden können.

Das nächste Element steht für den *Wissenserwerb*. Hier wird die Fragestellung behandelt, wie externes (also außerhalb des Unternehmens befindliches) Wissen akquiriert werden kann. Möglichkeiten hierfür sind der Erwerb von Wissen externer Wissensträger (Personaleinstellung, Beratungsprojekte), Erwerb von Stakeholder-Wissen (z.B. Kunden, Lieferanten), Erwerb von Wissen anderer Unternehmen (Kooperationen) sowie der Erwerb von Wissensprodukten (Software, Datenbanken, Patente, Lizenzverträge, Entwicklungsverträge).

Das Element der *Wissensentwicklung* beschäftigt sich mit der Frage, wie Wissen im Unternehmen entwickelt werden kann. Probst et al. (1998) werden der Verbindung von Wissensmanagement und Kompetenzentwicklung gerecht und gehen hier u.a. der Frage nach, wo die Zentren der Wissensentwicklung in der Organisation liegen und wie diese mit den Wissenszielen der Organisation verbunden werden.

Vorhandenes Wissen muss verteilt werden *(Wissensverteilung)*. Deshalb beschäftigt sich dieses Element mit der Frage, wie man Wissen zur richtigen Zeit am richtigen Ort zur Verfügung stellen kann. Die Aufgabe besteht also darin, einzeln vorhandene Informationen und Wissensinseln in kollektiv nutzbare Bestände zu überführen. Unterscheiden kann man hier die zentrale Verbreitung kollektiven Wissens auf bestimmte Mitarbeitergruppen (Wissensmultiplikatoren, Push-Strategie) oder das dezentrale (Mit-)Teilen von Wissen unter einzelnen Mitarbeitern, Arbeitsgruppen oder Teams.

Die Elemente des Erwerbs, der Verteilung und Entwicklung von Wissen tragen zum Erfolg nur bei, wenn dieses Wissen auch genutzt wird. Ein wichtiges Ziel von Wissensmanagement-Aktivitäten ist somit die Nutzung von Wissen. Unter *Wissensnutzung* versteht man in diesem Zusammenhang den produktiven Einsatz organisatorischen Wissens, also die Umsetzung des Wissens in eine Handlung und Entscheidung. Die leitenden Fragestellungen sind hierbei, wie der Wissenstransfer im Unternehmen gestaltet und der Zugriff auf wichtige Ereignisse, Projekte oder Dokumente ermöglicht wird. Die Aufgabe des Wissensmanagements hierbei ist, Bedingungen im Unternehmen zu schaffen, durch die das vorhandene, erworbene oder entwickelte Wissen genutzt wird.

Letztendlich stellt sich die Frage, wie man das Wissen für die Zukunft des Unternehmens sichern kann *(Wissensbewahrung)*. Hier hat sich gezeigt, dass die in den letzten Jahren populären Maßnahmen, wie beispielsweise das „Business Process Reengineering" oder das „Outsourcing", zu einem oft unwiderruflichen Verlust an individuellem und kollektivem Wissen – und in Folge davon zu einer herabgesetzten Funktionstüchtigkeit der Unternehmen – geführt haben. Hier kann beispielsweise die Informations- und Kommunikationstechnologie einen Beitrag liefern, indem Wissen in Wissensdokumenten wie Wissenskarten oder „lessons learned" materialisiert und konserviert wird.

Die operativen Aktivitäten ergänzt *Probst* um zwei strategische Elemente: *Wissensziele* und *Wissensbewertung*. Damit wird das Konzept zu einem Managementprozess ausgebaut. Wissensziele legen die strategisch konkrete Zielsetzung für einzelne Bereiche fest und mit der Wissensbewertung werden die zur Zielerreichung notwendigen Controlling-Daten ermittelt, zur Verfügung gestellt und ausgewertet (vgl. Kap. 6.4).

Auf Grund der dargestellten unterschiedlichen Ansätze und Modelle (s.o.) entzieht sich Wissensmanagement bisher weitestgehend einer einheitlichen Definition. Für die Entwicklung eines gemeinsamen Verständnisses von Wissensmanagement im Projekt SENEKA diente folgende Definition als Grundlage:

„Wissensmanagement ist ein komplexes strategisches Führungskonzept, mit dem ein Unternehmen sein relevantes Wissen ganzheitlich, ziel- und zukunftsorientiert als wertsteigernde Ressource gestaltet. Die Wissensbasis aus individuellem und kollektivem Wissen wird bewusst, aktiv und systematisch entwickelt, so dass dies zum Erreichen der Firmenziele beiträgt" (Herbst 2000).

Des Weiteren liegt den Arbeiten in SENEKA ein ganzheitlicher Wissensmanagement-Ansatz zu Grunde, der die Bereiche Mensch, Organisation und Technik (M-O-T) umfasst. In der Vergangenheit sind Wissensmanagement-Lösungen in Folge einer einseitigen Technikorientierung, ohne Berücksichtigung des Menschen als Wissensträger sowie der organisatorischen Rahmenbedingungen, zu oft fehlgeschlagen. Daher wird der Ansatz, Mensch, Organisation und Technik bei der Erarbeitung von Methoden und Werkzeugen des Wissensmanagements gleichzeitig zu betrachten, in SENEKA als notwendige Voraussetzung gesehen (vgl. Oertel u. Hunecke 2000).

## 6.3 Wie macht man Wissensmanagement?

### 6.3.1 Wissenschaftliche Fragestellungen, Forschungsergebnisse und ausgewählte Praxisbeispiele

*Klaus Henning, Regina Oertel, Tilo Pfeifer, Mark Betzold*

In den vorangestellten Erläuterungen wurde geschildert, dass das Thema Wissensmanagement in den vergangenen Jahren immer mehr an Popularität gewonnen hat. Das Thema Wissensmanagement hat auch im Projekt SENEKA eine immer bedeutendere Rolle eingenommen. Folgende Fragestellungen wurden hierfür formuliert:

- Wie kann Wissensmanagement als Supportprozess die Kernprozesse eines Unternehmens gezielt unterstützen?
- Wie kann Wissensmanagement prozessorientiert ausgerichtet werden?
- Wie können Elemente des Probst-Modells mit praktikablen und nutzerorientierten Werkzeugen hinterlegt werden?

- Wie können normative, strategische und operative Wissensmanagement-Aktivitäten bewertet werden?
- Wie stellt sich Wissensmanagement in vernetzten Strukturen dar?

Die Querschnittsaufgabe 4 beschäftigt sich somit in ihren wissenschaftlichen Arbeiten mit der Fragestellung, wie das auf den ersten Blick abstrakte Thema Wissensmanagement für Unternehmen praxisgerecht aufgearbeitet werden kann (Abb. 6.6).

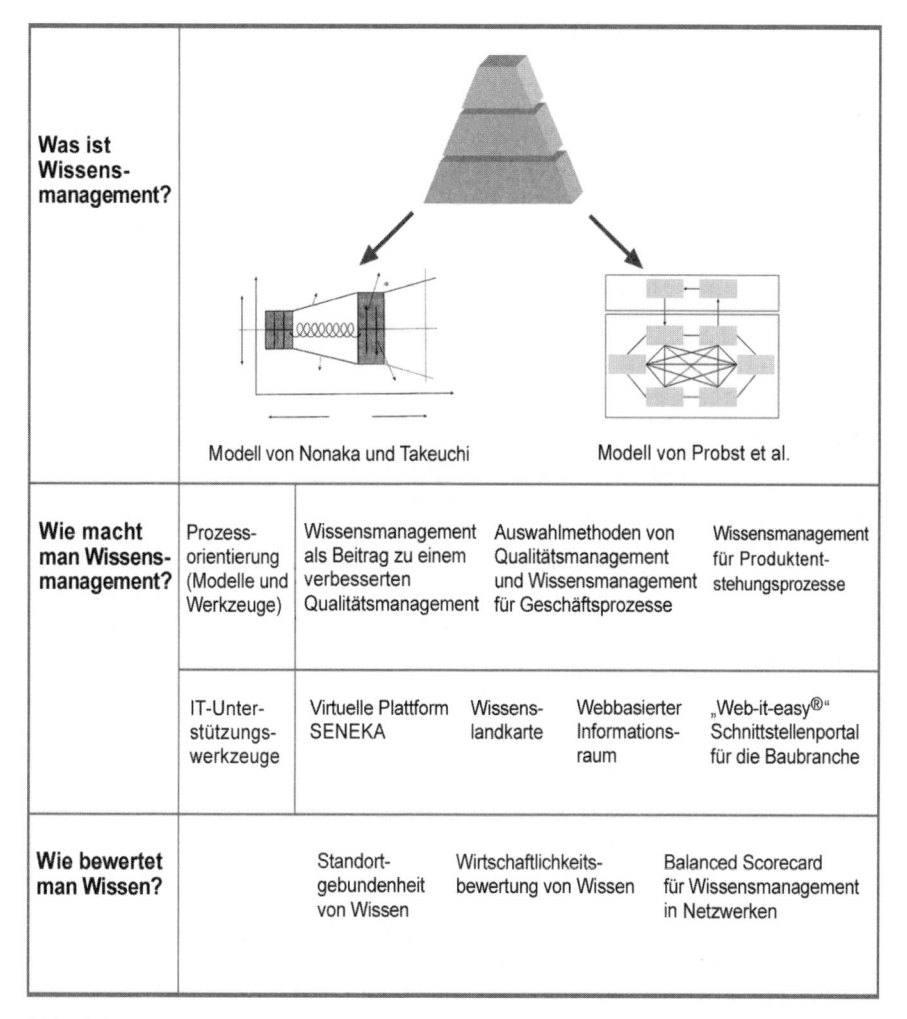

| Was ist Wissensmanagement? | | Modell von Nonaka und Takeuchi | | Modell von Probst et al. | |
|---|---|---|---|---|---|
| **Wie macht man Wissensmanagement?** | Prozessorientierung (Modelle und Werkzeuge) | Wissensmanagement als Beitrag zu einem verbesserten Qualitätsmanagement | Auswahlmethoden von Qualitätsmanagement und Wissensmanagement für Geschäftsprozesse | Wissensmanagement für Produktentstehungsprozesse | |
| | IT-Unterstützungswerkzeuge | Virtuelle Plattform SENEKA | Wissenslandkarte | Webbasierter Informationsraum | „Web-it-easy®" Schnittstellenportal für die Baubranche |
| **Wie bewertet man Wissen?** | | Standortgebundenheit von Wissen | Wirtschaftlichkeitsbewertung von Wissen | Balanced Scorecard für Wissensmanagement in Netzwerken | |

**Abb. 6.6:** Wegweiser durch Kapitel 6 – Querschnittsaufgabe 4: Wissensmanagement

Antworten auf die oben gestellten Forschungsfragen geben die in den Kapiteln 6.3.2 bis 6.4.3 vorgestellten Forschungsergebnisse und Praxisbeispiele der Querschnittsaufgabe 4. Dabei lassen sich als Orientierungshilfe die bisherigen und anschließenden Ausführungen in drei Kategorien einteilen.

- Was ist Wissensmanagement?
- Wie macht man Wissensmanagement?
- Wie bewertet man Wissensmanagement?

**Was ist Wissensmanagement?**

Hierzu wurde in den Kapiteln 6.1 und 6.2 die Basis für ein Grundverständnis von Wissensmanagement geschaffen.

Neben der Gestaltung der Bausteine des Wissensmanagement-Kreislaufs nach Probst, die in erster Linie Funktionen des Wissensmanagements darstellen, stellt sich die Frage, wie die Wissensmanagement-Aktivitäten konkret in die Unternehmensorganisation eingebunden werden können. Im Rahmen dieser Querschnittsaufgabe stellte sich hierzu die Orientierung von Wissensmanagement-Aktivitäten an der bestehenden Prozesslandschaft eines Unternehmens als geeignete Vorgehensweise heraus.

Auf Grund dieser Überzeugung wurden im Rahmen der Querschnittsaufgabe 4 mehrere Lösungen entwickelt, die sich mit der Integration von Wissensmanagement-Prozessen in die Unternehmensprozesse befassen.

In Kapitel 6.3.2 entwickeln Pfeifer, Hanel und Betzold hierzu eine Vorgehensweise zur Optimierung von Unternehmensprozessen und -produkten, die Wissensmanagement-Prozesse in den Zusammenhang von Qualitätsmanagement und Unternehmenserfolg stellt. Sie orientierten sich dabei an dem Modell der *European Foundation for Quality Management* (EFQM). Dadurch soll es Unternehmen ermöglicht werden, gezielt die Wissensbedarfe in ihren Kernprozessen aufzuzeigen und auf Basis dieser Information potenzielle Wissensmanagement-Methoden auswählen zu können.

Pfeifer und Scheermesser bilden auf der Basis von Nonaka und Takeuchi (vgl. Kap. 6.3.3) ein Phasenmodell, mit dem Unternehmen für verschiedene Geschäftsprozesse die für sie richtigen Wissensmanagement-Methoden und -Werkzeuge auswählen können (Kap. 6.3.3).

Henning, Woyke und Grobe greifen den *Task-Artifact-Cycle* nach Caroll auf (vgl. Kap. 6.3.4). In Anlehnung daran entwickeln sie ein weiteres Phasenmodell, in dem die Integration von Wissensmanagement in den Produktentstehungsprozess im Fokus der Betrachtung steht. Es wird gezeigt, dass ein erfolgreiches Wissensmanagement auch im Produkstehungsprozess unabdingbar ist und zu einem entscheidenden Wettbewerbsvorteil werden kann.

Schöler, Valtinat und Bornefeld zeigen auf, wie man Wissensmanagement-Prozesse durch spezielle IT-Plattformen in und zwischen Organisationen unterstützen kann (vgl. Kap. 6.3.5). Die dargestellten Lösungen veranschaulichen, wie technische Lösungen entlang organisationsspezifischer Bedarfe sowie an übergeordneten Zielen des Wissensmanagements ausgerichtet, entwickelt und eingesetzt werden können.

**Wie bewertet man Wissen?**

Die dann folgenden Kapitel beschäftigen sich mit dem strategischen Aspekt der Bewertung von Wissen. Es wird dargelegt, dass die Bewertung von Wissen und Wissensmanagement-Aktivitäten eine der größten Herausforderungen für Wissenschaft und Wirtschaft darstellt, da auf keine erprobten Verfahren zurückgegriffen werden kann und neue Methoden erforderlich werden.

Hunecke und Henning gehen dabei zunächst der Frage nach, inwieweit implizites Wissen durch eine Verknüpfung mit dem jeweiligen regionalen Milieu standortgebunden und damit nicht globalisierbar ist (vgl. Kap. 6.4.1). Sie machen deutlich, dass der besondere Wert von Wissen für Unternehmen nicht in der vermeintlichen Ubiquität dieser Ressource liegt, sondern in seiner anteiligen standortspezifischen Einmaligkeit.

Strina und Uribe zeigen den derzeitigen Stand der verfügbaren Verfahren zur Wirtschaftlichkeitsbewertung von Wissen auf. Sie entwickeln hierzu ein Phasenmodell, das die Evaluierung der Wissensbestände und Kompetenzen ermöglicht (vgl. Kap. 6.4.2). Sie verfolgen dabei den Anspruch, eine angemessene und aussagekräftige Bewertung des in den Köpfen der Mitarbeiter und damit mehr oder weniger indirekt im Unternehmen vorliegenden Wissens zu ermöglichen.

Schließlich greifen Jansen, Petzolt und Oertel den Aspekt auf, wie sich mit einer modifizierten Methode der *Balanced Scorecard* Wissensmanagement in einem heterogenen Unternehmensnetzwerk bewerten lässt (vgl. Kap. 6.4.3). Es wird gezeigt, welche Ansätze zur Bewertung von Wissensmanagement für den SENEKA-Verbund verfolgt werden.

Abgeschlossen werden die Betrachtungen zum Themenfeld „Wissensmanagement" mit einem Resümee und einem Ausblick auf weitere Forschungsfelder im Bereich Wissensmanagement (vgl. Kap. 6.5).

### 6.3.2 Prozessorientiertes Wissensmanagement zur Verbesserung der Prozess- und Produktqualität[147]

*Tilo Pfeifer, Guido Hanel, Mark Betzold*

**Einleitung**

Die Dynamik des wirtschaftlichen Umfeldes zwingt Unternehmen zu einer ständigen Überprüfung ihrer Positionierung auf dem Markt. Das Bestreben eines jeden

---

[147] Der vorliegende Beitrag basiert auf den Ergebnissen der Dissertation von Guido Hanel die u.a. im Rahmen der Querschnittsaufgabe 4 „Wissensmanagement" erstellt wurde. Vgl. hierzu auch das Dissertationsverzeichnis im Anhang.

Unternehmens ist es, die Gesamtheit an Forderungen aller Interessenspartner im eigenen Umfeld bestmöglich zu erfüllen bzw. zu übertreffen. Als Interessenspartner werden neben Kunden, Kapitalgebern, Kooperationspartnern und Lieferanten zunehmend auch die Mitarbeiter und die Öffentlichkeit verstanden. Gelingt es, die Erwartungen dieser Partner voll zu erfüllen, so erbringt das Unternehmen exzellente Qualität, nicht nur im Sinne der Produktqualität, sondern auch in Hinsicht auf Prozesse, Kommunikation, Steuerung, Logistik und Verwaltung (vgl. Pfeifer et al. 2001).

Auf Grund der oben dargestellten Situation gewinnen Informationen und Wissen immer mehr an Bedeutung, da diese für qualitätsverbessernde Bemühungen unabdingbar sind. Sie stellen die Grundlage für Beurteilungen, Bewertungen und Verbesserungen der Prozess- und Produktqualität dar. Im Gegensatz dazu zeigt die betriebliche Praxis, dass die Bereitstellung der Ressourcen Information und Wissen für die Unternehmen immer noch ein Problem darstellt (vgl. Pfeifer u. Hanel 2001). In den letzten zwei Jahrzehnten hat die Informations- und Kommunikationstechnologie eine rasante Entwicklung erfahren, die zu neuen Möglichkeiten bei der Verbreitung und Speicherung von Informationen und Wissen geführt hat. Auch aus diesem Grund hat in den Unternehmen der Umgang mit Information und Wissen eine große Bedeutung bekommen (vgl. AWK 1999). Die Überflutung mit Daten, Informationen und Wissen hat aber zu einem erheblichen Verlust an Transparenz in den Unternehmensorganisationen und zu einem fehlenden Überblick für die Mitarbeiter geführt. Das Problem besteht nicht darin, dass Informationen und Wissen in den Unternehmen fehlen, sondern dass vorhandenes Wissen nicht identifiziert und optimal genutzt werden kann. Davenport konstatiert, dass ca. 40 % des in den Unternehmen vorhandenen Wissens nicht genutzt wird, dass Mitarbeiter ca. ein Drittel ihrer Arbeitszeit damit verbringen, nach Informationen zu suchen und dass lediglich 10 % der Mitarbeiter angeben, benötigtes Wissen einfach zu finden (vgl. Davenport u. Prusak 1998). Damit sind zwei Faktoren für die Aktualität von Wissensmanagement verantwortlich. Es gilt zum einen, immer größer werdende Informationsmengen gezielt zu erfassen, zu durchsuchen und den Wissenserwerb systematisch zu steuern. Zum anderen müssen geeignete Arbeitsmittel eingesetzt werden, um über das benötigte Wissen schnell und zielgerichtet verfügen zu können.

Unternehmen haben die Bedeutung des Wissensmanagements erkannt und bemühen sich intensiv um die Konzeption und Einführung von Lösungen. Wie ein von der Querschnittsaufgabe 4 „Wissensmanagement" unter Federführung des Instituts für Unternehmenskybernetik e.V. (IfU) und des Laboratoriums für Werkzeugmaschinen und Betriebslehre (WZL) entwickelter und bei zahlreichen Unternehmen durchgeführter Grundlagenworkshop zum Thema Wissensmanagement zeigt, stellen sich immer wieder die gleichen Fragen (vgl. Strina et al. 2002):

- Wie formuliert man eine Unternehmensvision, die von den Mitarbeitern verstanden und getragen wird?
- Wie gestaltet man die ersten praktischen Schritte zur Implementierung von Wissensmanagement?

- Wie bindet man die Aktivitäten des Wissensmanagements in die Unternehmensaktivitäten ein?

Es zeigt sich, dass vielen Unternehmen die erforderliche inhaltliche Ausrichtung und die systematische Ableitung von geeigneten Wissensmanagement-Lösungen sowie ihre gezielte Integration in die bestehende Prozesslandschaft große Probleme bereiten, da Wissenspotenziale und Wissensbedarf schwer zu identifizieren sind (vgl. North 1999; Pfeifer 2001).

**Ansätze für den praktischen Umgang mit Wissen**

Es stellt sich für Unternehmen die Frage, wie sie sich der Thematik Wissensmanagement annähern können. Zur Beschreibung von Wissensmanagement und seinen Aktivitäten existiert mittlerweile eine Vielzahl von Ansätzen wie beispielsweise das weit verbreitete Modell von Probst, die Wissensspirale von Nonaka und Takeuchi oder das Modell des systemischen Wissensmanagements von Willke (vgl. Probst et al. 1998; Nonaka u. Takeuchi 1997; Willke 1998).[148] North hat ausgewählte Konzepte des Wissensmanagements hinsichtlich verschiedener Beurteilungskriterien miteinander verglichen. Fragestellungen waren dabei u.a., ob sich die untersuchten Konzepte am Managementprozess orientieren, ob sie Instrumentarien praktischer Methoden für die operativen Tätigkeiten des Wissensmanagements bereithalten oder ob sie Methoden zur Implementierung bieten (vgl. North 1999). Der Vergleich zeigt, dass die verfügbaren Modelle gerade hinsichtlich der bereitstehenden Implementierungshilfen große Defizite aufweisen. Folglich bieten sie den Unternehmen nur eine unvollständige Hilfestellung bei der Identifikation ihrer Wissenspotenziale und ihres Wissensbedarfs. Dass Wissensmanagement im Kontext mit anderen „Management"-Disziplinen betrachtet werden muss, zeigt die enge Verbindung zum Qualitätsmanagement (Abb. 6.7).

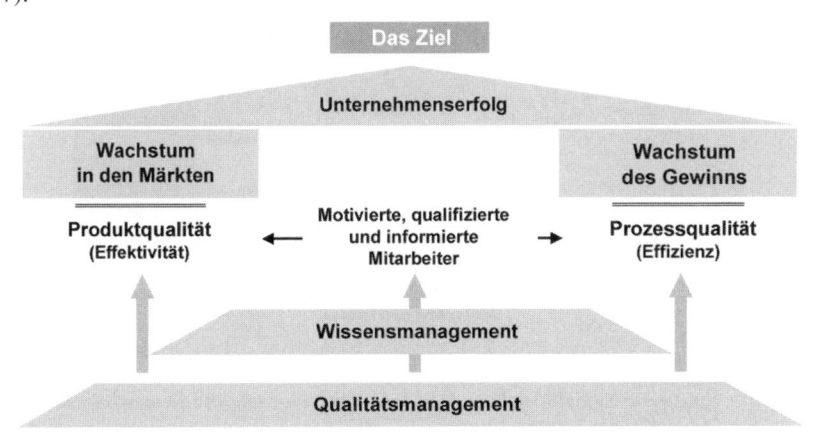

**Abb. 6.7:** Wissensmanagement und Qualitätsmanagement (vgl. Pfeifer 2001)

---

[148] Vgl. Kapitel 6.2.

Wissensmanager und Qualitätsmanager verfolgen in vielen Aspekten das gleiche Ziel: Wie Abbildung 6.7 verdeutlicht, zielen beide darauf ab, Mitarbeiter zu informieren, zu qualifizieren und zu motivieren, um auf diese Weise die Effizienz und Effektivität des Unternehmens zu fördern. Der Qualitätsmanager soll Prozesse innerhalb der Organisation steuerbar machen, um die Leistung derselben im Markt zu steigern. Die Aufgabe des Wissensmanagers besteht darin, das enorme Potenzial an Daten, Informationen, Kenntnissen und Fertigkeiten, die einem Unternehmen zur Verfügung stehen, nutzbar zu machen. Beide verfolgen das Ziel, die Organisation den veränderten Marktbedingungen anzupassen und die Konkurrenzfähigkeit jetzt und in Zukunft zu sichern.

Dieser Zielsetzung wird durch die Ausgestaltung von Qualitätsmanagement-Modellen wie beispielsweise dem EFQM-Modell (European Foundation for Quality Management) verstärkt Rechnung getragen. Im April 1999 stellte die EFQM ein weiterentwickeltes Modell (Abb. 6.8) vor, das zur Diskussion gestellt wurde. Dessen Name wurde dabei in „Model for Business Excellence" geändert, um stärker auszudrücken, dass es sich um ein ganzheitliches Modell zur Unternehmensbewertung handelt (vgl. Pfeifer 2001). Eine wesentliche Änderung ist die Ergänzung des ursprünglichen Modells durch weitere Elemente zu einem Regelkreis. Die Einteilung in „Befähiger" und „Ergebnisse" wird durch Pfeile über den Kriterien dargestellt. Beide Begriffe werden durch das Wort „Prozesse" ergänzt, um das Prozessdenken zu betonen. Damit wird die Bedeutung der Prozesssicht durch das neue EFQM-Modell stärker herausgestellt.

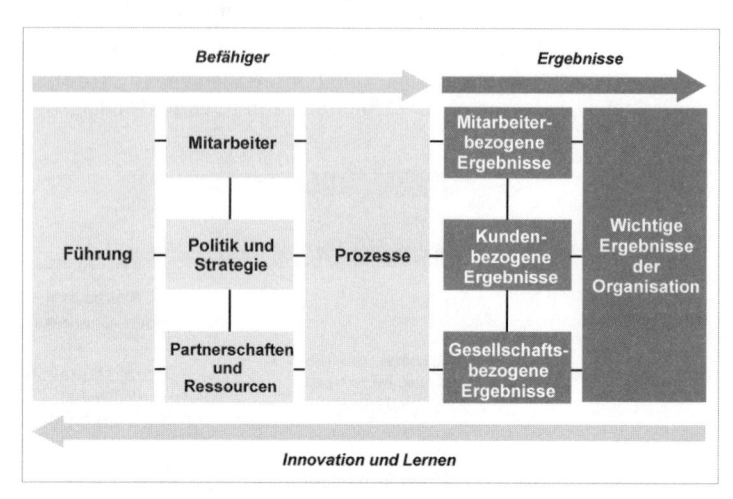

**Abb. 6.8:** Das neue Modell der *European Foundation for Quality Management* (EFQM-Modell) (vgl. EFQM 1999)

Der Regelkreis wird durch einen Pfeil unterhalb der Kriterien geschlossen, der die Begriffe „Innovationen" und „Lernen" beinhaltet. „Lernen" war bisher nur auf die Mitarbeiter bezogen; durch das Herausstellen wird das Lernen damit auf das gesamte Modell angewandt und umfasst über das individuelle Lernen hinaus den Vollzug eines Lernprozesses innerhalb der gesamten Organisation. Dieser wiederum soll zusammen mit Innovationen einen Verbesserungszyklus in der Anwendung des Modells und seiner Umsetzung im Unternehmen herbeiführen.

**Prozessorientierung**

Seit Adam Smith[149] sind industrielle Organisationen funktionsorientiert organisiert worden. Aus diesem Grund wird die Funktionsorientierung auch als erstes industrielles Paradigma bezeichnet (vgl. Binner 1998). Das grundlegende Prinzip der Funktionsorientierung, nach dem die Strategien, Methoden und die Führung des Unternehmens gestaltet sind, liegt in der Arbeitsteilung und Spezialisierung, die in zweifacher Hinsicht erfolgt: Zum einen durch die ablauforganisatorische Spezialisierung, die sich auf die Zerlegung der einzelnen Arbeitsschritte bei der Aufgabenerledigung bezieht und zum anderen in einer aufbauorganisatorischen Unterteilung nach Funktionsträgern mit unterschiedlichen Entscheidungsbefugnissen. Hieraus bildet sich eine hierarchische Struktur mit Spezialisten für die Planung und Steuerung.

Heute weiß man, dass dieses erste Paradigma aus mehreren Gründen nicht mehr zeitgemäß ist (vgl. Pfeifer 2001). Besonders nachteilig sind die vorhandenen funktionalen, organisatorischen und personellen Schnittstellen, die als vertikale und horizontale Barrieren bei der betrieblichen Produkt- und Dienstleistungserstellung wirken und so das Gesamtoptimum des Produkt- und Dienstleistungserstellungsprozesses verhindern. Mit dem zweiten industriellen Paradigma der Prozessorientierung, das Mitte der 1980er Jahre hauptsächlich von japanischen Unternehmen entwickelt und angewandt wurde, passt sich die moderne Organisationslehre dieser Situation an (vgl. Binner 1998).

Zielsetzung der Prozessorientierung ist das Abflachen von Hierarchien und die Integration von Teilaufgaben zu einem ganzheitlichen Aufgabenumfang, der gemeinsam von einer Gruppe in Eigenverantwortung und Selbstprüfung abgearbeitet wird. Durch die damit verbundene Schnittstellenreduzierung werden Prozesse einfacher und schneller. Darüber hinaus erfordert das Gesamtoptimum eines Prozesses weniger Zeit- und Kostenaufwand bei der Produkt- und Dienstleistungserzeugung. Unter Prozessen werden Abfolgen von zielgerichteten betrieblichen Einzelvorgängen (Aktivitäten) verstanden, die dadurch in einem logischen inneren Zusammenhang stehen, so dass sie im Endergebnis zu einem Produkt oder zu einer Leistung führen (vgl. Eichhorn u. Schmidt-Rettig 1999). Ein Geschäftsprozess ist ein spezieller Prozess, der durch die obersten Ziele der Unternehmung (Geschäftsziele) geprägt wird (vgl. Becker et al. 2000). Eine Unterteilung der verschiedenen Geschäftsprozesse, die in der Praxis immer stärker Verwendung findet, ist im Folgenden dargestellt. Diese Einteilung stellt die Grundlage für die Entwicklung eines Geschäftsprozess-Modells dar, welches für die Entwicklung einer prozessorientierten Unternehmensorganisation herangezogen wird:

---

[149] Adam Smith (1723-1790), Britischer Nationalökonom und Begründer der modernen Volkswirtschaftslehre.

- Kernprozesse,
- Führungsprozesse (strategische Prozesse) sowie
- Unterstützungsprozesse (Supportprozesse).

*Kernprozesse* bezeichnen die strategisch wichtigen Prozesse im Unternehmen, die sich am Unternehmenszweck orientieren und die die vorhandenen Kernkompetenzen so einsetzen, dass der angestrebte Prozess-Output den vorher mit dem Kunden vereinbarten Nutzen tatsächlich erreicht. Kernprozesse sind wertschöpfende Prozesse für das Unternehmen und die eigentlichen Träger für den Unternehmenserfolg.

*Führungsprozesse,* die auch als strategische Prozesse bezeichnet werden, sind die unternehmerischen Geschäftsprozesse, welche die Prozesszielvorgaben, Handlungsanweisungen und Erfolgsmessungsaktivitäten für die vorher festgelegten Kernprozesse beinhalten. Sie sind somit planende, bewertende und steuernde Tätigkeiten insbesondere der prozessverantwortlichen Mitarbeiter und der Unternehmensleitung.

*Unterstützungsprozesse,* auch als Supportprozesse bezeichnet, beinhalten notwendige Aktivitäten zur Unterstützung der Kernprozesse wie beispielsweise Personalmanagement-Aktivitäten oder Instandhaltungsfunktionen. Die Forderungen an diese Unterstützungsprozesse ergeben sich aus der Analyse der Kernprozesse, da sie deren reibungsfreien Ablauf ermöglichen sollen. Jeder dieser Prozesse benötigt als Input Information und Wissen, das er von anderen Prozessen bezieht, und erzeugt seinerseits Information und Wissen als Output, welches als Input für andere Prozesse dienen kann. Unter dem Aspekt des Wissensmanagements findet folglich ein vielfacher Austausch an Information und Wissen statt (Abb. 6.9).

**Abb. 6.9:** Informations- und Wissensfluss bei Geschäftsprozessen (vgl. Pfeifer 2001)

Input für den Wertschöpfungsprozess kann u.a. das Wissen über den oder von dem Kunden sein. Forderungen an das Produkt von Seiten des Kunden müssen in die jeweiligen Prozessschritte weitergetragen und in der Leistungserbringung berücksichtigt werden. Die Kette mehrerer hintereinander ablaufender Prozessschritte wird durch eine Feedback-Schleife geschlossen. In dieser Schleife wird das generierte Erfahrungswissen an neue Geschäftsprozesse weitergeleitet.

In diesem wissensorientierten Modell von Geschäftsprozessen zeigt sich deutlich, dass eine große Anzahl verschiedener Wissensarten mit unterschiedlichen Distributionswegen gemanagt werden muss.

Als Fazit dieser Betrachtungen kann festgehalten werden, dass sich Wissensmanagement an den *Unternehmensprozessen* orientieren muss. Gemäß der bereits genannten Definition, nach der sich Wissensmanagement in Organisationen die Identifikation aller relevanten Wissenspotenziale und ihre systematische Ausschöpfung durch die Optimierung der Wissensflüsse entlang der Kernprozesse zur Aufgabe macht, bietet sich für Unternehmen eine Möglichkeit, ihr spezifisches Wissensmanagement zu definieren, zu konzipieren und zu implementieren.

**Prozessorientiertes Wissensmanagement**

Eine Vorgehensweise zur Gestaltung eines *prozessorientierten Wissensmanagements* wurde durch das WZL entwickelt und bereits erfolgreich angewendet. Basierend auf Ergebnissen von zahlreichen Grundlagenworkshops sowie Projektarbeiten zum Thema Wissensmanagement wurden die Forderungen der Unternehmen an ein prozessorientiertes Wissensmanagement identifiziert:

- Prozessorientierte Gestaltung,
- Nutzung eines Management-orientierten Ansatzes,
- ständige Verbesserung der Wissensmanagement-Prozesse,
- Unterstützung bei der Definition und Einführung von Elementen des Wissensmanagements sowie
- Schaffung einer wissensfreundlichen Unternehmenskultur.

Ergänzt wurden diese Forderungen, die seitens der Qualitätsmanagement-Normen an den Umgang mit Information und Wissen gerichtet werden, durch:

- Management der Ressourcen (Informationen und Wissen),
- ständige Verbesserung der Wissensmanagement-Prozesse,
- Erfassung der Zufriedenheit der Interessenpartner sowie
- systematische Ermittlung des Informationsbedarfs und der Informationsquellen.

Auf Basis dieser Forderungen wurde ein Modell entwickelt, das aus den in Abbildung 6.10 dargestellten Modulen besteht.

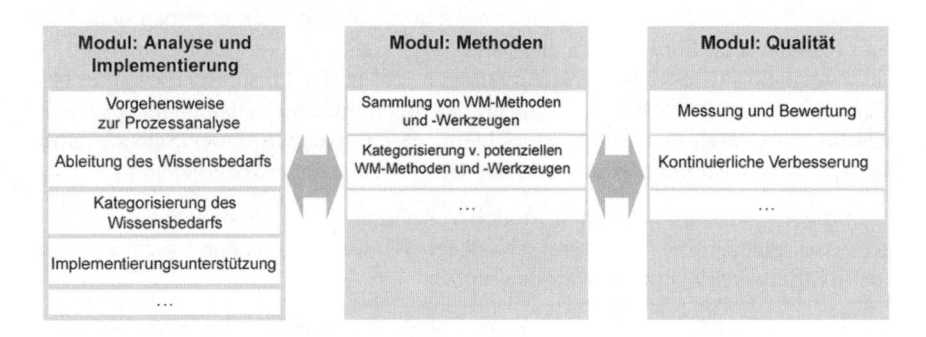

| Modul: Analyse und Implementierung | Modul: Methoden | Modul: Qualität |
|---|---|---|
| Vorgehensweise zur Prozessanalyse | Sammlung von WM-Methoden und -Werkzeugen | Messung und Bewertung |
| Ableitung des Wissensbedarfs | Kategorisierung v. potenziellen WM-Methoden und -Werkzeugen | Kontinuierliche Verbesserung |
| Kategorisierung des Wissensbedarfs | ... | ... |
| Implementierungsunterstützung | | |
| ... | | |

**Abb. 6.10:** Aufbau des Modells eines prozessorientierten Wissensmanagements (Hanel 2002)

Das Modul *Analyse und Implementierung* stellt den Kern des Modells dar. Dieses enthält eine detaillierte Vorgehensweise zur systematischen Analyse der relevanten Geschäftsprozesse sowie zur Ableitung des Wissensbedarfs in den einzelnen Prozessen auf Basis definierter Wissenskategorien. Weiterhin bietet dieses Modul Hilfen und Empfehlungen für die Implementierung.

Ergänzt wird das Modell durch ein Modul *Methoden*. In diesem werden die häufig genutzten Methoden und Werkzeuge, die dem Wissensmanagement zugerechnet werden können, beschrieben und mit Hilfe der bereits genannten Forderungen strukturiert. Somit dient dieses Modul der Unterstützung des Moduls *Analyse und Implementierung,* indem es für den ermittelten Wissensbedarf potenzielle Methoden und Werkzeuge bereitstellt.

Vervollständigt wird das Modell durch das Modul *Qualität.* Dieses liefert für die Analyse- und Konzeptionsphase Qualitätskriterien, mit deren Hilfe die Ist-Situation der analysierten Prozesse beschrieben werden kann. Die Forderung der Unternehmen nach einer kontinuierlichen Verbesserung der eingesetzten Wissensmanagement-Methoden und -Werkzeuge wird umgesetzt, indem diese Qualitätskriterien ebenfalls für die Messung und Bewertung der Informations- und Wissensqualität während der Nutzungsphase der implementierten Wissensmanagement-Methoden und -Werkzeuge verwendet werden. Dies erfolgt durch die gezielte Rückführung der erhobenen Bewertungsergebnisse während der Nutzungsphase.

**Praxisbeispiel**

Diese Vorgehensweise wurde bei einem mittelständischen Dienstleistungsunternehmen, der Dr. Reinold Hagen Stiftung in Bonn, welches neben Beratungsdienstleistungen für mittelständische Unternehmen vornehmlich Dienstleistungen im Bereich Forschung und Entwicklung der Aus- und Weiterbildung anbietet, erfolgreich angewendet. Das Unternehmen beschäftigt sich seit geraumer Zeit mit der Einführung von Wissensmanagement. Vor Beginn der Arbeiten war unklar, welche Wissensmanagement-Lösungen eingesetzt werden sollten, da eine unzureichende Kenntnis darüber bestand, welche Wissenslücken an welchen Stellen im Unternehmen zu schließen waren und wo Wissensmanagement-Lösungen sinnvoll eingesetzt werden könnten. Ziel der Arbeiten war die Konzeption eines praxisorientierten Wissensmanagement-Systems.

Als erstes wurde untersucht, welche Prozesse unterstützt werden sollen. Die Prozesse, die ein geeignet hohes Potenzial hinsichtlich der Unterstützung durch Wissensmanagement-Methoden und -Werkzeuge aufweisen, mussten identifiziert werden. Hierzu wurde die Prozesslandschaft des Unternehmens abgebildet, wobei die bestehenden Prozesse gemäß dem vorgestellten Geschäftsprozessmodell (vgl. Pfeifer 2001) in strategische Prozesse, Kern- sowie Unterstützungsprozesse eingeordnet wurden. Aus den verfügbaren Kernprozessen wurden diejenigen ausgewählt, die als besonders wissensintensiv einzustufen waren, und einer systematischen Analyse unterzogen. Dazu wurden die einzelnen Prozessschritte gemeinsam mit den an den Prozessen beteiligten Mitarbeitern identifiziert und somit die Prozesse modelliert. Mit Hilfe dieser Prozessbeschreibungen wurden mit den jeweils involvierten Mitarbeitern strukturierte Einzelinterviews zur Identifikation des Wissensbedarfs durchgeführt. Ergebnis waren jeweils subjektive Einschätzungen der Ist-Situation, die in einem weiteren Schritt bewertet und zusammengeführt wurden. Ebenfalls wurden in diesem Schritt potenzielle Maßnahmen zusammengetragen und dokumentiert.

Auf dieser Basis wurden Forderungen an das zu konzeptualisierende Wissensmanagement-System abgeleitet und priorisiert und darauf aufbauend das Konzept entwickelt, mit dem die Forderungen zur Nutzung des strategischen und operativen Wissens systematisch umgesetzt wurden. Dadurch wurde deutlich, wie die zu implementierenden Wissensmanagement-Aktivitäten in die Organisation eingebunden werden sollen und mit welchen Elementen dies geschehen muss.

**Fazit**

Das beschriebene Modell und das Anwendungsbeispiel haben gezeigt, dass die konsequente Prozessorientierung bei der Entwicklung eines Wissensmanagement-Systems unabdingbar und von entscheidender Wichtigkeit ist. Zum einen wird auf diese Weise sichergestellt, dass die Mitarbeiter mit ihren Erfahrungen in den Entwicklungsprozess eingebunden werden. Wertvolle Ansätze und bisher nur punktuell eingesetzte Einzellösungen zur verbesserten Nutzung des vorhandenen Unternehmenswissens werden transparent gemacht und unternehmensweit publiziert. Zum anderen fließt mit dieser Vorgehensweise der tatsächlich vorhandene Wissensbedarf in die Entwicklung ein.

Entscheidend ist, dass der Mitarbeiter im Mittelpunkt der Betrachtungen steht. Die Erfahrungen haben gezeigt, dass nur dadurch die abgeleiteten Lösungen angenommen und von den Mitarbeitern im praktischen Einsatz getragen werden.

### 6.3.3 Auswahl von Methoden des Qualitäts- und Wissensmanagements für Geschäftsprozesse unter Berücksichtigung einer kombinierten Kodifizierungs- und Personifizierungsstrategie

*Tilo Pfeifer, Sandra Scheermesser*

**Einleitung**

Der folgende Beitrag beschreibt ein Vorgehensmodell für die prozessorientierte Auswahl von Methoden des Qualitäts- und Wissensmanagements. Die Auswahl der Methoden erfolgt auf Grundlage einer umfassenden Analyse der Geschäftsprozesse. Sie wird ergänzt durch eine zielgerichtete Auswahl von IT-Funktionalitäten, die die Wissensübertragung in Geschäftsprozessen unterstützen. Im Allgemeinen wurde bei der Einführung von Konzepten des Wissensmanagements entweder die Strategie der *Kodifizierung* oder die der *Personifizierung* verfolgt (vgl. Pautzke 1989; Rehäuser u. Krcmar 1996). Auch wurden diese nicht auf Geschäftsprozesse bezogen, sondern auf ganze Unternehmensbereiche. Dies führte zu einer einseitigen Konzentration auf einzelne Aspekte. In der Regel stand dabei die Auswahl des IT-Tools zu sehr im Vordergrund. Die Bereitstellung eines rechnergestützten Systems allein reicht aber nicht aus, um Prozesse der Wissensübertragung anzustoßen und zu systematisieren. Wissen kann nur durch das breite Angebot verschiedener Assoziationsmöglichkeiten übertragen werden, da der Prozess der Wissensaufnahme beim Adressaten sehr individuell ist. Darum müssen mehrere Übertragungswege parallel angeboten werden. Der vorliegende Ansatz verbindet beide Strategien für den Anwendungsschwerpunkt „Geschäftsprozesse". Im Folgenden werden diese beiden Strategien kurz definiert.

**Darstellung der Strategien der Kodifizierung und der Personifizierung**

Bei der sog. *Kodifizierungsstrategie* liegt eine starke Akzentuierung auf der *instrumentell-technischen* Ebene des Wissensmanagements vor. Es wird die Annahme getroffen, dass Wissen als Abbildung der Realität personen- und kontextunabhängig ist, also expliziten Charakter hat. Damit steht die Informations- und Kommunikationstechnologie im Mittelpunkt dieses Denkansatzes. Mit Hilfe der IuK-Technologie wird Wissen erfasst, bearbeitet, verteilt und in Systemen abgelegt. Dort ist es für jeden Mitarbeiter leicht zugänglich und kann von ihm genutzt werden. Der Vorteil der Kodifizierungsstrategie liegt in der Zeitersparnis bei der Identifikation und Verteilung von Wissen.

Die sog. *Personifizierungsstrategie* betont dagegen die *Humanorientierung* von Wissensmanagement, wobei davon ausgegangen wird, dass Wissen in Lernprozessen entsteht und durch Interaktion zwischen Personen erworben und verändert wird. Wissen ist somit nicht objektiv, sondern personen- und kontextabhängig, verbleibt also zum größten Teil im Besitz des einzelnen Mitarbeiters. Aufgabe des Wissensmanagements ist nach diesem Denkansatz, die Kommunikation zwischen Mitarbeitern zu gestalten, da besonders implizites Wissen nur im persönlichen

Kontakt ausgetauscht wird. Informations- und Kommunikationstechnologien sind nicht der Träger von Wissen, sondern nur noch das Medium und dienen zur Unterstützung. Der Vorteil der Personifizierungsstrategie liegt darin, dass ein tieferes Verständnis von Problemen entstehen kann, da sie aus mehreren Blickwinkeln betrachtet und gemeinsam Lösungen erarbeitet werden (vgl. Hansen 1999).

Die Komplexität von kontext- und personenabhängigem implizitem Wissen hat zur Folge, dass es nicht so einfach wie explizites Wissen über Informationen aufgenommen und gespeichert werden kann, sondern über einen längeren Zeitraum hinweg durch Lernprozesse erworben werden muss (vgl. Nonaka 1992).

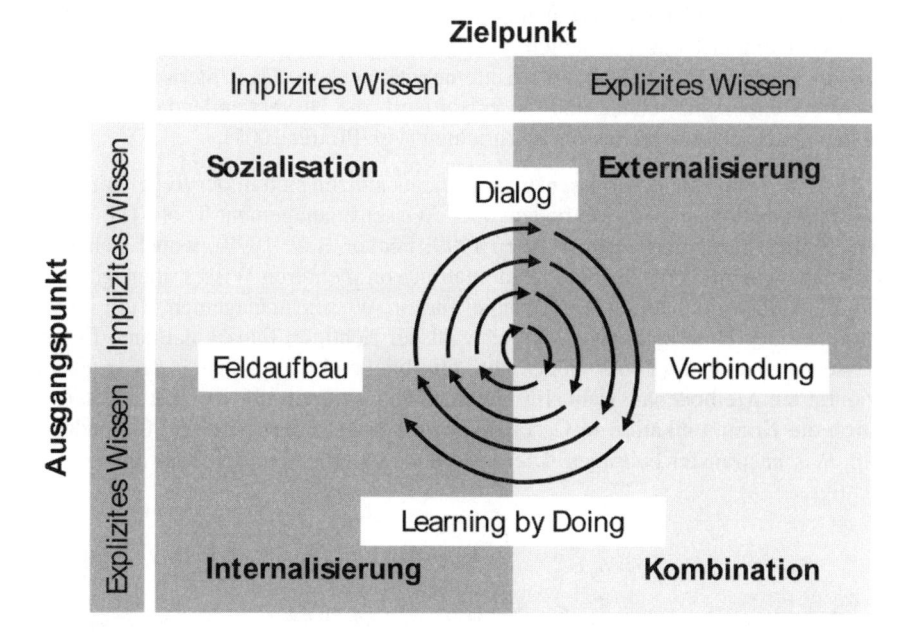

**Abb. 6.11:** Wissensspirale zur Umwandlung von Wissensinhalten (Nonaka u. Takeuchi 1997)

Nach Nonaka und Takeuchi besteht dieser Lernprozess aus einer Wissensspirale, die die Wissensschaffung durch das Zusammenwirken von implizitem und explizitem Wissen beschreibt (Abb. 6.11). Es werden dabei vier verschiedene Formen der Wissensumwandlung definiert (vgl. Nonaka u.Takeuchi 1997):

- die Sozialisation: vom impliziten zum impliziten Wissen,
- die Externalisierung: vom impliziten zum expliziten Wissen,
- die Kombination: vom expliziten zum expliziten Wissen sowie
- die Internalisierung: vom expliziten zum impliziten Wissen.

Diese vier Möglichkeiten des Wissensübergangs werden als Suchpfade bei der Auswahl der Qualitäts- und Wissensmanagement-Methoden genutzt.

**Vorgehensmodell zur prozessorientierten Auswahl von Methoden des Qualitäts- und Wissensmanagements**

Unter prozessorientiertem Wissensmanagement wird im Folgenden eine Ausrichtung der auszuwählenden Methoden der Wissensübertragung auf Geschäftsprozesse verstanden. Dabei werden zuerst die Prozesse untersucht und dann Qualitäts- und Wissensmanagement-Methoden passend zur Prozessart ausgewählt, ohne Veränderungen an den Prozessen vorzunehmen. Der Grund dafür liegt darin, dass unterschiedliche Unternehmensbereiche unterschiedliche Forderungen an Wissensmanagement-Konzepte stellen. Somit kann es kein passendes Wissensmanagement-Konzept für das gesamte Unternehmen geben. Da Unternehmen heute prozessorientiert aufgebaut sind, ist es sinnvoll, die zu verwendenden Methoden an den Unternehmensprozessen auszurichten (vgl. Pfeifer 2001).

Heutige Konzepte des Wissensmanagements stützen sich in der Regel entweder auf Wissensmanagement-Methoden oder Wissensmanagement-Tools (IT-Tools) (vgl. Seufert u. Seufert 1998; Hansen 1999; Föcker et al. 1999), wobei sich Wissensmanagement-Tools als eine Kombination von mehreren Wissensmanagement-Funktionalitäten darstellen. Ein Beispiel für ein Wissensmanagement-Tool ist das Intranet eines Unternehmens. Die Auswahl der richtigen Funktionalitäten für die Wissensmanagement-Tools bildet die abschließende Ergänzung der prozessorientierten Methodenauswahl. Im Qualitätsmanagement gibt es viele Methoden, durch die Kommunikation in Geschäftsprozessen gefördert wird und die dadurch zum Wissenstransfer beitragen. Diese Methoden werden bei der Auswahl berücksichtigt.

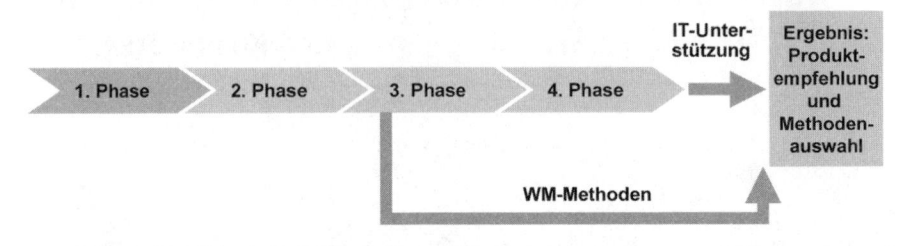

1. Phase: Prozesskriterien bestimmen
2. Phase: Wichtigste Wissensaktivitäten auswählen
3. Phase: Priorisieren der Methoden und Funktionalitäten in Wissensaktivitäten-Katalogen
4. Phase: Auswahl von geeigneter IT- Unterstützung

**Abb. 6.12:** Vorgehensmodell zur prozessorientierten Auswahl von Qualitäts- und Wissensmanagement-Methoden und IT-Funktionalitäten

Das Vorgehensmodell (Abb. 6.12) besteht aus vier Phasen. In der ersten Phase werden die Prozesskriterien für den betrachteten Prozess bestimmt. In der zweiten Phase werden die Wissensaktivitäten mit Hilfe der Prozesskriterien ausgewählt. Unter Wissensaktivitäten werden die primär auftretenden Wissensübergänge in dem betrachteten Prozess verstanden. Sie werden entsprechend den vier Formen der Wissensumwandlung (vgl. Abb. 6.11) unterteilt (vgl. Nonaka u. Takeuchi 1997). Die Methoden des Wissens- und Qualitätsmanagements und die IT-Funktionalitäten werden in der dritten Phase anhand von Wissensaktivitäten-Katalogen priorisiert, die für jede Wissensaktivität vorhanden sind. In Phase 4 erfolgt die Auswahl geeigneter IT-Unterstützung für das ausgewählte Wissensmanagement-Konzept.

**Phase 1: Prozesskriterien bestimmen**

Die erste Phase ist die wichtigste Phase des Vorgehensmodells. Alle weiteren Entscheidungen beruhen auf den Ergebnissen dieser Phase. Der betrachtete Geschäftsprozess wird hinsichtlich verschiedener Kriterien bewertet und eingeordnet (Abb. 6.13).

| Prozesskriterien | | | |
|---|---|---|---|
| Produktart | Konsumgut | | ausgereift |
| | | | neuartig |
| | Investitionsgut | Standard | ausgereift |
| | | | neuartig |
| | | Baukastenprodukt | ausgereift |
| | | | neuartig |
| | | maßgeschneidert | ausgereift |
| | | | neuartig |
| | Dienstleistung | | ausgereift |
| | | | neuartig |
| Unternehmensgröße | | | klein |
| | | | mittel |
| | | | groß |
| Kunden | | | intern |
| | | | extern |
| Umfelddynamik | | | dynamisch |
| | | | statisch |
| Wiederholungsrate | | | häufig |
| | | | niedrig |
| Strukturierungsgrad der Prozesse | | | schwach |
| | | | mittel |
| | | | stark |
| Wissen | | explizites Wissen ist vorhanden | explizites Wissen wird verlangt |
| | | | implizites Wissen wird verlangt |
| | | implizites Wissen ist vorhanden | explizites Wissen wird verlangt |
| | | | implizites Wissen wird verlangt |

**Abb. 6.13:** Auswahltabelle der Prozesskriterien

Aufbauend auf dieser Einordnung werden später in Phase 3 die Methoden des Qualitäts- und Wissensmanagements sowie die passenden IT-Funktionalitäten ausgewählt.

Das Prozesskriterium „Produktart" bezieht sich auf das Produkt, welches Objekt des Prozesses ist. Der Prozess muss dabei weder ein Produktionsprozess noch ein Prozess zur Kundenauftragsabwicklung sein. Jeder Unternehmensprozess hat Bezug zu einem Produkt, auch wenn er nicht unmittelbar zur Produkterstellung oder der Abwicklung einer Dienstleistung (Dienstleistungsprodukte sind selber Prozesse) beiträgt. Bei der Produktart wird zwischen Konsumgut, Investitionsgut und Dienstleistung unterschieden. Investitionsgüter werden weiterhin noch in Standard-, Baukasten- und maßgeschneiderte Produkte unterteilt. Bei allen Produktarten wird zusätzlich der Reifegrad der Produkte bewertet.

Je nach Typ des Produktes werden unterschiedliche Forderungen an die Methoden des Qualitäts- und Wissensmanagements und an die IT-Funktionalitäten gestellt. Diese Forderungen werden in Phase 3 bei der Auswahl der Methoden und Funktionalitäten berücksichtigt.

Als weitere Kriterien werden die Unternehmensgröße[150], die Art des Prozesskunden (interner oder externer Kunde), die Umfelddynamik, die Wiederholungsrate des Prozesses, sein Strukturierungsgrad und die Art des hauptsächlich vorliegenden Wissensübergangs bewertet.

Die Umfelddynamik als Prozesskriterium wird unterteilt in „dynamische Umfelddynamik" und „statische Umfelddynamik". Der Prozess „Aktien kaufen" hat z.B. wegen ständig wechselnder Börsenkurse ein dynamisches Umfeld. Der Prozess „Transport durchführen" hingegen ist kaum äußeren Einflüssen ausgesetzt und dadurch statischer. Für einen Prozess mit einem dynamischen Umfeld werden Methoden und Funktionalitäten benötigt, die schnell auf Umstellungen reagieren können.

Das Prozesskriterium „Strukturierungsgrad des Prozesses" unterteilt sich in stark, mittel und schwach strukturierte Prozesse. Ein stark strukturierter Prozess ist

---

[150] Nach der neuen Definition der Europäischen Union (EU) von 1999 (vgl. Europainfo 2001) handelt es sich bei „Kleinen Unternehmen" um solche, die zwischen 10 und 50 Personen beschäftigen und höchstens 7 Millionen Euro Jahresumsatz oder maximal 5 Millionen Euro Jahresbilanzsumme aufweisen und sich höchstens zu einem Viertel im Besitz eines Großunternehmens befinden. Die Unternehmen, die eine Mitarbeiterzahl von weniger als 10 haben, werden laut EU als „Kleinstunternehmen" bezeichnet. Bei den Prozesskriterien wird keine Unterscheidung zwischen „Kleinstunternehmen" und „Kleinen Unternehmen" gemacht. Ein „Mittleres Unternehmen" hat laut EU eine Mitarbeiterzahl von weniger als 250 und einen Jahresumsatz von max. 40 Millionen Euro oder eine Bilanzsumme von max. 27 Millionen Euro und darf wie ein „Klein-Unternehmen" nicht zu 25 % oder gar zu einem größeren Anteil Besitz eines Großunternehmens oder gemeinsamer Besitz mehrerer Großunternehmen sein. Großunternehmen sind jene Unternehmen, die die Grenzwerte für „Mittlere Unternehmen" überschreiten.

ein völlig vorbestimmter Prozess, der auch stark strukturierte Daten verarbeitet. Ein Beispiel ist die standardisierte Auftragsabwicklung in einem Versandhaus (vgl. Allweyer 1998). Bei diesem Prozess handelt es sich um einen datenintensiven Prozess, in dem weniger Methoden zur Wissensübertragung benötigt werden, sondern mehr IT-Unterstützung, z.B. in Form einer Datenbank, gefragt ist. Bei den schwach strukturierten Prozessen hingegen, wie z.B. Beratungs-, Forschungs- und Entwicklungsprozessen, handelt es sich um wissensintensive Prozesse. Hier werden eher Methoden als IT-Funktionalitäten benötigt, da es nicht um die Strukturierung der Daten, sondern um ihre systematische Aufbereitung als Ergebnis kreativer Prozesse geht.

**Phase 2: Wichtigste Wissensaktivität auswählen**

In der zweiten Phase wird die hauptsächlich vorherrschende Wissensaktivität (WA) für den betrachteten Prozess ausgewählt (Abb. 6.14).

| WA 1 | explizites Wissen → explizites Wissen |
| WA 2 | implizites Wissen → explizites Wissen |
| WA 3 | explizites Wissen → implizites Wissen |
| WA 4 | implizites Wissen → implizites Wissen |

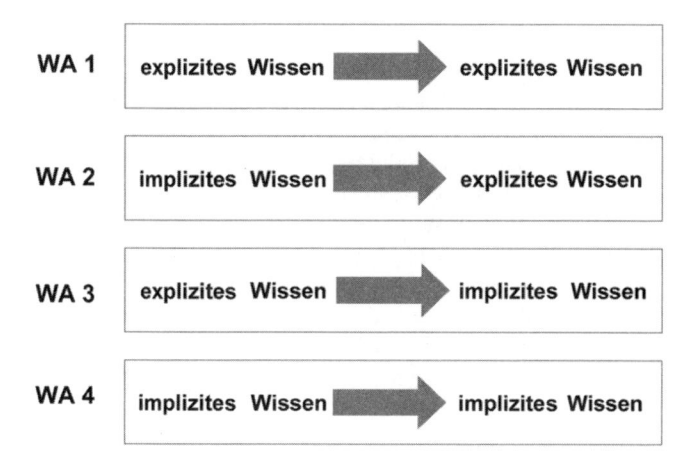

**Abb. 6.14:** Wissensaktivitäten (WA) (vgl. Nonaka u. Takeuchi 1997)

Wie oben erwähnt gibt es nach Nonaka vier Wissensaktivitäten (WA), die eine Wissensgenerierung bewirken.

*Wissensaktivität 1* beschreibt Wissensübergänge von *explizitem* zu *explizitem* Wissen. Dabei wird bei allen Mitarbeitern bekanntes Wissen mit anderem bekanntem Wissen verbunden. Ist allen Prozessmitarbeitern z.B. bekannt, dass in nächster Zeit neue Aufträge von wichtigen Kunden zu erwarten sind und wird ihnen dann mitgeteilt, dass diese Aufträge eingegangen sind und bestimmte Umfänge betreffen, so ist das ein Wissensübergang vom expliziten zu explizitem Wissen. Es handelt sich dabei um einen Wissensübergang durch Kombination von bekanntem Wissen.

*Wissensaktivität 2* bezieht sich auf den Übergang von *implizitem* zu *explizitem* Wissen. Es geht dabei darum, Wissen, das bei einigen Prozessmitarbeitern implizit vorhanden ist, so zu externalisieren, dass es allen Mitarbeitern des Prozesses bekannt wird. War ein Mitarbeiter z.B. auf einem Seminar und hat neues Wissen über einen bestimmten Bereich erworben und teilt dieses in einem internen Workshop seinen Kollegen mit, so wird aus seinem impliziten Wissen explizites Wissen. Dieser Wissensübergang wird als Externalisierung bezeichnet.

*Wissensaktivität 3* bezieht sich auf den Übergang von *explizitem* zu *implizitem* Wissen. Solche Wissensübergänge treten vor allem dann auf, wenn neue Mitarbeiter eingearbeitet werden. Das Wissen, das in einem Unternehmensbereich oder einem Prozess als allgemein bekannt vorausgesetzt werden kann, z.B. welche Kommunikationswege einzuhalten sind, wo bestimmte Materialien oder Auskünfte zu erhalten sind oder wann die Mittagspause stattfindet, muss ein neuer Mitarbeiter erst erlernen. Dieser Wissensübergang heißt Internalisierung.

*Wissensaktivität 4* beschreibt den Übergang von *implizitem* zu *implizitem* Wissen und ist der schwierigste Wissensübergang. Wenn z.B. erfahrene Mitarbeiter in einem Ablauf Handgriffe erlernt haben oder für bestimmte Bearbeitungsaufgaben aus Erfahrung die richtigen Werkzeuge einsetzen, verfügen sie über implizites Wissen. Dieses Wissen ist weder dokumentierbar noch allgemein bekannt. Soll es auf eine andere Person übertragen werden, so ist dieser Übergang nur schwer systematisch zu gestalten, da dem Wissensträger zum Teil nicht wirklich bewusst ist, was er aus Erfahrung anders macht als ein Anfänger. Auf den Anfänger kann dieses Wissen nur dadurch übertragen werden, dass er den erfahrenen Mitarbeiter lange beobachtet und nachahmt, wie dieser vorgeht. Der Unerfahrene muss jedoch grundsätzlich die Fähigkeit zum Nachahmen besitzen. Dazu kann der Einsatz verschiedener Methoden förderlich sein. Implizites Wissen lässt sich jedoch nie hundertprozentig übertragen. Wenn dieser Wissensübergang gelingt, spricht man von Sozialisierung.

Für den betrachteten Prozess ist nun zu entscheiden, welche der vier Wissensaktivitäten in diesem Prozess hauptsächlich stattfindet. In der Auswahltabelle der Prozesskriterien ist diese Wissensaktivität anzukreuzen.

**Phase 3: Priorisierung der Methoden und Funktionalitäten in Wissensaktivitäten-Katalogen**

Zu jeder Art von Wissensaktivität wird ein Katalog mit vorbewerteten Methoden des Qualitäts- und Wissensmanagements sowie unterstützenden IT-Funktionalitäten zusammengestellt. Hier ist dann der Wissensaktivitäten-Katalog auszuwählen, der zur vorherrschenden Wissensaktivität des betrachteten Geschäftsprozesses passt (Abb. 6.15). Auf dieser Grundlage und den ausgewählten Prozesskriterien werden die Methoden und Funktionalitäten anhand einer vorgegebenen Gewichtung priorisiert. Dazu muss im Vorfeld eine umfangreiche Zusammenstellung von Methoden und Funktionalitäten für jedes Prozesskriterium in diesen Katalogen bewertet werden. Die Bewertung beschreibt dabei die Einsatzeignung für die vorherrschende Wissensaktivität und die vorliegenden Prozesskriterien. Für den betrachteten Prozess sind die Bewertungsergebnisse für die zutreffenden Prozesskriterien, bezogen auf jede Methode und IT-Funktionalität, zusammenzurechnen. Die Methode mit der höchsten Punktzahl ist die für den betrachteten Prozess geeigneteste. Auch weitere Methoden mit ähnlich hohen Punktzahlen sind geeignet. Die priorisierten Funktionalitäten werden im nächsten Schritt bei der Auswahl einer geeigneten IT-Unterstützung genutzt. Dazu müssen für alle Funktionalitäten die Punktzahlen addiert werden.

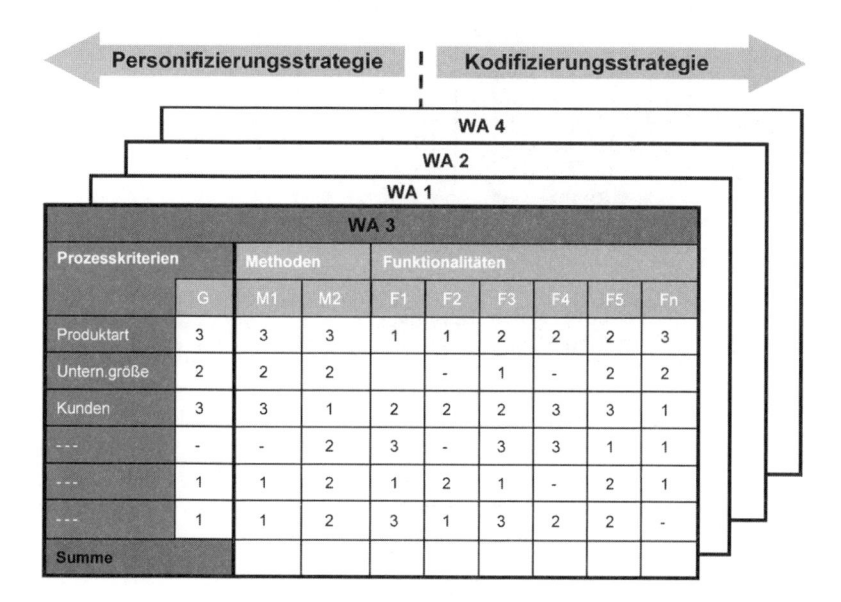

| Prozesskriterien | Methoden | | Funktionalitäten | | | | | |
|---|---|---|---|---|---|---|---|---|
| | G | M1 | M2 | F1 | F2 | F3 | F4 | F5 | Fn |
| Produktart | 3 | 3 | 3 | 1 | 1 | 2 | 2 | 2 | 3 |
| Untern.größe | 2 | 2 | 2 | | - | 1 | - | 2 | 2 |
| Kunden | 3 | 3 | 1 | 2 | 2 | 2 | 3 | 3 | 1 |
| --- | - | - | 2 | 3 | - | 3 | 3 | 1 | 1 |
| --- | 1 | 1 | 2 | 1 | 2 | 1 | - | 2 | 1 |
| --- | 1 | 1 | 2 | 3 | 1 | 3 | 2 | 2 | - |
| Summe | | | | | | | | | |

**Abb. 6.15:** Wissensaktivitäten-Kataloge

Nun steht fest, welche Methoden bei der Wissensübertragung im betrachteten Prozess sinnvoll eingesetzt werden können und welche IT-Funktionalitäten für den Wissensübergang in diesem Prozess nützlich sein können. Durch die gleichzeitige Bewertung von *Methoden* und *IT-Unterstützung* wird somit sichergestellt, dass sowohl die Strategien der Personifizierung als auch der Kodifizierung in einem auf die Geschäftsprozesse bezogenen Konzept des Wissensmanagements berücksichtigt werden.

**Phase 4: Auswahl geeigneter IT-Unterstützung**

Neben einer Vorbewertung der Methoden und IT-Funktionalitäten – bezogen auf die Wissensaktivitäten – wurde eine Vorbewertung aktueller, auf dem Markt erhältlicher IT-Tools (Wissensmanagement-Portale) erstellt. Diese wurden in einer umfangreichen Produkttabelle zusammengefasst, die eine Kurzbeschreibung zu jedem Produkt sowie alle vorhandenen Funktionalitäten enthält (Abb. 6.16).

⊗ Hier werden die aus den Wissensaktivitäten-Katalogen erzielten Punktzahlen addiert

| Produkt | Funktionalitäten | | | | | | | | | | | | | |
|---|---|---|---|---|---|---|---|---|---|---|---|---|---|---|
| | Teamwork | | | | | | | | Prozessunterstützung | | | | | .. |
| | Videoconferencing | Audioconferencing | Diskussionsgruppen | E-Mail | Expertensuche | Message Boards | Chat Rooms | Gruppenterminkalender | Checklisten | To Do Listen | Push | Workflow | Projektmanagement | : |
| Lotus Notes | | | X | ⊗ | | O | | X | | | O | ⊗ | | |
| ... | | | | | | | | | | | | | | |

**Zusammenrechnen der Punkte**

=> Lotus Notes: 78 Punkte
=> grapeVine : 50 Punkte
=> ...

Legende:
X: im Produkt enthalten
O: vom WA-Katalog verlangt
⊗: Überdeckung des Produktes mit den geforderten Funktionalitäten

**Abb. 6.16:** Schema der Produkttabelle für Wissensmanagement-Portale

**Produkt-Tabelle (Wissensportale)**

**Priorisierte Funktionalitäten aus der Phase 3**

Funktionalitäten:
• Funktionalität 2
• Funktionalität 4
• Funktionalität 5
• ...
• ...
• ...
• Funktionalität

**Ausrechnen des Überdeckungsgrades**

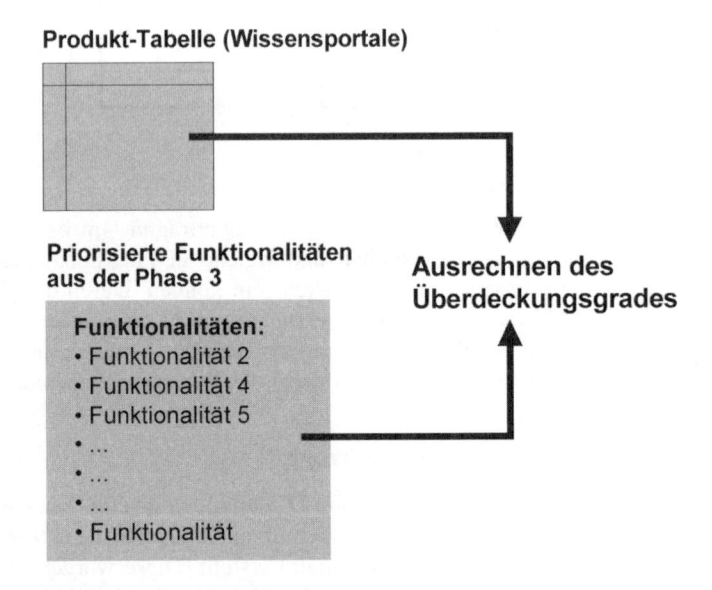

**Abb. 6.17:** Priorisierung der informationstechnologischen Tools

Bezogen auf die erforderlichen Funktionalitäten und ihre ermittelte Priorität aus Phase 3 wird ein *Überdeckungsgrad* errechnet, den die marktgängigen Tools mit den geforderten priorisierten Funktionalitäten haben (Abb. 6.17). Der Überdeckungsgrad gibt Hinweise, welche IT-Tools die Wissensübertragung im betrachteten Geschäftsprozess sinnvoll unterstützen können. Bei der letztendlichen Auswahl der IT-Tools müssen jedoch auch wirtschaftliche Aspekte berücksichtigt werden.

Es wird deutlich, wie Unternehmen oder Prozesseigner in Unternehmen mit einer systematischen und pragmatischen Vorgehensweise die richtigen Unterstützungsmittel (Methoden und Tools) für die Einführung eines Konzeptes des Wissensmanagements zur Unterstützung der Wissensübertragung auswählen können. Dabei wird keine starre, eindimensionale Empfehlung gegeben, sondern auf die unterschiedlichen Gegebenheiten in den Geschäftsprozessen Wert gelegt und sowohl die technologisch-orientierte als auch die methodische Unterstützung berücksichtigt.

### 6.3.4 Erfolgreiches Wissensmanagement im Auftragsabwicklungsprozess auf Basis des Task-Artifact-Cycles

*Klaus Henning, Alexander Woyke, Johannes Grobe*

Wettbewerbsvorteile von Unternehmen haben sich im Zeitverlauf starken Veränderungen unterzogen. Während früher Volumen- oder Standortvorteile von großer Bedeutung waren, sind heute mehr und mehr Zeitvorteile der entscheidende Faktor für einen Vorsprung vor Wettbewerbern. Aus diesem Grund bestimmt *Prozessorientierung* seit Jahren die Rationalisierungsprojekte vieler Maschinenbauunternehmen (vgl. Eversheim 1995).

Die Reduzierung der Durchlaufzeiten in der Auftragsabwicklung basiert jedoch nicht nur auf der optimalen Abstimmung der einzelnen Teilprozesse. Es gilt dabei vor allem sicherzustellen, dass die für die einzelnen Teilprozesse verantwortlichen Personen über das erforderliche Wissen zur Erfüllung der Aufgaben zum richtigen Zeitpunkt verfügen (vgl. Pfeifer 2001). Dies ist insofern von großer Bedeutung, als Prozesse der Auftragsabwicklung im Maschinenbau von einer zunehmenden Dynamisierung des Wissens gekennzeichnet sind (vgl. Probst u. Deussen 1997; Rabrenovic 2000).

Vor diesem Hintergrund wurde gemeinsam mit dem Management von *Bosch Rexroth Industrial Hydraulics AG* die Strategie festgelegt, die Konzepte des Wissensmanagements in die Optimierung der Geschäftsprozesse gezielt zu integrieren. Dieser Strategie liegt die Überzeugung zu Grunde, dass betriebsinterne Wissens- und Informationsflüsse besser gesteuert werden können, wenn der Wissensaspekt bei der Gestaltung wissensintensiver Prozesse wie der Auftragsabwicklung gezielt berücksichtigt wird.

## Vorgehensmodell zur wissensorientierten Geschäftsprozessoptimierung

Den Lösungsansatz bildet ein zyklisches, praxisorientiertes Vorgehensmodell für das Reengineering von Geschäftsprozessen, basierend auf dem *Task-Artifact-Cycle* nach Caroll (1991), in welches die Kernprozesse des Wissensmanagements nach Probst et al. (1998) zur Analyse und Gestaltung von Geschäftsprozessen integriert wurden. Der Task-Artifact-Cycle wurde ursprünglich für die Entwicklung komplexer Software-Systeme entworfen. Im Vordergrund steht dabei die Annahme, dass für die Gestaltung komplexer Systeme implizites Wissen über den Ist-Zustand von großer Bedeutung ist. Ausschließlich theoriegeleitete Vorgehensweisen sind daher nicht angemessen (vgl. Grobe 1998).

Die gezielte Ist-Analyse der Geschäftsprozesse – hier konkret der Auftragsabwicklungsprozesse – aus der Wissensperspektive ermöglicht die Ableitung von wissensorientierten Verbesserungsmaßnahmen. Dieses Vorgehensmodell ist in Anlehnung an Grobe (1998) in drei Phasen unterteilt: Projektanlass, Analyse und Gestaltung und Transfer (Abb. 6.18).

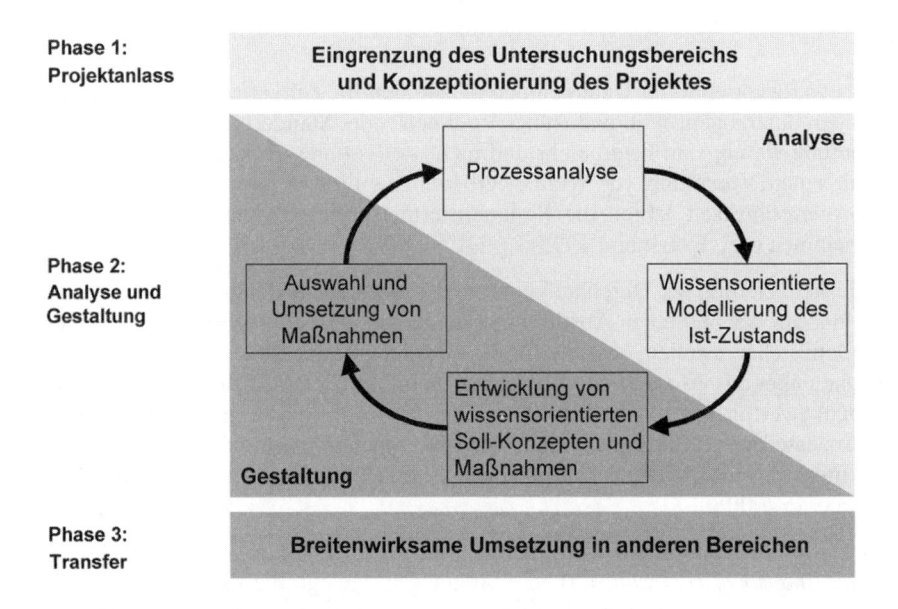

**Abb. 6.18:** Vorgehensmodell zur wissensorientierten Geschäftsprozessoptimierung (in Anlehnung an Caroll 1991)

In der ersten Phase – *Projektanlass* – wird das Projekt zur wissensorientierten Optimierung von Geschäftsabläufen konzipiert. In Gesprächen und Workshops mit Führungskräften werden der Untersuchungsbereich für ein Pilotprojekt eingegrenzt und erste Ziele für das Projekt formuliert. Dabei muss sichergestellt sein, dass für das Reorganisationsvorhaben ausreichende personelle Ressourcen und methodische Unterstützung zur Verfügung gestellt werden.

Die zweite Phase – *Analyse und Gestaltung* – ist der auf dem Task-Artifact-Cycle basierende zyklische Prozess, dessen Anwendung zunächst auf den Pilotbereich begrenzt ist. Die Analyse und die Gestaltung umfassen in einem Zyklus jeweils zwei Schritte (vgl. Grobe 1998).

Im ersten Schritt der Analyse werden zunächst der Prozess, der in der ersten Phase eingegrenzt worden ist, und dessen wichtigste Einflussgrößen analysiert. Dazu werden mit den Prozessakteuren in abteilungsübergreifenden Workshops Prozessmappings durchgeführt. Zusätzlich werden vertiefende Einzelinterviews mit Schlüsselakteuren und weiterführende Dokumentanalysen eingesetzt, um die Ist-Situation umfassend zu ermitteln. Eine weitere Analysemethode, die sich in vielen Projekten bewährt hat, ist die Begleitung eines konkreten Auftrags in der Sequenz der einzelnen Prozessschritte der Auftragsabwicklung. Ziel der Prozessanalyse ist es, die relevanten Stärken und Schwachstellen zu ermitteln und den beteiligten Personen die vielschichtigen Wechselwirkungen zwischen den einzelnen Prozessschritten, den beteiligten Organisationsbereichen und Aufgabenträgern aufzuzeigen.

Aufbauend auf detaillierten Prozessanalysen erfolgt im zweiten Schritt der Analyse eine wissensorientierte Einordnung und Modellierung der grundlegenden Mechanismen des Ist-Zustands mit Hilfe des Prozessmodells für Wissensmanagement nach Probst et al. (1998). Durch die beteiligungsorientierte Vorgehensweise in Analyseworkshops wird deutlich, welchen Beitrag der Einzelne leisten kann, um die Prozesseffizienz zu verbessern. Dazu werden die ermittelten Stärken und Schwachstellen dahingehend überprüft, inwieweit deren Ursachen in der aktuellen Gestaltung der Kernprozesse des Wissensmanagements begründet sind. Es ist zu beachten, dass Schwachstellen nicht zwingend wissensbezogene Ursachen haben und demzufolge andere Strategien und Maßnahmen erfordern.

Im Anschluss an die wissensorientierte Analyse erfolgt die Gestaltung des neuen Prozesses, die ebenfalls in zwei Schritten durchgeführt wird. Im ersten Schritt der Gestaltung werden aufbauend auf der wissensorientierten Prozessanalyse die in der ersten Phase – *Projektanlass* – formulierten Ziele und Strategien konkretisiert. Diese bilden die Grundlage zur Ableitung von Anforderungen an den Soll-Prozess. Dabei werden mit den betroffenen Mitarbeitern verschiedene Konzepte und Lösungsvarianten entwickelt und ein erster Maßnahmenkatalog erarbeitet.

Im zweiten Schritt der Gestaltung werden ausgehend von dem Maßnahmenkatalog Zeit- und Handlungspläne für die Umsetzung aufgestellt. Bei der Aufstellung des Handlungsplans ist es wichtig, Maßnahmen in den Vordergrund zu stellen, die in kurzer Zeit Verbesserungen erkennen lassen und dadurch hemmende Kräfte reduzieren. Dies ist insofern von Bedeutung, als derartige Verbesserungsvorhaben von vielen Führungskräften und Mitarbeitern im Arbeitsalltag auf Grund fehlender Ressourcen häufig nicht konsequent weiterverfolgt werden, da der Nutzen kurzfristig schwer zu erkennen ist und somit fördernde Kräfte fehlen. Von daher sind hemmende und fördernde Kräfte bei der Priorisierung der Maßnahmen abzuschätzen und bei der Umsetzung systematisch zu beobachten. Dazu sollte der Handlungsplan kleinschrittig angelegt werden und regelmäßige Reflexionsphasen zur gemeinsamen Überprüfung der umgesetzten Maßnahmen vorsehen. Die Bewertung erfolgt anhand der eingangs konkretisierten Ziele und Strategien. Solche Reflexionsphasen verhindern Fehlentwicklungen und fördern die Angemessenheit der entwickelten Gestaltungsmaßnahmen. Mit der Reflexion von umgesetzten Maßnahmen wird ein neuer Analyse-Gestaltungszyklus eingeleitet und so die Grundlage für einen kontinuierlichen Verbesserungsprozess geschaffen.

Aufbauend auf der Umsetzung wird in der dritten Phase der *Transfer* der gewonnenen Erkenntnisse auf andere Prozesse und Unternehmensbereiche verfolgt. Verschiedene zeitlich parallel oder versetzt ablaufende Vorhaben zur Prozessoptimierung müssen auf unterschiedlichen Ebenen koordiniert und gesteuert werden. Die Integration in übergeordnete Problemstellungen sowie das Zusammenspiel mit anderen Geschäftsprozessen und Organisationsbereichen gilt es zu beachten. Veränderungen in Teilprozessen müssen hinsichtlich ihrer Auswirkungen auf andere Bereiche überprüft werden. Der wissensorientierte Verbesserungsprozess erscheint damit als Netzwerk von Gestaltungsaktivitäten, das nicht auf vorgegebenen Maßnahmenkatalogen basiert, sondern sich an der Dynamik des Wissens orientiert.

**Anwendung des Vorgehensmodells**

Die Anwendung des wissensorientierten Vorgehensmodells erfolgte in einem Produktbereich des Geschäftsbereichs Industrial Hydraulics der Bosch Rexroth AG. Den Auftakt der ersten Phase bildete ein Workshop mit den Führungskräften des Produktbereichs. Dabei wurde als Ziel vereinbart, den Auftragsabwicklungsprozess für kundenindividuelle Hydraulikprodukte mit vielfältigen konstruktiven Gestaltungsvarianten als Pilotbereich durch organisatorische Maßnahmen des Wissensmanagements zu verbessern. Bei der Auftragsabwicklung solcher Sondervarianten handelt es sich um einen Prozess, der auf Grund der hohen Wissensintensität und -dynamik von Methoden und Ablaufplänen, wie sie für Routineprozesse mit hohem Wiederholungsgrad bekannt sind, nicht verbessert werden kann.

Die einzelnen Aufgaben der Auftragsabwicklung erfordern die Kooperation von vielen Organisationsbereichen des Unternehmens. Die erste Situationsanalyse in der *ersten Phase* ergab folgende Schwierigkeiten in der Auftragsabwicklung: Das Wissen ist an wenige Einzelpersonen aus verschiedenen Funktionsbereichen gebunden, und es fehlen funktions- und auftragsübergreifende Transferprozesse. Vor diesem Hintergrund wurde für das Projekt das Ziel formuliert, die Verfügbarkeit des Wissens im Auftragsabwicklungsprozess zu verbessern. Im Anschluss an diese grobe Zielvorgabe wurde ein abteilungs- und hierarchieübergreifendes Projektteam zusammengestellt und die zweite Phase des Projektes initiiert.

In der *zweiten Phase* zeigte der *erste Schritt der Analyse,* dass der Produktbereich über große Stärken in der Entwicklung und Produktion kundenindividueller Systemlösungen bei einer hohen Variantenvielfalt verfügt. Dies wurde auf das umfangreiche produktbezogene Fachwissen, langjährige Erfahrung und den Wissenstransfer über informelle Netzwerke einzelner Mitarbeiter zurückgeführt. Demgegenüber konnten Schwächen in der Termintreue gegenüber dem Kunden festgestellt werden. Als Kernprobleme wurden die Überlastung der Mitarbeiter bei der Prototypenentwicklung in Verbindung mit häufigen Änderungen konstruktiver Anforderungen in späteren Entwicklungsphasen identifiziert.

Die Einordnung und Modellierung der Ist-Situation der Auftragsabwicklung mit dem Wissensmanagement-Modell nach Probst et al. (1998) im *zweiten Schritt der Analyse* zeigte, dass die Ursachen der Kernprobleme vor allem auf Defizite im abteilungs- und projektübergreifenden Wissenstransfer zurückzuführen sind. Da die wenigsten Mitarbeiter einen Überblick über vorhandene Varianten und aktuelle Entwicklungsaktivitäten haben, werden mit hohem Aufwand kundenindividuelle Lösungen entwickelt, obwohl der Aufwand durch die Wiederverwendung oder Anpassung vorhandener Lösungen reduziert werden könnte. Vorhandenes Wissen wird nicht systematisch zur Reduzierung der Entwicklungskomplexität genutzt. Insbesondere bestand Verbesserungsbedarf hinsichtlich der Verteilung des entwicklungsspezifischen Wissens.

Im *ersten Schritt der Gestaltung* wurde daher zunächst das Ziel einer Verbesserung des Auftragsabwicklungsprozesses durch Wissensmanagement überprüft und konkretisiert. Obwohl die einzelnen Bereiche für die Durchsetzung ihrer eigenen Ziele eintraten, konnten Teilziele definiert werden, die von allen Beteiligten mitgetragen wurden. Durch den bei der Ist-Analyse ermittelten Zusammenhang zwischen den Problemen bei der Auftragsabwicklung und den Defiziten im Wissensmanagement konnte die Angemessenheit der gewählten Vorgehensweise und die Strategie der Wissensorientierung bestätigt werden. Obwohl dadurch eine wesentliche Hürde genommen war – immerhin war ein einheitliches Verständnis über die Bedeutung von Wissen im Auftragsabwicklungsprozess bei den Mitarbeitern und Führungskräften erzielt worden – wurde deutlich, dass immer noch eine gewisse Unsicherheit hinsichtlich möglicher Lösungskonzepte bestand. Aus diesem Grund wurde ein Workshop zur Entwicklung von konkreten Anforderungen an die Neugestaltung des Auftragsabwicklungsprozesses und verschiedenen Lösungsmöglichkeiten durchgeführt.

Im *zweiten Schritt der Gestaltung* wurden die entwickelten Lösungsmöglichkeiten vor dem Hintergrund des erforderlichen Aufwands und möglichst schneller Erfolge bewertet. Dazu wurden zwei zentrale Anforderungen formuliert: Nutzung des Erfahrungswissens der Entwickler in den frühen Phasen der Auftragsabwicklung und Verbesserung des auftragsübergreifenden Wissenstransfers.

Dies war die Grundlage zur Ableitung von konkreten Maßnahmen für die *wissensorientierte Reorganisation des Auftragsabwicklungsprozesses.* Eine Auswahl dieser Maßnahmen zeigt Tabelle 6.1. Für jede Maßnahme wurde in Form eines Handlungsplans jeweils ein verantwortliches Mitglied des Projektteams benannt;

anschließend wurde mit der Umsetzung begonnen. Der Umsetzungsfortschritt wurde in regelmäßigen Abständen mit dem Management überprüft.

**Tabelle 6.1:** Maßnahmen zur wissensorientierten Prozessverbesserung

| M 1 | Durchgehende Prozesse – Neugestaltung des Soll-Ablaufs der Auftragsabwicklung |
|---|---|
| M 2 | Aufbau eines Vertriebsabwicklungsteams zur technischen Vorabklärung |
| M 3 | Einrichtung kooperativer Planungsteams aus Vertrieb, Entwicklung und Produktion |
| M 4 | Bildung von vernetzten Simultaneous-Engineering-Teams |
| M 5 | Einrichtung eines zentralen Projektordners |

M Maßnahme

Als übergeordnete Maßnahme wurde zunächst in mehreren Workshops ein Soll-Ablauf für den Auftragsabwicklungsprozess entwickelt (M 1). Im Vordergrund stand dabei die frühzeitige Einbindung der Entwicklung in die früheren Phasen der Auftragsabwicklung. Ziel war, das Erfahrungswissen der Entwicklung sowohl für Produktinnovationen als auch zur Reduzierung der Variantenvielfalt durch die Wiederverwendung vorhandener Lösungen zu nutzen.

Dazu wurde der Prozessschritt *Technische Vorabklärung* in den Auftragsabwicklungsprozess eingefügt. Verantwortlich für die Technische Vorabklärung ist ein neu gebildetes Vertriebsabwicklungsteam aus Mitarbeitern des Vertriebs und der Entwicklung (M 2). Durch die Einbindung der Entwickler in die Technische Vorabklärung konnte die Qualität der Lastenhefte verbessert werden. Die Lösungskonzepte, die dem Kunden angeboten werden, sind dadurch technisch ausgereifter, und den Konstrukteuren können konsistente Arbeitsunterlagen zur Verfügung gestellt werden. Zeit- und kostenintensive Entwicklungsschleifen werden vermieden.

Die Standardisierung der Abläufe und der Dokumente für die Auftragsabwicklung bildet die Grundlage für die systematische Auswertung von abgeschlossenen Aufträgen innerhalb der ebenfalls neu gebildeten Planungsteams mit Vertretern aus Vertrieb, Entwicklung und Produktion (M 3). Daraus können Erfahrungswerte gewonnen werden, die zur Verbesserung der Aufwands- und Terminplanung für zukünftige Aufträge dienen. Durch die Bildung von prozessorientierten Teams, den so genannten *Simultaneous-Engineering-Teams* (SE-Teams, bestehend aus Konstrukteuren, technischen Zeichnern und Entwicklern; Abb. 6.19) konnte der Transfer des in der Entwicklungsabteilung vorhandenen Wissens sowohl zu den Konstrukteuren als auch zu den Technischen Zeichnern verbessert werden (M 4). Dadurch werden Konstrukteure und Technische Zeichner in die Lage versetzt, die Entwickler, die den Engpass im Auftragsabwicklungsprozess darstellen, im Tagesgeschäft zu entlasten. Die Anzahl kompetenter Ansprechpartner für einen Entwicklungsauftrag wird dadurch erhöht und somit die Reaktionsfähigkeit gegenüber Dritten verbessert.

Die Technischen Zeichner sind für das Wissensmanagement von besonderer Bedeutung. Da sie für die Dokumentation der Entwicklungs- und Konstruktionsaktivitäten verantwortlich sind, leisten sie einen wesentlichen Beitrag zur Wissenssicherung. Wie in Abbildung 6.19 dargestellt, wird durch die Einbindung der Technischen Zeichner (TZ) in mehrere parallel arbeitende SE-Teams zusätzlich der projektübergreifende Wissenstransfer verbessert.

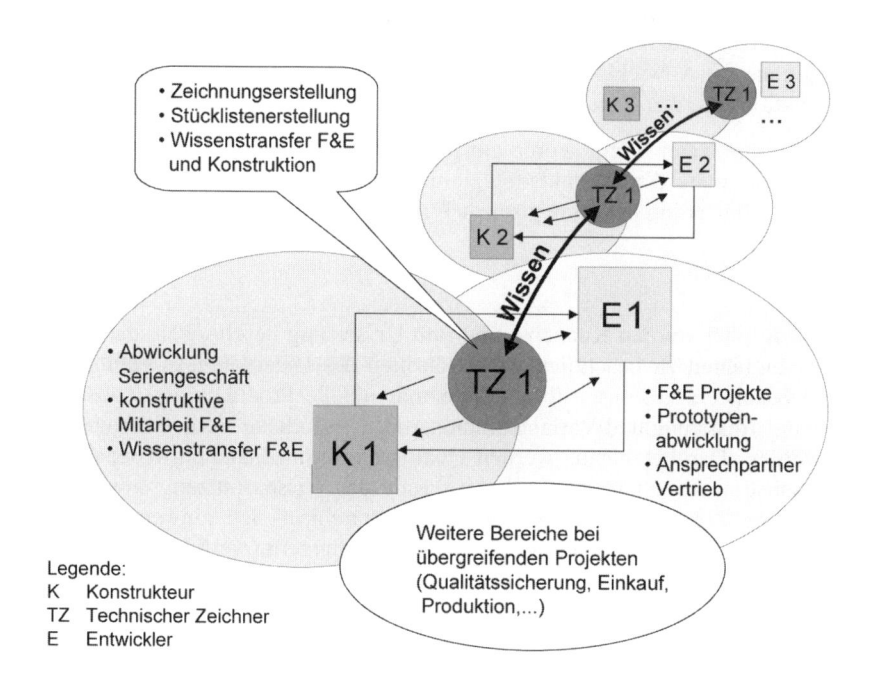

**Abb. 6.19:** Verbesserung des teamübergreifenden Wissenstransfers durch vernetzte Simultaneous-Engineering-Teams (SE-Teams)

Doppelarbeit kann durch die Wiederverwendung von vorhandenen Lösungen aus anderen Teams vermieden werden. Die auftragsübergreifende Nutzung vorhandener Entwicklungsdokumente wurde zusätzlich durch die Einrichtung eines zentralen Projektverzeichnisses mit einer einheitlichen Ablagestruktur und Kurzbeschreibungen der einzelnen Projekte verbessert (M 5).

Im Zuge der positiven Ergebnisse bei der Umsetzung der ersten Maßnahmen im Auftragsabwicklungsprozess für Sondervarianten konnten weitergehende Verbesserungspotenziale identifiziert werden. Aus diesem Grund wurde ein zweiter Analyse-Gestaltungszyklus initiiert. Im Vordergrund stand dabei die Einbindung von Vertretern des Einkaufs, der Qualitätssicherung und der Arbeitsplanung in die prozessorientierten Teams. Dadurch wurde die Produktqualität verbessert und die Auftragsdurchlaufzeit weiter reduziert.

In der *dritten Phase Transfer* wurde zunächst die Übertragbarkeit der entwickelten Gestaltungsmaßnahme auf andere Produktbereiche und Geschäftsprozesse geprüft. Als erste Transfermaßnahme erfolgte im Pilotbereich die Einrichtung eines prozessorientierten Auftragsabwicklungsteams für Serienvarianten in Anlehnung an die SE-Teams für Sondervarianten und die Anpassung der technischen Infrastruktur an die neuen Prozesse. Durch die Bildung des Auftragsabwicklungsteams für Serienvarianten in Verbindung mit einem neuen SAP-Ansatz konnte die Abwicklungszeit vom Auftragseingang bis zur Einsteuerung in die Produktion auf zwei Tage reduziert werden.

Auf übergeordneter Ebene wurde ein produktbereichsübergreifendes Gremium für die Abstimmung der Produktstrategie eingeführt. Dieses Gremium dient vor allem der Verbesserung des strategischen Wissenstransfers zwischen den Produktbereichen.

**Fazit**

In diesem Kapitel wurden Konzepte und ihre Umsetzung beschrieben, die in den letzten zwei Jahren zu beachtlichen Fortschritten des Unternehmens geführt haben. Für besonders kostensensible, kundenindividuelle Produkte sind außerdem durch Standardisierung und Variantenreduzierung wesentliche Verbesserungen erreicht worden. Darüber hinaus werden Qualifizierungsmaßnahmen, Kooperation und Wissenstransfer zur weiteren Verbesserung der Wissensnutzung sowie wissensorientierte Zielvereinbarungen über die Hierarchieebenen hinweg durchgeführt. Um die Wettbewerbsfähigkeit weiter zu steigern, verfolgt die Bosch Rexroth Industrial Hydraulics AG weiterhin die Strategie der wissensorientierten Prozessgestaltung, damit das vorhandene Wissenspotenzial effizient genutzt wird.

Die nähere Betrachtung der umgesetzten Maßnahmen zeigt, dass bereits durch die Intensivierung der prozessorientierten, funktionsübergreifenden Kooperations- und Kommunikationsbeziehungen ein wesentlicher Beitrag zur Verbesserung des Wissensmanagements und somit des gesamten Auftragsabwicklungsprozesses geleistet wurde. Von daher ist Wissensmanagement ein wichtiger Teil von wissensintensiven Arbeitsprozessen und muss dementsprechend bei der Gestaltung von Prozessen berücksichtigt werden.

### 6.3.5 Die Virtuelle Plattform SENEKA und weitere IT-gestützte Wissensmanagement-Tools des Projektes

*Georg Schöler, Tobias Valtinat, Gero Bornefeld*

**Einleitung**

Wissensmanagement-Prozesse können durch geeignete IT-Werkzeuge unterstützt werden. Dazu werden die Bedarfe in Organisationen unter Berücksichtigung des

Mensch-Organisation-Technik-Ansatzes (M-O-T)[151] analysiert. Die Virtuelle Plattform SENEKA und weitere Wissensmanagement-Unterstützungstools wurden vor dem Hintergrund der jeweiligen spezifischen Anforderungen von Projektpartnern für den Gesamtverbund entwickelt. Vier Ergebnisse werden in diesem Kapitel vorgestellt:

- Virtuelle Plattform SENEKA,
- SENEKA-Wissenslandkarte,
- Webbasierter InformationsRaum (W.I.R.) und
- KM-spezifische Lösung: web it easy®.

**Die Virtuelle Plattform SENEKA**

Da das Projekt standort- und organisationsübergreifend angelegt ist, wurde zu Beginn ein technisches Tool zur Unterstützung des Projekt- und Wissensmanagements entwickelt. Basierend auf den Erkenntnissen einer Marktanalyse bestehender Plattformen wurde im Dialog mit Unternehmensvertretern und Wissenschaftlern der Querschnittsaufgabe 4 (im Arbeitskreis Plattformaufbau/Intranet) das Anforderungsprofil an die Funktionsweise des Tools erstellt. Das Verbundprojekt SENEKA nutzte als Grundlage für die Implementierung den Open-Source-Application-Server ZOPE. Dabei handelt es sich um eine Integration einer objektorientierten Datenbank, eines Web-Publishing-Systems und einer webbasierten Arbeitsumgebung. Nach einer halbjährigen Entwicklungs- und Testphase erhielten alle Partner ihre Zugangsberechtigungen. Um den Administrationsaufwand möglichst gering zu halten, wurde pro Organisation eine Zugangsberechtigung vergeben[152].

Die als Prototyp implementierte Plattform wurde im weiteren Projektverlauf in einem Software-Reengineering zu einem Produkt mit wiederverwendbaren Kernelementen der Software weiterentwickelt. Über den Einsatz im Projektkontext hinaus können die Nutzeroberfläche und die Software-Struktur der Plattform kundenspezifisch und für weitere Anwendungszusammenhänge angepasst und genutzt werden.

Überlegungen, die Wissensmanagement-Plattform für ein Kooperationsnetz zu nutzen, bestehen z.B. bei den verkehrswissenschaftlichen Instituten im osteuropäischen Raum, koordiniert durch den TÜV Rheinland Berlin Brandenburg e.V. und im Rahmen eines Umwelt-Forschungsprogramms.

Darüber hinaus gab es Anfragen von Organisationen aus dem Dienstleistungssektor, denen die Anwendungsmöglichkeiten der Virtuellen Plattform vorgestellt

---

[151] Vgl. Kapitel 2.1.
[152] Dies ist u.a. dann von Vorteil, wenn die Akteure in einem sehr großen Verbundprojekt oder Netzwerk relativ häufig wechseln. Eine Ausnahme bilden die beteiligten Großkonzerne, da hier nach Nutzergruppen sortiert auch mehrere Zugangsberechtigungen vergeben wurden.

wurde. Die Software-Lösung könnte z.B. genutzt werden für die Verbundarbeit des Vereins Deutscher Ingenieure (VDI), des Aachener Textilzentrums (ATV e.V.) sowie der interdisziplinären Foren der RWTH Aachen oder für die organisationsübergreifende Kommunikation im Bereich der Weiterbildung durch das Bundesinstitut für Berufsbildung (BIBB).

### Handlungsraum und Funktionalitäten der Virtuellen Plattform SENEKA

Bei der Gestaltung der Virtuellen Plattform SENEKA wurde berücksichtigt, dass sie dem Nutzungsverhalten von heterogenen Sendern und Empfängern (vgl. Oertel u. Knosp 2002) gerecht werden muss. Entsprechend wurde der Handlungsraum gestaltet. Er erstreckt sich entlang der Dimensionen „Suchen", „Lernen", „Entwickeln" und „Organisieren". Jede Dimension erfährt aus der Sicht von Sendern und Empfängern eine unterschiedliche Ausprägung. Diesen Sachverhalt verdeutlicht die Tabelle 6.2.

**Tabelle 6.2:** Handlungsraum der Virtuellen Plattform SENEKA

|  | (Spezifisches) Suchen | Lernen | Entwickeln | Organisieren |
|---|---|---|---|---|
| **Sender** | Eindeutiges Platzieren | Inhaltliche Vernetzung | Feedback holen | Administrieren |
| **Empfänger** | Spezifisches Finden | Inhaltliches Orientieren | Feedback geben | Organisatorische Informationen |

In der Konzeption der Virtuellen Plattform SENEKA (vgl. Oertel u. Henrichs 2000) war die Identifikation von zwei Arten von Objekten zum Wissenstransfer von zentraler Bedeutung: *Projekteinheiten* und *Dokumente*.

Mit Hilfe von *Projekteinheiten* (Abb. 6.20) lassen sich die Prozesse in SENEKA sinnvoll abbilden und gestalten. Zu den Projekteinheiten zählen z.B. Teilvorhaben, Arbeitskreise oder das Projekt SENEKA als Ganzes. Diese Einheiten sind im hierarchischen Projektbaum angeordnet und verfügen über eine gemeinsame Unterstruktur, die durch verschiedene Arten von Ordnern dargestellt wird (Abb. 6.20).

Ein Typ dieser Ordner ist der direkten Kommunikation zwischen den Mitgliedern der Einheit gewidmet. In diesem sind die „Mitglieder der Projekteinheit" aufgelistet und können via E-Mail einzeln oder als Gruppe kontaktiert werden. Weiterhin wird die Kommunikation von Partnern untereinander, aber auch mit projektexternen Experten durch das „Diskussionsforum SENEKA" unterstützt. Ein Gast-Login ermöglicht den Zugang zu diesem Forum sowie zu den beiden übergeordneten Ordnern „Information" und „Archiv". Durch den öffentlichen Bereich der Plattform werden Interessenten aus der Fachöffentlichkeit über die Ergebnisse des Projektes informiert. Sie erhalten so einen vertiefenden Einblick in das Projekt, der über die Informationen auf der Homepage hinausgeht.

**Abb. 6.20:** Ausschnitt des Verzeichnisbaums der Virtuellen Plattform SENEKA

Drei weitere Typen dieser Ordner unterstützen die Kommunikation und das Informationsmanagement über Dokumente innerhalb des Projektes:

- Im Ordner „Allgemeines" sind thematisch und organisatorisch übergreifende Informationen zur jeweiligen Projekteinheit lokalisiert.
- In den „Termin"-Ordnern befinden sich Informationen, die für einzelne Arbeits-Treffen der Einheit von Bedeutung sind.
- Im Ordner „Relevantes aus anderen Projekteinheiten" sind – dynamisch generiert – Informationen aus anderen Projekteinheiten mit thematischem oder organisatorischem Bezug enthalten.

Die zweite Art von Objekten der Virtuellen Plattform sind die *Dokumente*. Der Begriff *Dokument* ist für die Wissensmanagement-Plattform weiter gefasst als der technische Begriff *Datei*: Ein Dokument umfasst Informationen, die logisch zusammengehören und Gegenstand von Kommunikation sind. Es spielt dabei keine Rolle, ob der Dokumentenkern aus Internet-Adressen, Dateien oder Dateiarchiven besteht. Alle im Internet darstellbaren Formate können benutzt werden.

| Aktionen  Dokument ablegen  Zurück zum Verzeichnisbaum | Informationen - öffentlich/ | |
|---|---|---|

| 21 abgelegte Dokumente | | | |
|---|---|---|---|
| Num | Titel | Kurzbeschreibung | Stand |
| 1 | SENEKA-Newsletter Nr. 11 | - e-Learning mit Wissenslandkarten<br>- Community Wirtschaftsethik<br>- Wissensmanagement zur Stärkung von Kundenbeziehungen bei Aixo<br>- SENEKA inernational: Europäische Standards für Wissensmanagement<br>- Qualifizierungsmodul "Wissensmanagement" bei der Nakasawa Academy in Tokio<br>- Die SENEKA-Beteiligung an der Q-Turkey trägt Früchte | 15.10.02 |
| 2 | Tagung "Wachstum mit Wissen" | Entwicklung innovativer Lösungen des Wissensmanagements<br>Ergebnisse dieses Projektes<br>Forum für Unternehmen und Experten - nachhaltige und in der Praxis umgesetzen Lösungen zu profitieren und sich über zukünftige Trends zu informieren. | 15.10.02 |
| 3 | Machbarkeitsstudie Bildungstests | Die Stiftung Warentest wird in Zukunft mehr Bildungs- und Weiterbildungsangebote als bisher untersuchen. Mit finanzieller Unterstützung des BMBF wird eigens zu diesem Zweck eine neue Abteilung für Weiterbildungstests eingerichtet. | 08.08.02 |
| 4 | | Auch diese fünfte Version des Netzwerk-Kompendiums stellt | 10.07.02 |

**Abb. 6.21:** Ausschnitt der Dokumentablage auf der Virtuellen Plattform SENEKA

Bei seiner Ablage erhält jedes Dokument (Abb. 6.21) automatisch eine eigene Internet-Adresse. Dadurch wird es eindeutig referenzierbar und kann auch von außerhalb der Plattform (z.B. über E-Mails) direkt aufgerufen werden.

Das Zugriffsrecht auf das Dokument – d.h. das Recht auf dessen Abruf bzw. Veränderung – kann vom Autor im Rahmen der Dokumentablage definiert werden. Das Dokument kann durch die verschiedenen Abrufkontexte leichter gefunden werden, da bei der Ablage zusätzliche Informationen erhoben werden, die die Login-Daten ergänzen. Neben Freitextinformationen wie Titel, Autor und Kurzbeschreibung wird dazu eine kurze, zentral verwaltete und erweiterbare Schlagwortliste verwandt. Außerdem ist die Relevanz des Dokuments für die übrigen Projekteinheiten zu bewerten. Ist es beispielsweise nicht nur für die Gruppe der Wissenschaftler interessant, in deren Kreis es entstanden ist, sondern auch für ein bestimmtes industrielles Teilvorhaben, wird es für dieses als relevant eingestuft. Es taucht dann dort automatisch im Ordner „Relevantes aus anderen Projekteinheiten" auf. Diese Funktionalität förderte die Vernetzung innerhalb des Projektes.

Die Leistungsmerkmale der Virtuellen Plattform SENEKA sind im Folgenden zusammengefasst:

- Zugang über WWW zu jeder Zeit und an jedem Ort, unabhängig von organisationsinternen IT-Strukturen,
- Management von Diskussionen, Terminen und Dokumenten beliebiger Art,
- intuitive Ablage und komfortabler Zugang zu Informationen durch Kombination hierarchischer und assoziativer Prinzipien,
- Kommunikation über Inhalte und zwischen organisationalen Einheiten,
- automatische Benachrichtigung über Neuigkeiten gemäß Interessenprofil,
- flexibler Zugang zu Informationen über Projekteinheiten, E-Mails oder Suchmaschine und
- hoher Selbststeuerungsgrad – reduzierter Administrationsaufwand.

**Evaluation der Virtuellen Plattform SENEKA**

Die Virtuelle Plattform SENEKA hat im bisherigen Nutzungszeitraum bereits zwei Evaluations-Phasen durchlaufen. Die Ergebnisse der ersten Evaluation wurden im Rahmen eines Software-Reengineerings umgesetzt. Die zweite Evaluation ist abgeschlossen. Die daraus abgeleiteten Empfehlungen für eine Um- oder Neugestaltung der Plattform wurden umgesetzt.

**Erste Evaluation und Reengineering der Virtuellen Plattform SENEKA**

Im Rahmen des Projektarbeitskreises *Plattformbau/Intranet* wurde ein halbes Jahr nach Inbetriebnahme eine erste Evaluation der Virtuellen Plattform durchgeführt. Basierend auf den dort gewonnenen Erkenntnissen zur Verbesserung der Nutzerfreundlichkeit und zur Erweiterung der Funktionalitäten wurde eine Arbeitsgruppe mit dem Reengineering betraut. Diese wurde durch das spezifizierte Reengineering nach Kesselmeier (vgl. Henning u. Kutscha 2000), welches auf der Grundlage des Reengeneering-Kreislaufs nach Caroll (1991) aufbaut, durchgeführt.

Kesselmeier entwickelte zur Anwendung bei Reengineering-Projekten eine „Struktur vor Funktionalität"-Strategie, auch 1:1*-Strategie genannt (Kesselmeier 1997). Basierend auf Praxiserfahrungen, die zeigten, dass ein erhöhtes Projektrisiko in Reengineering-Projekten durch die Vermischung von *strukturellen* und *funktionalen* Weiterentwicklungen besteht, wird hier vorgeschlagen, das Altsystem in seiner Funktionalität zunächst 1:1 abzulösen. Die sich dabei möglicherweise ergebenden *funktionalen* Erweiterungen, durch „*" symbolisiert, sollen erst nach Abschluss der *strukturellen* Neugestaltung durch das Reengineering im Rahmen eines weiteren Software-Projektes – mit dem Ziel dieser *funktionalen* Erweiterung der Software – eingebracht werden (vgl. Henning u. Kutscha 2000).

Um dauerhaft eine strukturierte Weiterentwicklung der Virtuellen Plattform SENEKA zu ermöglichen, wurde zunächst der aktuelle Stand der Programmierung ausführlich dokumentiert und somit auch den nicht mit dem System vertrauten Entwicklern die Möglichkeit zur schnellen Einarbeitung gegeben.

Diese Phase des Software-Reengineerings ist entsprechend der Phase „Reverse-Engineering" (Abb. 6.22) durchgeführt worden.

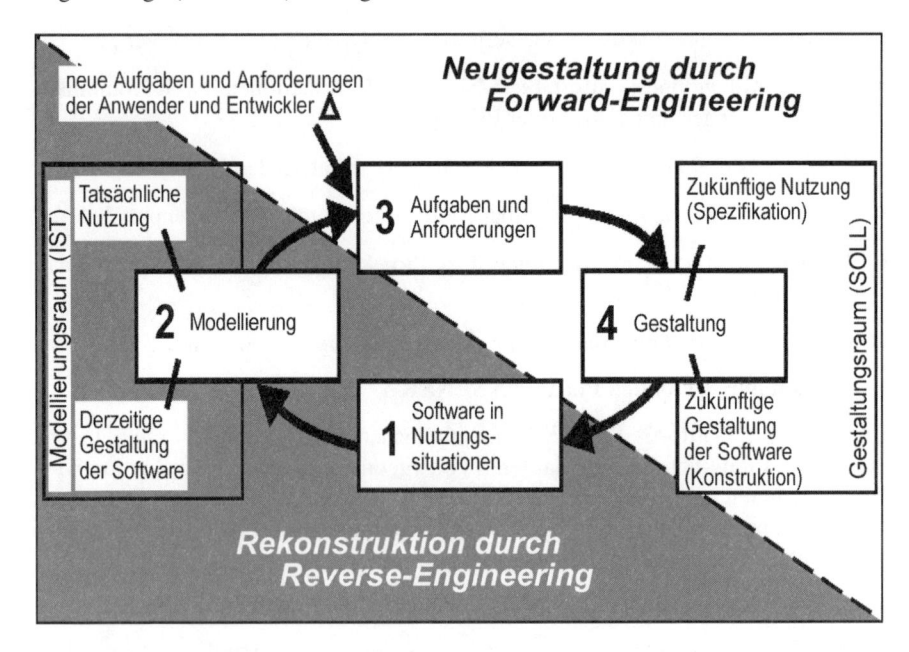

**Abb. 6.22:** Ein Vorgehensmodell für das Software-Reengineering auf der Nutzer- und der Technik-Ebene (Kesselmeier1997)

Zunächst wurde die Software in der Nutzungssituation analysiert (Schritt 1). Ziel war dabei die Modellierung der derzeitigen technischen Gestaltung und der tatsächlichen Nutzung der Software (Schritt 2). Die neuen Anforderungen, resultierend aus der Evaluation und den täglichen Erfahrungen des Administrators bzw. der technischen Betreuung (Software-Entwickler), werden in der Phase des Forward-Engineerings (Abb. 6.22) berücksichtigt. Ein Konzept für die zukünftige Nutzung des Systems wurde abgeleitetet und zusammen mit dem Wissen über das Altsystem (Schritt 3) in die technische Neugestaltung der Software eingebunden (Schritt 4). Im Falle der Virtuellen Plattform SENEKA bedeutete dies einen Versionswechsel des unterliegenden ZOPE-Application-Servers. Diese Veränderung der alten Version wurde auf Grund sicherheitstechnischer Mängel notwendig.

Zudem erlaubte erst die neue Version des ZOPE-Application-Servers die Programmierung von zusätzlichen Funktionalitäten, die implementiert werden sollten. Zu diesen neuen Funktionalitäten gehörten zum Beispiel

- eine erweiterte Suchfunktion,
- Anzeige des kompletten Dateipfades in allen Ordnern der Plattform,

- Überarbeitung der Diskussionsforen,
- Vereinheitlichung des Layouts,
- Anzeige der Dokumentanzahl in den Unterordnern und
- eine kontextspezifische Hilfefunktion.

Der Software-Reengineering-Prozess der Virtuellen Plattform SENEKA hat insbesondere die Notwendigkeit der Rekonstruktion der tatsächlichen Nutzung sowie die Bedeutung des Know-hows der sog. Altsystemkenner verdeutlicht. Durch die Zusammenarbeit der unterschiedlichen beteiligten Akteure (Entwickler, Betreiber, Kunden, Nutzer) wurde die „neue Version" der Virtuellen Plattform SENEKA dem neuen Nutzungskonzept entsprechend realisiert. Um den Reengineering-Prozess zielführend zu gestalten, wurde eine erneute Durchführung des Zyklus im Sinne der kontinuierlichen Weiterentwicklung und Nutzeranpassung für einen späteren Zeitpunkt vorgesehen. Diese erneute Durchführung wird in dem folgenden Abschnitt beschrieben.

**Zweite Evaluation der Virtuellen Plattform SENEKA**

Eine zweite Evaluation des aktuellen Nutzerverhaltens und der Funktionalitäten der Virtuellen Plattform fand nach eineinhalb Jahren, ausgehend vom Einsatzzeitpunkt der Virtuellen Plattform SENEKA, statt. Die Evaluation basierte auf einem am Laboratorium für Werkzeugmaschinen und Betriebslehre (WZL) entwickelten Konzept zur wissensorientierten Prozessanalyse (vgl. Kap. 6.3.2). Zur Durchführung wurde ein Vier-Phasen-Konzept zur Evaluation der Virtuellen Plattform SENEKA erstellt (Abb. 6.23). Ziel dieses Konzeptes war es, potenzielle Maßnahmen zur Verbesserung der Nutzerakzeptanz aufzuzeigen (vgl. Betzold 2002). Dabei wurden zunächst die Geschäftsprozesse der unterschiedlichen Akteursgruppen (Koordination, Virtuelles Institut und Unternehmen) identifiziert (1. Phase). In Einzelinterviews wurde gezielt nach der Nutzung der Virtuellen Plattform SENEKA für diese Geschäftsprozesse und nach Vorschlägen, wie die Verbundpartner durch die Plattform effektiver und effizienter in ihren Arbeitsprozessen unterstützt werden könnten, gefragt (2. Phase). Eine gezielte Einbindung der Projektpartner fand statt, um entsprechend ihren Bedürfnissen konkrete Maßnahmen zur Verbesserung der Virtuellen Plattform SENEKA entwickeln zu können (3. Phase). In Abbildung 6.23 sind die Inhalte der einzelnen Phasen des Evaluationskonzeptes detailliert dargestellt. Mit Hilfe dieses Vorgehens konnten Schwachstellen der Virtuellen Plattform identifiziert werden. Hierzu gehörten z.B. eine operative Unterstützung durch einfache Formatvorlagen oder andere Arbeitshilfen. Ein Defizit liegt nach Interviewaussagen von Partnern auch in der mangelnden Unterstützung bei der Identifizierung relevanter Ansprechpartner (vgl. Betzold 2002).

Aus den Ergebnissen dieser Analyse wurde ein Maßnahmenkatalog abgeleitet (4. Phase), in dem konkrete Vorschläge wie eine überarbeitete Navigationsstruktur oder neue Funktionalitäten, wie z.B. eine SENEKA-Wissenslandkarte, enthalten sind.

## 1. Phase
**Vorbereitung**
- Identifikation und Aufnahme der Prozesse in SENEKA
- Differenzierung zwischen harten und weichen Prozessen
- Darstellung der Prozesse
- Identifikation der Informationsquellen

## 2. Phase
**Interviews**
- Durchführung von Einzelinterviews
- Informationen über identifizierte Prozesse
- Forderungen an die Virtuelle Plattform zur Unterstützung der Prozesse seitens der Projektpartner

## 3. Phase
**Bewertung**
- „Harte" Prozesse und Analyse jeder Forderung bzgl.:
  - Bewertung
  - Leidensdruck
  - Qualität
  - Effizienz
- „Weiche" Prozesse: Analyse der Ist- und Soll-Situation

## 4. Phase
**Maßnahmenableitung**
- Prozessunterstützung
- Teamwork
- Dokumenten Management
- Maßnahmenkatalog zur Verbesserung der Virtuellen Plattform

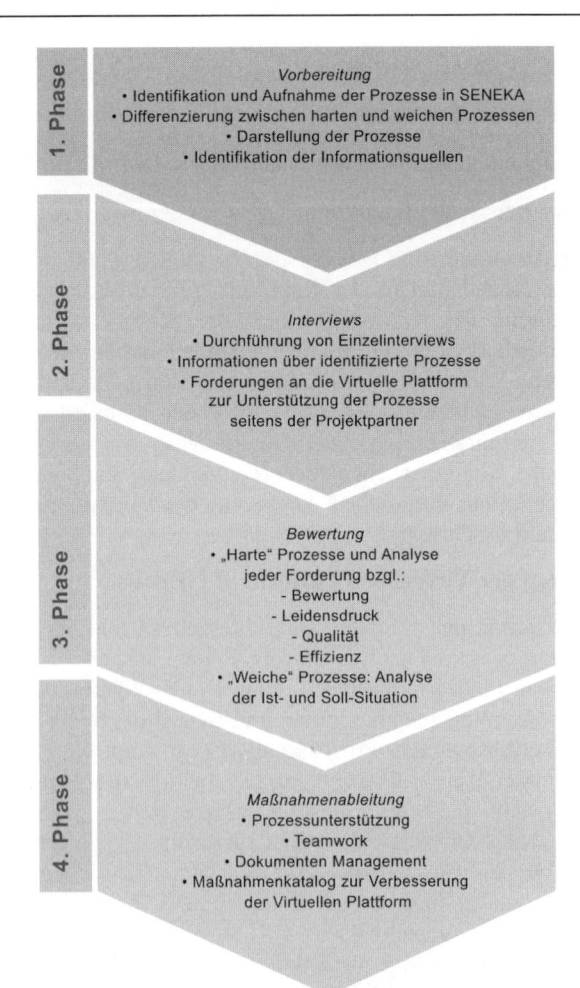

**Abb. 6.23:** Vier-Phasen-Konzept zur Evaluation der Virtuellen Plattform SENEKA (vgl. Betzold 2002)

### Zusammenfassende Betrachtung der Virtuellen Plattform SENEKA

Die Virtuelle Plattform SENEKA ist als Wissens- und Projektmanagement-Tool positiv zu beurteilen. Der konzeptionelle Ansatz, verschiedene strukturelle Funktionselemente zu verbinden, bietet für die Akteure den Vorteil, dass verschiedene mentale Modelle[153] berücksichtigt und individuelle flexible Nutzungsstrategien ermöglicht werden. Die Handlungsoptionen bei der Nutzung des Werkzeugs wurden auf diese Weise erhöht. Die Akzeptanz wurde durch den iterativen Ent-

---

[153] Denk- und Arbeitsweisen von Zielgruppen können in unterschiedlichen mentalen Modellen abgebildet werden.

wicklungs- und Einführungsprozess sowie eine „Hotline" bzw. die telefonische Beratung der Nutzer durch den Administrator der Virtuellen Plattform SENEKA entscheidend unterstützt.

Die kontinuierliche Weiterentwicklung und transparente Gestaltung der Software auf Grund des Software Reengineerings nach Kesselmeier ermöglicht eine schnelle und einfache Anpassung der Virtuellen Plattform SENEKA in anderen Kontexten. So wurde das System z.B. genutzt, um im Rahmen von EU-Forschungsprogrammen das Projektmanagement zu unterstützen. Das Basis-System der Virtuellen Plattform wurde dort den projektspezifischen Anforderungen angepasst. Anfragen von Unternehmen, insbesondere aus der Dienstleistungsbranche, sowie von forschungsnahen Organisationen bestätigen die multiplen Einsatzmöglichkeiten der Virtuellen Plattform SENEKA.

Neben den schon erwähnten Verbesserungen der Virtuellen Plattform SENEKA im funktionalen Bereich wurden Modelle entwickelt, die eine Integration der Kompetenzprofile ausgewählter Projektpartner in die Plattform ermöglichen. Auf diese Weise kann der personenbezogene Wissenstransfer weiter optimiert werden. Dabei konnte auf Ergebnisse und Erfahrungen weiterer IT-Werkzeuge des Projektes SENEKA zurückgegriffen werden.

Die *Wissenslandkarte*, der *Webbasierte InformationsRaum* und das *Schnittstellenportal web it easy*$^®$ sind Wissensmanagement-Unterstützungstools, die auf Grund spezieller Bedarfe einzelner Unternehmen und ihrer Arbeitsprozesse entwickelt wurden. Insbesondere die Bereitstellung und Nutzung von implizitem Wissen (vgl. Kap. 6.2. u. 6.3.2) steht im Fokus dieser Wissensmanagement-Unterstützungstools, die im Folgenden vorgestellt werden.

**Die Wissenslandkarte**

Das Fraunhofer-Institut für Produktionstechnologie (IPT) erprobt innerhalb von SENEKA in Zusammenarbeit mit dem Verbundpartner Aixonix die Einführung von *Wissenslandkarten*.

Sowohl in Großunternehmen als auch in kleinen und mittelständischen Unternehmen führen Mitarbeiterwechsel und/oder die Beschäftigung freier Mitarbeiter zu einer nur schwer überschaubaren Zuordnung von Expertenwissen und Kompetenzen zu den entsprechenden Mitarbeitern. Die Wissenslandkarten sollen unter den spezifischen Rahmenbedingungen der jeweiligen Organisation das unternehmensinterne Know-how verfügbar machen und somit das Wissensmanagement des Unternehmens unterstützen.

Die Wissenslandkarte verfolgt als Wissensmanagement-Unterstützungstool somit das Ziel, persönliche Wissensprofile sichtbar zu machen. Der Austausch zwischen Experten und der Transfer von implizitem und explizitem Wissen wird durch Verweise auf Informationen und/oder Daten gefördert. Das Konzept der Wissenslandkarten verbindet somit die Kodifizierungs- und Personifizierungsstrategie des Wissensmanagements (vgl. Kap. 6.2 u. 6.3.3). Das Spektrum der eingegebenen Daten, durch welche das Wissen mit Hilfe der Softwarelösung an eine große Menge von Mitarbeitern transferiert werden soll, reicht dabei von Spezialkenntnissen über Kundenkontakte bis hin zu Methodenwissen (vgl. Scheermesser 2000).

Der Suchfunktion liegt ein speziell für die Wissensorganisation erstelltes Wissensmodell zu Grunde. Dieses Wissensmodell enthält eine Verknüpfung von Informationen und Daten, die von Experten geliefert oder in Projekten gewonnen wurden. Die Beziehungen untereinander werden assoziativ vernetzt. Indem die Wissenslandkarte – den menschlichen Denkprozess imitierend – ein Wissensnetz abbildet, erschließt das System das organisationsspezifische Wissensnetz und stellt die richtige Information zur richtigen Zeit am richtigen Ort zur Verfügung. Die Spezifikation der Anforderungen an eine Wissenslandkarte erfolgte mit potenziellen Anwendern aus dem SENEKA-Verbund. Dem schloss sich eine Umsetzungsphase und eine Erprobung mit ausgewählten Anwendern an.

**Der Webbasierte InformationsRaum (W.I.R.)**

Der Projektpartner Siepe AG entwickelte zur Unterstützung seines unternehmensinternen Wissensmanagements den *Webbasierten InformationsRaum* (W.I.R.), eine Intranet-Plattform. Die Entwicklung dieser Plattform wurde im Rahmen komplexer Wissensmanagement-Aktivitäten im Unternehmen realisiert. Dabei wurde ein Arbeitskreis zur Etablierung des bereichsübergreifenden Wissensmanagements im Unternehmen eingesetzt. Dieser Arbeitskreis analysierte den Bedarf einer unterstützenden Softwarelösung. Es wurde ersichtlich, dass eine bereichsübergreifende Informationsbereitstellung und -beschaffung für die Beratungsdienstleistung notwendig war. Daher wurde – erstmals für die Siepe AG – ein IT-Tool entwickelt, welches eine digitale Daten- und Informationsablage, alle Unternehmensbereiche integrierend, ermöglicht.

Die Struktur der Softwarelösung ist projektorientiert und eignet sich für standardisierte Arbeitsvorgänge und -prozesse, d.h. für explizierbare Wissensbestände. Im Mittelpunkt dieser Lösung steht der sog. dreidimensionale Strukturraum. Drei Microsoft Explorer, die voneinander unabhängige Ordnerstrukturen haben, ermöglichen eine dreifache Zuordnung eines jeden Objekts zum *Arbeitsprozess,* der *Branche* und der entsprechenden *Service-Leistung.* So stehen dem Nutzer zu jedem Teil der Kern- und Begleitprozesse die dort notwendigen Informationen zur Verfügung (vgl. Funk 2001).

Die besonderen Kennzeichen des Webbasierten InformationsRaumes sind

- das Zusammenfallen von Bearbeitung und Platzierung der Dokumente im W.I.R.,
- die automatische Benachrichtigung definierter Zielgruppen über Aktivitäten im W.I.R.,
- eine ortsunabhängige Zurückführung von Dokumenten auf den Autor und

- die Möglichkeit der individuellen Gestaltung der Arbeitsumgebung zur Gewährleistung des Zugriffs auf alle relevanten Informationen (vgl. Funk 2001).

Der Webbasierte InformationsRaum verwirklicht die Kodifizierungsstrategie des Wissensmanagements. Möglichst viele Informationen über Geschäftsprozesse werden systematisch gespeichert und allen Mitgliedern des Unternehmens gleichermaßen zugänglich gemacht. Aber auch die Personifizierungsstrategie wird berücksichtigt, indem man die Dokumente auf einen Autor zurückführen kann. Diese Intranetplattform verbindet explizites projektbezogenes Wissen mit implizitem personengebundenem Wissen (vgl. Funk 2001).

**Das Schnittstellenportal „web it easy®"**

Die mittelstandsgerechte *Wissensmanagement-Lösung „web it easy®"* wurde von dem SENEKA-Partnerunternehmen VIKA Ingenieur GmbH entwickelt. Das Konzept von „web it easy®" stellt einen Ansatz für organisationsübergreifendes Wissensmanagement für kleine und mittlere Unternehmen u.a. im Baugewerbe dar. Die Softwarelösung wurde als ein einfaches IT-Tool konzipiert, so dass die Nutzung dieses technischen Tools schnell von Mitarbeitern erlernt werden kann. Der Umfang an Funktionalitäten ist dabei zu Gunsten einer einfachen Handhabbarkeit auf ein notwendiges Maß reduziert worden. Die Software von „web it easy®" kann über gängige Internet-Browser bedient werden, so dass dem Kunden keine Kosten durch zusätzliche Software-Anschaffung entstehen. Die Erstellung einer Homepage wird ebenfalls durch „web it easy®" unterstützt. Diese kann eingesetzt werden, um Kundenportale aufzubauen, die zur Unterstützung von virtuellen Kooperations- und Arbeitsgruppen, zur Einführung von Wissens- und Qualitätsmanagement, zu technischen Dokumentationen etc. genutzt werden. Durch einen modularen Aufbau können Funktionen bedarfsgerecht ausgewählt und problemlos integriert werden. Die Vernetzung von Datenbanken bietet eine weitere Möglichkeit, Wissensbestände von Verbänden oder Organisationen als kodifizierte Inhalte bereitzustellen. Durch die Verbindung von Dienstleistung und technischen Tools wird ein Konzept für KMU angeboten, das die Gestaltung der Unternehmenskultur in einer Organisation berücksichtigt. Erst durch eine entsprechende Motivation und Bereitschaft der Beschäftigen im Unternehmen, Wissen zu teilen, kann ein Wissensmanagement-Unterstützungstool gewinnbringend eingesetzt werden.

Der Philosophie des Produktes folgend, werden zur Einführung von „web it easy®" vorbereitende und begleitende Beratungs- bzw. Schulungsleistungen angeboten. Eine Betrachtung dieser Lösung mit Hilfe eines prozessorientierten Wissensmanagement-Modells (vgl. Kapitel 6.4.1) durch das Laboratorium für Werkzeugmaschinen (WZL) der RWTH Aachen bestätigte die positive Einschätzung dieser Entwicklung.

**Resümee und Ausblick**

Verschiedene technische Lösungsansätze zur Unterstützung von Wissensmanagement in und zwischen Organisationen wurden mit den vier beschriebenen Werkzeugen vorgestellt. Die Beschreibung der Wissensmanagement-Unterstützungstools macht deutlich, dass es nicht *die Lösung* eines technischen Werkzeugs zur Unterstützung von Wissensmanagement in Organisationen gibt. Es ist von den Arbeitsweisen der Mitarbeiter, der jeweiligen Organisationsstruktur und der bestehenden IT-Struktur im Unternehmen abhängig, welche technische Unterstützung mit welchem Schwerpunkt die Wissensmanagement-Prozesse der Organisation am effizientesten unterstützen kann. Die vier Wissensmanagement-Unterstützungstools wurden basierend auf dem M-O-T-Ansatz (vgl. Kap. 6.2) entwickelt und zeigen, wie technische Lösungen entlang organisationsspezifischer Bedarfe sowie an übergeordneten Zielen des Wissensmanagements ausgerichtet entwickelt und eingesetzt werden können. Dabei stand die Anpassungsfähigkeit der technischen Werkzeuge bei Systemlösungen für spezielle Bedürfnisse von Organisationen im Vordergrund.

Erst eine umfassende Analyse und die Spezifizierung des Bedarfs technischer Unterstützung im Bereich Wissensmanagement unter Einbeziehung des M-O-T-Ansatzes kann Wissensmanagement in Organisationen erfolgreich unterstützen. Bei der Entwicklung technischer Tools muss die nutzeradäquate Bedienbarkeit durch leicht handhabbare Funktionen und intuitive Ablageprozesse gewährleistet werden, um eine optimale Wissensidentifikation, -verteilung und -nutzung zu erzielen. Erst diese Nutzerfreundlichkeit zeichnet ein technisches Tool zur Unterstützung von Wissensmanagement aus. Dabei sollte die Anwendung möglichst umfassend in spezifische und wiederkehrende Arbeitsprozesse einer Organisation integriert werden.

## 6.4 Wie bewertet man Wissen?

### 6.4.1 Wettbewerbsvorteil „Standortgebundenheit von Wissen"

*Heike Hunecke, Klaus Henning*

**Einleitung**

Wissen wird sowohl in der Literatur wie auch in der unternehmerischen Praxis häufig als eine weltweit verfügbare Ressource interpretiert. Dies ist u.a. auf die grenzüberschreitenden Informations- und Kapitalströme einer zunehmend internationalisierten Wirtschaft zurückzuführen (vgl. Kap. 1.1). Entsprechend zeit- und raumunabhängige Transferprozesse suggerieren, dass auch Wissen beliebig transferierbar ist. Bei der Suche nach geeigneten Vorgehensweisen, Methoden und Instrumenten zur profitablen Nutzung von Wissen fällt in diesem Zusammenhang auf, dass eine Reihe namhafter Autoren (vgl. u.a. Drucker 1992,1993; Krogh u. Venzin 1995; Probst u. Deussen 1997) wie auch Unternehmen Wissen primär unter managementtheoretischen Gesichtspunkten betrachten:

„Verständlicherweise versuchen Autoren wie Firmen mit Erfahrungen in den traditionellen Feldern von Management, ihre Erfahrungen und Vorstellungen von Management für die neue Ressource und die neue Herausforderung zu nutzen. Sie betrachten Wissensmanagement als Fortsetzung des Managements mit anderen Mitteln. Vor diesem Irrtum kann man sich nur bewahren, wenn man theoretisch und konzeptionell dafür gerüstet ist, die Besonderheit der Ressource Wissen zu verstehen" (Willke 1998: 60).

Ziel der nachfolgenden Ausführungen ist deshalb, die Besonderheiten der Ressource Wissen herauszuarbeiten und die (zeit- und raumunabhängige) Transferierbarkeit der Ressource zu überprüfen.[154]

**Die Besonderheit der Ressource Wissen**

Bei der Beschreibung verschiedener Wissensarten wird zumeist auf die Differenzierung zwischen explizitem und implizitem Wissen zurückgegriffen[155]. Polanyi stellt heraus, dass wir über Wissen verfügen, das nicht in Worten fassbar und nicht direkt artikulierbar ist. Die hierfür grundlegende Art von Wissen bezeichnet er als „tacit" („stillschweigend"), da die Sprache als Kommunikationsmöglichkeit für diese Art von Wissen nicht ausreicht. An die Stelle der verbalen Kommunikation können z.B. Bilder oder praktische Darstellungen treten (vgl. Polanyi 1966: 4ff.). Das Wissen eines Unternehmens lässt sich mit Hilfe eines „Eisbergs des Wissens" abbilden (Abb. 6.24).

**Explizites Wissen**

Wissen in Form von Produkten, Technologien etc.

Dokumentiertes Wissen

**Implizites Wissen**

Erfahrungswissen

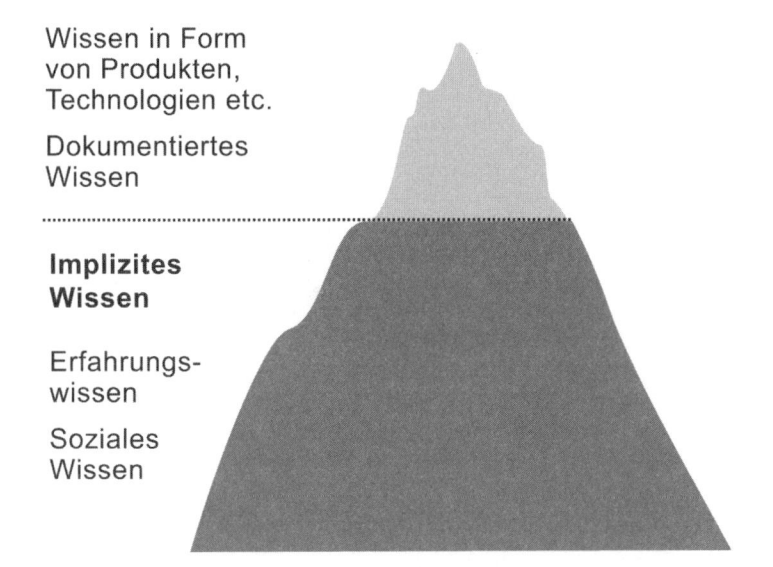

Soziales Wissen

**Abb. 6.24:** Der „Eisberg des Wissens" (vgl. Gassmann 1997)

---

[154] Die Ausführungen sind Teil eines Promotionsvorhabens von Heike Hunecke.
[155] Eine Zusammenstellung von – in der Fach- und Wissenschaftswelt – gängigen Klassifikationen von Wissen findet sich bei Bendt (2000: 16). In ihren weiteren Ausführungen konzentriert sich Bendt jedoch ebenfalls auf die Unterscheidung zwischen implizitem und explizitem Wissen.

Organisationale Routine Dieser „Eisberg des Wissens" verdeutlicht den Übergang wie auch den Unterschied zwischen implizitem und explizitem Wissen. Wichtig ist hierbei, dass z.B. Produkte und Technologien explizites Wissen sprichwörtlich „verkörpern", und dass diese Form des Wissens immer auch mit einem unterschiedlichen Maß an komplexen und z.T. verborgenen Wissensbeständen hinterlegt ist, die in dem Bereich des Erfahrungswissens und des Sozialen Wissens eines Unternehmens anzusiedeln sind.

Explizites Wissen ist Bestandteil der Produkte, Technologien und Methoden des Unternehmens. Es existiert als dokumentiertes Wissen in Listen, Entwürfen, Protokollen, Handbüchern u.Ä.. Das in Worten und Zahlen darstellbare explizite Wissen bildet „die Spitze des Eisbergs" in Unternehmen. Das implizite Wissen ist „unter der Oberfläche" der sichtbaren und dokumentierten Prozesse und Strukturen eines Unternehmens angesiedelt. Es ist eng mit den organisationalen Prozessen und den Kompetenzen der beteiligten Menschen verknüpft.n, Spielregeln und informelle Kulturelemente werden beim Arbeiten „on the job" erfahren, erlebt und damit auch letztendlich verinnerlicht und erlernt. Das implizite Wissen einer Organisation bzw. eines Unternehmens setzt sich aus Erfahrungswissen und so genanntem Sozialen Wissen zusammen. Boutellier et al. (1999) stellen heraus, dass das Soziale Wissen aus den gemeinsam geschaffenen Werten und Standards eines Unternehmens besteht und in der jeweiligen Unternehmenskultur eingebettet bzw. verankert ist. Dieses tendenziell verborgene implizite Wissen hat eine sehr prägende, stimulierende Wirkung für das jeweilige Unternehmen:

> „Das Problem bei Entwicklungsvorhaben [besteht] heute nicht nur in der Akquisition und Verarbeitung extern entwickelten Wissens [...], sondern auch darin, das im Unternehmen bereits vorhandene, aber auf verschiedene Funktionsbereiche verteilte [implizite] Wissen zu aktivieren..." (Lullies et al. 1993: 14).

Damit kann vor allem auch das implizite Wissen in Unternehmen im Sinne eines „Produktionsfaktors" einen entscheidenden Einfluss auf die Generierung von Produkten und Dienstleistungen nehmen. Der je nach Situation, Thema oder Untersuchungsgegenstand spezifische Kontext (Abb. 6.25) und die jeweilig zu bearbeitende Problemstellung entscheiden darüber, welche Elemente und Arten von Wissen für einen Wahrnehmungs-, Entscheidungs- und Handlungsprozess bzw. für das „Überleben" eines Unternehmens relevant sind (vgl. Znaniecki 1940).

Der Transfer von Wissen zwischen zwei Mitarbeitern eines Unternehmens wird z.B. durch *die individuellen, fachspezifischen* (sensorischen und Intellektuellen) *und sozialen Erfahrungskontexte* der beiden Wissensträger bestimmt. Untersuchungen geben in diesem Zusammenhang Hinweise darauf, dass die Personengebundenheit von Wissen längst zu einem – vielleicht z.T. unbewussten – Bestimmungsfaktor der praktischen Gepflogenheiten vieler Führungskräfte geworden ist. Nach einer Untersuchung von Davenport beziehen Manager zwei Drittel ihrer Informationen und ihres Wissens aus persönlichen Begegnungen und Telefongesprächen. Nur ein Drittel der Wissensbeschaffung bzw. des Wissenstransfers basiert auf Dokumenten (Davenport 1994: 121). Ein Wissenstransfer zwischen zwei Organisationseinheiten (z.B. zwei verschiedenen Abteilungen oder Bereichen eines Unternehmens) wird darüber hinaus u.a. durch *kooperations- und aufgabenspezifische Erfahrungskontexte* determiniert. Bei einem Wissenstransfer auf der Betrachtungsebene des *Unternehmensstandortes* ist ein entsprechender Einfluss von *kulturellen, historischen und regionalen Erfahrungskontexten* zu erwarten.

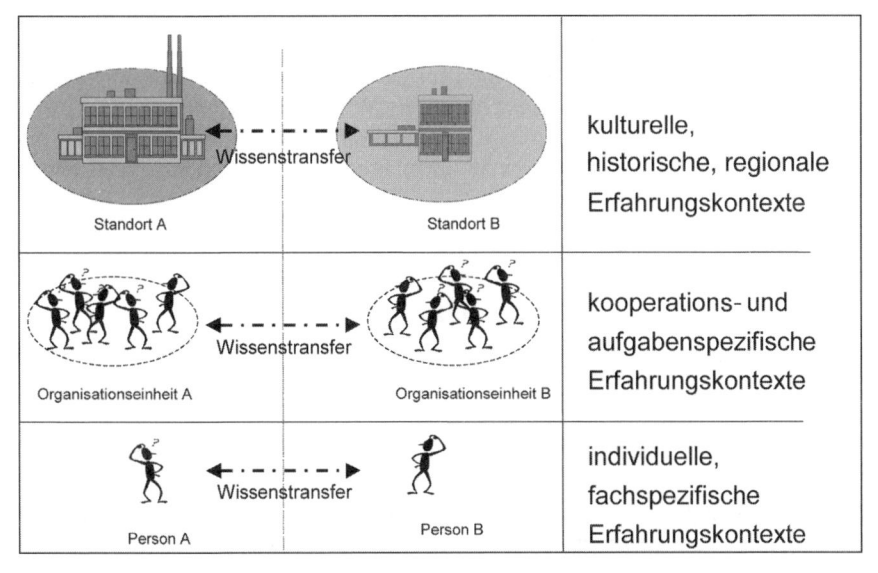

**Abb. 6.25:** Beispiele für Ebenen und Kontexte beim Wissenstransfer

Die hier beispielhaft skizzierten Transferebenen[156] und Kontexte von unternehmensbezogenem Wissen verdeutlichen die Komplexität verschiedener Formen des Wissenstransfers. Sie bekräftigen überdies, dass die Kontextgebundenheit als ein maßgeblicher Bestimmungsfaktor (als Determinante) für das Wissen eines Unternehmens zu verstehen ist. Im Zusammenhang mit der Kontextgebundenheit von Wissen lässt sich ein weiterer wichtiger Aspekt identifizieren: die Codierung von Wissen. In Abhängigkeit von der jeweiligen Betrachtungsebene und den jeweiligen Kontexten muss das Wissen buchstäblich in einen Code umgesetzt werden, um es explizit, verständlich und transferierbar zu machen:

„Codifying knowledge is an essential step in the organization. Codification gives permanence to knowledge that may otherwise exist only inside an individual's mind. It represents or embeds knowledge in forms that can be shared, stored, combined, and manipulated in a variety of ways" (Davenport u. Prusak 1998: 87).

---

[156] Henning et al. (1999) stellen die Betrachtung verschiedener Lern- und Wissensmanagement-Ebenen (individuelle Ebene, Teamebene, Organisationsebene und Netzwerkebene) in den Mittelpunkt ihrer Diskussion eines zukunftsfähigen Wissensmanagements. Für den vorliegenden Beitrag wird der Betrachtungsfokus auf die Organisations- bzw. Standort-Ebene gelegt.

In diesem Sinne lässt sich den unterschiedlichen Wissensformen (vgl. Abb. 6.24) auch eine unterschiedliche Codierungsfähigkeit (vgl. Boutellier et al. 1999) zuschreiben (engl.: codability). Dies bedeutet, dass das Wissen, welches tendenziell eher explizit ist und dementsprechend eine niedrige Kontextgebundenheit aufweist, leichter zu codieren ist. Leicht codierbares Wissen wird z.B. durch Produkte und Technologien repräsentiert. Diese werden als „leicht erkennbares" Wissen bezeichnet, da sie Wissen *verkörpern*. Dokumentiertes Wissen ist ebenfalls „leicht erkennbares" Wissen. Gassman spricht in diesem Zusammenhang von einer „high codability". Verborgenes implizites Wissen demgegenüber (z.B. Erfahrungswissen und Soziales Wissen) weist eine hohe Kontextgebundenheit auf und ist deutlich schwieriger oder gar nicht zu codieren. Hierbei wird von einer tendenziellen „low codability" gesprochen.

Die „codability" bildet somit ein wesentliches Merkmal von Wissen; sie dient vor allem einer Wissens„-erkennung" bzw. „-verschlüsselung":

„The codification of knowledge, considered as the creation of a commonly acknowledged context in which the signification given by users to the symbols is unique and can ease the relation between communities" (Dupouet u. Laguecir 1994: 2).

Je nachdem, um welche Art von Wissenstransfer es sich handelt, muss das Wissen eines Unternehmens aus unterschiedlichen Ebenen von (Erfahrungs-) Kontexten „dekontextualisiert" und für einen Transfer verständlich codiert werden. Der jeweilige Kontext von Wissen wiederum bestimmt, wie und in welcher Form das Wissen überhaupt weitergegeben werden kann. Cowan et al. (1999) stellen diesbezüglich die maßgebliche Bedeutung von zeitlichen, räumlichen, kulturellen und sozialen Kontexten für die Codierung und das Verständnis von Wissen heraus:

„This means that what is codified for one person or group may be tacit for another, an utterly impenetrable mystery for a third. Thus *context* – temporal, spatial, cultural and social – becomes an important consideration in any discussion of codified knowledge" (Cowan et al. 1999: 10).

**Kontexte und Codierung von Wissen**

Um die Besonderheit der Ressource Wissen für Unternehmen herausarbeiten zu können, bietet es sich an, die (zeitlichen, räumlichen, kulturellen und sozialen) Kontexte und die Codierung von Wissen in einem Wirkungsgefüge mit dem Unternehmen abzubilden und zu interpretieren.

Grundlage hierfür bildet das OSTO-Systemmodell[157]. Mit dem OSTO-System-Modell lassen sich Unternehmen und Unternehmensstandorte als offene (O), soziale (S), technische (T) und ökonomische (O) Systeme beschreiben.

---

[157] Das OSTO-System-Modell wurde u.a. von Rieckmann (1980; 1982; 1997) auf der Grundlage der allgemeinen Systemtheorie (nach Bertalanffy 1984) entwickelt. Spätere Beschreibungen finden sich bei Hanna (1988) und Rieckmann u. Weissengruber (1990), bei Marks (1991) und Henning u. Marks (1992).

Ausgangspunkt der Abbildung dieses Wirkungsgefüges (Abb. 6.26) bildet die Interpretation eines Unternehmensstandortes als System.

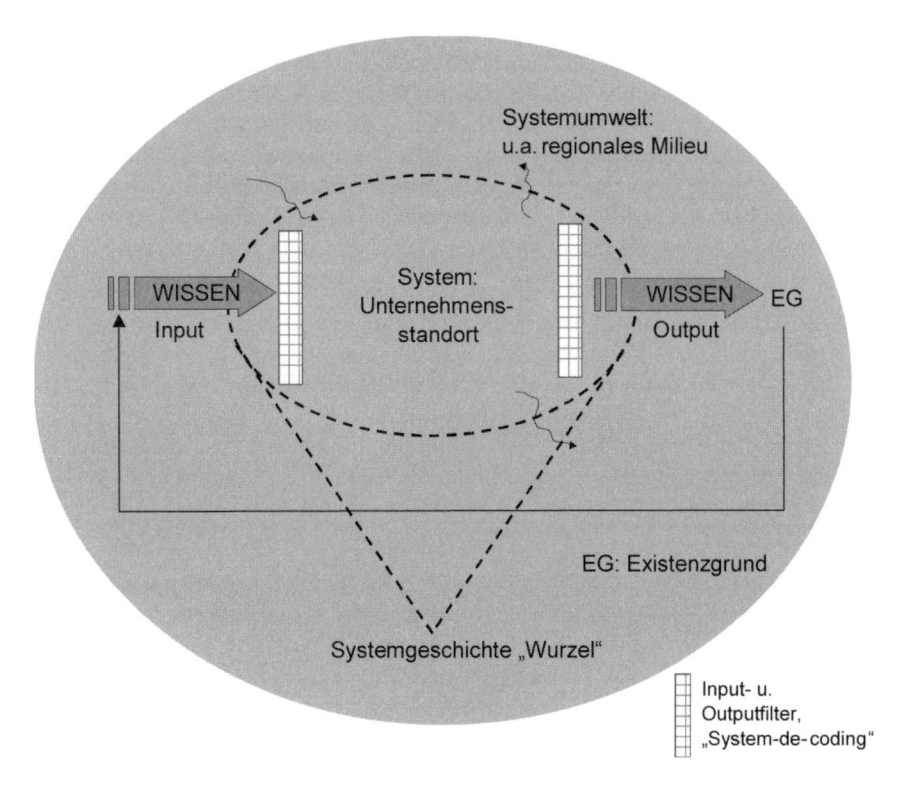

**Abb. 6.26:** Das Wirkungsgefüge aus Unternehmensstandort, „Systemgeschichte", regionalem Milieu und System-de-coding

Der systemtheoretischen Betrachtungsweise folgend konstituiert sich das System „Unternehmensstandort" über seine Abgrenzung gegenüber der Systemumwelt. Weiterhin verfügt das System über Inputs und Outputs, welche u.a. durch Wissen abgebildet werden können. Die Outputs des Systems „Unternehmensstandort" dienen vor allem dazu, die Existenzgrundlage des Unternehmens zu sichern: In dem Maße, in dem das Unternehmen in der Lage ist, Wissen in Form von Produkten und Dienstleistungen, aber auch Wissen in Form von Erfahrungen kundengerecht aufzubereiten und am Markt zu vertreiben, ist die Existenz des Unternehmens gesichert.

Sobald ein Unternehmen mit seinen Produkten und Dienstleistungen nicht mehr die Bedürfnisse der Kunden trifft, muss es seine Existenzgrundlage überdenken und ggf. anpassen bzw. erneuern. Letzteres wird über die Rückführung von Existenzgrund zu Input beschrieben.

Der zeitliche Kontext von Wissen wird über die Integration der historischen Komponente von Wissen berücksichtigt. Hierbei fungiert die standortspezifische Unternehmens- bzw. Systemgeschichte im Sinne eines historischen Kontextes von Wissen. Auf diese Weise lässt sich die Bedeutung der historischen „Verortung bzw. Verwurzelung" von Wissen eines Unternehmens an einem Standort verdeutlichen: Komplexe Systeme wie Unternehmen verfügen in der Regel über eine längerfristige Entwicklungsgeschichte, d.h. eine „individuelle Biografie". Bezeichnende Phänomene, wie z.B. das Image eines Unternehmens oder seine Kultur, Normen und Werte etc., sind nur vor dem Hintergrund einer historischen Analyse des Systems bzw. der jeweiligen Systemgeschichte nachvollziehbar.

Der sozio-kulturelle und räumliche Kontext des Wissens von Unternehmen wird durch das regionale Milieu eines Unternehmensstandortes repräsentiert. Das regionale Milieu übernimmt damit eine Art „Katalysatorfunktion"" zwischen den z.T. turbulenten und „objektiven" Rahmenbedingungen der Wirtschaft einerseits und der konkreten Situation an einem Unternehmensstandort andererseits. Das Milieu verkörpert die unmittelbar relevante Umwelt einer Organisation. Es ist demnach als eine maßgebliche sozio-kulturelle Einbettung des Unternehmensstandortes zu verstehen. Diese sozio-kulturelle Einbettung[158] nimmt einen bedeutenden Einfluss auf die Generierung neuer Ideen und neuen Wissens. So stellt u.a. Meusberger heraus:

> „Ein Standort und sein soziokultureller Kontext dienen als Ort der Koordination, des Gedankenaustausches, des Zusammenbringens neuer Ideen, des Lernens und Nachahmens" (Meusburger 1998: 482).

Der systemische Ansatz ermöglicht eine Abbildung dieses sozio-kulturellen und räumlichen Kontextes im Sinne eines „offenen Systems" in einem größeren Radius um den Standort. Das regionale Milieu bildet dabei einen Bestandteil der Systemumwelt des Unternehmensstandortes. Das Milieu selbst verfügt ebenfalls über eine semipermeable Systemgrenze nach innen und außen. Das Zusammenspiel u.a. zwischen system*internen* Wissenstransformationsprozessen, Systemgeschichte und *externem* regionalen Milieu resultiert für das System „Unternehmensstandort" in einem standortspezifischen *System-decoding*. Das *System-decoding* bezeichnet den Vorgang, mit dem das System prüft, ob ein Input dem System nützt (d.h. seine Ziele und seinen Existenzgrund unterstützt) oder nicht. Das *System-decoding* ist in diesem Sinne das Dechiffrieren aller Inputs wie z.B. Information, Wissen, Materie (vgl. Rieckmann u. Weissengruber 1990).

Das *System-coding* beschreibt hingegen den Vorgang, bei dem die Outputs vor dem Verlassen des Systems geprüft werden. Nur „codierte" Produkte, d.h. Produkte, die dem Standard des Systems entsprechen, dürfen das System verlassen.

---

[158] Die Bedeutung der „Einbettung" (embeddedness) eines Unternehmens in ein innovationsförderliches Umfeld wird u.a. von Grabher (1993) hervorgehoben.

*System-(de-)coding* kommt somit einer System-internen Qualitätskontrolle gleich[159]. Das System-(de-)coding umfasst ein System von Spielregeln, Kriterien, Normen, Verboten, Geboten, Mechanismen und Verfahren, mit deren Hilfe entschieden wird, was in das System eindringen oder das System verlassen darf. So wird z.B. in ganz entscheidender Weise der Eingang und der Ausgang von unternehmensrelevantem, insbesondere von implizitem Wissen, reguliert:

„Bei einer zweiten Art von Wissen [...] erfordert die Beurteilung, was eine Information aussagt, [...] ein Vorwissen. Dieses Vorwissen kann entweder in der Kenntnis eines Codes bestehen, der nicht allen Akteuren bekannt ist oder auf schwer zu vermittelnden persönlichen Erfahrungen beruht. Ohne Kenntnis des relevanten Codes können (viele theoretisch verfügbaren) Informationen nicht gelesen werden bzw. nicht zum Vorteil des Systems verwendet werden" (Meusburger 1998: 91).

Die Funktion des System-(de-)coding ist insbesondere für die „Codierung" bzw. „Decodierung" von implizitem Wissen, „tacit knowledge", von Bedeutung; sie wird über die Input - und Outputfilter abgebildet.

**Zur Standortgebundenheit von Wissen – Untersuchung von 28 Unternehmen**

Die Bedeutung von historischem Kontext (standortspezifische Unternehmens- bzw. Systemgeschichte), räumlichem und sozio-kulturellem Kontext (standortspezifisches regionales Milieu) und System-(de-)coding wurde im Rahmen des BMBF-Leitprojektes SENEKA (Service-Netzwerke für Aus- und Weiterbildungsprozesse) in einer Untersuchung von 28 deutschen Unternehmen überprüft (vgl. Hunecke 2002).

**Tabelle 6.3:** Klassifizierung der befragten Unternehmen nach Beschäftigtenzahl bzw. Unternehmensgrößen

| Bezeichnung | Beschäftigtenzahl/ Unternehmensgröße | Anzahl ausgewählter Unternehmen |
|---|---|---|
| Kleinstunternehmen (K) | 1-9 | 8 |
| Kleines Unternehmen (KU) | 10-49 | 8 |
| Mittleres Unternehmen (MU) | 50-249 | 7 |
| Großes Unternehmen[6] (GU) | ≥ 250 | 5 |

---

[159] Rieckmann und Weissengruber (1990) verweisen auf die Analogie zwischen der Funktion einer unternehmensinternen Qualitätskontrolle und dem System-(de-) coding: Während die Eingangskontrolle ein Systemcoding darstellt, ist die „traditionelle Qualitätskontrolle" der Fertigprodukte ein Beispiel für Systemdecoding. Würde Ausschussware das System verlassen, wäre damit z.B. die Reputation des Unternehmens beeinträchtigt.

Die befragten Unternehmen gehören schwerpunktmäßig den Kategorien Kleinstunternehmen sowie kleiner und mittlere Unternehmen (KMU) an. Es wurden außerdem fünf große Unternehmen befragt mit dem Ziel, erste Hinweise auf Unterschiede oder Gemeinsamkeiten bei deren Aussagen im Vergleich zu den KMU herausstellen zu können. Tabelle 6.3 gibt einen Überblick über die Struktur der befragten Unternehmen nach Beschäftigtenzahl bzw. Unternehmensgröße. 18 Unternehmen gehörten unterschiedlichen Branchen im Dienstleistungsbereich an; 10 Unternehmen stammten aus klassischen Produktionsbereichen (z.B. Maschinen- und Anlagenbau, Elektro- und Automobilindustrie).

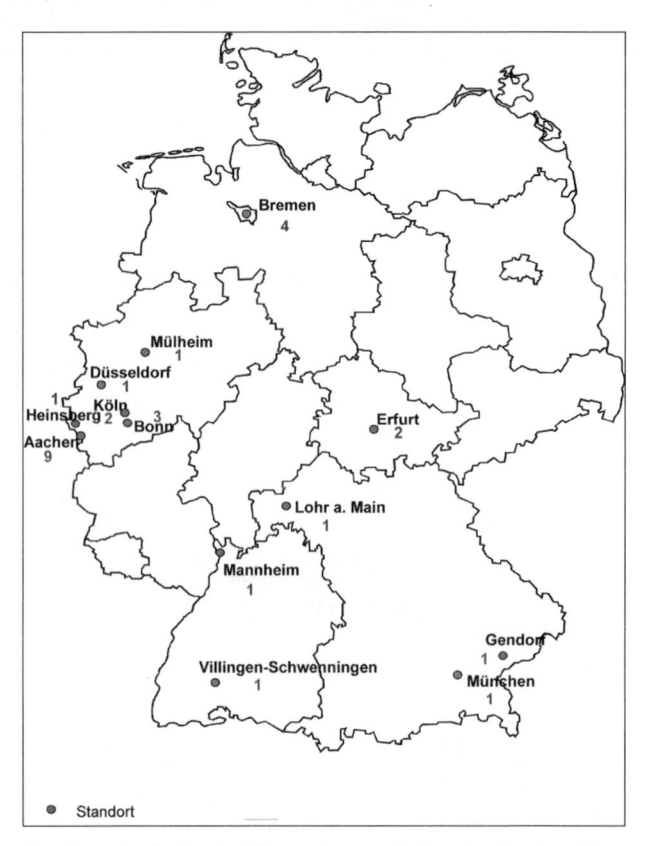

**Abb. 6.27:** Standorte der befragten Unternehmen mit Angabe der Anzahl

Der geografische Schwerpunkt der Untersuchungen (Abb. 6.27) wurde bewusst auf Standorte der alten Bundesländer gelegt, da die Standorte in den neuen Bundesländern seit einigen Jahren einem gesellschaftlichen und wirtschaftlichen Strukturwandel unterliegen und zudem eine komplett andere politische (System-) Geschichte aufweisen. Ca. 61 % der Unternehmen sind in Nordrhein-Westfalen angesiedelt. Der im Vergleich zur Gesamtzahl der befragten Unternehmen relativ große Anteil Aachener Unternehmen wurde im Hinblick auf die Überprüfung der Bedeutung des standortspezifischen regionalen Milieus ausgewählt.

Grundlage für die Untersuchung bildete die Hypothese, dass das Wissen eines Unternehmens – im Sinne eines Produktionsfaktors – maßgeblich determiniert wird durch

- den historischen Kontext, der sich in der standortspezifischen Unternehmensgeschichte (Systemgeschichte) manifestiert,
- die Einbindung des Unternehmens in einen sozio-kulturellen und räumlichen Kontext, der durch das standortspezifische regionale Milieu repräsentiert wird,
- die Funktion eines standortspezifischen System-(de-)coding, welche u.a. aus dem Zusammenspiel von Unternehmensgeschichte und regionalem Milieu resultiert und das jeweilige Wissen eines Unternehmens mit einem spezifischen Code versieht.

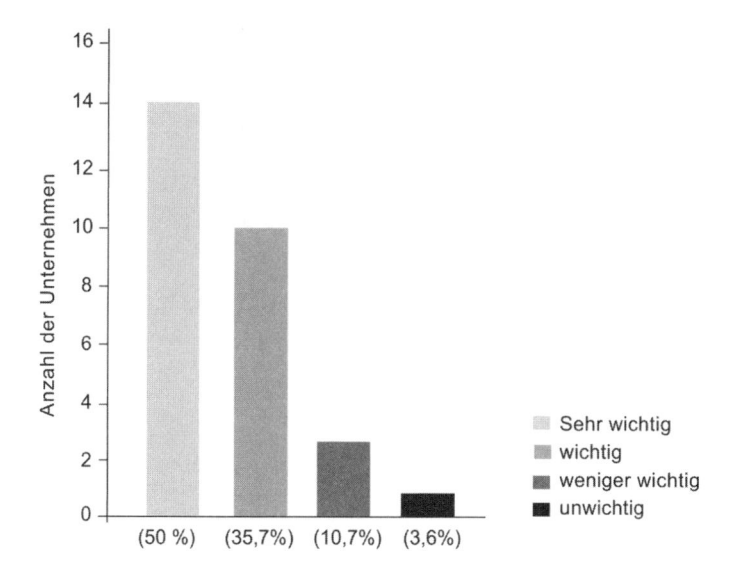

**Abb. 6.28:** Bedeutung von regionalen Geschäfts- und Projektbeziehungen für die Wissensentwicklung eines Unternehmens

Es wurde nachgewiesen, dass ein maßgeblicher Zusammenhang zwischen Wissen und Standort eines Unternehmens besteht. Die Bedeutung der standortspezifischen Unternehmensgeschichte für das Wissen eines Unternehmens wurde z.B. von über 85 % der befragten Unternehmen mit „sehr wichtig" bzw. „wichtig" bewertet (Abb. 6.28). Diese Bewertung ist insofern besonders interessant, da es sich bei den befragten 28 Unternehmen im Hinblick auf das Unternehmensalter um eine sehr heterogene Stichprobe handelt. Die Spannweite der Stichprobe reicht von zwei Unternehmen, die über 100 Jahre alt sind, bis hin zu vier Jungunternehmen, die maximal fünf Jahre alt sind. Eine weiterführende Auswertung der Befragungsergebnisse zeigt, dass die vier Jungunternehmen den Einfluss der standortspezifischen Unternehmensgeschichte auf das Wissen eines Unternehmens mit „sehr wichtig" bzw. „wichtig" bewertet haben. Dieses Bewertungsergebnis macht deutlich, dass diese Jungunternehmen bereits den „Gründer- und Etablierungsjahren" einen prägenden Einfluss auf die Wissensproduktion und den Wissenstransfer ihrer Unternehmen zuschreiben.

Die Mehrzahl der Unternehmen stellte des Weiteren heraus, dass ihre Erfolgsgeschichte nicht ohne weiteres an einem beliebig anderen Standort zu wiederholen wäre. In diesem Zusammenhang wurde die besondere Bedeutung von regionalen Verflechtungsbeziehungen hervorgehoben: So wurde z.B. die Bedeutung regionaler Geschäfts- und Projektbeziehungen für das Wissen eines Unternehmens von den befragten Unternehmen mit großer Mehrheit für „wichtig" erachtet (32 % bewerteten mit „sehr wichtig"; 50 % mit „wichtig"). Keiner der Befragten bewertete die Bedeutung regionaler Geschäfts- und Projektbeziehungen mit „unwichtig" (Abb. 6.29).

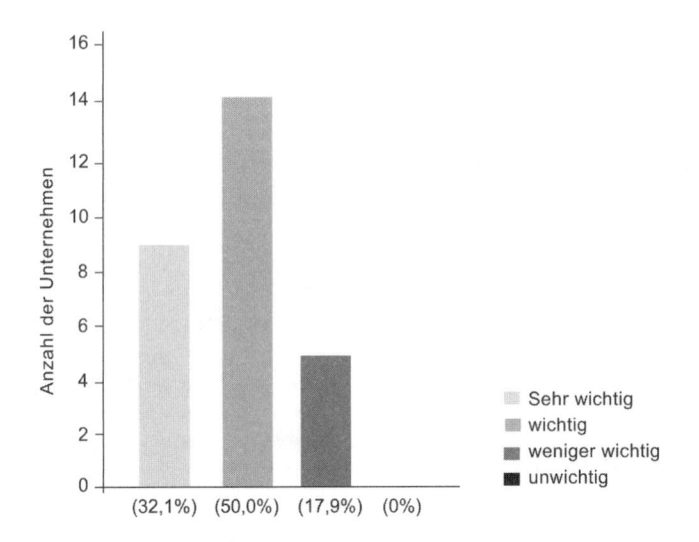

**Abb. 6.29:** Bewertung der standortspezifischen Unternehmensgeschichte für das Wissen eines Unternehmens

Das standortspezifische regionale Milieu wird durch informelle und formale Geschäfts- und Projektbeziehungen, eine „gemeinsame Mentalität" und ein spezifisches innovatives „Klima" geprägt. Standortspezifisches Wissen, welches mit entsprechenden regionalen Verflechtungsbeziehungen hinterlegt ist, lässt sich – ebenso wie das historisch verwurzelte Wissen – schwer oder gar nicht transferieren.

Die standortspezifische Unternehmensgeschichte ist im regionalen Milieu „eingebettet". Das Zusammenspiel zwischen diesen beiden standortrelevanten Faktoren wiederum beeinflusst maßgeblich die Funktion des System-(de-)codings. Diese dient vor allem der „Wissensverschlüsselung". Die Untersuchung zeigte in diesem Zusammenhang, dass die Bedeutung von „Wissensfiltern" von den Unternehmen zwar als wichtig eingeschätzt wird; es wurde jedoch auch deutlich, dass den Unternehmen geeignete Gestaltungsempfehlungen für solche Filtermechanismen in der Praxis fehlen.

Damit wird deutlich, dass die bloße Übertragung und Anpassung bestehender Managementansätze einer effektiven Nutzung der Ressource Wissen nur eingeschränkt Rechnung tragen können. Wichtige Nutzungspotenziale von Wissen im Sinne eines Produktionsfaktors bleiben dabei unberücksichtigt. Der besondere Wert von Wissen liegt für Unternehmen nicht in der vermeintlichen Ubiquität der Ressource, sondern in seiner (anteiligen) standortspezifischen Einmaligkeit. Der „Wert" von standortspezifischem Wissen bleibt jedoch bislang in der Diskussion um die Verfügbarkeit und Nutzung von Wissen insofern unberücksichtigt, als dass sich das standortspezifische und räumlich gebundene Wissen einer quantitativen Bewertung weitgehend zu entziehen scheint. Aus betriebswirtschaftlicher und managementtheoretischer Sicht ist jedoch zu überdenken, welche Konsequenzen sich aus der relativ hohen Standortgebundenheit von Wissen für eine gezielte Ausrichtung von Unternehmensstrategien (z.B. für einen bewussten Einsatz der Funktion des System-(de-)codings) ergeben und welche anknüpfenden Maßnahmen sich für ein entsprechend sensibilisiertes Management von Wissen ableiten lassen.

### 6.4.2 Auf dem Weg zur Wirtschaftlichkeitsbewertung von Wissen

*Giuseppe Strina, Jaime Uribe*

**Einleitung**

Das Erreichen und die Erhaltung von Wettbewerbsfähigkeit werden durch die zunehmende Komplexität aller betriebsentscheidenden Bereiche zu immer bedeutenderen strategischen Zielen für die Unternehmen.

Daraus ergibt sich als Strategie für Unternehmen, Mitarbeiter zu beschäftigen, die in hohem Maße in der Lage sind, diese Komplexität zu bewältigen (vgl. Henning u. Henning 1995). Die dabei angestrebte Optimierung der „Komplexitätsbewältigung" unterliegt ähnlichen Restriktionen wie andere Allokationsproblemstellungen, wie z.B. bei der Frage nach dem angemessenen Einsatz von Ressourcen unter Berücksichtigung finanzieller und organisationaler Rahmenbedingungen. Im Falle wissensintensiver Arbeit ergibt sich dadurch für Unternehmen die Problematik, Aspekte wie Entwicklung und Potenzierung betrieblichen Wissensbestandes auf den Ebenen Netzwerk, Organisation, Team und Individuum zu bewerten und entsprechend steuern zu können. Es ist jedoch zu konstatieren, dass zurzeit noch ein unbefriedigender Bestand an erprobten Methoden und Verfahren zur Wissensbewertung für Unternehmen zur Verfügung steht. Insbesondere sind Methoden, die sich auf die Fähigkeiten und Fertigkeiten der Menschen und nicht nur auf „angepasste" Finanzwerte konzentrieren, bisher unzureichend entwickelt worden.

## Wissensbewertung – „State of the Art" zur Definition der Ressource Wissen

Die Frage der Bewertung von Wissen bzw. der Faktoren und Rahmenbedingungen, die dabei berücksichtigt werden müssen, kann erst dann mit unterschiedlichen Ansätzen beantwortet werden, wenn eine vorhandene und allgemein akzeptierte Definition von Wissen bzw. Information zu Grunde liegt.

Die Arbeiten von Shannon und Weaver (1949) und Wiener (1961) führten die Dimension „Information" als dritte Grundkategorie der (System-)Welt neben Materie und Energie ein und prägten dadurch das Bewusstsein der wissenschaftlichen Forschung der folgenden Jahr(zehnt)e (vgl. Shannon u. Weaver 1976; Wiener 1961). Kybernetik und Systemtheorie haben – hieran anknüpfend – Information als wesentliches Element der Steuerung, Regelung und Kontrolle von Systemen aufgefasst und etabliert. Trotz der dabei eingeführten relativ klaren Begrifflichkeit werden Begriffe wie „Information", „Daten", „Signale" und sogar „Wissen" immer noch recht unscharf, nicht selten auch als Synonyme verwendet[160]. Spätere Diskussionen im Rahmen von Wissensmanagement definieren Wissen als „ein Rahmengefüge zur Beurteilung und Eingliederung neuer Erfahrungen und Informationen" (vgl. Davenport 1998). Bestandteil dieser Definition ist die Einbeziehung der Elemente „Fachkenntnisse", „Kontextinformationen", „Wertvorstellungen" und „Erfahrungen" [161].

Unter Beachtung der Tatsachen, dass einerseits Organisationen lebende Systeme und nicht nur informationsverarbeitende Gebilde sind, und dass die autopoietische Theorie (vgl. Maturana u. Varela 1987) andererseits Systeme als „offene" und „geschlossene" Wesen zugleich berücksichtigt, wird die Bedeutung von Wissen in Organisationen wesentlich bereichert. Die hierbei offensichtlich werdende aktive Rolle des Menschen bei der Wissensgenerierung definiert Sveiby (1997) als Handlungskapazität („capacity-to-act"); diese ist gekennzeichnet durch eine dynamische und gleichermaßen personenbezogene Betrachtungsweise von Daten (im Sinne von „unstrukturierten Symbolen") und Informationen (im Sinne von „expliziertem Wissen").

Während „Daten" als Input eines Systems gesehen werden (offen), werden „Information" und „Wissen" einer „privaten"[162] Sphäre (geschlossen) zugewiesen (vgl. Sveiby 2001). Dies führt zu dem Postulat, dass jemand immer dann Wissen einsetzt und nutzt, wenn er mit eigenem, durch Erfahrung geprägten Glauben und auf der Basis vorhandener Informationen in einer neuen Situation in der Lage ist

---

[160] Vgl. Kapitel 6.2.
[161] Vgl. Kapitel 6.2 und 6.4.3.
[162] Die hier erwähnte „private" Betrachtungsweise von Wissen ähnelt dem von Polanyi dargestellten Konzept „personal knowledge" (vgl. Polanyi 1958 sowie Kapitel 6.4.3).

zu entscheiden, und dadurch seinem Handeln aktiv eine Richtung zu geben. Das dabei entstehende neue, zunächst implizite Wissen kann dann, nach einem weiteren Prozess der Reflexion, als „explizites Wissen" transferiert werden.

In Abbildung 6.30 wird der Prozess des Wissenstransfers in Anlehnung an das in der Nachrichtentheorie bekannte „Sender-Empfänger-Modell" (vgl. Shannon u. Weaver 1976) dargestellt. Das beim Sender generierte Wissen wird durch einen so genannten „wissensgesteuerten Filter" in explizites Wissen umgewandelt, das vom Empfänger (durch den eigenen „wissensgesteuerten Filter") als Informationen und/oder Daten wahrgenommen wird. Diese Informationen und Daten sind dann die Basis für das beim Empfänger neu entstehende Wissen.

So betrachtet, kann implizites Wissen nur in den Köpfen der Menschen entstehen bzw. benutzt werden. Explizites Wissen wird stattdessen in Form von Informationen und Daten transferiert.[163]

**Wissensbewertung: nur quantitativ oder auch qualitativ?**

Die Messung und Bewertung des Wissensbestandes eines Unternehmens gehört zu den größten Schwierigkeiten, die das Wissensmanagement heute zu bewältigen hat. Luthy (1998) weist auf zwei grundsätzlich unterschiedliche allgemeine Vorgehensweisen zur Messung des Intellektuellen Kapitals[164] hin. Bei der ersten Vorgehensweise, die durch ein generelles Vorgehen „vom Detail zum Ganzen" gekennzeichnet (von Luthy *„component-by-component"* genannt) ist, werden für unterschiedliche Komponenten des Intellektuellen Kapitals entsprechend unterschiedliche Maßeinheiten angewandt. Beispiele hierfür sind „Marktanteil", „Patentwert" oder „Anzahl arbeitsbezogener Kompetenzen", welche mit eigenen Maßeinheiten untersucht werden können. Auf diese Weise wird erreicht, dass nicht nur Finanzwerte, sondern auch andere Kapitalwerte erfasst werden. Als Nachteil muss gesehen werden, dass sich diese Werte dann nicht zu einem Gesamtwert agglomerieren lassen.

Die zweite Vorgehensweise – im Unterschied zur ersten gekennzeichnet durch eine primäre Sichtweise „auf das Ganze" – bezieht sich auf die vornehmlich finanzbezogene Wertmessung des Intellektuellen Kapitals auf der Gesamtorganisationsebene. Dieser Denk- und Sichtweise wird z.B. entsprochen, wenn im „Shareholder Value" ein Schlüsselindikator für die Effizienz der Nutzung des im Betrieb bestehenden Intellektuellen Kapitals gesehen wird. Generell stellt sich damit das Dilemma der Wissensbewertung etwa wie folgt dar: Entweder man versucht, möglichst nah an den bekannten betriebswirtschaftlichen Bewertungsmethoden zu bleiben, dann bleibt man im quantitativ fassbaren Bereich, erhält monetär orientierte Zahlenwerte, die mit den klassischen Kennzahlen kompatibel

---

[163] Vgl. Kapitel 6.4.2.
[164] Intellektuelles Kapital (Intellectual Capital) wird von Luthy (1998) als „all useful knowledge in whatever form in the organization" beschrieben. Er unterstützt damit die Sichtweise, dass Wissen in Organisationen mehr ist als Daten oder Informationen in Dokumenten oder Datenbanken.

sind, unterschlägt damit jedoch einen wesentlichen Bereich des Intellektuellen Kapitals, welcher sich eben nicht leicht quantitativ fassen lässt.

**W**=Wissen  **I**=Information  **D**=Daten

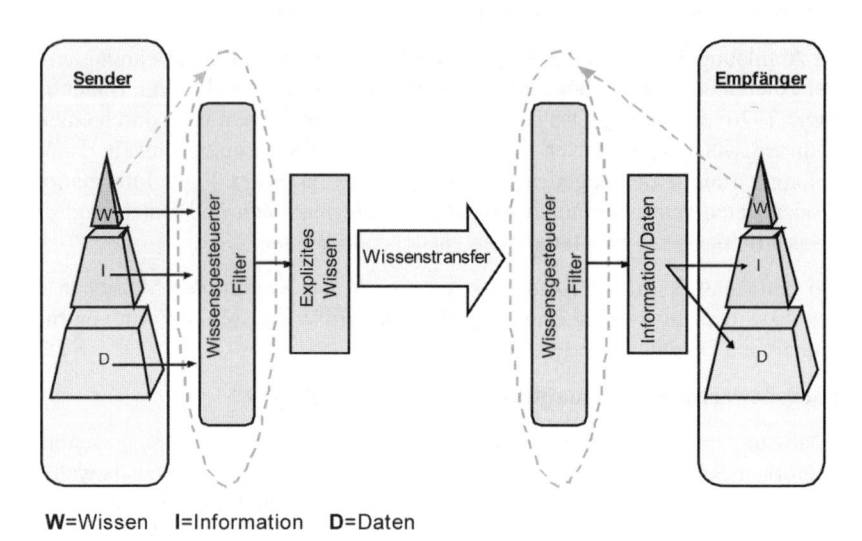

**Abb. 6.30:** Wissenstransfer in Anlehnung an das Sender-Empfänger-Modell (vgl. Shannon u. Weaver 1976)

Oder man versucht, mit z.T. hohem Aufwand und elaborierten Methoden selbst die weichsten Wissensanteile zu erfassen, dann hat man u.U. keine objektiv vergleichbaren und damit auch keine finanztechnisch verlässlichen Zahlenwerte mehr, die dann auch nicht mehr in die klassischen Bilanztabellen passen. Wie sehr jedoch die Notwendigkeit für erweiterte, auch „weiche" Wissensanteile erfassende Methoden besteht, zeigt auch ein Ergebnis aus dem Kontext des Projektes SENEKA: In einer Zusammenarbeit zwischen dem Laboratorium für Werkzeugmaschinen und Betriebslehre (WZL) der RWTH Aachen und dem Institut für Unternehmenskybernetik e.V. (IfU) wurde anhand eines eigens dafür entwickelten Fragebogens im Anschluss an eine Veranstaltung zum Thema „Qualitätsmanagement-Methoden" beim SENEKA-Partner DaimlerChrysler untersucht, wie die Teilnehmer die Effektivität und Effizienz dieses Forums hinsichtlich des stattgefundenen Wissenstransfers einschätzten. Die Ergebnisse belegen u.a., dass die Wissensträger die Pflege der informellen Kontakte (informelle Netzwerke) am Rande der Veranstaltung als besonders relevant für den stattgefundenen Transfer von Wissen betrachteten. Die Quantität und Qualität des Begleitmaterials zum Forum (Foliensatz, Fachinhalte der Vorträge usw.), was sich im Vergleich zu den informellen Kontakten relativ einfach finanziell erfassen ließe, wurden als weniger bedeutend eingestuft.

Dieses Ergebnis verdeutlicht einmal mehr, wie sehr die alleinige Ausrichtung auf rein quantitative Bewertungsmethoden in Frage gestellt werden muss. Die Bedeutung der unterschiedlichen Teilprozesse des Wissensmanagements, in dem

Beispiel „Wissenstransfer-Prozesse", lässt sich nur schwer monetär fassen. Ein Verzicht auf diese Dimension könnte allerdings zu schweren Entscheidungsfehlern führen. Während sich die Mehrzahl der Ansätze aus einer *finanzwirtschaftlichen* Sichtweise heraus entwickelte, entstanden auf der anderen Seite einige *„humanorientierte"* Theorien zur Wissensbewertung, die weniger darauf abzielen, den genauen Wert des Wissens für externe Stakeholder zu ermitteln, als vielmehr eine Beurteilung der internen Innovations-, Entwicklungs- und Förderungsfähigkeit anzustreben.

Die *finanzwirtschaftlich* orientierten Ansätze gehen in der Hauptsache von bekannten Kennzahlen und Methoden aus und ergänzen diese um weitere Sichtweisen. Die meisten von diesen Methoden können aber erst angewendet werden, wenn spezialisierte Information, wie z.B. der Aktienpreis des Unternehmens zur Verfügung stehen. Bei kleinen und einigen mittelständischen Unternehmen (KMU) wird aber gerade dieses Merkmal zur Hürde.

Bei den *„humanorientierten"* Methoden wird gezielt nach zusätzlichen „weichen" Parametern, wie z.B. Motivation oder Lernfähigkeit gefragt, die sich allerdings nur schwer quantifizieren lassen. Anhänger dieser Methoden erkennen dadurch die Bedeutung der Berücksichtigung solcher Parameter bei der Bewertung menschlicher Fähigkeiten oder Kompetenzen (Wissen). Trotz dieser qualitativen Betrachtung wird die Erweiterung der Messbarkeit durch die Identifikation und die Visualisierung des immateriellen Vermögens somit ermöglicht. Als Beispiel hierfür ist die von Davenport für Microsoft entwickelte Kompetenzanalyse (vgl. Davenport 1997) zu nennen, mit der die Kompetenzen der Mitarbeiter in vier Kompetenzstufen ermittelt und klassifiziert werden.

Die Anwendung dieser Ansätze wird dennoch in der Praxis erheblich durch das Fehlen einer konkreten Beschreibung der Wissensbasis des Unternehmens und der fehlenden Datenverfügbarkeit erschwert. Dazu werden Unternehmen mit Methoden und Instrumenten konfrontiert, die zwar die Bewertung von Wissen im Allgemeinen als Ziel ausweisen, dennoch unterschiedliche Informationen und Gegenstände dazu nutzen und somit einen unternehmensübergreifenden Vergleich erschweren.

**Bestehende Methoden zur Wissensbewertung**

In Abbildung 6.31 werden 21 Methoden[165] zur Bewertung von betrieblichem Wissen in vier Kategorien aufgeteilt (nach Sveiby 2001), die zusätzlich zu der Differenzierung der Bewertung nach Luthy (Komponente oder Gesamtorganisation) nach der Monetarisierungsfähigkeit der Methoden unterscheiden.[166]

---

[165] Für eine Kurzbeschreibung der in der Grafik erwähnten Methoden vgl. Sveiby 2001.
[166] Die Monetarisierungsfähigkeit wird dadurch definiert, dass die angewandten Methoden ein monetär betrachtbares Ergebnis liefern.

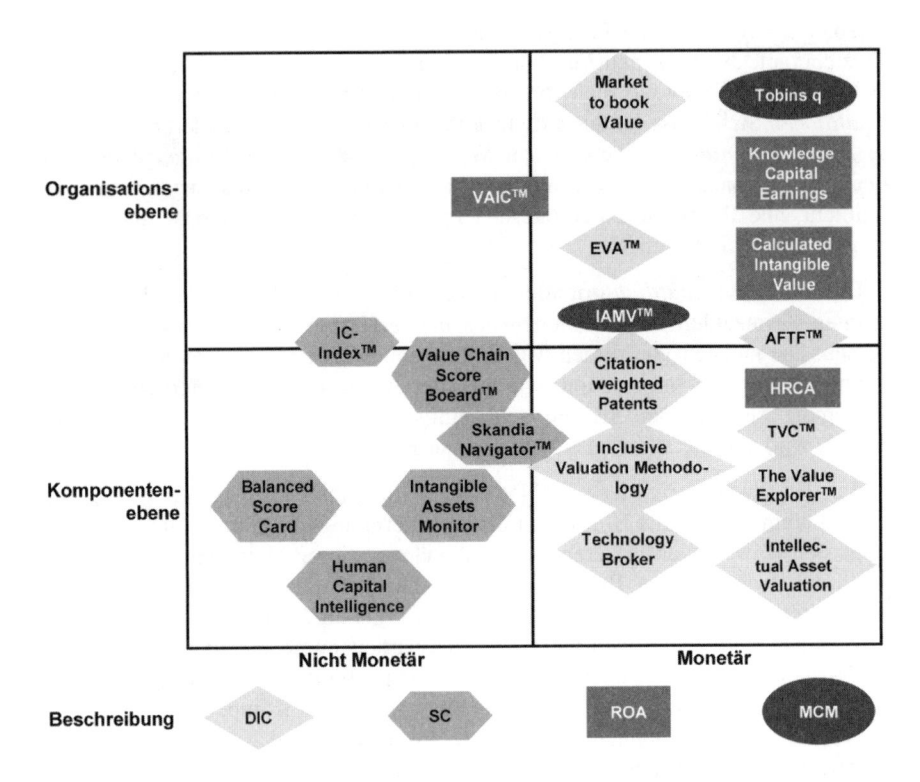

**Abb. 6.31:** Klassifizierung der bekanntesten Methoden zur Messung des Intellektuellen Kapitals (nach Sveiby 2001)

Darüber hinaus werden die Methoden in vier Kategorien unterteilt:

- *Direkte Methoden des Intellektuellen Kapitals „Direct Intellectual Capital Methods (DIC)":* Der Geldwert von immateriellem Vermögen wird festgelegt, indem die verschiedenen Komponenten des Intellektuellen Kapitals erst identifiziert bzw. einzeln oder gesamt finanzentsprechend bewertet werden.

- *Marktkapitalisierungs-Methoden „Market Capitalization Methods (MCM)":* Entscheidend bei dieser Kategorie von Methoden ist der Unterschied zwischen dem Marktkapitalisierungswert und dem Eigenkapital des Unternehmens, der dem Wert des Intellektuellen Kapitals entspricht. In der Abbildung 6.31 wird deutlich, dass dieser Wert mehr als nur dem Wert des Humankapitals entspricht.

- *Kapitalrendite-Methoden „Return on Assets methods (ROA)":* Der durchschnittliche Gewinn vor Steuern eines Unternehmens wird geteilt durch das durchschnittliche materielle Vermögen („tangible assets") des Unternehmens. Das Ergebnis ist ein ROA des Unternehmens, das dann mit dem Branchendurchschnittswert – sofern vorhanden – verglichen wird. Die Differenz wird mit dem durchschnittlichen materiellen Vermögen des Unternehmens multipliziert, um damit einen durchschnittlichen jährlichen Gewinn des immateriellen Vermögens zu kalkulieren. Indem man dann die überdurchschnittlichen Gewinne durch die durchschnittlichen Kapitalkosten des Unternehmens oder einen Referenzzinssatz teilt, kann ein Schätzwert seines immateriellen Vermögens/Intellektuellen Kapitals ermittelt werden.

- *Scorecard-Methoden „Scorecard Methods (SC)":* Die verschiedenen Komponenten immateriellen Kapitals werden identifiziert und in Form von Indikatoren und/oder Indizes in Scorecards oder Graphen dargestellt. Die Scorecard-Methode ist der DIC sehr ähnlich, mit der Ausnahme, dass keine Schätzung des Geldwertes des immateriellen Vermögens vorgenommen wird. Gegebenenfalls kann ein Hauptindex (zusammengesetzter Index) erstellt werden.

Die Methoden bieten unterschiedliche Vorteile. Die Methoden, die mit Geldwerten arbeiten, wie ROA und MCM, sind üblicherweise dann nützlich, wenn es um Bewertungen im Rahmen von Fusionen und Unternehmenskäufen oder auch um Aktienbewertungen geht. Sie können auch im Zusammenhang mit Unternehmensvergleichen innerhalb derselben Branche eingesetzt werden (Benchmarking). Sie sind überdies hilfreich, um den finanziellen Wert des vorhandenen immateriellen Vermögens zu illustrieren; eine Eigenschaft, die hilft, die Aufmerksamkeit der Generaldirektoren zu erlangen. Schließlich lassen sie sich leicht innerhalb der Rechnungswesen-/Wirtschaftsprüfer-Zunft kommunizieren, da sie auf lang begründeten Buchführungsregeln beruhen. Ihre Nachteile sind, dass sie bei der Übertragung in Geldeinheiten oberflächlich werden, da sie nur einen Teil des bewerteten Gegenstandsbereiches erfassen können.

Die ROA-Methoden reagieren sehr empfindlich auf Zinsänderungen. Manche von ihnen eignen sich nicht für Nonprofit-Organisationen, interne Abteilungen und Organisationen des Öffentlichen Sektors; dies gilt teilweise auch für die MCM-Methoden.

Vorteile der DIC und Scorecard-Methoden sind, dass sie ein stärker umfassendes Bild der Unternehmenssituation zeichnen können als monetäre Bezugsgrößen und dass sie leicht auf jeder Ebene des Unternehmens angewandt werden können. Sie messen näher an den einzelnen Ereignissen. Die Berichterstattung kann dadurch schneller und genauer erfolgen, als wenn nur die finanziellen Maße angewendet werden. Da sie nicht zwingend in Geldeinheiten messen müssen, sind diese Maße sehr nützlich für Nonprofit-Organisationen, interne Abteilungen, Organisationen des öffentlichen Sektors und für umweltspezifische und soziale Zwecke. Die Nachteile sind allerdings, dass diese Indikatoren kontextabhängig sind und für jede Organisation und jeden Zweck individuell angepasst werden müssen, was Vergleiche wiederum sehr schwierig gestaltet. Darüber hinaus ist anzumerken, dass diese Methoden einen verhältnismäßig hohen Einführungsaufwand erfordern, sofern nicht auf Vorarbeiten zurückgegriffen werden kann, da zunächst ein entsprechendes Set von Indikatoren aus einer großen Anzahl potenzieller Indikatoren herausgefiltert werden muss[167]. Gelingt dieser Prozess nicht in ausreichender Qualität, werden entweder Daten erhoben, die nicht aussagekräftig sind, oder zu viele Daten erhoben, die dann in Datenbanken unausgewertet versickern.

Als Zwischenfazit kann zunächst festgehalten werden, dass keine der Methoden alle Zwecke erfüllen kann. Die Methode muss abhängig vom Zweck, der Situation und der Zielgruppe auswählt werden. Nachfolgend sollen einige besonders interessante und ausbaufähige Ansätze vorgestellt werden.

**Der „Skandia Navigator"**

Eine der bekanntesten Methoden zur Wissensbewertung ist der sog. „Skandia Navigator" (vgl. Abb. 6.33), mit der das schwedische Finanzdienstleistungs-Unternehmen Skandia Pionierarbeit geleistet hat. Es handelt sich hierbei um eine SC-Methode im Sinne der oben genannten Kategorien von Sveiby. Ziel dieses Instruments ist die Erstellung eines Berichts zum betrieblichen Intellektuellen Kapital („Intellectual Capital Report"), der als Ergänzung des Jahresberichts gedacht ist. Der Wert des Intellektuellen Kapitals wird nach dem sog. „Skandia Marktwert Schema" (vgl. Edvinsson u. Malone 1997) ermittelt, welches eine hierarchische Struktur darstellt (Abb. 6.32).

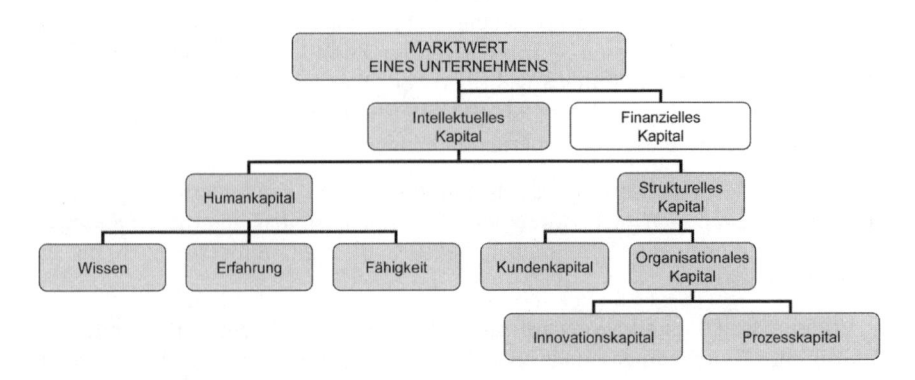

**Abb. 6.32:** Intellektuelles Kapital – Strukturmodell (vgl. Edvinsson u. Malone 1997)

Nach diesem Schema ist das Intellektuelle Kapital die Summe aus dem für das Unternehmen verwertbaren *Humankapital* und dem *strukturellen Kapital*. Während das Humankapital einer Organisation durch die Kombination von Wissen, Fähigkeiten und Erfahrungen ihrer Mitarbeiter repräsentiert ist, ist das „strukturelle Kapital" alles, was in der Firma verbleibt, wenn die Belegschaft nicht mehr da ist. Der Marktwert eines Unternehmens ist somit durch die Summe des strukturellen und des Finanzkapitals definiert.

Aufbauend auf dem Skandia-Marktwert-Schema versucht der „Skandia Navigator" Indikatoren zu definieren, die die Merkmale des Intellektuellen Kapitals ver-

---

[167] Vgl. das Beispiel der Firma InfraServ Gendorf im Beitrag der Querschnittsaufgabe 2.

ständlich umfassen bzw. messbar machen. Diese Indikatoren werden aus unterschiedlichen betrieblichen Bereichen zu einem einheitlichen Format zusammengeführt (Abb. 6.33).

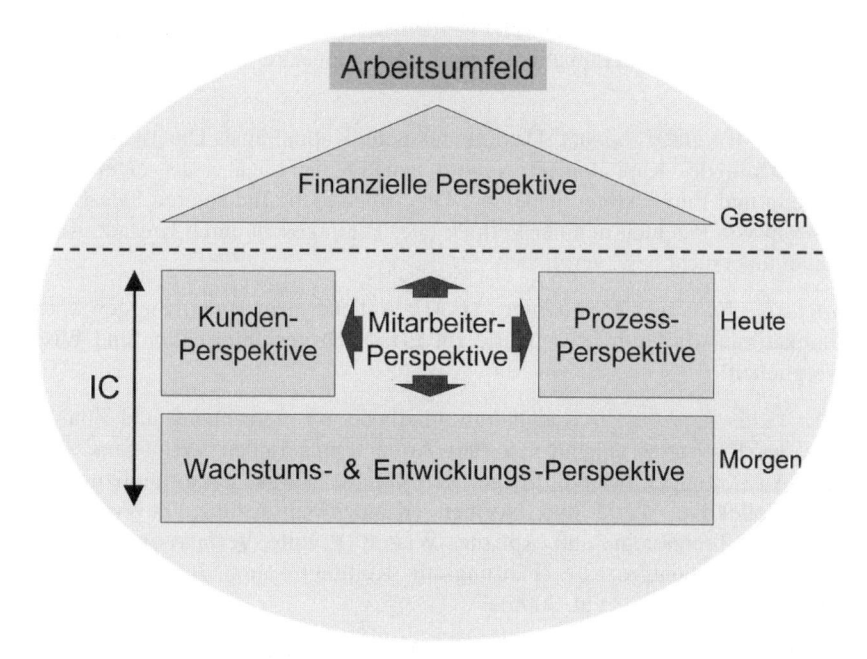

**Abb. 6.33:** Aufbau des Skandia Navigators (vgl. Edvinsson u. Malone 1997)

Mit insgesamt über 164 konkreten monetären und nicht-monetären Indikatoren sollen sowohl relative als auch absolute Größen auf fünf verschiedene Betrachtungsebenen konzentriert werden: „finanzielle", mit Auskunft über die Vergangenheit des Unternehmens; „Kunden", „Mitarbeiter" und „Prozesse", die ein Bild der IST-Situation des Unternehmens vermitteln; und „Wachstum und Entwicklung", die das Zukunftspotenzial der Firma zeigen soll.[168]

Die Betrachtung dieser fünf Ebenen (oder Bereiche) soll das Verständnis der Kennzahlen eines Unternehmens in Bezug auf das eigene Intellektuelle Kapital erleichtern und als „Navigationssystem" bei der Anwendung dienen.

**Einige weitere Methoden zur Messung des Intellektuellen Kapitals**

In diesem Abschnitt sind einige weitere Methoden zur Messung des Intellektuellen Kapitals (vgl. Sveiby 2001) dargestellt. Es sind:

---

[168] Hier lässt sich auch unzweifelhaft die Nähe zur Balanced Scorecard mit den klassischen Perspektiven Finanzen, Kunden, Prozesse und Mitarbeiter erkennen.

- *Technology Broker:* Die Ermittlung des Wertes des Intellektuellen Kapitals des Unternehmens wird anhand eines Fragebogens durchgeführt. Die Antworten auf 20 Fragen zu den vier Komponenten des Intellektuellen Kapitals (Markt-Vermögenswert, Human-Vermögenswert, Intellektueller Vermögenswert und der Infrastruktur-Vermögenswert) werden analysiert und anschließend wird mit dem Kosten-/Markt-/Einnahmenansatz eine monetäre Bewertung vorgenommen.

- *Citation-Weighted Patents:* Das Intellektuelle Kapital eines Unternehmens und der Erfolg des Kapitaleinsatzes wird anhand des Impacts der eigenen Forschung und Entwicklung gemessen. Unterschiedliche Indikatoren, wie z.B. die Anzahl von Patenten in einer Periode oder Patentkosten durch Umsatz, werden dabei untersucht bzw. verglichen.

- *Inclusive Valuation Methodology (IVM):* Anhand einer Hierarchie gewichteter Indikatoren werden relative Werte zur Erfassung von Information und Wissen verglichen.

- *The Value Explorer™:* Buchhaltungsmethode zur Berechnung und Zuteilung des des IC-Wertes anhand von fünf Arten immateriellen Vermögens: Werte und Ausstattungen (Marke, Image, Netzwerke), Fähigkeiten u. implizites Wissen, kollektive Werte und Normen (Kundenfokussierung, Zuverlässigkeit, Qualität), Technologie und explizites Wissen (Patente, Verfahren) und Primär- und Managementprozesse (Führungsstil, Kommunikation, Informationsmanagement) (vgl. Tissen et al. 2000).

- *Total Value Creation, TVC™:* Überprüft anhand diskontierten prognostizierten Cash-flows, inwiefern ein bestimmtes Geschehen geplante Tätigkeiten beeinflussen kann. Dieser Ansatz hilft der Geschäftsführung, die Leistung des eigenen Intellektuellen Kapitals zu messen bzw. anhand dessen diese Leistung zu steuern (vgl. The Canadian Institute of Chartered Accountants 2002).

- *Tobin's q:* Das „q" ist das Verhältnis zwischen dem Börsenwert eines Unternehmens und den Wiederbeschaffungskosten seines Vermögens. Änderungen dieses Verhältnisses stellen einen angenäherten Wert dar, wie wirkungsvoll die Leistung des Intellektuellen Kapitals des Unternehmens ist (vgl. Funke 1992).

- *Market-to-Book Value:* In diesem Ansatz wird der Wert des Intellektuellen Kapitals als der Unterschied zwischen dem Börsenwert und dem Buchwert der Firma betrachtet.

- *Economic Value Added (EVA™):* „Der EVA ist ein einperiodiges Übergewinn-Konzept. Es basiert auf der Überlegung, dass ein Unternehmen erst dann einen ökonomischen Gewinn erzielt, wenn es mehr als seine Kapitalkosten (Renditeforderungen der Eigen- und Fremdkapitalgeber) erwirtschaften kann. Die Berechnung erfolgt auf Basis der Daten des Rechnungswesens, wobei Anpassungen und Korrekturen erforderlich sind. Der EVA als Instrument der Unternehmensbewertung dient der Analyse des Erfolgs von Geschäftsbereichen bzw. Gesamtunternehmen" (Speckbacher u. Halatek-Zbierzchowski

2002). Veränderungen des EVA könnten ein Indikator dafür sein, ob das Intellektuelle Kapital des Unternehmens produktiv eingesetzt wurde oder nicht.

- *Value Added Intellectual Coefficient (VAIC™):* Dieser Koeffizient misst, wie leistungsfähig das Intellektuelle Kapital (IC) ist und ob das eingesetzte Kapital dazu dient, den betrieblichen Wert zu steigern. Die Messung basiert auf dem Verhältnis zu drei Hauptbestandteilen des Unternehmenswertes: eingesetztes Kapital, Humankapital und strukturelles Kapital.

- *Value Chain Scoreboard™:* Ziel dieses Ansatzes ist die Übermittlung von Informationen über die „fundamentalen ökonomischen Innovationsprozesse" eines Unternehmens. Dafür wird eine Matrix ausgefüllt, die nichtfinanzielle Indikatoren betrachtet (ca. 30) und die in drei verschiedene Kategorien unterteilt sind: Entdeckung/Lernen, Implementierung und Vermarktung (vgl. Lev 2001).

- *IC-Index™:* Der IC-Index ist die Konsolidierung individueller IC-Indikatoren in einem einzigen Index mit dem Ziel, die Entwicklung des Intellektuellen Kapitals (IC) in Bezug auf die Entwicklung des Marktwertes beobachten bzw. steuern zu können. Da die Gewichtung der Indikatoren durch die Unternehmensstrategie und die betrieblichen Rahmenbedingungen definierbar ist, ist die Messung mit dem Index jedoch sehr kontextspezifisch und der Vergleich zwischen Unternehmen sowie Prognosen über einen bestimmten Zeitraum hinaus nicht zielführend. Die Leistung des IC-Index™ liegt darin, die Effekte der Unternehmensstrategie auf das Intellektuelle Kapital der Organisation nachvollziehbar darzustellen.

- *Intangible Asset Monitor:* Ist ein auf dem Konzept der „Knowledge Organisation" basierendes System zur Messung des immateriellen Vermögens. Es wird den drei Kategorien individuelle Kompetenz sowie externe und interne Struktur zugeordnet und anhand von vier Indikatoren (Wachstum, Innovation, Effizienz und Stabilität) bewertet. Als nicht finanzielles Kennzahlensystem ist der „Intangible Asset Monitor" als ergänzende Darstellung des Finanzerfolgs und des Shareholder Values eines Unternehmens zu betrachten (vgl. Speckbacher u. Halatek-Zbierzchowski 2002).

- *Balanced ScoreCard™:* Die Leistung eines Unternehmens wird durch die Betrachtung von vier Hauptperspektiven in Bezug auf seine strategische Zielsetzung umfasst bzw. gemessen: finanzielle Perspektive, Kundenperspektive, interne Prozessperspektive, und Lern- und Wachstumsperspektive. Zudem integriert das Instrument sowohl langfristige als auch kurzfristige Elemente zur Umsetzung der Geschäftsstrategie (vgl. Kaplan u. Norton 1997).

**Wissensstrombasierte Kompetenz-Evaluation**

In der letzten Zeit wurden allerdings auch neue Methoden entwickelt, die z.T. bereits in der Praxis erprobt sind. Sie orientieren sich nicht so sehr an den klassischen betriebswirtschaftlichen Methoden, gehen teilweise völlig neue Wege, um das schwer fassbare „Phänomen Wissen" zu bewerten und lassen sich daher auch nicht eindeutig in die Klassifizierung von Sveiby einsortieren. Es handelt sich dabei um Methoden, die bereits explizit auf Fragestellungen der Wissensbewertung angewandt wurden, aber auch um Methoden, die als Neuentwicklungen im Rahmen der Bemühungen um Ansätze zur erweiterten Wirtschaftlichkeitsbewertung den Weg weisen, wie prinzipiell „weiche", schwer quantifizierbare Größen bewertet werden können, und die damit vom Grundansatz geeignet wären, auf Fragen der Wissensbewertung angewendet werden zu können. Gemeinsam ist diesen Ansätzen die Orientierung an den zwei folgenden Hypothesen:

- Der Wissensprozess ist vom Mensch untrennbar und erfordert daher auch eine humanorientierte Betrachtung bzw. Analyse.

- Das Wissen kann weder mit dem Input noch mit dem Output einer Aktion gleichgesetzt werden. Vielmehr muss Wissen als Prozess verstanden werden, der die Kompetenzen des Menschen beeinflusst.

Der ersten hier vorgestellten Methode, der *Wissensstrom-basierten Kompetenz-Evaluation*, „liegt ein Wissensmanagement-Modell zu Grunde, das vereinfacht ausgedrückt, aus zwei Primärkomponenten, den Kompetenzträgern und den Wissensströmen, und zwei Sekundärkomponenten, dem Wissensorgan und der Wissensumwelt, besteht" (Hilb 2001).

Um das Zusammenwirken der einzelnen Komponenten zu untersuchen und daraus Wissensbestände und Kompetenzen zu evaluieren, wird ein dreistufiges Verfahren gewählt (Abb. 6.34):

In *Phase 1* werden die Ausgangskompetenzen (Kompetenzdimension) durch Verfahren wie z.B. die Beurteilung durch den Vorgesetzten und die Selbsteinschätzung evaluiert. Als Ergebnis resultiert ein Kompetenzprofil, das für die vier Kompetenzkategorien (im Bild unten links) die Ist- und Soll-Werte aufzeigt.

In *Phase 2* werden die Wissensströme (Wissensstromdimension) evaluiert: Diese Phase setzt sich aus zwei unabhängigen (Teil-)Evaluationen zusammen: In einem ersten Schritt wird die Fähigkeit des Kompetenzträgers im Umgang mit Wissen (Wissenskompetenz) ermittelt. Die zweite (Teil-)Evaluation zielt darauf ab, alle Aktionen und Prozesse, die neues Wissen schaffen oder altes weiterentwickeln, innerhalb und die relevanten außerhalb des Unternehmens in einem Wissenskatalog zu erfassen und sie zu gewichten.

In *Phase 3* werden die Einflüsse der Wissensströme auf die Kompetenzen ermittelt. Festgehalten werden die ermittelten Informationen in einem individuellen und einem kollektiven Kompetenz- und Wissensportfolio.

Obwohl dieses heuristische Vorgehen keine objektiven Wissenswerte zu produzieren vermag, kann es helfen, innerhalb des Unternehmens eine objektivierte Wissensevaluation zu gewährleisten, die zeitliche wie auch personale Vergleiche zulässt. Aus diesem Grund kann dieser Ansatz auch nicht primär dazu dienen, den *Wert* einer Unternehmung zu bestimmen; die Ermittlung der individuellen und kollektiven Wissensentwicklungen kann vielmehr *Innovationspotenziale* indizieren.

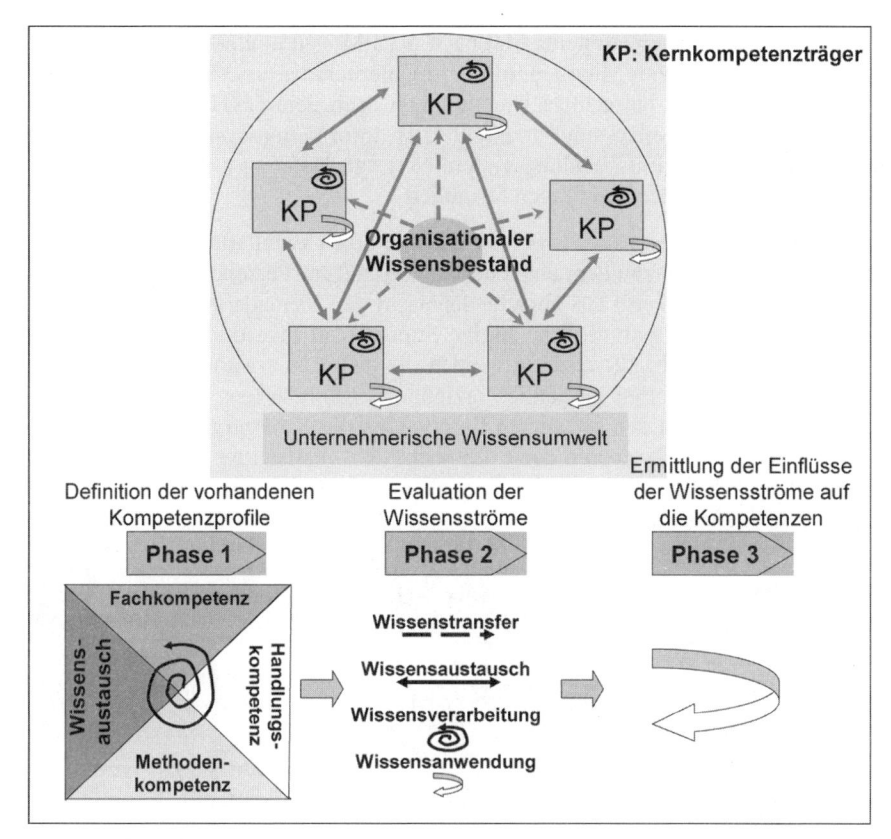

**Abb. 6.34:** Komponenten der wissensstrombasierten Kompetenz-Evaluation (vgl. Hilb 2001)

**Erfolgspotenzialerfassung (EPE)**

Ein weiteres Bewertungsverfahren, das ebenfalls auf die Ermittlung der durch Investitionen und andere Veränderungsprozesse entwickelten Potenziale abzielt, ist die sog. Erfolgspotenzialerfassung (EPE). Obschon primär für Veränderungsprozesse wie Einführung von Total Quality Management (TQM) konzipiert, kann die EPE begleitend zu anderen Bewertungsverfahren (Investitionsrechnung, Kostenrechnung etc.) eingesetzt werden, um weiche Faktoren (siehe oben) entsprechend berücksichtigen und sogar monetarisieren zu können. Sie ermöglicht so eine Erfolgskontrolle im Rahmen der Strategien des Unternehmens bzw. eine Bewertung der Wirklichkeitsauffassungen von Unternehmensleitung und Mitarbeitern (vgl. Pittermann 1998).

Die Besonderheit dieses Verfahrens besteht darin, dass es – als Ergänzung zu klassischen Bewertungsverfahren – die Eigenbewertungskompetenz eines Unternehmens insbesondere im Bereich der „weichen" Faktoren stärkt. Dies geschieht dadurch, dass auf einer Ebene des realen Veränderungsprozesses (einmal zu Beginn und mindestens ein weiteres Mal nach 6-12 Monaten) eine einigermaßen repräsentative Anzahl von Mitarbeitern in ein Unternehmensassessment einbezogen wird. Dazu wird das betrachtete Unternehmen nach dem OSTO-Modellansatz[169] gedanklich in acht Teilsysteme unterteilt (z.B. Informationssystem, Belohnungs- und Kontrollsystem, Entscheidungssystem etc.; vgl. Henning u. Marks 1992). Zu diesen Teilsystemen werden Fragen formuliert.

Die Ergebnisse dieses Assessments fließen in einen simulierten Investitionsentscheidungsprozess ein, an dem eine Gruppe von ca. fünf Personen (sog. „Investitionsbereitschaftsschätzer") aus verschiedenen, in den Veränderungsprozess involvierten Bereichen teilnimmt. Eine fiktive Summe von Investitionen wird in acht Teilsysteme aufgeteilt. Gleichzeitig werden die damit zu erwartenden Ergebnisse abgeschätzt; die hinterher tatsächlich erzielten Ergebnisse (aus dem zweiten Assessment) werden mit den erwarteten Ergebnissen der Schätzergruppe verglichen. Aus diesem Vergleich werden dann die noch nicht realisierten Erfolgspotenziale extrahiert und über mathematische Formalismen in Geldwerte „übersetzt" (Monetarisierung) (Abb. 6.35).

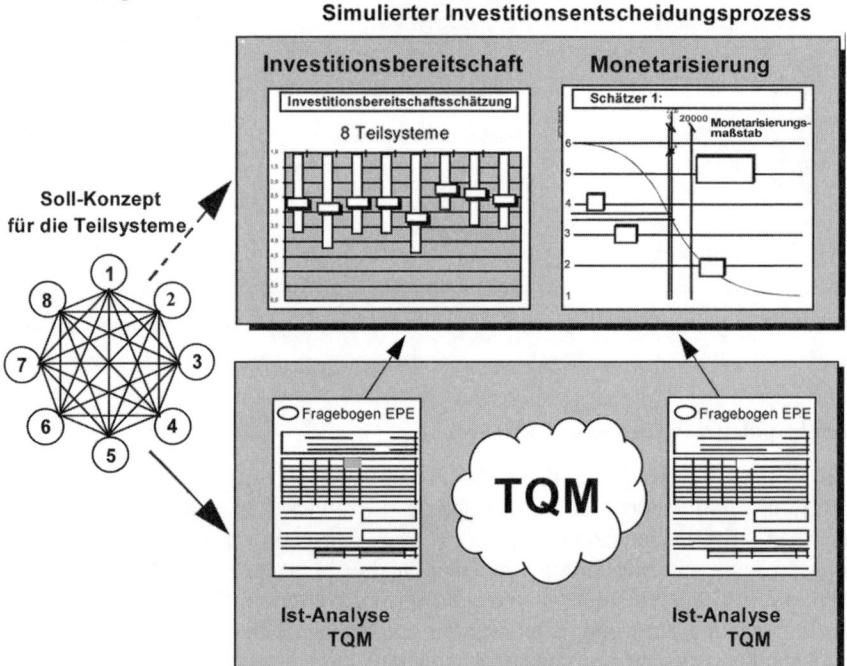

**Abb. 6.35:** Die zwei Ebenen der Erfolgspotenzialerfassung im Überblick

---

[169] Vgl. hierzu auch die Ausführungen zum OSTO-Systemansatz in Kapitel 3.3.5 und Kapitel 6.4.3.

Das Verfahren zeigt einen prinzipiell gangbaren Weg, wie man die Bewertung von „soft facts" und dadurch von individuellen Kompetenzen – die mit traditionellen Wirtschaftlichkeitsrechnungen nicht erfassbar sind – monetär abbilden kann. Obschon im Rahmen des betrieblichen Wissensmanagements noch nicht erprobt, könnte eine entsprechende Anpassung dieses Verfahrens auf Wissensmanagement dazu dienen, frühzeitig Erfolgskontrollen bei wissensorientierten Prozessen durchzuführen bzw. entscheidungsbezogene Lernprozesse im Unternehmen zu ermöglichen.

**Die NutzenOrientierte WirtschaftlichkeitsSchätzung (NOWS)**

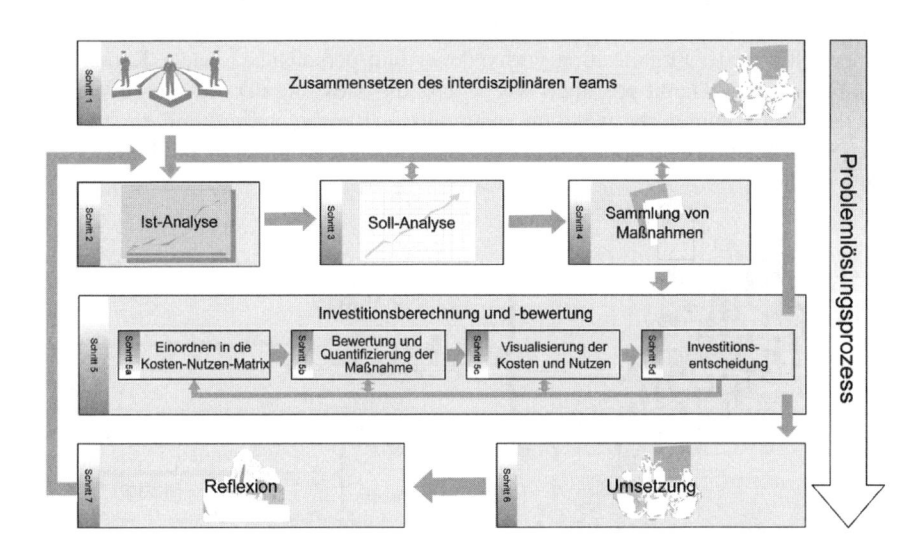

Die NutzenOrientierte WirtschaftlichkeitsSchätzung (NOWS-Verfahren) ist ein „nutzen- und beteiligungsorientierter" Ansatz der erweiterten Wirtschaftlichkeit, der den Unternehmen und speziell den Verantwortlichen der Personalentwicklung die Möglichkeit bietet, Bildungsmaßnahmen und -strategien im Vorhinein unter Berücksichtigung sog. „weicher" Faktoren (Motivation, Betriebsklima usw.), „harter" Faktoren (Kosten und Erlöse) und Eintrittswahrscheinlichkeiten quantitativ und qualitativ zu bewerten bzw. systematisch zu steuern (vgl. Strina et al. 2001). Dieses Verfahren, ursprünglich für die Bewertung technischer Investitionen entwickelt (vgl. Weydandt 2000), später im Projekt SENEKA für die wirtschaftliche Betrachtung des Nutzens von Aus- und Weiterbildungsmaßnahmen/Strategien weiterentwickelt, bietet die Möglichkeit, Mitarbeiterinnen und Mitarbeitern (Kompetenzträger in der Organisation) in den Bewertungsprozess einzubeziehen. Dadurch werden verschiedene Abteilungen bzw. nichtbetriebswirtschaftliche Experten berücksichtigt (Abb. 6.36).

**Abb. 6.36:** NutzenOrientierte WirtschaftlichkeitsSchätzung (NOWS-Verfahren)

Im zentralen Bewertungsschritt (Schritt 5 in Abb. 6.36), der eingebettet ist in einen teamorientierten Problemlöseprozess (Schritte 1-4 sowie 6-7), werden mit Hilfe der Kategorien direkter, indirekter und schwer erfassbarer Nutzen- und Kosteneffekte sowie der geschätzten Eintrittswahrscheinlichkeiten hoch, mittel und niedrig jeweils eine Nutzen- und eine Kostenmatrix mit 3x3 Feldern generiert. Aus diesen Werten werden für beide Tabellen Risikoszenarien gebildet, die miteinander verglichen werden. Der Schnittpunkt der dabei entstehenden Kurven lässt schließlich eine Aussage darüber zu, ob das Team die geplante Investition insgesamt als wirtschaftlich oder unwirtschaftlich einstuft.

Obschon auch dieses Verfahren noch nicht auf Wissensbewertungsprobleme im engen Sinne angewendet wurde, ist es als erprobtes Konzept prinzipiell offen dafür. Durch das Beteiligungsprinzip, das diesem Verfahren zu Grunde liegt, würde die daraus resultierende Akzeptanz der Mitarbeiter, Wissen zu erwerben bzw. zu nutzen und zu transferieren, erheblich gefördert.

**Die mathematische Ermittlung der organisationalen Kompetenz**

Ein weiterer Ansatz zur Bewertung von Wissen wurde von Kreft (vgl. Kreft 2001) entwickelt und der Querschnittsaufgabe 4 vorgestellt. In seinem Konzept geht Kreft davon aus, „dass Wissen sich aus einer Vielfalt menschlicher Fähigkeiten und Kenntnisse zusammensetzt, denen mathematisch ein Wert, eben das Humanpotenzial zuzuordnen ist". Dieser Wert wird durch die mathematische Ermittlung der organisationalen Kompetenz erhoben (Abb. 6.37).

In Abbildung 6.37 wird deutlich, dass die Kompetenz einer Organisation nicht nur von der Addition aller vorhandenen Kenntnisse und Fähigkeiten (Repräsentation) abhängt, sondern auch von der „Knowledge Base", also der Anzahl unterschiedlicher in der Organisation vorhandener und personenbezogener Kenntnisse und Fähigkeiten. Damit postuliert Kreft, dass die Messung der Ressource Wissen nur dann vollkommen sei, wenn die quantitative (Repräsentation) und die qualitative (Superposition) Komponente der organisationalen Kompetenz mit berücksichtigt wurde.

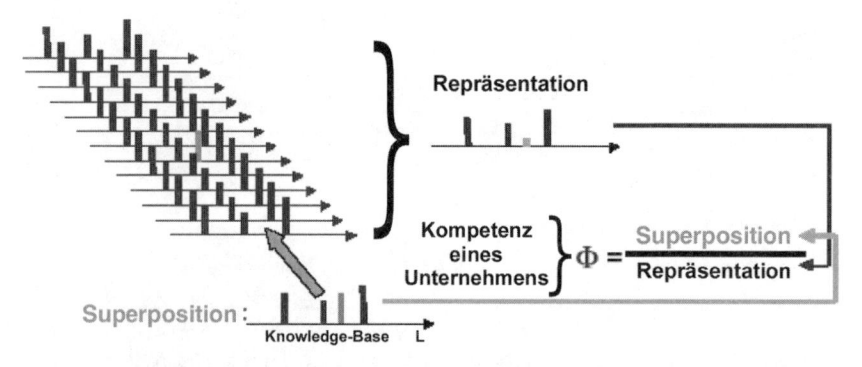

**Abb. 6.37**: Messbarkeit von Kompetenz durch Q-Distributionen (vgl. Kreft 2001)

Durch diese Operabilität des Wissens wird die Ermittlung des wirtschaftlichen Erfolgs (Umsatz, Absatz) von Organisationen ermöglicht und dabei die These aufgestellt, dass „jeder Umsatzerfolg von Unternehmen als das Produkt aus Stabilität mal Effektivität darstellbar ist" (vgl. Kreft 2001).

Das Besondere an dem bisher unzureichend erprobten „Humanpotenzial-Ansatz" ist der Anspruch, den von ökonomischen Theorien bisher noch nicht gelieferten Messwert der Ressource Wissen mit einer relativ einfachen Methodik ermitteln zu können, und deren Hauptrolle als Generator des ökonomischen Erfolgs einer Marktwirtschaft zu erkennen. Das Konzept nimmt für sich in Anspruch, Unternehmen in die Lage zu versetzen, den Zukunftswert der eigenen Unternehmenskompetenz zu ermitteln und daraus die eigenen Strategien mit einer alternativen ökonomischen Betrachtung steuern zu können.

Die genaue Ausarbeitung der Vorgehensweise, wie Unternehmen praxistauglich die eigenen Kompetenzen definieren und erfassen können, steht noch aus. Darüber hinaus ist die Betrachtung kulturprägender Merkmale eines Menschen (sog. „weicher" Faktoren), die zur unterschiedlichen Wahrnehmung des Nutzens von Wissen führen können, sowie deren Vernetzung in der Bewertung unzureichend oder nicht berücksichtigt worden.

**Anforderungen an die Wissensbewertung**

Aus den dargestellten Methoden und Ansätzen wird deutlich, dass bisher noch kein Verfahren geeignet erscheint, die Problematik der Wissensbewertung für ein Unternehmen in vollem Umfang lösen zu können. Daher sollen abschließend, nicht zuletzt auch für die anstehenden Weiterentwicklungen einiger zitierter Ansätze, die wichtigsten Anforderungen an zukünftig zu erwartende Lösungen festgehalten werden, gewissermaßen als summarisches Fazit aus den vorstehenden Erörterungen.

Bei der Konzeption einer effektiven und zugleich effizienten betrieblichen Wissensbewertung kann nur bedingt auf traditionelle Controllinginstrumente zurückgegriffen werden. Diese sollten eher als eine erste Basis dienen. Vielmehr muss eine Lösung angestrebt werden, die dem besonderen Charakter von Wissen und dem Wesen des Menschen gerecht wird. Durch die Entwicklungen und Erfahrungen beim Wissensmanagement lassen sich folgende Anforderungen an Methoden zur Wissensbewertung erkennen:

- Sie müssen sich an Menschen bzw. deren Fertigkeiten und Fähigkeiten orientieren.
- Sie sollen auf einer zweckmäßig orientierten Definition von Wissen basieren. Dabei stellt sich bei der Definition von Wissen das Problem, dass in vielen Unternehmen beim Wissen über Wissen ein Defizit herrscht (vgl. Etzold 1998).
- Sie sollen einen geringen Aufwand verursachen.
- Sie sollen die „richtigen" Beteiligten in den Berechnungsprozess integrieren.

- Sie sollen Verbundeffekte in den anderen Abteilungen berücksichtigen.
- Sie sollen die Integration von betrieblichen Zielsystemen gewährleisten.
- Sie sollen sowohl eine „ex-ante"- als auch eine „ex-post"-Bewertung ermöglichen.
- Sie dürfen die kulturgeprägten Merkmale[170] eines Menschen und die dadurch abhängige Wahrnehmung des Nutzens (positiver Wert) von Wissen nicht unterbewerten (z.B. durch Verallgemeinerung).

**Zusammenfassung und Ausblick**

Die angemessene und aussagekräftige Bewertung des in den Köpfen der Mitarbeiter, und damit mehr oder weniger indirekt im Unternehmen, vorliegenden Wissens ist derzeit eine der größten Herausforderungen für Wirtschaft und Wissenschaft. Der auftretende Anspruch, Wissen exakt messen zu können, versucht Objektivität dahin zu bringen, wo zum größten Teil subjektive und unternehmensbezogene Elemente dominieren.

Die wahre Herausforderung für die Wirtschaft und die Wissenschaft liegt allerdings darin, dem Anspruch zu entsprechen, der Bewertung des wichtigsten Produktionsfaktors, und der damit verbundenen Ungenauigkeit (wegen der Komplexität des Systems „Mensch"), mit interdisziplinären Ansätzen Rechnung zu tragen. Wirtschaft und Wissenschaft werden hierfür einen Kompromiss zwischen Aufwand und Genauigkeit treffen und ihre Forderungen entsprechend anpassen müssen.

Diese Ansätze sollen Unternehmen in erster Linie in die Lage versetzen, selbst eine Bewertung ihrer organisationalen Kompetenz und deren Zukunftspotenzial unter Beteiligung ihrer Mitarbeiter durchführen zu können, zu deren wichtigsten Ergebnissen der Bewertungsprozess selbst gehört.

### 6.4.3 Balanced Scorecard (BSC) als Performance-Mess-System für Wissensmanagement in Netzwerken

*Christoph Jansen, Stephan Petzolt, Regina Oertel*

**Ausgangssituation**

Im Allgemeinen verfolgen Netzwerke Ziele, die in letzter Konsequenz von den einzelnen Netzwerk-Partnern mitgetragen und umgesetzt werden. Eine vollständige Konvergenz von Netzwerk-Zielen[171] und den Zielen der einzelnen Unterneh-

---

[170] Stoffels hat in seiner Studie (vgl. Stoffels 2001) beweisen können, dass die Effektivität des „wissensorientierten Managements" (er verzichtet auf den Begriff „Wissensmanagement") durch markante Unterschiede nach Branchen und geografischen Regionen zu beobachten ist.

[171] Vgl. auch SENEKA-Zielsystem in Kapitel 2.1.1.

men kann in den seltensten Fällen erreicht werden.[172] Es müssen also in gewissen zeitlichen Abständen die Zielerfüllung des Netzwerks sowie die Zielerfüllung der einzelnen Organisationen in ihrer Rolle als Netzwerk-Partner nachgehalten und eventuell korrigiert werden. Das Nachhalten der Zielerfüllung wird auch *Performance-Messung*[173] genannt; der Begriff „Controlling" beinhaltet die Aspekte der Bewertung, Steuerung und Regelung.

Manager von Netzwerken heterogener Unternehmen stehen vor einer ähnlichen Herausforderung wie Manager von komplexen Unternehmen selbst: einerseits die Performance messen zu wollen, sowie andererseits die wachsende Komplexität und Dynamik im Unternehmensumfeld wahrzunehmen und zu managen (vgl. Petzolt 2001). Aufbauend auf den Erfolgen von Petzolt (2001)[174] und seines integrierten Ansatzes von systemischer Organisationsentwicklung (dem OSTO-Systemmodell) und einem Performance-Mess-System (der Balanced Scorecard), wird in diesem Beitrag ein Tool vorgestellt, das Manager von Unternehmensnetzwerken darin unterstützt, ihr Netzwerk mit einem ganzheitlichen Ansatz effektiv zu steuern und gezielt das Wissensmanagement im Netzwerk zu verbessern.

In diesem Artikel erfolgt zunächst eine Vorstellung des OSTO-Systemmodells und der BSC in ihren ursprünglichen Ausprägungen, um auf der Basis der Arbeit von Petzolt (2001) ein Tool zur Unterstützung von Wissensmanagement in Netzwerken herzuleiten und von Umsetzungserfahrungen mit diesem Tool zu berichten.

**Das OSTO-Systemmodell**

Im OSTO[175]-Systemmodell (Abb. 6.38) werden Systeme (wie z.B. Unternehmen oder Netzwerke von Unternehmen) als lebende, vernetzte, hochkomplexe und schwer beschreibbare Systeme aufgefasst. Entwickelt wurde der Ansatz – auf der Grundlage der allgemeinen Systemtheorie von L. von Bertalanffy (1984) – u.a. von Rieckmann (1982; 1997) und Hanna (1988). Henning und Marks entwickelten ihn für ingenieurswissenschaftliche Anwendungen weiter. Wir verwenden dieses Modell, nach intensiven Erfahrungen bei der Abbildung von Organisationsentwicklungsprozessen (OE-Prozessen) in Unternehmen, hier auch für *Netzwerke von Unternehmen*.

Die einzelnen Elemente[176] der OSTO-Systemlandkarte sind im Folgenden beschrieben:

---

[172] Balkenhol stellt ein Verfahren vor, mit dem die Ziele von unternehmensübergreifenden Umweltmanagementsystemen (in Analogie zu den Netzwerkzielen von SENEKA) auf einzelne Unternehmen heruntergebrochen werden (Balkenhol 1999).
[173] performance, engl. = Erfüllung, Leistungsverhalten, Performanz.
[174] Kapitel 4.3.6 stellt diese Erfolge hauptsächlich im Hinblick auf die Dimensionen des Lernens dar.
[175] OSTO steht für offen, soziotechnisch und oekonomisch.
[176] Die Beschreibung der Elemente ist der Arbeit von Marks (1991) entnommen.

*Existenzgrund:* Der Zweck des lebenden Systems ist der eigentliche Grund dafür, dass das System in seinem Umfeld existiert (Existenzgrund). Hier wird dargelegt, welche Wünsche und Bedürfnisse des sozio-technischen Systems bezüglich seiner Elementen (Mitarbeiter oder Mitglieder), und welche Bedürfnisse externer Kunden durch seine Leistungen erfüllt und befriedigt werden (vgl. Weisbord 1987).

*Sinngrund:* Um die gesellschaftliche Akzeptanz einerseits und die interne Motivation andererseits zu gewinnen bzw. zu erhalten, kommt der Frage nach der Sinnhaftigkeit des interaktiven Zusammenspiels zwischen Unternehmen und der relevanten Umwelt eine zunehmende Bedeutung zu. Für die langfristige Existenz ist ein tragfähiger und in die Zukunft gerichteter Sinngrund überlebenswichtig.

*Ziele:* Die Ziele sind eine systeminterne, operationalisierte Darstellung des Existenzgrundes und beschreiben, was durch das System konkret erreicht werden soll.

*Strategien:* Die Strategien geben die möglichen und verwirklichbaren Handlungsweisen wieder, die notwendig sind, um die Ziele zu erreichen und dem Existenzgrund gerecht zu werden. Sie geben den Rahmen vor, in dem die Ziele in operative Tätigkeiten umgesetzt werden und der Transformationsprozess stattfinden kann.

*Systemergebnisse (Output):* Output eines Systems können Material, Energie und Information in Form von Produkten, Dienstleistungen u.a. sein.

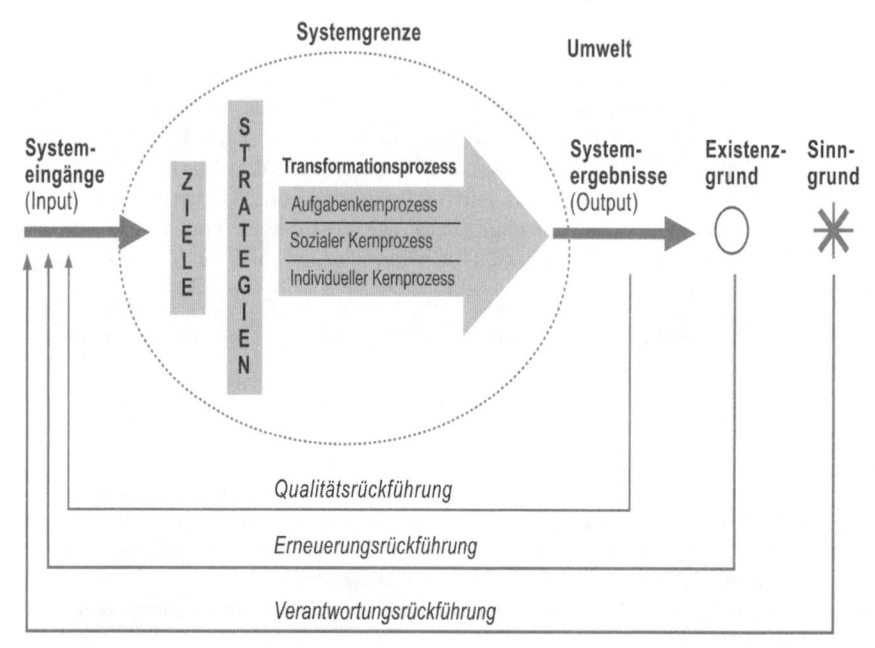

**Abb. 6.38**: Das OSTO-Systemmodell

*Systemeingänge (Input):* Systemeingänge sind Material, Energie und Information in Form von Rohwaren, Strom, Preisentwicklung der Rohwaren u.a..

*Umwelt:* Unter dem Begriff Umwelt wird die Gesamtheit der Faktoren verstanden, die auf ein System von außen einwirken und es beeinflussen. Das System wird von seiner Umwelt durch eine physikalische, zeitliche, psychologische oder soziale Systemgrenze getrennt.

*Qualitätsrückführung:* Die spezielle Rückführung, die Informationen über die Qualität der Systemergebnisse bereitstellt.

*Erneuerungsrückführung:* Die Rückführung, die dem System Informationen über Veränderungen der Kundenbedürfnisse zur Verfügung stellt.

*Verantwortungsrückführung:* Die entsprechende Rückführung, die Informationen über Veränderungen des Sinngrundes weiterleitet.

*Transformationsprozess*: Auf der Basis von Zielen und Strategien findet der eigentliche Transformationsprozess im System statt. Mit Hilfe dieses Prozesses werden die verschiedenen Inputs in Outputs umgewandelt. Der Transformationsprozess setzt sich dabei aus drei Kernprozessen zusammen, das heißt solchen Prozessen, deren Kern nur Ausgangsergebnisse erzeugt, die den Existenzgrund des Systems treffen.

Der *Aufgaben-Kernprozess (AKP)* umfasst alle Aktivitäten, die auf die Entwicklung, die Herstellung und den Vertrieb eines bestimmten Ausgangsergebnisses gerichtet sind, zum Beispiel ein Produkt oder eine Dienstleistung.

Wesentlich für alle Prozesse in einem System ist die Energie, die jeder einzelne Mensch im Rahmen des *Individuellen Kernprozesses (IKP)* im System bereit ist, für die Ziele des Systems einzusetzen.

Durch den *Sozialen Kernprozess (SKP)* werden Aufgaben-Kernprozess und Individueller Kernprozess miteinander verknüpft. Der Soziale Kernprozess umfasst die Wechselwirkung zwischen den Systemelementen (Mitarbeiter und Organisationen des Netzwerks). Bei einem Sozialen Kernprozess soll sich das Wir-Gefühl im Team so entwickeln, dass die Ergebnisse des Transformationsprozesses den Existenzgrund treffen (vgl. Henning 1993). Das hier skizzierte OSTO-Systemmodell kann effektiv mit einem Performance-Mess-System kombiniert werden, um systemische Organisationsentwicklungsprozesse in der Breite und Tiefe zu verstärken (vgl. Petzolt 2001).

In einer *alternativen* Darstellungsweise des OSTO-Systemmodells ist durch sog. *Gestaltungselemente*[177] ein besserer Ansatz für ein (Re-)Design eines Systems gegeben. Auch wird das Systemverhalten dabei zum Betrachtungsgegenstand.

Das *Systemverhalten* (Verhalten) wird nach Rieckmann und Weissengruber (1990) durch folgende Begriffe näher beschrieben:

---

[177] Eine Beschreibung der Gestaltungselemente kann z.B. Petzolt (2001) entnommen werden.

- Arbeits-, Leistungs- und Problemlöseverhalten,
- Spielregeln und Normen,
- Führungskultur,
- Klima und
- Gefühle und Einstellungen der Systemmitglieder.

**Performance-Mess-Systeme (PMS)**

Performance-Mess-Systeme für Unternehmen sind definiert als „Aufbau und Einsatz meist mehrerer quantifizierbarer Maßgrößen verschiedenster Dimensionen (z.B. Kosten, Zeit, Qualität, Innovationsfähigkeit, Kundenzufriedenheit), die zur Beurteilung der Effektivität und Effizienz der Leistung und Leistungspotenziale unterschiedlichster Objekte im Unternehmen (Organisationseinheiten unterschiedlichster Größe, Mitarbeiter, Prozesse) herangezogen werden" (Gleich 1997: 115). Im Kontext von Unternehmensnetzwerken verwenden wir diesen Begriff sinngemäß. Typische Instrumente der Performance-Messung sind das EFQM-Modell[178] und die Balanced Scorecard (BSC). In beiden Konzepten ist die Logik von externen und internen nichtfinanziellen Faktoren enthalten, die zu Ergebnissen der Unternehmenstätigkeit beitragen. Während Kaplan und Norton als wichtigsten Endpunkt die *finanziellen* Ergebnisse der Unternehmenstätigkeit sehen (vgl. Kaplan u. Norton 1997), stellt das EFQM-Modell die Ergebnisse der Unternehmenstätigkeit für *Aktionäre, Gesellschaft, Umwelt, Mitarbeiter* und *Kunden* in den Vordergrund. Das System der BSC nach Kaplan und Norton wird im Folgenden beschrieben und weiterentwickelt.

**Die Balanced Scorecard**

Kaplan und Norton entwickelten ein Mess-System, das bekannte Unzulänglichkeiten des traditionellen Controllings überwinden soll – die Balanced Scorecard (BSC). Dieses PMS sollte in erster Linie als Kommunikations-, Informations- und Lernsystem – und weniger als Kontrollsystem – in Unternehmen verwendet werden (vgl. Kaplan u. Norton 1997).

Das „Balanced" im Begrif „Balanced Scorecard" bedeutet Ausgewogenheit in dreifacher Hinsicht:

- In der Darstellung der Organisation,
- in der Einbeziehung aller wesentlichen Organisationseinheiten und
- in der Kommunikation mit allen Akteuren (vgl. Friedag u. Schmidt 1999).

Das Herzstück der Balanced Scorecard bilden vier Perspektiven:

- Finanzen,

---

[178] Vgl. Kapitel 6.3.2.

- Kunden,
- interne Prozesse und
- Lernen und Weiterentwicklung.

Kaplan und Norton unterscheiden zwischen diagnostischen und strategischen Kennzahlen. *Diagnostische Kennzahlen* überwachen, ob das Unternehmen „unter Kontrolle" ist, und signalisieren das Eintreten ungewöhnlicher Ereignisse, die ein sofortiges Eingreifen erfordern. *Strategische Kennzahlen* definieren die strategische Zielausrichtung, die auf exzellente Wettbewerbsfähigkeit abzielt (vgl. Kaplan u. Norton 1997).

Damit ermöglicht die BSC ein Gleichgewicht von kurzfristigen und langfristigen Zielen, zwischen gewünschten *Ergebnissen* und den *Leistungstreibern* für diese Ergebnisse sowie zwischen harten Zielkennzahlen und weicheren, subjektiveren Messwerten (vgl. Kaplan u. Norton 1997).

Nicht nur das ausgewogene Verhältnis finanzieller und nichtfinanzieller Kennzahlen, sondern auch die Selektion von Kennzahlen und die stärkere Berücksichtigung von Frühindikatoren werden in dem Balanced-Scorecard-Ansatz betont (vgl. Weber u. Schäffer 1999). Eine gute Balanced Scorecard sollte Kennzahlen sowohl über den Prozess als auch über das Ergebnis in einem ausgewogenen Mix enthalten. Ergebniskennzahlen ohne Leistungstreiber (bezogen auf den Prozess) machen nicht klar, wie die Ergebnisse zu Stande kommen. Sie liefern auch keinen klaren Indikator dafür, ob die strategischen Ziele erfolgreich umgesetzt werden. Umgekehrt ist es so, dass Leistungstreiber ohne Ergebniskennzahlen dem Unternehmen zwar ermöglichen, kurzfristige operative Verbesserungen zu erreichen, jedoch nichts darüber aussagen, ob diese Verbesserungen das Betriebsergebnis steigern können (vgl. Kaplan u. Norton 1997).

**Kombination von BSC und OSTO-Systemmodell**

Unternehmen bedürfen einerseits eines Instruments, das die Performance misst, andererseits müssen sie auf die wachsende Komplexität und Dynamik im Unternehmensumfeld reagieren und ihr Unternehmen entsprechend steuern. Die oben beschriebenen Tools standen sich lange isoliert gegenüber. Petzolt hat das Performance-Mess-System (die Balanced Scorecard) und das systemische Organisationsentwicklungs-Modell (das OSTO-Systemmodell) integriert. Abbildung 6.39 zeigt die Integration der beiden Tools.

Petzolt benennt für die Unterstützung systemischer OE-Prozesse folgende Vorteile dieses kombinierten Tools (OSTO/BSC) gegenüber einer klassischen Balanced Scorecard und setzt sie in Beziehung mit den verschiedenen Ebenen des Lernens[179] für die drei Kernprozesse Aufgabenkernprozess (AKP), Sozialer Kernprozess (SKP) und Individueller Kernprozess (IKP) der Transformation (s.o.):

---

[179] Vgl. Kapitel 4.3.6.

- Soll- und Ist-Stand der Organisation werden innerhalb der Scorecard-Bereiche umfassend diskutiert [IKP-Lernen wird zum SKP-Lernen],
- Ergebnisse werden im Team erarbeitet (Konsensbildung) [SKP],
- strategische Ziele werden erlebbar, greifbar, praxisnah (auch für „Nicht-Strategen") [AKP],
- relevante Rekursionsebenen werden einbezogen [IKP, SKP],
- Umgang mit Messgrößen wird verbessert (Transparenz der eigenen Leistung und der Gruppenleistung) [IKP, SKP] sowie
- die intrinsische Motivation durch Zielklarheit, Mitbestimmung und Sinnstiftung erhöht [IKP].

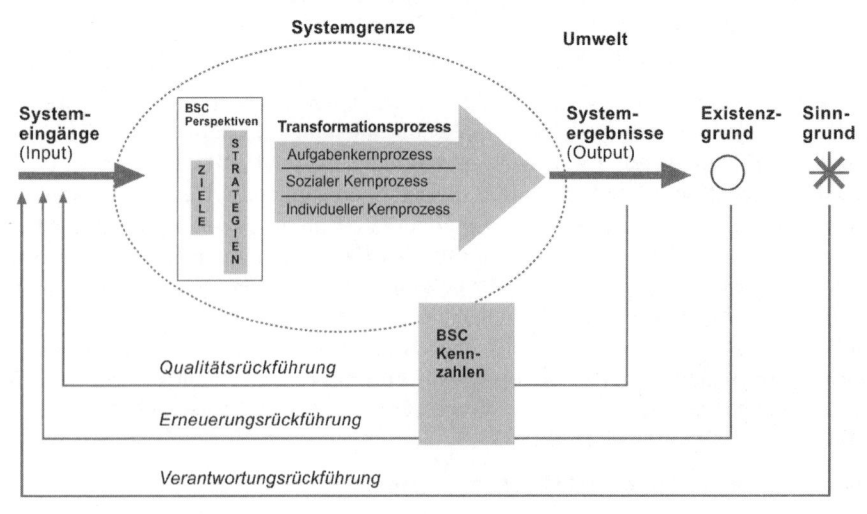

**Abb. 6.39:** Das integrierte OSTO/BSC-Systemmodell (nach Petzolt 2001)

**Anforderungen an PMS für Wissensmanagement in Netzwerken**

Basierend auf diesen Ergebnissen im Hinblick auf Performance-Mess-Systeme zur Unterstützung von *systemischer Organisationsentwicklung in Unternehmen* (Petzolt 2001) sind hier die Anforderungen zur Unterstützung von *Wissensmanagement in Netzwerken* formuliert:

- Schaffe Kommunikation der Visionen, Ziele und Strategien im Netzwerk, und brich sie auf die nachfolgenden Ebenen herunter!
- Schaffe ausgewogene Ziele und Strategien, die die Existenzgrundlage des Netzwerks abbilden, und unterziehe sie einem kontinuierlichen Verbesserungsprozess!
- Fördere intrinsische Motivation bei allen Netzwerkakteuren!

- Schaffe ein Modell, das es ermöglicht, implizites Wissen zu explizieren, um daraus wieder neues Wissen zu generieren!
- Schaffe geeignete Rückkopplungssysteme, um Lernen auf allen Ebenen zu ermöglichen!
- Erfasse möglichst viele Dimensionen der Beobachtung!
- Wähle einen ganzheitlichen Systemansatz, der eine Beobachtung aller relevanten Elemente ermöglicht!
- Schaffe ein homöostatisches System[180]!

**BSC für Wissensmanagement in Netzwerken[181]**

Ein Spezifikum von *Netzwerken* ist die meist diffuse Steuerung des Netzwerkmanagements gegenüber den Netzwerkpartnern. Auch die große Zahl an Schnittstellen zeichnet die Arbeit in Netzwerken aus; hierin liegt eine zusätzliche Herausforderung an das Wissensmanagement. Diese zusätzliche Komplexität im *Netzwerk* kann nicht hinreichend durch die in *Unternehmen* vielfach bewährten vier Perspektiven (Kunden, Finanzen, Lernen und Entwicklung sowie interne Prozesse) abgebildet werden. Deshalb muss für die Anwendung im *Netzwerk* SENEKA eine Anpassung vorgenommen werden, indem die *Kernprozesse* des OSTO-Systemmodells (Aufgabenkernprozess, Sozialer Kernprozess und Individueller Kernprozess) und der *Output* als Perspektiven der Balanced Scorecard Verwendung finden. Insgesamt können demnach folgende vier Perspektiven abgeleitet werden:

- Aufgabenkernprozess (eigentliche, den Existenzgrund treffende, produktive Aufgabenerfüllung),
- Sozialer Kernprozess (Verbindung von Aufgabenkernprozess und Individuellem Kernprozess im Sinne einer fokussierten Synergie),
- Individueller Kernprozess (Motivation des Einzelnen, an der Existenzgrund-Erfüllung mitzuwirken) und
- Output (Material, Energie und Information in Form von Produkten, Dienstleistungen usw.).

Diese vier Perspektiven berücksichtigen eine Ausrichtung auf das Globalziel des Netzwerks, dem in der Terminologie der Balanced Scorecard die Vision der Unternehmung entspricht (Abb. 6.40).

Die *Kernprozesse* werden als Perspektiven gewählt, weil man hierdurch einen ganzheitlichen Blick auf das System gewährleisten kann; der *Output* rückt in den Fokus, weil durch ihn das Netzwerk für seine Umwelt in Erscheinung tritt.

---

[180] Homöostatische Systeme sind in der Lage, Komplexität im Input zu verarbeiten, so dass die Komplexität des Systems der Umweltkomplexität entspricht.
[181] Die Ausführungen sind Teil eines Promotionsvorhabens von Christoph Jansen.

Eine gezielte Verbesserung des Wissensmanagements im Netzwerk kann jedoch nur dann herbeigeführt werden, wenn konkrete organisationsspezifische Maßnahmen ergriffen werden. Derartige Maßnahmen beziehen sich sowohl auf Verbesserungen *innerhalb* der Organisation selbst als auch auf Verbesserungen des *Wissenstransfers* zwischen den Netzwerkpartnern. Dies kann auf der einen Seite durch effektivere und effizientere Wissensmanagement-Prozesse erfolgen (z.B. Verbesserung bestehender Methoden oder organisatorische Veränderungen); es können auf der anderen Seite bereits existierende Wissensmanagement-Lösungen bedarfsgerecht eingesetzt werden (z.B. Einführung von IT-Tools, Durchführung von Seminaren). Im folgenden Abschnitt wird beschrieben, wie die BSC für Wissensmanagement in SENEKA eingesetzt wurde.

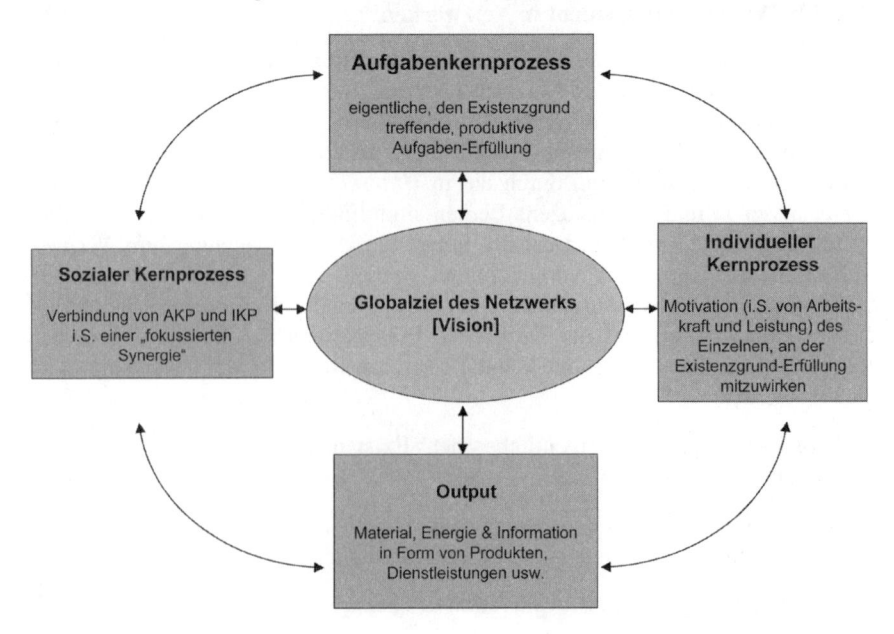

**Abb. 6.40:** Perspektiven der BSC für Wissensmanagement in Netzwerken

### Der Einsatz der BSC für Wissensmanagement im Netzwerk SENEKA

Die zuvor beschriebene modifizierte BSC wurde in SENEKA als Performance-Mess-System eingesetzt, um das Wissensmanagement im Netzwerk SENEKA kontinuierlich zu verbessern. Die Kennzahlen werden hierzu in einer fünfstufigen Ordinalskala[182] bemessen (bester Wert = 5, schlechtester Wert = 1). Die Aufnahme der Kennzahlen erfolgte mittels einer leitfadenbasierten Fragebogenerhebung. Jedem Netzwerkpartner wurden zehn Fragen zum Gesamtverbund und 15 Fragen

---

[182] Merkmale heißen ordinalskaliert, wenn sich Größer-Kleiner-Relationen bei den gemessenen Objekten in den Messwerten widerspiegeln. Dies hat Konsequenzen für die statistische Auswertung der Kennzahlenerhebung.

zur eigenen Organisation gestellt. Bei einer *Fremdbewertung* der Netzwerkpartner durch das Netzwerkmanagement wurden ebenfalls 10 Fragen gestellt, mit ähnlichem Wortlaut wie bei denen zur *Eigenbewertung*. Die „weichen" Beurteilungskriterien werden durch „harte" Kennzahlen untermauert.

Im Folgenden ist ein Auszug eines Bewertungsbogens zur Eigenbewertung eines Netzwerkpartners dargestellt. Die hier angeführten Beispielfragen beziehen sich auf die o.g. Perspektiven der BSC für Wissensmanagement in Netzwerken:

*Beispielfrage zum Aufgabenkernprozess*
Die Vernetzung verschiedener Akteure ist ein zentraler Aspekt des Wissensmanagements. Hier ist insbesondere wichtig, Wissenswertes an relevante Kooperationspartner in hoher Qualität (richtig, pünktlich und vollständig) zu vermitteln. Durch die Teilnahme am Projekt SENEKA hat sich Ihr Unternehmen/Institut zur Vernetzung (z.B. in Arbeitskreisen und Teilvorhaben) mit anderen SENEKA-Partnern entschlossen. Wie beurteilen Sie die Qualität der Wissensmanagement-Vernetzung Ihres Unternehmens/ Instituts in SENEKA?

*Beispielfrage zum Sozialen Kernprozess*
Der Anspruch von SENEKA ist es, praxistaugliche Lösungen (SENEKA-Produkte) für Wissensmanagement zu erarbeiten. Zudem will SENEKA für seine Mitglieder ein Austausch- und Lernforum zu Fragestellungen des Wissensmanagements sein. „Wirkt" SENEKA (mit seinen Produkten und dem Vernetzungsangebot durch das Projekt) in Ihrem Unternehmen/ Institut?

*Beispielfrage zum Individuellen Kernprozess*
Die Motivation der Projektmitarbeiter ist von zentraler Bedeutung für den Verlauf und den Erfolg eines Projektes. Wie schätzen Sie die Bereitschaft der Projektmitarbeiter Ihres Unternehmens/ Instituts ein, sich in SENEKA zu engagieren?

*Beispielfrage zum Output*
Ihr Unternehmen/Institut verwandelt einen Input (z.B. Budget, Intellektuelles Kapital) in einen Output (Ergebnisse im Sinne von gewünschten und „ungewünschten" Produkten und Dienstleistungen). Wie schätzen Sie die Ergebnisse (Output) Ihres Unternehmens/ Instituts in Bezug auf SENEKA ein?

Die Zusammenfassung mehrerer Bewertungen (z.B. verschiedener Netzwerkpartner gleicher Branche oder verschiedene Kennzahlen einer Perspektive) liefert eine Verteilung von Kennzahlen. Als Maß der zentralen Tendenz (Mittelwert) wird der Median (häufigster Wert einer Verteilung) verwendet, wie es für ordinalskalierte Merkmale üblich ist. Diese Verteilungen der Merkmalsausprägungen (die verschiedenen Bewertungen) werden auf ihre „Breite" (Dispersion) überprüft. Als Dispersionsmaß wird die Relative Redundanz $r_H$ berechnet[183]:

---

[183] Die Relative Redundanz berechnet sich aus der Entropie der Verteilung normiert auf die maximale Entropie bei der vorgegebenen Anzahl möglicher Merkmalsausprägungen.

Ist die berechnete Relative Redundanz größer als ein zuvor festgelegter Grenzwert[184] so nennt man das Maß der zentralen Tendenz reliabel; dieser Wert kann dann als repräsentativer Wert für die gesamte Verteilung genutzt werden.

$$r_H = 1 - \frac{H_{gemessen}}{H_{max}} \text{ mit}$$

$$H_{max} = ld(k) \quad \text{und} \quad H_{gemessen} = -\sum_{i=1}^{k} \frac{n(a_i)}{n} \cdot ld\left(\frac{n(a_i)}{n}\right), \quad \text{wobei}$$

$k :=$ Anzahl der möglichen Ereignisse,

$n(a_i) :=$ Anzahl eingetretener Ereignisse und

$n = \sum_{i=1}^{k} n(a_i) :=$ Stichprobenumfang.

**Ergebnisse der BSC-Anwendung in SENEKA**

In Abbildung 6.41 ist exemplarisch das Ergebnis der Eigenbewertung eines Netzwerkpartners anhand der zehn Fragen zu seinem Unternehmen in Bezug auf das Projekt aufgetragen. In das gleiche Diagramm wurden die Mediane der Fremdbewertungen zu diesem Netzwerkpartner eingetragen.

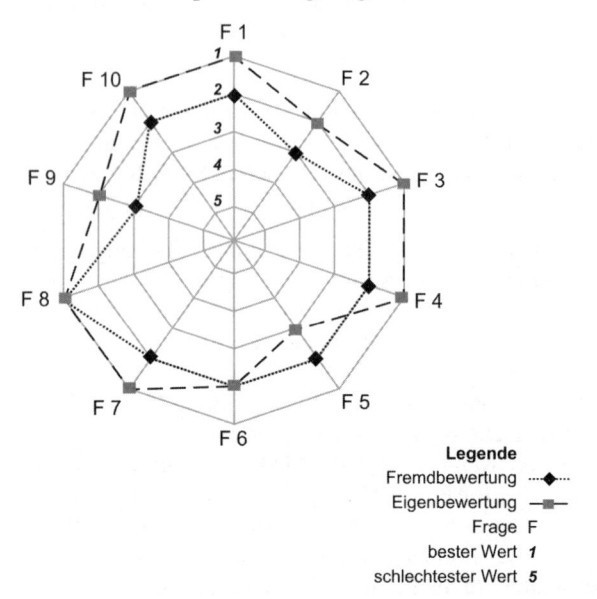

**Abb. 6.41:** Vergleich von Eigen- und Fremdbewertung eines Netzwerkpartners

---

[184] Der Grenzwert bezieht sich auf eine fiktive Verteilung, in der sich die Merkmale auf hauptsächlich zwei Ausprägungen verteilen.

Alle in dem hier angeführten Beispiel angegebenen Mediane sind reliabel. Es ist auffallend, dass eine gute Überdeckung von Eigen- und Fremdbild erreicht werden kann. Durch Grafiken dieser Art (gestützt durch zusätzliche „harte" Kennzahlen) konnten in SENEKA Kommunikationsprozesse initiiert werden, die zu einem besseren Verständnis der Sichtweisen der Netzwerkpartner bzw. des Netzwerkmanagements geführt haben. Die Visionen und Strategien des Netzwerkmanagements konnten operationalisiert werden, indem zwischen Netzwerk*management* und Netzwerk*partnern* konkrete Maßnahmen vereinbart wurden. Diese Maßnahmen hatten zum Ziel, die Leistungen der Netzwerkpartner für das Netzwerkmanagement und für die anderen Netzwerkpartner transparenter zu machen. Zudem wurden besonders positive und negative Bewertungen erörtert und Maßnahmen zur Verbesserungen der Situation bzw. zum Erhalt des Status quo vereinbart und umgesetzt.

**Bewertung des Tools**

Die *Balanced Scorecard für Wissensmanagement in Netzwerken* wird im Folgenden an den zuvor aufgestellten Anforderungen an ein PMS für Wissensmanagement in Netzwerken gemessen:

- Schaffe Kommunikation der *Visionen, Ziele und Strategien* im Netzwerk und brich sie auf die nachfolgenden Ebenen herunter!

Die Anwendung der BSC für Wissensmanagement in Netzwerken hat bei den Netzwerkpartnern zu einer spürbaren Verbesserung des Wissens um Vision, Ziele und Strategien des Projektes geführt. In Zusammenarbeit mit dem Netzwerkmanagement konnten konkrete Maßnahmen für die einzelnen Netzwerkpartner eingeleitet werden.

- Schaffe *ausgewogene* Ziele und Strategien, die die Existenzgrundlage des Netzwerks abbilden, und unterziehe sie einem kontinuierlichen Verbesserungsprozess!

Bereits die Entwicklung der Balanced Scorecard im Rahmen von SENEKA hatte ein Review der Ziele und Strategien zur Folge. Die Formulierung des Existenzgrundes (OSTO-Systemmodell) wurde zur Neuformulierung der Strategien und Ziele herangezogen.

- Fördere *intrinsische Motivation* bei allen Netzwerkakteuren!

Ein besseres Verständnis der Netzwerkziele und Netzwerkstrategien hat die intrinsische Motivation bei allen Netzwerkakteuren gefördert. Auch die Möglichkeit, eigene Arbeiten im Rahmen des Projektes effektiver anderen Netzwerkpartnern präsentieren zu können, hat die Transparenz verbessert und damit potenzielle, attraktive Kooperationen teilweise erst aufgezeigt.

- Schaffe ein Modell, das es ermöglicht, *implizites Wissen* zu explizieren, um daraus wieder neues Wissen zu generieren!

Innerhalb des Netzwerkmanagements bestanden bereits vor der Einführung der BSC mehr oder weniger ausgeprägte, implizite „Bilder" (Wissen) zu der Performance der einzelnen Netzwerkpartner. Die BSC bietet hier ein geeignetes Raster, um die Kommunikation über diese Bilder zu initiieren und somit in hinreichendem Maße zu explizieren. Durch den Vergleich von Eigen- und Fremdbewertung wurde weiteres Wissen explizit. Dies war Grundlage für die Generierung neuen Wissens bei anderen Netzwerkpartnern (z.B. potenziellen Kooperationspartnern).

- Schaffe geeignete Rückkopplungssysteme, um *Lernen* auf allen Ebenen zu ermöglichen!

Die Entstehung und Offenlegung von Bewertungen zu den Netzwerkpartnern und dem gesamten Netzwerk beinhalten eine ganze Kaskade von Rückkopplungen: Durch die Ansprache des jeweils formell Verantwortlichen bei den Netzwerkpartnern mussten diese sich ein aktuelles Bild von den Aktivitäten des eigenen Unternehmens und des Projektes machen. Je nach Unternehmenskultur fand hierauf ein Feedback des Verantwortlichen an seine Mitarbeiter statt (z.B. in Form des ausgefüllten Bewertungsbogens). Durch die Vielzahl der Bewertungen des gesamten Netzwerks bot sich dem Netzwerkmanagement ein differenzierter Blick auf die Performance des Projektes. Der Abgleich von Fremd- und Eigenbewertung war Anlass für ein partnerspezifisches Feedback, von dem sowohl der Netzwerkpartner als auch das Netzwerkmanagement lernen konnten.

- Erfasse möglichst viele Dimensionen der *Beobachtung*!

Die vier Perspektiven der klassischen BSC haben sich auch für die Verwendung im Netzwerk von Unternehmen quantitativ bewährt: Vier Perspektiven bieten ein hinreichendes Beobachtungsraster und lassen das Ausmaß der erhobenen Kennzahlen übersichtlich erscheinen.

- Wähle einen *ganzheitlichen Systemansatz*, der eine Beobachtung aller relevanten Elemente ermöglicht!

Die Kombination der klassischen Balanced Scorecard mit dem OSTO-Systemmodell und entsprechende Modifikationen für die Verwendung als PMS für Wissensmanagement in Netzwerken haben ermöglicht, trotz der erheblichen Schnittstellenzahl die relevanten Elemente zu beobachten.

- Schaffe ein *homöostatisches* System!

Die erforderliche Varietät des Tools erhält die BSC für Wissensmanagement in Netzwerken durch die verschiedenen Bewerter: Der *Eigenbewertung* der Netzwerkpartner werden die *Fremdbewertungen* aller Mitglieder des Netzwerkmanagements sowie des wissenschaftlichen Betreuers des Unternehmens gegenübergestellt. Zur Bewertung eines einzelnen Netzwerkpartners werden also maximal acht Sichtweisen zusammengefasst. Für die Bewertung des gesamten Netzwerks werden sogar über 30 Sichtweisen kumuliert.

Aus diesen Beobachtungen lässt sich folgern, dass sämtliche aufgestellten Anforderungen an ein Performance-Mess-System für Wissensmanagement in Netzwerken durch die vorgestellte modifizierte Balanced Scorecard hinreichend erfüllt werden.

**Fazit und Ausblick**

Wie sich in der hier dargestellten Arbeit gezeigt hat, ist die modifizierte Balanced Scorecard ein sinnvolles Performance-Mess-System zur Förderung von Wissensmanagement in heterogenen Netzwerken wie z.b. SENEKA. Sie trägt dazu bei, einen kontinuierlichen und systemischen Prozess der Weiterentwicklung einzugehen. Das Tool ist ein guter Ansatz für konkrete Maßnahmen, die nachweislich zu einer Verbesserung des Ist-Zustands der Netzwerkaktivitäten führen. Der kontinuierliche Umgang mit der BSC unterstützt die strategische und operative Ausrichtung der Netzwerkpartner auf die Ziele des Netzwerks.

Der Vergleich der *Eigenbewertung* der Partner und der *Fremdbewertungen* durch das Management bietet eine ausgewogene Basis für Kommunikation über die Performance des Netzwerks und seiner Akteure. Dies verbessert die Potenziale der Kooperationen, da einzelne Netzwerkpartner ihre Leistungen im Netzwerk besser gegenüber dem Netzwerkmanagement und anderen Partnern darlegen und somit gezielte Anknüpfungspunkte für neue Kooperationen offensichtlich werden.

Weiteres Forschungs- und Verbesserungspotenzial für die Nutzung der Balanced Scorecard als Lern-Instrument bietet die Methode der Erfolgspotenzialerfassung (vgl. Pittermann 1998 sowie Kap. 6.4.2). Sie würde den Mitgliedern des Netzwerkmanagements ermöglichen, die Konsequenzen des eigenen Handelns zu simulieren. Dies kann auf der Grundlage einer monetären Investitionsbereitschaftsschätzung geschehen und wird durch entsprechende Funktionen erwarteter Wirkungen für jede Perspektive der Balanced Scorecard unterstützt. Die Ergebnisse der Simulation können mit dem Ergebnis der nächsten Erhebung der BSC verglichen werden, um den Lernerfolg als Netzwerkmanager nachzuhalten.

## 6.5 Resümee und Ausblick

*Tilo Pfeifer, Mark Betzold*

Wissen als Wettbewerbsfaktor hat seit Ende der 1980er Jahre und massiv seit Beginn der 1990er Jahre den Sprung in die Wirtschaftspresse geschafft: Begriffe wie Informations- und Wissensgesellschaft sind inzwischen nicht mehr wegzudenken. Während das Erfolgspotenzial anderer Ressourcen in Unternehmen nur noch begrenzt ausbaubar zu sein scheint, gilt Wissen als die einzige Ressource, die sich bei Gebrauch vermehrt. Die zunehmende Turbulenz, begründet durch Expansions- und Fragmentierungstendenzen, durch Globalisierung, Dezentralisierung sowie Bemühungen um verstärkte Kooperationen, lässt Vertreter der Wirtschaft und Wissenschaft nach neuen Chancen und Risiken für Unternehmen suchen. Als Chancen gelten wissensintensive Produkte, Dienstleistungen sowie neue Märkte.

Als Risiken werden die schnelle Veraltung eigenen Wissens und das Auftreten neuer Konkurrenten aufgeführt.

Zwei Faktoren sind damit entscheidend für die Aktualität und Bedeutung von Wissensmanagement verantwortlich. Zum einen gilt es, große Informationsmengen zu erfassen, gezielt zu durchsuchen und den Wissenserwerb systematisch zu steuern. Zum anderen müssen geeignete Arbeitsmittel eingesetzt werden, um über das benötigte Wissen schnell und zielgerichtet verfügen zu können. Hierzu macht sich Wissensmanagement in Organisationen die Identifikation aller relevanten Wissenspotenziale und ihre systematische Ausschöpfung zur Aufgabe.

Untersuchungen hinsichtlich der Erfahrungen, die Unternehmen bei der Einführung von Wissensmanagement gemacht haben, zeigen, dass die Potenziale, die in der konsequenten Nutzung von Wissen theoretisch erschlossen werden können, zwar vorhanden sind; aber ihre praktische Erschließung erweist sich nach wie vor als sehr schwierig. Die in Kapitel 6.2 dargestellten Konzepte und Modelle des Wissensmanagements bieten den Unternehmen nur unzureichende Hilfestellungen für die Implementierung der ersten praktischen Schritte von Wissensmanagement. Gerade die Implementierung von Wissensmanagement-Lösungen in die bestehende Prozesslandschaft stellt für die Unternehmen häufig ein großes Problem dar.

Vor dem Hintergrund dieser Problemstellung wurden in der Querschnittsaufgabe 4 mehrere Lösungen entwickelt, die auf der Basis bestehender Konzepte des Managements bzw. des Wissensmanagements die Integration des Wissensmanagements in die bestehenden Unternehmensprozesse ermöglichen.

Ein weiterer Grund für Schwierigkeiten bei der Implementierung von Wissensmanagement-Lösungen in Unternehmen ist, dass Wissensmanagement häufig als ein IT-Problem gesehen wird und zu oft auf rein technologische Lösungen, die die Besonderheiten des Menschen als Wissensvermittler und Wissensverknüpfer sowie die organisatorischen Rahmenbedingungen außen vor lassen, gesetzt wird. Die in diesem Kapitel vorgestellten IT-Tools zeigen, dass technische Systeme ein wesentliches Element zur Unterstützung von Wissensmanagement sind, wenn sie maßgeschneiderte, ganzheitliche Lösungsansätze darstellen, die die Bereiche Mensch, Organisation und Technik gleichermaßen berücksichtigen.

Wie bereits beschrieben, stellt die Bewertung von Wissen, nach Probst eine essenzielle Voraussetzung zur Einschätzung der Effizienz von Wissensmanagement bzw. Wissensmanagement-Maßnahmen, die Unternehmen vor ein weiteres Problem.

„Jedes neue Wissen muss im Unternehmen eine sehr einfache Bedingung erfüllen: zur Wertschöpfung beitragen. Nur dann setzt es strategische Vorteile frei." (Tissen et al. 2000)

Das Problem liegt jedoch darin, dass Wissen oder Fähigkeiten nicht mit traditionellen Instrumenten zu messen bzw. zu bewerten sind. Die Ausführungen zu dem Thema „Wie bewertet man Wissen" zeigen hierzu neue Wege und Methoden auf, wie Wissensmanagement in bzw. zwischen Organisationen bewertet werden kann. Die in diesem Kapitel beschriebenen Konzepte, Methoden und Werkzeuge des Wissensmanagements stellen nur einen Auszug der Forschungsaktivitäten dar, die in SENEKA gestaltet wurden. Sie bieten einen Ansatz, die oben beschriebenen Probleme bezüglich der Thematik Wissensmanagement anzugehen. In Zukunft wird die Forschung im Bereich Wissensmanagement weiterhin ein verstärktes Augenmerk auf die wissensorientierte Prozessoptimierung in Unternehmen richten müssen, so wie hier in Beispielen beschrieben wurde.

In diesem Zusammenhang sollte der Fokus sicherlich stärker auf *Wissensmanagement zwischen Organisationen* gelegt werden. Die *Vernetzung* von Wissen über Organisationsgrenzen hinweg ist aus Kapazitäts- und Zeitgründen oftmals der effektivere Weg zur Bewältigung von Herausforderungen. Netzwerke fungieren somit als „Orte der Wissensproduktion". Das Projekt SENEKA kann hier als eine Antwort auf die Frage gesehen werden, wie Wissensmanagement in Netzwerken gestaltet werden kann. Doch ebenso wie die optimale Gestaltung von Netzwerken noch weiterer Forschung bedarf, sind Forschungsaktivitäten bezüglich eines „Vernetzten Wissensmanagements" ebenfalls weiter zu verfolgen. Hier ist ein enormes Forschungspotenzial vorhanden, das in Zukunft verstärkt betrachtet werden muss.

Der *Bewertung* von Wissen in einzelnen Organisationen bzw. in Netzwerken muss ebenso eine höhere Bedeutung zukommen. Für die Zukunft eines Unternehmens zählen die erarbeiteten Zukunftspotenziale mehr als der finanzielle Erfolg der Vergangenheit. Die Bewertung des Intellektuellen Kapitals wird Hinweise auf die Zukunft eines Unternehmens liefern. Denn Unternehmen wollen weltweites Wissen und Innovationen rasch in Produkte umsetzen und teuer bezahlte Erfahrungen in das nächste Produkt einfließen lassen. Hier schließt sich jedoch die Frage an, inwieweit die Ressource Wissen überhaupt beliebig transferierbar ist. Die Ausführungen über den Zusammenhang zwischen Wissen und Standort (vgl. 6.4.1) haben gezeigt, dass sich das Wissen eines Unternehmens, welches in der standortspezifischen Unternehmensgeschichte verankert ist, nur schwer oder gar nicht transferieren lässt. Es ist daher zu überdenken, welche Konsequenzen sich aus dem relativ hohen standortspezifischen Wert der Ressource Wissen für bestehende Wissensmanagement-Konzepte und die Bewertung von Wissen ergeben und welche Maßnahmen sich für ein entsprechend sensibilisiertes Management von Wissen ableiten lassen.

Abschließend lässt sich festhalten, dass die Entwicklung geeigneter Methoden und Instrumente für die Bewertung von Wissen bzw. Wissensmanagement-Aktivitäten eine der zentralen Herausforderungen für die Zukunft ist. Sobald Messungen zentraler Größen von Wissensmanagement-Prozessen durchgeführt und akzeptiert werden, kann der Wissensmanagement-Kreislauf geschlossen werden.

# 7 Zusammenfassung und Gesamtausblick

*Regina Oertel, Klaus Henning*

Die zunehmende Dynamisierung und Turbulenz der Wirtschaftsmärkte und die damit einhergehende Notwendigkeit, flexibel auf Kunden- und Marktanforderungen reagieren zu können, machen die Innovationsfähigkeit zu einem wesentlichen Kriterium für die zukünftige Wettbewerbsfähigkeit von Unternehmen.

Eine der Herausforderungen der Arbeit in dem Forschungsprojekt SENEKA bestand daher in der Identifizierung jener Faktoren, die für die Innovationsfähigkeit von Unternehmen verantwortlich sind. Die Projektarbeiten in SENEKA zeigen, dass die vier zentralen Themenfelder *Organisationsentwicklung von Netzwerken, Innovationsmanagement, Kompetenzentwicklung für Netzwerkakteure und Wissensmanagement* sowie eine Verknüpfung dieser Themenfelder einen maßgeblichen Beitrag zur Stärkung der Innovationsfähigkeit leisten können (Abb. 7.1).

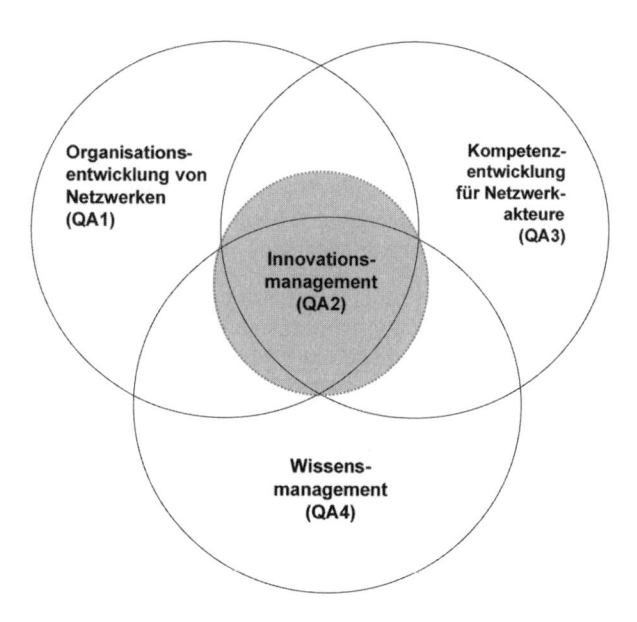

**Abb. 7.1:** Verknüpfung zentraler Themenfelder

Mit der Initiierung und Durchführung dieses Industrie- und Forschungsprojektes wurden durch die Zusammenarbeit in temporär begrenzten Sub-Netzwerken von Wissenschaft und Wirtschaft gemeinsam Lösungen in diesen identifizierten Themenfeldern erarbeitet, die den aktuellen Bedarfen der Unternehmen entsprechen und zur Stärkung ihrer Innovations- und damit Wettbewerbsfähigkeit beitragen. Darüber hinaus wurde ein praxisorientierter und wissenschaftlich fundierter Beitrag zur Untersuchung der Funktionsweise von großen, heterogenen Kooperationsverbünden geleistet.

Um einen Einblick in die Arbeits- und Vorgehensweise des Projektes SENEKA zu erhalten, wurden in den vorangegangenen Beiträgen ausgewählte Projektergebnisse dargestellt. Sowohl die Erfahrungen des Netzwerkmanagements wurden exemplarisch ausgeführt als auch die Arbeit (theoretische Erkenntnisse und praktische Umsetzungen) aus den einzelnen Querschnittsaufgaben vorgestellt. In den folgenden Abschnitten werden die Ergebnisse aus den vier Querschnittsaufgaben des Projektes abschließend kurz zusammengefasst.

**Querschnittsaufgabe 1: Organisationsentwicklung von Netzwerken**

Das Projekt SENEKA zeigt, dass die organisationsübergreifende Zusammenarbeit einen besonders effektiven Weg zur Erschließung von Wissens- und Innovationspotenzialen darstellt. Damit fungieren Netzwerke als ein „Ort der Wissensproduktion". Die Bedeutung und Möglichkeiten der Organisation und Gestaltung von Netzwerken waren daher zentrale Schwerpunkte der Forschungsarbeit in SENEKA und wurden in der *Querschnittsaufgabe 1 „Organisationsentwicklung von Netzwerken"* bearbeitet. Dabei wurden insbesondere die Erfolgsfaktoren für das Initiieren von Netzwerken sowie für das Agieren in Netzwerken beleuchtet. Es wurde deutlich, dass in Netzwerken dann erfolgreich zusammengearbeitet wird, wenn der Kooperationsnutzen offensichtlich ist, also wenn der Nutzen der Zusammenarbeit den Aufwand bzw. die Kosten des einzelnen Netzwerkakteurs deutlich übersteigt. Durch die Festlegung eindeutig formulierter Zielvorstellungen wird der *Mehrwert* der Vernetzung transparent.

Des Weiteren basiert der Erfolg von Netzwerken auf dem *Vertrauen* zwischen den Netzwerkpartnern. Dieses kann u.a. durch gemeinsam erarbeitete und von allen Partnern getragenen Spielregeln gebildet werden. Ergebnisse der Arbeit in der Querschnittsaufgabe 1 zeigen, dass in der Praxis die *Initiierungsphase* und die mittelfristige *Vernetzungsphase* eher erfolgreich verlaufen, die *Verstetigungsphase* aber ein hohes Risikopotenzial des Scheiterns birgt. In diesem Zusammenhang ist es auch notwendig, die Frage der Alterungsfähigkeit von Netzwerken im Vergleich zu Organisationen und Institutionen zu erörtern.

Weitere zentrale Forschungsschwerpunkte der Querschnittsaufgabe 1 lagen in den Fragestellungen, inwieweit Unternehmensnetzwerke die Organisationsform der Zukunft sind und in welchem Maße sie die Wettbewerbsfähigkeit von Unternehmen – insbesondere von KMU – nachhaltig erhalten und stärken können. Netzwerke stellen eine vorteilhafte Verbindung von *hierarchischen* Merkmalen einer Organisation mit *marktlichen* Elementen des Wettbewerbs und somit eine

Verknüpfung komplementärer Ressourcen dar. Auf diese Weise werden die Vorteile von Großunternehmen genutzt, ohne dass diese Organisationsform eingegangen wird.

Vor dem Hintergrund des immer schnelleren Wandels und der daraus resultierenden Planungsunsicherheit im Unternehmen gehört die Flexibilität von Netzwerken, die sich durch eine Vernetzung rechtlich voneinander unabhängiger Organisationen ergeben, zu einem weiteren wettbewerbsfördernden Vorteil. Die hohe unternehmerische Flexibilität, die durch Unternehmensnetzwerke entsteht, kann demnach als Antwort auf die Anforderungen der nationalen und internationalen Märkte und als geeignete Strategie zur Zukunftssicherung gesehen werden. Diesbezüglich muss künftig verstärkt diskutiert werden, ob Netzwerke nicht selbst strukturbildende Prozesse *initiieren* können, anstatt nur auf Strukturveränderungen zu *reagieren*. Dabei stellt sich die Frage, inwieweit Netzwerke nationalstaatliche Regulierungen übernehmen sollen und können.

In welchem Maße Netzwerke einen langfristigen Wettbewerbsvorteil darstellen und nicht nur als „Schönwetter-Netzwerke" funktionieren, hängt entscheidend davon ab, ob „Krisenzeiten" gemanagt werden können und eine Organisationsentwicklung vom „Schönwetter-Netzwerk" zum „Schlechtwetter-Netzwerk" gelingt. Diese „Schlechtwetter-Netzwerke" scheinen (eher) einen wettbewerbsentscheidenden Faktor darzustellen, während möglicherweise die „Schönwetter-Netzwerke" eine Modeerscheinung bleiben.

**Querschnittsaufgabe 2: Innovationsmanagement**

In dem Beitrag der *Querschnittsaufgabe 2 „Innovationsmanagement"* wurde vor dem Hintergrund des aktuellen hohen Sättigungsgrades der Wirtschaftsmärkte dargelegt, dass auf dem globalen Markt der Zukunft nur noch Unternehmen Erfolg haben werden, die proaktiv handeln, d.h. ihre Innovationspotenziale frühzeitig erkennen, systematisch erfassen und nutzen. Um Unternehmen hierbei zu unterstützen, wurden in der Querschnittsaufgabe 2 existierende Ansätze zur Optimierung von Innovationsstrategien analysiert und weiterentwickelt.

Entlang dem daraus entstandenen Innovationsmodell wurden die Grenzen und Möglichkeiten einer Systematisierung der betrieblichen Innovationsprozesse intensiv diskutiert. Deutlich wurde, dass für eine Innovationssteuerung die richtige Balance zwischen Systematisierung und dem Gewähren von „Freiräumen" gefunden werden muss. Dabei stellt die Identifizierung und optimale Ausrichtung von „Stellhebeln", durch die man den idealen Grad zwischen Freiraum und Systematisierung herstellen kann, einen zentralen Erfolgsfaktor dar. Da sich die Entstehung neuer Ideen größtenteils nicht betrieblich managen lässt, sondern insbesondere vom Kompetenzprofil der Mitarbeiter abhängt, wird es für Unternehmen unerlässlich sein, ihre Innovationsstrategien mit entsprechenden Strategien der Personal- und Organisationsentwicklung sowie mit Elementen des Qualitäts- und Wissensmanagements zu vernetzen.

### Querschnittsaufgabe 3: Kompetenzentwicklung von Netzwerkakteuren

In enger Verzahnung mit den inhaltlichen Schwerpunkten der Querschnittsaufgabe 1 steht das Forschungsthema der *Querschnittsaufgabe 3 „Kompetenzentwicklung von Netzwerkakteuren"*. Der Zusammenschluss von Unternehmen zu Netzwerken stellt die Akteure in Netzwerken vor neue Herausforderungen hinsichtlich der Gestaltung und des praktischen Managements von Netzwerkstrukturen und Netzwerkprozessen. Die Bedingungen und Voraussetzungen, welche die Umwelt an Netzwerkakteure stellt – seien es Individuen, Gruppen oder Organisationen –, ändern sich schnell und die Akteure müssen angemessen handeln können. Um dieses gewährleisten zu können, wurden in der Querschnittsaufgabe 3 „Schlüsselkompetenzen" für Netzwerkakteure identifiziert und Maßnahmen für eine kontinuierliche Weiterentwicklung dieser Kompetenzen erarbeitet.

Die Ableitung von Gestaltungsanforderungen an Konzepte und Maßnahmen für die Kompetenzentwicklung von Netzwerkakteuren war ein wesentlicher Schwerpunkt der Arbeiten in der Querschnittsaufgabe 3. Dabei stand der derzeit zu beobachtende Wandel von der klassischen Weiterbildung hin zu einer prozessorientierten, arbeitsbegleitenden Kompetenzentwicklung im Mittelpunkt. Vor dem Hintergrund der gesellschaftlichen Entwicklungen – schneller Wandel, verstärkte Zusammenarbeit in (internationalen) Kooperationen, steigende Bedeutung von Wissen und Dienstleistung – steigt die Notwendigkeit des „kontinuierlichen Lernens". Modularisierte Qualifizierungskonzepte, die eine Kompetenzentwicklung „im Prozess der Arbeit" ermöglichen, werden in der gegenwärtigen und zukünftigen Wissensgesellschaft die Lernform der Zukunft darstellen.

Inwieweit Vernetzungsprozesse selbst als Mittel zur Kompetenzentwicklung definiert werden können und welche beschreibbaren Effekte von Vernetzungsprozessen auf die Kompetenzentwicklung von Individuen, Gruppen, Organisationen und Netzwerken identifiziert werden können, sind weiter zu verfolgende Forschungsfragen auf diesem Gebiet.

### Querschnittsaufgabe 4: Wissensmanagement

Die *Querschnittsaufgabe 4 „Wissensmanagement"* befasste sich mit den Möglichkeiten für die gezielte und effiziente Nutzung von Wissen in Unternehmen. Dabei ist einer der wesentlichen Faktoren, wie durch das Management sowohl von *explizitem* als auch von *implizitem* Wissen Wettbewerbsvorteile erreicht werden können. Bei der Suche nach praxisorientierten Konzepten und Werkzeugen für einen systematischen Umgang mit Wissen wurde Folgendes deutlich: Die Vorteile, die mit der gezielten Nutzung von Wissen erreicht werden können, werden von den Unternehmen zwar theoretisch erschlossen; aber die dazu erforderliche inhaltliche Ausrichtung und systematische Ableitung von geeigneten Wissensmanagement-Lösungen sowie die gezielte Integration von Wissensmanagement in die bestehende Prozesslandschaft eines Unternehmens bereiten weiterhin Probleme. Vor dem Hintergrund dieser Problemstellung wurden in der Querschnittsaufgabe 4 verschiedene Modelle entwickelt, die sich bei der Implementierung von Wissensmanagement in Unternehmen an der bestehenden Prozesslandschaft eines Unternehmens orientierten. Die dargestellten Prozess- und Phasenmodelle zeigen Möglichkeiten auf, wie die Kernprozesse eines Unternehmens wirkungsvoll durch solche Wissensmanagement-Lösungen unterstützt werden können.

Ein weiteres Ziel der Arbeiten in der Querschnittsaufgabe 4 bestand darin, Werkzeuge und Lösungen zu entwickeln, die einen effizienten und effektiven Umgang mit Wissen ermöglichen. Voraussetzung bei der Entwicklung dieser Lösungen bzw. Werkzeuge war, die Ebenen *Mensch*, *Organisation* und *Technik* (M-O-T) gleichermaßen zu betrachten und somit dem Ansatz eines ganzheitlich ausgerichteten Wissensmanagements im Forschungsprojekt SENEKA gerecht zu werden. Der Mensch als Wissensträger, Wissensverknüpfer und Wissensvermittler sowie die Gestaltung einer adäquaten Organisationskultur, die einen kontinuierlichen Wissensaufbau und -transfer unterstützt, standen bei den Arbeiten in der Querschnittsaufgabe 4 ebenso im Mittelpunkt der Forschung wie die Entwicklung technischer Unterstützungs-Tools.

Die in diesem Buch vorgestellten spezialisierten Informationssysteme zeigen, wie die Technik Wissensmanagement in Unternehmen sinnvoll unterstützen kann. Es wurde herausgestellt, dass IT-gestützte Wissensmanagement-Tools nur dann einen Erfolgsfaktor darstellen, wenn sie in den Unternehmenskontext integriert sind und auf praktische, für den Geschäftsalltag ausgerichtete Belange der Mitarbeiter anwendbar sind. Der Trend bei der Entwicklung solcher IT-gestützter Tools führt dabei immer mehr zu so genannten „Komplettlösungen", also zu einer Integration von Intranet-, Content- und Management-Systemen, Portalen etc., da sich die bisherigen begrenzteren Lösungen für eine Unterstützung wissensintensiver Prozesse häufig als zu unflexibel erwiesen haben. Der Grund hierfür liegt u.a. in der Individualisierung der Produkte in den Unternehmen und der durch kundenspezifische Anforderungen getriebenen Variabilität der Prozesse, die sich oft nicht mehr im Detail strukturiert vorgeben lassen.

Ein weiteres Forschungsfeld der Querschnittsaufgabe 4 stellte die Suche nach Möglichkeiten für die Bewertung von Wissen dar. Dass Wissen zu einem maßgeblichen „Kapital" vieler Unternehmen geworden ist, drückt sich bislang nur unzureichend in den Bilanzen der Unternehmen aus. Immer mehr Unternehmen fordern daher Möglichkeiten der Bewertung des „vierten Produktionsfaktors" Wissen. *„Was ist das Wissen meiner Mitarbeiter wert?" „Wie kann das Wissen des Unternehmens bewertet werden?"* sind hier die zentralen Fragen. In den Ausführungen der Querschnittsaufgabe 4 wurden unterschiedliche Methoden und Möglichkeiten der Bewertung von Wissen bzw. Wissensmanagement-Aktivitäten vorgestellt und diskutiert. Ein zentrales Ergebnis ist u.a., dass Wissen in hohem Maße standortgebunden und nicht beliebig zwischen Regionen oder sogar global transferierbar ist. Kriterien für eine Bewertung von Wissen müssen daher auch die *Standortgebundenheit* von Wissen angemessen berücksichtigen. Die Entwicklung geeigneter Methoden und Instrumente für die Bewertung von Wissen bzw. Wissensmanagement-Aktivitäten stellt somit eine der zentralen Herausforderungen für die zukünftige Forschung im Bereich Wissensmanagement dar.

## SENEKA im Gesamtblick

Vor dem Hintergrund der Ergebnisse des Projektes SENEKA lässt sich abschließend festhalten, dass für eine Steigerung der Wettbewerbsfähigkeit von Unternehmen – insbesondere von kleinen und mittleren Unternehmen – folgende Faktoren entscheidend sind:

- Die gezielte Nutzung von Wissen durch Wissensmanagement in Organisationen,
- eine Förderung des systematischen Wissenstransfers sowie der Wissensentwicklung durch Vernetzung der Organisationen sowohl in nationalen als auch in internationalen Netzwerken,
- mehr Flexibilität im Umgang mit Wissen und Innovation und
- eine bessere Qualifizierung und Kompetenzentwicklung der Mitarbeiter durch Lernen „im Prozess der Arbeit".

Das Forschungsprojekt SENEKA hat durch die stark vernetzte Zusammenarbeit zwischen *Wissenschaft* und *Wirtschaft* einen erfolgreichen Beitrag zur Weiterentwicklung dieser zentralen Innovationspotenziale geleistet. Diese Vernetzung betrifft die über 30 nationalen, überwiegend industriellen Partner aus großen und kleinen Unternehmen verschiedenster Branchen und die über 20 internationalen Partner.

Beispiele hierfür sind die aus SENEKA abgeleiteten Netzwerkprozesse, die innerhalb großer Unternehmen zur Verbesserung sowohl der internen als auch der weltweiten Innovationsprozesse beigetragen haben, ferner die aus SENEKA heraus gegründeten „Spin-off"-Unternehmen und die im internationalen Raum – nach dem „Strickmuster" von SENEKA – entstandenen, formellen und informellen Netzwerke in der Türkei, in Südafrika sowie zwischen Europa und Indien[185]. Des Weiteren fließen „Best Practices" und Erfahrungen aus SENEKA in die geplante Standardisierung des Themenfeldes Wissensmanagement auf europäischer Ebene durch die CEN/ISSS (European Comittee for Standardisation/Information Society Standardisation System) ein.

---

[185] Vgl. hierzu auch die Veröffentlichungen von Christina Rose, Ellen Olbertz, Susanne Ihsen, Klaus Henning und Dietrich Brandt. In: Brandt D. (Ed.): Vol. I: Enterprises and Cooperation Networks for Regional Development; Vol. II: Shaping Information and Communication Technologies for Regional Development. In: Karamjit S. Gill and Ashok Jain (Series Editor): Navigating Innovations - EU-India Cross-Cultural Experiences.

# Literaturverzeichnis

Abraham M (2001) Rational Choice-Theorie und Organisationsanalyse. (Vortrag auf der Tagung der Arbeitsgruppe „Organisationssoziologie" am 23./24.03. Universität Bielefeld)

Agyris C, Schön DA (1978) Organizational Learning: A Theory of Action and Perspective. Addison Wesley Reading, Massachusetts

Ahrens D (2002) Phasen der Netzwerkentwicklung und des Netzwerkmanagements. In: Frank S, Oertel R (Hrsg) Das Netzwerk-Kompendium – Theorie und Praxis des Netzwerkmanagements, 5. Version. Aachen, S 22 –32

Allweyer T (1998) Modellbasiertes Wissensmanagement. Information & Management 1:37-45

Armbrecht W, Zabel U (Hrsg) (1994) Normative Aspekte der Public Relations: grundlegende Fragen und Perspektiven. Eine Einführung. Westdeutscher Verlag, Opladen

Arnold R (1997) Die doppelte Entgrenzung des Fachwissens – Anmerkungen einer reflexiven Berufspädagogik. In: Euler D, Sloane PFE (Hrsg) Duales System im Umbruch. Eine Bestandsaufnahme der Modernisierungsdebatte. Centaurus, Pfaffenweiler, S 289-303

Ashkenas R, Ulrich D, Jick T, Kerr S (1995) The Boundaryless Organization. Breaking the Chains of Organizational Structure. Jossey-Bass Publishers, San Francisco

ASU Arbeitsgemeinschaft selbständiger Unternehmer e.V. (2001) Offener Brief an den Bundeskanzler Gerhard Schröder zur Novellierung des Betriebsverfassungsgesetzes. FAZ 21.06.

AWK (1999) Wissen – Die Ressource der Zukunft. (Tagungsband zum Aachener Werkzeugmaschinenkolloquium am 10./11.06) Aachen

Bachmann ER (2000) Die Koordination und Steuerung interorganisatorischer Netzwerkbeziehungen über Vertrauen und Macht. In: Sydow J, Windeler A (Hrsg) Steuerung von Netzwerken. Westdeutscher Verlag, Opladen Wiesbaden, S 107-125

Bachmann ER, McGhee RB, Yun X, Zyda MJ (2001) Inertial and Magnetic Posture Tracking for Inserting Humans Into Networked Virtual Environments. ACM Press, New York

Bade KJ (2001) Seid nicht zu euphorisch. Die Zeit 19:56

Baecker D (1999) Organisation als System. Suhrkamp, Frankfurt a.M.

Baitsch C (1993) Was bewegt Organisationen? Campus, Frankfurt a.M.

Baitsch C (1998) Lernen im Prozess der Arbeit – zum Stand der internationalen Forschung. Arbeitsgemeinschaft Qualifikations-Entwicklungs-Management (Hrsg) Kompetenzentwicklung 1998. Waxmann, Münster New York München Berlin

Balkenhol B (1999) Ein unternehmenskybernetischer Ansatz zur Integration von Umweltmanagementsystemen. Interdisziplinäres Umwelt-Forum der RWTH Aachen. Umwelt-Forum, Bd 5. Aachen

Barske H (2001) Der steigende Weg zur erfolgreichen Innovation. In: Barske H (Hrsg) Innovations-Vorsprung. Symposion, Düsseldorf

Bateson G (1983) Ökologie des Geistes. 4. Aufl. Suhrkamp, Frankfurt a.M.
Beck U (1994) The Debate on the „Individualization Theory" in Today's Sociology in Germany. Soziologie, Special Edition 3:191-200
Beck U (1999a) Schöne neue Arbeitswelt. Vision Weltbürgergesellschaft. Campus, Frankfurt a.M.
Beck U (1999b) World risk society. Polity Press, Cambridge
Becker H, Langosch I (1986) Produktivität und Menschlichkeit – Organisationsentwicklung und ihre Anwendung in der Praxis. Ferdinand Enke, Stuttgart
Becker J, Kugeler M, Rosemann M (2000) Prozessmanagement – Ein Leitfaden zur prozessorientierten Organisationsgestaltung. Springer, Berlin Heidelberg New York
Bell D (1973) The Coming of Post-Industrial Society: A Venture in Social Forecasting. Basic Books, New York
Bendt A (2000) Wissenstransfer in multinationalen Unternehmen. Gabler, Wiesbaden
Bergmann B (1999) Training für den Arbeitsprozess. Entwicklung und Evaluation. Aufgaben- und zielgruppenspezifische Trainingsprogramme. Vdf, Zürich
Bergmann B (2000) Kompetenzentwicklung im Arbeitsprozess. Zeitschrift für Arbeitswissenschaft 42(2):138-144
BerliNews Aktionsprogramm (Hrsg) (2001) Wissen schafft Märkte. Onlinemagazin an der Schnittstelle von Wissenschaft und Wirtschaft. Abrufbar unter: http://www.berlinews.de/archiv/1802.shtml [02.05.02]
Bertalanffy von L (1984) General System Theory. Foundations, Development, Applications. 9. Aufl George Braziller, New York.
Berth R (1993) The Return of Innovation. Kienbaum-Werkstudie, Düsseldorf
Betzold M (2002) Wissensorientierte Prozessanalyse eines edv-gestützten Wissensmanagement-Werkzeuges für Verbundprojekte. Diplomarbeit am WZL, Lehrstuhl für Fertigungsmesstechnik und Qualitätsmanagement der RWTH Aachen
Bickmann R, Schad M (1998) Der Kunde sitzt nebenan. Ueberreuter, Wien
Binner H (1998) Organisations- und Unternehmensmanagement: Von der Funktionsorientierung zur Prozessorientierung. Organisationsmanagement und Fertigungsautomatisierung. Carl Hanser, München
Binz P, Böhm I, Fafflock H, Heeg FJ, Kaebler J, Roth C, Schreuder S, Schwark B, Sperga M (2000) Rollen in betrieblichen Veränderungsprozessen. Edition QUEM (Hrsg) Kompetenzen entwickeln – Veränderungen gestalten. Waxmann, Berlin, S 231-280
Bleicher K, Berthel J (Hrsg) (2002) Auf dem Weg in die Wissenschaftsgesellschaft – Veränderte Strategien, Strukturen und Kulturen. FAZ Verlagsbereich Buch, Frankfurt a.M.
Boardman B, Crooker R (2001) Vernetzung und Partnering als Fundament für innovatives Unternehmertum. In: Barske H, Gerybadze A, Hünninghausen L, Sommerlatte T (Hrsg) Das innovative Unternehmen. Symposion Publishing, Düsseldorf
Bosch A, Kraetsch C, Renn J (2001) Paradoxien des Wissenstransfers. Die ‚Neue Liason' zwischen sozialwissenschaftlichem Wissen und sozialer Praxis durch pragmatische Öffnung und Grenzerhaltung. Soziale Welt 52:199-218
Bosomworth A, Grittini S (2001) New Economy – The Equity Premium and Stock Valuation. European Central Bank Paper, Operation Analysis Division
Born M, Eiselin S (1996) Teams – Chancen und Gefahren: Grundlagen. Anwendung am Beispiel von Lean Management. Huber, Bern
Boudon R (1980) Die Logik des gesellschaftlichen Handelns. Luchterhand, Neuwied
Boutellier R, Gassmann O, von Zedtwitz M (1999) Managing Global Innovation. Springer, Heidelberg Berlin New York

Brandt D, Henning K (2003) The Concepts of Human-Centred Information and Communication Technologies. In: Brandt D (ed) vol II: Shaping Information and Communication Technologies for Regional Development. In: Karamjit SG and Ashok J (eds) Navigating Innovations: EU-India Cross-Cultural Experiences

Brandt D, Olbertz E, Ihsen S (2003) Regional Networking in Germany – and the concept of the Integrated Consultant Intervention. In: Brandt D (ed) vol I: Enterprises and Cooperation Networks for Regional Development. In: Karamjit SG and Ashok J (eds) Navigating Innovations: EU-India Cross-Cultural Experiences

Brown JS (1991) Research that reinvents the Corporation. Harvard Business Review 1:102-111

Bullinger HJ (1997) Wissensmanagement heute – Daten, Fakten, Trends. Fraunhofer-Institut für Arbeitswirtschaft und Organisation (IAO), Stuttgart

Bullinger HJ, Gidion G (1994) Zukunftsfaktor Weiterbildung. Neue Konzepte und Perspektiven. Teubener, Stuttgart

Bullinger HJ, Stiefel KP (1997) Unternehmenskultur und Implementierungsstrategien. In: Nippa M, Scharfenberg H (Hrsg) Implementierungsmanagement. Gabler, Wiesbaden, S 133-153

Bullinger HJ, Wörner K, Prieto J (1998) Wissensmanagement – Modelle und Strategien für die Praxis. In: Bürgel HD (Hrsg) Wissensmanagement: Schritte zum intelligenten Unternehmen. Springer, Berlin, S 21-40

Bundesministerium für Bildung und Forschung (2001) Wissen schafft Märkte – Aktionsprogramm der Bundesregierung. Abrufbar unter: http://www.bmbf.de/presse01/AK010314.pdf [02.04.02]

Bundesministerium für Wirtschaft und Technologie (2002) Leistungsdaten Deutschland. Bericht des BMWi. Abrufbar unter: http://www.bmwi.de [05.12.]

Burgelman RA, Maidique MA (1998) Strategic Management of Technology and Innovation. Irwin, Homewood IL

Burghardt M (1998) Einführung in Projektmanagement. Definition, Planung, Kontrolle, Abschluss. Publicis-MCD, München

Burt RS (1992) Structural holes: The social structure of competition. Cambridge, New York

Büschges G, Funk W, Abraham M (1998) Grundzüge der Soziologie. Oldenbourg, München

Camagni R (1991) Innovation networks – spatial perspectives. Belhaven, London

Carlsson B, Keane P, Martin B (1976) Learning and Problem Solving: R&D Organizations as Learning Systems. Sloan Management Review 17(3):1-15

Caroll JM (1991) Designing Interaction. Psychology at the Human-Computer Interface. Cambridge University Press, Cambridge

Castells M (2001) Das Informationszeitalter. Die Netzwerkgesellschaft. Leske u. Budrich, Opladen

Chesbrough HW, Teece DJ (1996) Organizing for innovation – when is virtual virtuous? Harvard Business Review 74(1):65-72

Coleman JS (1992) Grundlagen der Sozialtheorie: Körperschaften und die moderne Gesellschaft. Bd 2. Oldenbourg, München

Cooper RG (2002) Top oder Flop in der Produktentwicklung – Erfolgsstrategien: Von der Idee zum Launch. Wiley, New York

Corsten H (1997) Dienstleistungsmanagement. 3. Aufl Oldenbourg, München Wien

Coth E (1998) Erfolgreich Projekte leiten. Überlegt planen, entscheiden, kommunizieren und realisieren. Vieweg, Braunschweig Wiesbaden

Cowan R, David PA, Foray D (1999) The Explicit Economics of Knowledge Codification and Tacitness. (Paper for presentation to the 3$^{rd}$ TIPIK Workshop in Strasbourg, at Bureau d' Economie Théorique et Appliquée. 24.04.). University of Louis Pasteur, Strasbourg

Dassen-Housen P (2000) Responding to the global political-economical challenge: The learning society exemplified by the working environment. Aachener Reihe Mensch und Technik, Bd 32. Mainz, Aachen

Davenport T (1994) Savin' IT Soul: Human-centered Information Management. Harvard Business Review 3-4/1994:119-131

Davenport T (1997) Knowledge Management at Microsoft. Abrufbar unter: http://www.bus.utexas.edu/kman/microsoft.htm [05.12.02]

Davenport T, Prusak L (1998) Wenn ihr Unternehmen wüsste, was es alles weiß: das Praxishandbuch zum Wissensmanagement. Originaltitel: working knowledge. Moderne Industrie, Landsberg Lech

Degele N (2000) Informiertes Wissen. Eine Wissenssoziologie der computerisierten Gesellschaft. Campus, New York Frankfurt a.M.

Degen U, Härtel M, Stübig J (2000) Leitprojekte des Bundesministerium für Wirtschaft und Technologie als Förderinstrument – neuer Themenschwerpunkt mit neuem Projektträger. LIMPACT 1:2

Diller C (2002) Zwischen Netzwerk und Institution. Eine Bilanz regionaler Kooperationen in Deutschland. Leske u. Budrich, Opladen

DiMaggio P, Powell WW (1991) The New Institutionalism in organizational Analysis. University of Chicago Press, Chicago

Djarrahzadeh M (1993) Internationale Personalentwicklung – Ausländische Führungskräfte in deutschen Stammhäusern. Deutscher Universitätsverlag, Wiesbaden

Doppler K, Lauterburg C (1994) Change-Management: Den Unternehmenswandel gestalten. 8. Aufl Campus, Frankfurt a.M.

Dörre K (1999) Global Players, Local Heroes. Internationalisierung und regionale Industriepolitik. Soziale Welt 2:187-206

Dostal W, Reinberg A (1999) Arbeitslandschaft 2010 – Teil 2: Ungebrochener Trend in die Wissensgesellschaft. IAB-Kurzbericht Nr 10

Drucker PF (1985) Innovation and Entrepreneurship – Practice and Principles. Harper & Row, New York

Drucker PF (1992) Die Zukunft managen. Econ, München

Drucker PF (1993) Die Postkapitalistische Gesellschaft. Econ, Düsseldorf

Dupouet O, Laguecir A (1994) Element for a new approach of Knowledge Codification. Working Paper of BETA (Bureau d' Economie Théorique et Appliquée, Universtiy of Strasbourg). Strasbourg

Ebers M (1997) Explaining inter-organizational network formation. In: Ebers M (Hrsg) The Formation of Interorganizational Networks. Oxford University Press, Oxford, S 3-40

Edvinsson L, Malone MS (1997) Intellectual Capital – Realizing your company's true value by finding its hidden Brainpower. Harpar Business, New York

EFQM (1999) Das EFQM-Modell für Excellence. (Informationsschrift der European Foundation for Quality Management). Brüssel

Eichhorn S, Schmidt-Rettig B (1999) Profitcenter und Prozessorientierung, Optimierung von Budget, Arbeitsprozessen und Qualität. Kohlhammer, Stuttgart

Endres E, Wehner T (1999) Störungen zwischenbetrieblicher Kooperation – Eine Fallstudie zum Grenzstellenmanagement in der Automobilindustrie. In: Sydow J (Hrsg) Management von Netzwerkorganisationen. Gabler, Wiesbaden, S 215–259

Erpenbeck J (1997) Selbstgesteuertes, selbstorganisiertes Lernen. In: EFQM (Hrsg) Kompetenzentwicklung 1997: Berufliche Weiterbildung in der Transformation – Fakten und Visionen. Waxmann, Münster

Erpenbeck J, Heyse V (1989) Kompetenzentwicklung durch neue Formen der Kooperation und Kommunikation. Stellungnahme der Arbeitsgemeinschaft betriebliche Weiterbildungsforschung e.V. für das BMBF. Frieling, Berlin

Erpenbeck J, Sauer J (2000) Das Forschungs- und Entwicklungsprogramm „Lernkultur Kompetenzentwicklung". In: Kompetenzentwicklung 2000 – Lernen im Wandel: Wandel durch Lernen. Münster, S 303ff

Etzold S (1998) Wer weiß, was Wissen ist? Die Zeit 30:31

Europainfo (2001) Informationsseite der Europäischen Union. Abrufbar unter: http://www.europainfo.at/woerterbuch [30.07.]

Eversheim M (Hrsg) (1995) Prozessorientierte Unternehmensorganisation. Konzepte und Methoden zur Gestaltung schlanker Organisationen. Springer, Heidelberg Berlin New York

Fähnrich KP, Meiren T (1998) Service Engineering. Offene Systeme 3:145-151

Flocken P, Hellmann-Flocken S, Howaldt J, Kopp R, Martens H (2001) Erfolgreich im Verbund – Die Praxis des Netzwerkmanagements. RKW, Eschborn

Föcker E, Goesmann T, Striemer R (1999) Wissensmanagement zur Unterstützung von Geschäftsprozessen. HMD 208:36-43.

Frank S (2001) Qualifikationsmanagement. SENEKA Journal 2:18

Frank S, Oertel R (Hrsg) (2002) Das Netzwerkkompendium – Theorie und Praxis des Netzwerkmanagements. 5. Version, ZLW/IMA der RWTH Aachen, Aachen

Franssen M (2000) Berufsbezogene Weiterbildung vom Mechaniker zum Mechatroniker. SENEKA Journal 1:20

Frese E (1997) Aufbauorganisation. In: Luczak H, Volpert W (Hrsg) Handbuch Arbeitswissenschaft. Schäffer-Poeschel, Stuttgart

Friedag H, Schmidt W (1999) Balanced Scorecard – mehr als ein Kennzahlensystem. Haufe, Freiburg i. Br.

Frieling E, Bernard H, Grote S (1999) Unternehmensflexibilität und Kompetenzerwerb. Kompetenzentwicklung 1999. Waxmann, Münster

Fritz M, Müller C (2000) Gute Auftragslage in Druckbranche treibt Kurse. Abrufbar unter: http://www.berlinonline.de/wissen/berliner_zeitung/archiv/2000/0603/wirtschaft/0030 [06.09.02]

Funk GU (2001) Der Webbasierte InformationsRaum (W.I.R.) als Baustein für das Wissensmanagement. SENEKA Journal 2:6

Funke M (1992) Tobin's Q und die Investitionsentwicklung in den Wirtschaftszweigen des Unternehmenssektors in der Bundesrepublik Deutschland. Duncker & Humblot, Berlin

Galbraith JR (1982) Designing the Innovating Organization. Organizational Dynamics. Winter edition 1982:5-24

Gassmann O (1997) Internationales F&E Management. Oldenbourg, München

Geißler H (1994) Grundlagen des Organisationslernens. Deutscher Studien-Verlag, Weinheim

Ghoshal S, Bartlett CA (1987) Innovation Processes in Multinational Corporations. Harvard Business Review, Boston, MA

Giddens A (1988) Die Konstitution der Gesellschaft. Campus, Frankfurt a.M.
Gleich R (1997) Performance Measurement. Die Betriebswirtschaft 57(1):115
Göransson A, Schuh G (1997) Das Netzwerkmanagement in der virtuellen Fabrik. In: Müller-Stewens G (Hrsg) Virtualisierung von Organisationen. Schäffer-Poeschel, Stuttgart, S 61-81
Grabher G (Hrsg) (1993) The Embedded Firm. Sage, London
Granovetter M (1973) Strength of Weak Ties. American Journal of Sociology 78(6):1360-1380
Granovetter M (1985) Economic Action and Social Structure. The Problem of Embeddedness. American Journal of Sociology 91:481-510
Granovetter M (1993) Society and Economy: The Social Construction of Economic Institutions. Harvard University Press, Cambridge
Greif S (1996) Teamfähigkeiten und Selbstorganisationskompetenzen. In: Greif S, Kurtz HJ (Hrsg) Handbuch selbstorganisiertes Lernen. Hogrefe, Göttingen, S 161-178
Greifenstein R, Jansen P, Kißler L (1993) Gemanagte Partizipation – Qualitätszirkel in der deutschen und französischen Automobilindustrie. Schriftenreihe Industrielle Beziehungen, Bd 4. Hampp, München
Grobe J (1998) Reengineering von computergestützten Geschäftsprozessen am Beispiel von Großkrankenhäusern. Fortschritts-Bericht Nr 99. VDI-Verlag, Düsseldorf
Grootings P (1994) Von Qualifikation zu Kompetenz. Wovon reden wir eigentlich? Europäische Zeitschrift Berufsbildung 1:5
Habermas J (1968) Thesen zur Theorie der Sozialisation. Stichworte und Literatur zur Vorlesung im Sommersemester 1968. Frankfurt a.M.
Hacker W (1998) Allgemeine Arbeitspsychologie. Huber, Bern
Haferkamp S (2000) Entwicklung und Anwendung eines brettorientierten Planspiels zur Qualitätsentwicklung in Unternehmen. Unternehmenskybernetik in der Praxis, Bd 3. Shaker, Aachen
Häfliger B (2000) Fallstudie Virtuelle Fabrik Nordwestschweiz/Mittelland. In: Schubert P, Wölfle R (Hrsg) E-Business erfolgreich planen und realisieren – Case Studies von zukunftsorientierten Unternehmen. Hanser, München Wien, S 203-216
Hanna DP (1988) Designing Organizations for High Performance. Addison-Wesley, Boston
Hanel G (2002) Prozessorientiertes Wissensmanagement zur Verbesserung der Prozess- und Produktqualität. VDI Reihe 16, Nr 148. VDI-Verlag, Düsseldorf
Hansen MT, Nohria N, Tierney T (1999) Wie managen Sie das Wissen in Ihrem Unternehmen? Harvard Business Manager 5:85-96
Hargadon A, Sutton RI (2000) Building an innovation factory. Harvard Business Review 5-6:157-166
Hartmann EA (2002) Arbeitssysteme und Arbeitsprozesse. Unveröffentlichte Habilitationsschrift RWTH Aachen. Aachen
Hasse R, Krücken G (1999) Neo-Institutionalismus. Transcript, Bielefeld
Hasse R, Wehner J (1997) Vernetzte Kommunikation. Zum Wandel strukturierter Öffentlichkeit. In: Becker B, Paetau M (Hrsg) Virtualisierung des Sozialen. Die Informationsgesellschaft zwischen Fragmentierung und Globalisierung. Campus, Frankfurt a.M., S 53–80
Hauschildt J (1997) Innovationsmanagement. 2. Aufl Vahlen, München
Hedberg B (1981) How organizations lern and unlearn. In: Nystrohm PC, Starbuck WH (eds) Handbook of Organizational Design. vol 1 Oxford University Press, Oxford, pp 3-27

Heeg FJ (1993) Projektmanagement. Hanser Wirtschaft, München

Heeg FJ, Schidlo M (1998) Kompetenzentwicklung und technisch-organisatorische Änderungen – eine systemische Sicht. QUEM-report 55:155-187

Hees F (2001) Regionale Organisationsstrukturen im Baugewerbe – Generierung turbulenztauglicher Kooperationen am Beispiel von Handwerkernetzen. Aachener Reihe Mensch und Technik, Bd 37. Mainz, Aachen

Heidack C (1993) Kooperative Selbstqualifikation als geistige Wertschöpfungskette im Prozess der Organisationsentwicklung eines ganzheitlichen, wechselseitigen Lernprozesses. In: Heidack C (Hrsg) Lernen der Zukunft. Kooperative Selbstqualifikation – die effektivste Form der Aus- und Weiterbildung im Betrieb. 2. Aufl Lexika, München, S 21-42

Hellmer F, Friese C, Kollros H, Krumbein W (1999) Mythos Netzwerke. Regionale Innovationsprozesse zwischen Kontinuität und Wandel. Sigma, Berlin

Henning K (1993) Spuren im Chaos – Christliche Orientierungspunkte in einer komplexen Welt. Olzog, München

Henning K (2002) Ist Wissen mehr als Information? Unveröffentlichtes Arbeitspapier am Zentrum für Lern- und Wissensmanagement und Lehrstuhl Informatik im Maschinenbau (ZLW/IMA) der RWTH Aachen, Aachen

Henning K, Henning R (1995) Die Chaosfalle. In turbulenten Umwelten systemisch führen. Controller Magazin 3(95):8-22

Henning K, Hunecke H (2002) Innovationsprozesse in Netzwerken – Neue Lern- und Arbeitsformen. In: VDI Report zum Politikdialog „Arbeiten in der Wissensgesellschaft – Neue Regeln für die Informationsökonomie?"

Henning K, Isenhardt I (1994) Kybernetische Organisationsentwicklung – Gestaltungsprinzipien für komplexe, soziotechnische Systeme. In: Schiemenz B (Hrsg) Interaktion. Duncker & Humblot, Berlin

Henning K, Isenhardt I (1997) Fazit: Ingenieur, Berufsbild im Wandel. VDI-Nachrichten 12.97, S 18

Henning K, Isenhardt I (1998) Lernen trotz Chaos – Komplexität kreativ nutzen. QUEM-report 52:75-90

Henning K, Kutscha S (2000) Informatik im Maschinenbau. Aachener Reihe Mensch und Technik, Bd 31. Mainz, Aachen

Henning K, Marks S (1992) Kommunikations- und Organisationsentwicklung. ZLW/IMA der RWTH Aachen, Aachen (6. Aufl 2000)

Henning K, Schmette M (2002) Unternehmensübergreifende Zusammenarbeit in regionalen Netzwerken – Modetrend oder wettbewerbsentscheidender Faktor? (Vortrag auf dem Thüringer Unternehmerabend „Wettbewerbsvorteile durch Kooperation in regionalen Netzwerken" am 10.10. in Erfurt im Rahmen des Verbundprojektes Eureka Factory TRUST)

Henning K, Isenhardt I, Zweig S (1999) Zukunftsfähiges Wissensmanagement. In: Edition QUEM (Hrsg) Kompetenzentwicklung 1999. Waxmann, Münster New York München Berlin

Henning K, Oertel R, Henrichs C (2000) Cooperation in Knowledge Management. In: LiZheng V (Hrsg) Strategy Networks – A comprehensive introduction into cooperation among production companies. Tsinghua University Press, Bejing

Herbst D (2000) Erfolgsfaktor Wissensmanagement. Cornelsen, Berlin

Hilb M (2001) Wissensevaluation – Der Schlüssel zum erfolgreichen Umgang mit Wissen. (Beitrag zum VII. Deutschen Wirtschaftskongress 1999 an der Universität zu Köln zum Thema „Integration of Knowledge Management into Organizations"). Abrufbar unter: http://www.hilb.com/topic/wissene.htm [05.12.02]

Hirsch-Kreinsen H (2000) Standortbindung – Unternehmen zwischen Globalisierung und Regionalisierung. Sigma, Berlin

Hirsch-Kreinsen H (2002) Unternehmensnetzwerke – revisited. Zeitschrift für Soziologie 2:106-124

Hitzler R (1994) Wissen und Wesen des Experten. Ein Annäherungsversuch zur Einleitung. In: Hitzler R, Honer A, Maeder C (Hrsg) Expertenwissen. Die institutionalisierte Kompetenz zur Konstruktion von Wirklichkeit. Westdeutscher Verlag, Opladen, S 13-29

Hitzler R (2000) Künstliche Dummheit: Zur Differenz von alltäglichem und soziologischem Wissen. IWT-Paper 25, Bielefeld. Abrufbar unter: http://archiv.ub.uni-bielefeld.de/wissensgesellschaft [28.11.02]

Hof B (1996) Szenarien künftiger Zuwanderung und ihre Auswirkungen auf die Bevölkerungsstruktur, Arbeitsmarkt und soziale Sicherung. Beiträge zur Wirtschafts- und Sozialpolitik, Institut der deutschen Wirtschaft 227(2)

Hoffmann F (1996) Qualifizierungskonzepte. In: Bullinger HJ, Warnecke HJ (Hrsg) Neue Organisationsformen im Unternehmen. Springer, Berlin

Hölterhoff H, Becker M (1986) Aufgaben und Organisation der betrieblichen Weiterbildung. Handbuch der Weiterbildung, Bd 3. Hanser, München Wien

Honecker N, Müller D (2001) Ausbildungskonzept für interne Veränderungsmanager. SENEKA Journal 1:22

Howald J (2002) Kompetenzzentrum Netzwerkmanagement gegründet. Arbeit – Zeitschrift für Arbeitsforschung, Arbeitsgestaltung und Arbeitspolitik 1

Howaldt J (2001) Entwicklungsphasen. In: Flocken P, Hellmann-Focken S, Howaldt J, Kopp R, Martens H (Hrsg) „Erfolgreich im Verbund" – Die Praxis des Netzwerkmanagements. RKW, Eschborn, S 89-111

Hunecke H (2002) Spezifische Determinanten des Produktionsfaktors Wissen und ihre Bedeutung für das Standortverhalten international agierender Industrieunternehmen. Unveröffentlichte Dissertation. RWTH Aachen, Aachen

Hunecke R (2002) Arbeitsgestaltung im Innovationsprozess Arbeitssoziologische Betrachtungen der Gestaltung von Innovationsarbeit in der frühen Phase der Produktentwicklung. Dissertation. Universität Hannover, Hannover (Druck in Vorbereitung)

Hurtz A, Lindinger C, Przygodda M, Schönrade J (1997) Der Prozessbegleiter: Ein neues Aufgabengebiet in sich verändernden Unternehmen. In: Antoni H, Eyer E, Kutscher J (Hrsg) Flexible Unternehmen. Gabler Wirtschaftspraxis, Wiesbaden, Einlage 02.17

IHK/DIHT (2000) Leitlinien Berufliche Weiterbildung. Berlin

Isenhardt I (1994) Komplexitätsorientierte Gestaltungsprinzipien für Organisationen – dargestellt an Fallstudien zu Reorganisationsprozessen in einem Großkrankenhaus. Aachener Reihe Mensch und Technik, Bd 9. Mainz, Aachen

Isenhardt I, Henning K, Lorscheider B (1998) Dienstleistung lernen – Kompetenzen und Lernprozesse in der Dienstleistungsgesellschaft. Aachener Reihe Mensch und Technik, Bd 30. Mainz, Aachen

Jensen S, Rieker J, Schäfer A (1999) Arme Leuchten. Manager Magazin 99/01:112-124

Johnston WB (1991) Global Work Force 2000: The New World Labor Market. Harvard Business Review 69:115-127

Joint Declaration (1999) Joint Declaration of the European Ministers of Education, Bologna, 19.06. In: Dassen-Housen P (2000) Responding to the global political-economical challenge: The learning society exemplified by the working environment. Aachener Reihe Mensch und Technik, Bd 32. Mainz, Aachen

Kaplan RS, Norton DP (1997) Balanced Scorecard – Strategien erfolgreich umsetzen. Schäffer-Poeschel, Stuttgart

Kappelhoff P (2000) Der Netzwerkansatz als konzeptueller Rahmen für eine Theorie interorganisationaler Netzwerke. In: Sydow J, Windeler A (Hrsg) Steuerung von Netzwerken: Konzepte und Praktiken. Westdeutscher Verlag, Opladen Wiesbaden, S 25- 57

Kauffeld S, Grote S, Bernhard H, Frieling E (2000) Haben flexible Unternehmen kompetente und flexible Mitarbeiter? Edition QUEM 12:95-110

Kemmner GA, Gillessen A (2000) Virtuelle Unternehmen. Physica, Heidelberg

Kern H (1996) Das vertrackte Problem der Sicherheit. Innovationen im Spannungsfeld zwischen Ressourcenmobilisierung und Risikoaversion. In: Fricke (Hrsg) Jahrbuch Arbeit und Technik. Dietz, Bonn, S 196-208

Kesselmeier H (1997) Entwicklung einer Methode für Software-Reengineering-Projekte. Dissertation an der RWTH-Aachen, Aachen

Kickert WJM, Klijn EH, Koppenjan JFM (1997) Introduction: A Management Perspective on Policy Networks. In: Kickert WJM, Klijn EH, Koppenjan JFM (Hrsg) Managing Complex Networks. Sage, London, S 1-13

Kieserling A (1994) Interaktion in Organisationen. In: Dammann KD, Grunow KP, Japp (Hrsg) Die Verwaltung des politischen Systems. Westdeutscher Verlag, Opladen, S 168-183

Klimecki R, Probst G, Eberl P (1991) Perspektiven eines entwicklungsorientierten Managements. Management Forschung und Praxis 1

Kneer G (2001) Organisation und Gesellschaft. Zum ungeklärten Verhältnis von Organisations- und Funktionssystemen in Luhmanns Theorie sozialer Systeme. Zeitschrift für Soziologie 30(6):407-428

Kohler-Braun K (1999) Durch Diversity zu neuen Anforderungen an das Management. Führung + Organisation 7-8:188-193

Kommunalverband Ruhrgebiet – Fachbereich Öffentlichkeitsarbeit und Regionalmarketing (Hrsg) (1999) Verbesserung des Innovationsklimas durch den Einsatz von Informations- und Kommunikationstechnologien – Strukturwandel an der Ruhr im internationalen Vergleich.

König BE, Reißer M (Hrsg) (2000) Innovationsprozesse erfolgreich machen. GESIS, Köln

König E, Volmer G (1997) Systemische Organisationsberatung. Grundlagen und Methoden. 5. Aufl Deutscher Studien Verlag, Weinheim

Köszegi S (1999) Vertrauen, Kontrolle und Risiko in virtuellen Organisationen. Working Paper 9903. Lehrstuhl für Organisation und Planung der Universität Wien, Wien

Krätke S (1995) Globalisierung und Regionalisierung. Geographische Zeitschrift 3:207-221

Kreft HD (2001) Das Humanpotenzial: Wissen und Wohlstandswachstum. Von der sozialen zur fairen Marktwirtschaft. VWF, Berlin

Kreibich R (1986) Die Wissensgesellschaft. Von Galilei bis zur High-Tech-Revolution. Suhrkamp, Frankfurt a.M.

Krogh G von, Venzin M (1995) Anhaltende Wettbewerbsvorteile durch Wissensmanagement. Die Unternehmung 49(6):417-436

Krüger W (1983) Grundlagen der Organisationsplanung. Dr. G Schmidt, Gießen

Kühl S (2001) Zentralisierung durch Dezentralisierung. Paradoxe Effekte bei Führungsgruppen. Kölner Zeitschrift für Soziologie und Sozialpsychologie 53(3):467-497

Kusserow R, Uhlman D (1998) Technology of a Dreissena-Filter to Remove Suspended Matter from the Effluents of Waste Water Treatment Plants. University of Technology Dresden, Dresden

Leontjew AN (1977) Tätigkeit, Bewußtsein, Persönlichkeit. (dt. Übersetzung) Pahl-Rugenstein, Köln

Lev, B (2001) Intangibles: Management, Measurement, and Reporting. Brookings Inst. Press, Washington, DC

Lewin K (1982) Werkausgabe. In: Graumann CF (Hrsg) Feldtheorie. Bd 4. Huber, Bern

Little AD (2000) Studie: Ist die deutsche Forschung ihr Geld wert? – Erfahrungen, Defizite, Chancen und Handlungsbedarf im Technologietransfer. Abrufbar unter: http://www.dl-forum.de/ [09.12.02]

Löffelholz M, Altmeppen KD (1994) Kommunikation in der Informationsgesellschaft. In: Merten K, Schmidt SJ, Weischenberg S (Hrsg) Die Wirklichkeit der Medien. Eine Einführung in die Kommunikationswissenschaft. Westdeutscher Verlag, Opladen

Lohrscheider B, Unger H, Henning K (1997a) BPK – Möglichkeiten der gegenseitigen Beteiligung an Produktion und Konstruktion. Aachener Reihe Mensch und Technik, Bd 21. Mainz, Aachen

Lohrscheider B, Unger H, Henning K (1997b) Kooperative Lernprozesse in Produktionsunternehmen. Aachender Reihe Mensch und Technik, Bd 20. Mainz, Aachen

Lompe K, Blöcker A, Lux B, Syring O (1996) Regionalisierung als Innovationsstrategie. Die VW-Region auf dem Weg von der Automobil- zur Verkehrskompetenzregion. Sigma, Berlin

Loose MA, Well B van (1997) Organisation von Netzwerken. In: Schreyögg G, Sydow J (Hrsg) Managementforschung 7. Westdeutscher Verlag, Opladen

Luhmann N (1964) Funktionen und Folgen formaler Organisation. Duncker & Humblot, Berlin, S 166-195

Luhmann N (1980) The Actor and the System: The Constraints of Collective Action. Organization Studies 1(2):193-195

Luhmann N (2000) Organisation und Entscheidung. Westdeutscher Verlag, Opladen

Lullies V, Bollinger H, Weltz F (1993) Wissenslogistik: Über den betrieblichen Umgang mit Wissen bei Entwicklungsvorhaben. Campus, Frankfurt a.M. New York

Luthy DH (1998) Intellectual Capital and its measurement. College of Business, Utah State University, Logan. Abrufbar unter: http://www3.buSosaka-cu.ac.jp/apira98/archives/htmls/25.htm [05.12.02]

Macht M (1999) Ein Vorgehensmodell für den Einsatz von Rapid Prototyping. Iwb – Forschungsberichte, Bd 131. Herbert Utz, München

Mahnkopf B (1994) Markt, Hierarchie und soziale Beziehungen. Zur Bedeutung reziproker Beziehungsnetzwerke in modernen Marktgesellschaften. In: Beckenbach N, Treeck W van (Hrsg) Umbrüche gesellschaftlicher Arbeit. Soziale Welt, Sonderbd 9:65–85

Malik F (2001) Wissen kann man nicht managen – nur Mitarbeiter. Welt am Sonntag 05.08.

Marks S (1991) Gemeinsame Gestaltung von Technik und Organisation in soziotechnischen kybernetischen Systemen. VDI-Verlag, Düsseldorf

Marquis DG (1969) The Anatomy of Successful Innovations. In: Tushman ML, Moore WL (1988) (eds) Readings in the management of innovation, 2. edn Ballinger Publishing Company, Cambridge

Maturana HR, Varela FJ (1987) Der Baum der Erkenntnis – Die biologischen Wurzeln menschlichen Erkennens. Scherz, Bern München

Mayntz R (1993) Governing Failures and the Problem of Governability: Some Comments on a Theoretical Paradigm. In: Kooiman J (ed) Modern Governance. New Government-Society Interactions. Sage, London

Mayrshofer D, Kröger HA (1999) Prozesskompetenz in der Projektarbeit: Ein Handbuch für Projektleiter, Prozessbegleiter und Berater. Windmühle, Hamburg

Messner D (1995) Die Netzwerkgesellschaft – Wirtschaftliche Entwicklung und internationale Wettbewerbsfähigkeit als Probleme gesellschaftlicher Steuerung. Weltforum, Köln

Meusburger P (1998) Bildungsgeographie: Wissen und Ausbildung in der räumlichen Dimension. Spektrum, Heidelberg Berlin

Meyers S, Marquis DG (1968) Successful Industrial Innovations. National Science Foundation, Arlington

Michulitz C, Isenhardt I (2002) Organisationsinterne Kommunikationsprozesse und ihre Bedeutung für Partizipation und Empowerment. In: Jenewein K, Knauth P, Zülch G (Hrsg) Kompetenzentwicklung in Unternehmensprozessen – Beiträge zur Konferenz der Arbeitsgemeinschaft gewerblich-technische Wissenschaften und ihre Didaktiken in der Gesellschaft für Arbeitswissenschaften am 23./24.09. in Karlsruhe. Shaker, Aachen

Miles RE, Snow CC (1986) Organizations: New Concepts for New Forms. California Management Review 28:62-73

Mill U, Weißbach HJ (1992) Was ist Vernetzungswirtschaft? In: Malsch T, Mill U (Hrsg) ArBYTE. Modernisierung der Industriesoziologie? Sigma, Berlin, S 315-342

Moldaschl M, Sauer D (2000) Internalisierung des Marktes – Zur neuen Dialektik von Kooperation und Herrschaft. In: Minssen H (Hrsg) Begrenzte Entgrenzungen. Wandlungen von Organisation und Arbeit. Sigma, Berlin, S 205–224

Munzert R (2001) Mentale Verfahren zur Förderung der Innovationskompetenz. Wissensmanagement 2

Nonaka I (1992) Wie japanische Konzerne Wissen erzeugen. Harvard Business Manager 2:95-103

Nonaka I, Takeuchi H (1997) Die Organisation des Wissens – Wie japanische Unternehmen eine brachliegende Ressource nutzbar machen. Campus, Frankfurt a.M.

North K (1999) Wissensorientierte Unternehmensführung – Wertschöpfung durch Wissen. Gabler, Wiesbaden

North K, Probst G, Romhardt K (1998) Wissen messen – Ansätze, Erfahrungen und kritische Fragen. Zeitschrift für Führung und Organisation 3:158-166

Nowotny H (1993) Die „Zwei Kulturen" und die Veränderungen innerhalb der wissensförmigen Gesellschaft. In: Huber J, Thurn G (Hrsg) Wissenschaftsmilieus. Wissenschaftskontroversen und soziokulturelle Konflikte. Sigma, Berlin, S 237-249

Nyhan B (1991) Developing Peoples Ability to Learn. European Interuniversity Press, Brüssel

Nystrom HE (2000) Innovative Capability Audits of University Research Centers. Engineering Management, University of Missouri-Rolla. (Proceedings-9th International Conference on Management of Technology). Miami

Oertel R (2001) Vom Umgang mit Wissen im Jahre 2010. Entwicklung von positiven Trendszenarien durch den SENEKA-Verbund. Beilage LIMPACT 4

Oertel R, Henrichs C (2000) The Virtual Platform SENEKA – Webbased information and communication on a large network project (Proceedings 7th Symposium on Automated Systems Based on Human Skill, IFAC 17.06.)

Oertel R, Hunecke H (2000) Wissen in Netzwerken – das Leitprojekt SENEKA. LIMPACT 2:13-14

Oertel R, Knosp, A (2002) Ich weiß, du weißt, was wissen wir? – Wissensmanagement-Tools aus dem BMBF-Leitprojekt SENEKA. In: Pawlowsky R (Hrsg) Wissensmanagement für die Praxis: Wie wird Wissensmanagement erfolgreich umgesetzt? Luchterhand, München

Oertel R, Sauer JA (2002) Zukunftsszenarien: Wissen im Jahre 2010 – Geschäftsalltag eines KMU. Wissensmanagement 1:56-58

Olbertz E (2001) Lernende Region – Initiierung und Unterstützung von regionalen Kooperationsprozessen im Rahmen des Strukturwandels am Beispiel der Modellregion Aachen. Peter Lang, Frankfurt a.M.

Olfert K (1992) Investition. Kompendium der praktischen Betriebwirtschaft. 5. Aufl Friedrich Kiehl, Ludwigshafen

Oliner SD, Sichel DE (2000) The Resurgence of Growth in the Late 1990's – Is Information Technology the Story? Journal of Economic Perspectives 14 (4):3-32

Orthey FM (2002) Der Trend zur Kompetenz. Begriffsentwicklung und Perspektiven. Supervision 1:7-14

PA Consulting (1999) Going for growth – Realising the value of innovation. London

Pappi FU (1987) Methoden der Netzwerkanalyse. Oldenbourg, München

Parsons T (1975) Die Entstehung der Theorie des sozialen Systems: Ein Bericht zur Person. In: Parsons, Shils, Lazarsfeld (Hrsg) Soziologie – autobiogaphisch. dtv, Enke, Stuttgart, S 1-68

Pautzke G (1989) Die Evolution der organisatorischen Wissensbasis: Bausteine zu einer Theorie des organisatorischen Lernens. Kirsch, München

Pearson AE (1988) Tough-Minded ways to get innovative. Harvard Business Review 05-06:99-106

Peter G (2002) Wissen managen: Von der Wahrheitsfindung zur Ressourcenorientierung? (Vortrag im Rahmen der Tagung „ Zur Praxis der Einführung des Wissensmanagement in Wirtschaft und Wissenschaft" am 12.04. Sozialforschungsstelle Dortmund). Dortmund

Petzolt S (2000) Balanced Scorecard-Ansatz im Prozess des Change Managements. SENEKA Journal 1:8

Petzolt S (2001) Einführung der Balanced Scorecard als Performance-Meß-System für systemische Organisationsentwicklungsprozesse. Unternehmenskybernetik in der Praxis, Bd 4. Shaker, Aachen

Pfeifer T (2001) Qualitätsmanagement – Strategien, Methoden, Techniken. Carl Hanser, München

Pfeifer T, Hanel G (2001) Wissensmanagement und Qualitätsmanagement – Sind die Unterschiede tatsächlich so groß? VDMA Nachrichten 9:48-49

Pfeifer T, Hanel G, Lorenzi P (2000) Wissensbasiertes Qualitätsmanagement als Baustein zur Business Excellence. In: Redeker G (Hrsg) Qualitätsmanagement für die Zukunft – Business Excellence als Ziel. Berichte zum Qualitätsmanagement, Bd 3/2001. Shaker, Aachen

Pfeifer T, Greif H, Hanel G, Reiser W (2001) Wissensmanagement – Ergebnisse der neuesten Trendstudie. New Management 9:28-36

Piore MJ, Sabel CF (1984) The second industrial divide. Basic Books, New York

Pittermann P (1998) Erfolgspotentialerfassung – Betriebswirtschaftliche Bewertung ganzheitlicher Veränderungsprozesse. Aachener Reihe Mensch und Technik, Bd 27. Mainz, Aachen

Polanyi M (1958) Personal Knowledge. Routledge & Kegan Paul, London

Polyani M (1966) The tactic dimension. Garden City, New York

Powell WW (1990) Neither Market nor Hierarchy. Network Forms of Organizations. Research in Organizational Behavior 12:295–336

Pressley M, Borkowsky JG, Schneider W (1987) Cognitive strategies: Goal strategy users coordinate metacognition and knowledge. In: Vasla R, Whitehurst G (eds) Annals of child development, vol 5. JA/Press, New York, pp 89-129

Preuschoff S (2000) Interkultureller Leitfaden für die Arbeit in multikulturellen Teams. SENEKA Journal 1:24

PriceWaterhouseCoopers (1999) Innovation Survey. London

Priddat BP (1995) Die neue Beweglichkeit oder die Zukunft der Unternehmen: fünf Minuten vor dem 21. Jahrhundert. Vortragsveröffentlichung aus einem Festvortrag zum 75 jährigen Bestehen der GEA-Aktiengesellschaft an der Wirtschaftswissenschaftlichen Fakultät der Universität Witten/Herdecke

Probst G, Deussen A (1997) Wissensziele als neue Managementinstrumente. Gabler's Magazine 8:6-9

Probst G, Peter G (1997) Die Praxis des ganzheitlichen Problemlösens: Vernetzt denken, Unternehmerisch handeln, Persönlich überzeugen. 2. Aufl Paul Haupt, Bern

Probst G, Raub S, Romhardt K (1998) Wissen managen. Wie Unternehmen ihre wertvollste Ressource optimal nutzen. 2. Aufl Gabler, Wiesbaden

Rabrenovic O (2000) Ein Entscheidungsmodell zur Optimierung des Wissensmanagements am Beispiel des Auftrags- und Auftragsabwicklungsprozesses in der produzierenden Industrie. Shaker, Aachen

Rammert W (1997) Innovation im Netz. Neue Zeiten für technische Innovationen: heterogen verteilt und interaktiv vernetzt. Soziale Welt 48(4):397-416

Raue ID (2002) Total Quality Managementregelkreise für ingenieurwissenschaftliche Pflichtveranstaltungen an Hochschulen. Aachener Reihe Mensch und Technik, Bd 38. Mainz, Aachen

Rauner F (2001) Berufspädagogische und berufsbildungspolitische Begründung für die Implementation von Berufsbildungsnetzwerken in der Region. BLK für Bildungsplanung und Forschungsförderung (Hrsg) Kompetenzzentren 99:94–100

Rede des Bundesministers für Wirtschaft und Technologie Dr. Werner Müller auf dem 9. Innovationstag der Arbeitsgemeinschaft industrieller Forschungsvereinigungen „Otto von Guericke" e.V. (AiF) am 03.06.2002 in Berlin

Rehäuser J, Krcmar H (1996) Wissensmanagement in Unternehmen. In: Schreyögg G, Conrad P (Hrsg) Wissensmanagement. Managementforschung, Bd 6. de Gruyter, Berlin, S 1-40

Reichwald R, Höfer C, Weichselbaumer J (1996) Erfolg von Reorganisationsprozessen. Leitfaden zur Strategieorientierten Bewertung. Schäffer-Poeschel, Stuttgart

Rieckmann HJ (1980) Organisationsentwicklung und sozio-technische Systemgestaltung. In: Koch U, Meuers H, Schuck M (Hrsg) Organisationsentwicklung in Theorie und Praxis. Lang, Frankfurt a.M.

Rieckmann HJ (1982) Auf der grünen Wiese... Organisationsentwicklung einer Werksneugründung. Soziotechnisches Design und Offene-System-Planung. Hauptt, Bern Stuttgart

Rieckmann HJ (1988) Organisationsentwicklung – oder: Das Problem der Organisation vom Lernen in Organisationen, die lernen wollen (sollen). In: Kailer N (Hrsg) Neue Ansätze der betrieblichen Weiterbildung in Österreich. Organisationslernen. Bd 1. Ibw, Wien

Rieckmann HJ (1996) Dynaxibility – oder: Quantensprung im Management. In: Landmesser ML, Sczepan J (Hrsg) Was morgen zählt. Neuhaussen, Stuttgart, S 13-17

Rieckmann HJ (1997) Managen und Führen am Rande des 3. Jahrtausends: Praktisches, Theoretisches, Bedenkliches. Lang, Frankfurt a.M.

Rieckmann HJ, Weissengruber PH (1990) Managing the Unmanagable? Oder: Lassen sich komplexe Systeme überhaupt noch steuern? Offenes Systemmanagement mit dem OSTO-Systemansatz. In: Kraus H, Kailer N, Sandner K (Hrsg) Management Development im Wandel. Manz, Wien, S 27-96

Roberts EB, Fusfeld AR (1982) „Critical Functions: Needed Roles in the Innovation Process." In: Career Issues in Human Resource Management, Prentice Hall, pp 182-207

Rose C (2003) The concept of Universal Ethics in Global Networking and its Educational Implementations in India and the UK: A Comparison. In: Brandt D (ed) vol I, Enterprises and Cooperation Networks for Regional Development. In: Karamjit S. Gill and Ashok Jain (eds) Navigating Innovations: EU-India Cross-Cultural Experiences

Rübartsch M (2001) Entwicklung eines Qualitätsmanagementsystems für die netzwerkfähige Gestaltung von Unternehmensorganisationen.(externe Dissertation P3 – Ingenieurgesellschaft für Management und Organisation mbH). Aachen

Rubinstein SL (1964) Sein und Bewußtsein. Akademie, Berlin

Ruesch J, Bateson G (1995) Kommunikation. Carl-Auer-Systeme, Heidelberg

Sauer J (2002) Grußwort auf der SENEKA Jahrestagung Köln 26.09.01. Abdruck der Rede in LIMPACT 5:53-54

Schaden B (2000) Neue Informations- und Kommunikationstechnologien, Tertiarisierung und Globalisierung: Strukturberichterstattung 1996-1998. Duncker & Humboldt, Berlin

Scheermesser S (2000) Wissenslandkarten – Der Wegweiser für Wissenssuchende. SENEKA Journal 1:16

Schein EH (1969) Business consultants; Social Psychology. Addisson Wesley, Reading

Schimank U (1985) Der mangelnde Akteursbezug systemtheoretischer Erklärungen gesellschaftlicher Differenzierung – Ein Diskussionsvorschlag. Zeitschrift für Soziologie 14(6):421-434

Schmid Z (2002) Innovationsbarometer. KMU-Business. Abrufbar unter: http://www.innonet.ch/ content/june2002/baro-inno-062002.htm [19.06.]

Schöne R (Hrsg) (2000) Kooperationen von kleinen und mittleren Unternehmen. Ein Leitfaden. 2. Aufl Technische Universität Chemnitz, Chemnitz

Schräder A (1996) Management virtueller Unternehmungen: organisatorische Konzeption und informationstechnische Unterstützung flexibler Allianzen. Campus, Frankfurt a.M. New York

Schuh G, Katzy B, Eisen S (1997) Wie virtuelle Unternehmen funktionieren: Der Praxistest ist bestanden. Gabler's Magazin 3(97):8-11

Schuh G, Millarg K, Göransson Å (1998) Virtuelle Fabrik: Neue Marktchancen durch dynamische Netzwerke. Hanser, München Wien

Schumpeter JA (1993) Kapitalismus, Sozialismus und Demokratie. UTB für Wissenschaft. 7. Aufl Francke, Tübingen Basel

Schütt P (2000) Wissensmanagement. Falken, Niedernhausen

Scott WR (1995) Institutions and Organisations. Sage, London
Sell R (1988) Angewandtes Problemlösungsverhalten: Denken und Handeln in komplexen Zusammenhängen. Springer, Berlin
Semlinger K (1999) Effizienz und Autonomie in Zulieferungsnetzwerken – Zum strategischen Gehalt von Kooperationen. In: Sydow J (Hrsg) Management von Netzwerkorganisationen. Gabler, Wiesbaden, S 284 ff
Senge P (1990) The Fifth Discipline – The Art and Practice of the Learning Organisation. Doubleday Currency, New York
Sennett R (1998) The Corrosion of Character. W.W. Norten, New York
Seufert A, Seufert S (1998) Wissensgenerierung und -transfer in Knowledge Networks. IO Management 10:76-84
Shannon CE, Weaver W (1949/1969) The Mathematical Theory of Communication. Urbana, Chicago London. (dt Übersetzung 1976) Mathematische Grundlagen der Informationstheorie. Oldenbourg, München
Shelton RD (2001) Balancing Creativity and Commercialization. In: Little AD (Hrsg) Prism. Issue 1-2001
Simon H (1999) Wunsch-Wissen. Manager Magazin 11:307-310.
Sommerlatte T (2002) Megafusionen belasten die Innovationsfähigkeit von Unternehmen. T-Online-Business, Interview. Abrufbar unter: http://betrieb.t-online-business.de/busi/them/betr/mana/inte/ar/0201/CP/ar-18-fusionen.html
Sonntag KH (1997) Reals-life tasks and authentic contexts in learning as a potential for transfer. Commentary on „Dilemmas in training for transfer and retention". Applied Psychology 46(4):317–386
Sonntag KH, Schaper N (1992) Förderung beruflicher Handlungskompetenz. In: Sonntag KH (Hrsg) Personalentwicklung in Organisationen. Hoegrefe, Göttingen
Speckbacher G, Halatek-Zbierzchowski M (2002) Wertemanagement in CEE – Insights, Facts & Figures. Institut für Unternehmensführung der Wirtschaftsuniversität Wien, Wien.
Sprenger RU, Svabik K (2001) Unternehmensnetzwerke und regionale Netzwerke. Nationale Unterstützungsstelle (Hrsg) ADAPT der Bundesanstalt für Arbeit. Toennes, Erkrath
Staber U (2000) Steuerung von Unternehmensnetzwerken: Organisationstheoretische Perspektiven und soziale Mechanismen. In: Sydow J, Windeler A (Hrsg) Steuerung von Netzwerken. Westdeutscher Verlag, Wiesbaden
Staehle WH (1994) Management. 7. Aufl Vahlen, München
Staudt E, Kley T (2001) Formelles Lernen – informelles Lernen – Erfahrungslernen. Wo liegt der Schlüssel zur Kompetenzentwicklung von Fach- und Führungskräften? QUEM-report 69:227- 277
Staudt E, Kriegesmann B (1998) Innovationsmanagement. In: Berndt R, Fantapié Altobelli C, Schuster P (Hrsg) Springers Handbuch der Betriebswirtschaftslehre 2. Springer Berlin Heidelberg New York, S 355-388
Stewart TA (1998) Der vierte Produktionsfaktor, Wachstum und Wettbewerbsvorteile durch Wissensmanagement. Carl Hanser, München Wien
Stoffels A (2001) Wissensorientiertes Management der Produkt- und Prozessentwicklung. Ein systemischer Modellentwurf für produzierende Unternehmen. Shaker, Aachen
Strina G (1996) Anwendung von Prinzipien der Selbstähnlichkeit und Selbststeuerung auf das Innovationsmanagement in kleinen und mittleren Produktionsbetrieben. Reihe Technik und Wirtschaft, Nr 83. VDI-Verlag, Düsseldorf

Strina G, Isenhardt I, Henning K (1997) Lebenslanges Lernen – Qualifizierung zum Mikrounternehmer. Tagungsband zur Konferenz „Dienstleistungen für das 21. Jahrhundert". Stuttgart

Strina G, Uribe J, Frank S (2001) Was ist Weiterbildung wert? – Prozessorientierte Bewertung von Qualifizierungsmaßnahmen. Qualität und Zuverlässigkeit. Qualitätsmanagement in Industrie und Dienstleistung 6(01):756-757

Strina G, Uribe J, Pfeifer T, Hanel G (2002) Den Anfang wagen – mit dem Start-Up-Workshop Wissensmanagement. In: Pawlowsky P, Reinhardt R (Hrsg) Wissensmanagement für die Praxis – Methoden und Instrumente zur erfolgreichen Umsetzung. Luchterhand, Neuwied

Stroebe W (1980) Grundlagen der Sozialpsychologie I. Wissenschaftliche Buchgesellschaft, Darmstadt

Stroebe W, Hewstone M, Stephenson GM (1996) Sozialpsychologie. Eine Einführung. Springer, Berlin Heidelberg New York

Strohm O, Eberhard U (Hrsg) (1997) Unternehmen arbeitspsychologisch bewerten. Ein Mehr-Ebenen-Ansatz unter besonderer Berücksichtigung von Mensch, Technik und Organisation. ETH, Zürich

Sveiby KE (1997) The new organisational wealth – Managing and measuring Knowledge-based Assets. Borrett-Koehler, San Fransisco

Sveiby KE (2001) Methods for measuring intangible assets. Abrufbar unter: http//:www.sveiby.com.au/IntangibleMethodS.htm [03.07.]

Sydow J (1992) Strategische Netzwerke: Evolution und Organisation. Gabler, Wiesbaden

Sydow J (1995) Netzwerkbildung und Kooptation als Führungsaufgabe. In: Kieser A, Reber G, Wunderer R (Hrsg) Handwörterbuch der Führung. Schäffer-Poeschel, Stuttgart, S 1622-1635

Sydow J (1998a) Franchise systems in strategic networks: Studying network leadership in the service sector. Asia Pacific Journal of Marketing and Logistics 10:124-136.

Sydow J (1998b) Understanding the constitution of interorganizational trust. In: Lane C, Bachmann R (eds) Trust within and between organizations. Oxford University Press, Oxford, pp 31 –63

Sydow J (1999) Management von Netzwerkorganisationen – Zum Stand der Forschung. In: Sydow J (Hrsg) Management von Netzwerkorganisationen. Gabler, Wiesbaden, S 279–314

Sydow J, Winand U (1998) Unternehmensvernetzung und Virtualisierung: Die Zukunft unternehmerischer Partnerschaften. In: Winand U, Nathusius K (Hrsg) Unternehmensnetzwerke und virtuelle Organisationen. Stuttgart, S 11–31

Sydow J, Windeler A (2000) Steuerung von und in Netzwerken – Perspektiven, Konzepte, vor allem aber offene Fragen. In: Sydow J, Windeler A (Hrsg) Steuerung von Netzwerken – Konzepte und Praktiken. Westdeutscher Verlag, Wiesbaden, S 1-24

Sydow J Well B van., Windeler A. (1998) Networked Networks: Financal services networks in the context of their industry. International Studies of Management and Organisation 27:47-75

Tacke V (1997) Systemrationalisierung an ihren Grenzen – Organisationsgrenzen und Funktionen von Grenzstellen in Wirtschaftsorganisationen. In: Schreyögg G, Sydow J (Hrsg) Gestaltung von Organisationsgrenzen. Managementforschung, Bd 7. de Gruyter, Berlin New York, S 1–44

Tacke V (2000) Netzwerk und Adresse. Soziale Systeme. Zeitschrift für soziologische Theorie 2:291–320

Thomke S, Hippel E von (2002) Customers as Innovators – A New Way to Create Value. Harvard Business Review 80 (4):74-81
Tiscar J (2002) Studien zur Innovationspolitik. Abrufbar unter: http://www.cordiSlu/press-service/de/innov_5.htm [07.08.]
Tissen R, Andriessen D, Lekanne DF (2000) Die Wissensdividende, Unternehmenserfolg durch wertorientiertes Wissensmanagement. Prentice Hall
Tröndler D (1987) Kooperationsmanagement. Steiner, Bergisch-Gladbach
Uhlmann E (2002) Leistungsdaten Deutschland BMWI (Bundesministerium für Wirtschaft und Technologie). Interview mit Fraunhofer-Gesellschaft
Ulich E (1999) Lernen und Entwicklungs*Potenzial*e in der Arbeit – Beiträge der Arbeits- und Organisationspsychologie. In: Sonntag KH (Hrsg) Personalentwicklung. Hoegrefe, Göttingen
Ulrich D (1998) Delivering results: A new mandate for human resource professionals. Harvard Business School Press, Boston
Ulwick AW (2002) Turn Customer Input into Innovation. Harvard Business Review 80(1):91-97
Unger H (2002) Organisationales Lernen durch Teams. 2. Aufl Hampp, München
Walter W (1997) Erfolgversprechende Muster für betriebliche Ideenfindungsprozesse. Forschungsberichte aus dem Institut für Werkzeugmaschinen und Betriebstechnik, Bd 75. Dissertation, Universität Karlsruhe
Warnecke HJ (1992) Die Fraktale Fabrik. Revolution der Unternehmenskultur. Springer, Berlin Heidelberg New York
Weber J, Schäffer U (1999) Balanced scorecard & controlling: Implementierung – Nutzen für Manager und Controller. Erfahrungen in deutschen Unternehmen. Gabler, Wiesbaden
Wechsler H (2000) Die Bedeutung des Begriffes „Innovation" für die New-Economy. Seminar „Theoretische Grundlagen für Innovation und Neue Medien". Bauhaus-Universität Weimar
Weick KE (2001) „Drop Your Tools!" Ein Gespräch mit Karl E. Weick. In: Bardman TM, Groth T (Hrsg) Zirkuläre Positionen: 3. Organisation, Management und Beratung. Westdeutscher Verlag, Opladen, S 123–139
Weinberg J (1996) Kompetenzlernen. QUEM Bulletin 1:3–6
Weinert AB (1998) Organisationspsychologie. Ein Lehrbuch. 4. Aufl Psychologie Verlags Union, Weinheim, S 356ff
Weingart P (2001) Die Stunde der Wahrheit? Zum Verhältnis der Wissenschaft zu Politik, Wirtschaft und Medien in der Wissensgesellschaft. Velbrück Wissenschaft, Weilerswist
Weisbord MR (1987) Productive Workplaces – Organizing and Managing for Dignity, Meaning, and Community. Jossey-Bass, San Francisco London
Weydandt D (2000) Beteiligungsorientierte wirtschaftliche Bewertung von technischen Investitionen für prozeßorientierte Fertigungsinseln. Unternehmenskybernetik in der Praxis, Bd 2. Shaker, Aachen
Weyer J (2000) (Hrsg) Soziale Netzwerke: Konzepte und Methoden der sozialwissenschaftlichen Netzwerkforschung. Oldenbourg, München
Whittlesey CR (1954) Principals and practices of money and banking. Macmillan, New York
Wiener N (1961) Cybernetics or Control and Communication in the Animal and the Machine. 2. edn The MIT Press, Boston

Wiesenthal H (1993) Akteurkompetenz im Organisationsdilemma. Grundprobleme strategisch ambitionierter Mitgliederverbände und zwei Techniken ihrer Überwindung. Berliner Journal für Soziologie 1:3–18

Wiesenthal H (2000) Markt, Organisation und Gemeinschaft als „zweitbeste" Verfahren sozialer Koordination. In: Werle R (Hrsg) Gesellschaftliche Komplexität und kollektive Handlungsfähigkeit. Campus, Frankfurt a.M. New York, S 44–73

Wildemann H (1996) Entsorgungsnetzwerke. In: Bellmann K, Hippe A (Hrsg) Management von Unternehmensnetzwerken. Gabler, Wiesbaden, S 305-348

Wildemann H (1998) Management von Produktions- und Zuliefernetzwerken. In: Wildemann H (Hrsg) Entwicklungsnetzwerke, Produktionsnetzwerke und Vertriebsnetzwerke in der Zulieferindustrie. Transfer-Centrum, München

Willke H (1998) Systemisches Wissensmanagement. Lucius & Lucius, Stuttgart

Wimmer R (1988) Was können selbstreflexive Organisationsformen in der öffentlichen Verwaltung bewirken? Gruppendynamik 19(1):7–27

Winkler I (1998) Führung und Kultur in Netzwerken. In: Enderlein H, Lang R, Schöne R (Hrsg) Humanpotentiale, Arbeitsorganisation, Kultur und Führung in Netzwerken kleiner und mittlerer Unternehmen. Technische Universität Chemnitz, Chemnitz

Winkler I (2002) Steuerung von Netzwerken kleiner und mittlerer Unternehmen im Spannungsverhältnis individueller und kollektiver Interessen. In: Fischer J, Gensior S (Hrsg) Sprungbrett Region? Strukturen und Voraussetzungen vernetzter Geschäftsbeziehungen. Sigma, Berlin, S 253-283

Wolf JC (Hrsg) (2000) Menschenrechte interkulturell. Reihe Ethik und politische Philosophie, Bd 4. Universitätsverlag Freiburg/Schweiz, Freiburg

Wolpert JD (2002) Breaking out of the Innovation Box. Harvard Business Review 08.01:76-83

Working Paper 9903 OP (1999) Lehrstuhl für Organisation und Planung der Universität Wien, Wien

Wunn C (1997) TQM-Regelkreise in Kleinunternehmen der Werkzeug- und Schneidwarenindustrie. Fortschrittberichte VDI, Reihe 16, Nr 94. VDI-Verlag, Düsseldorf

Zahn E, Stanik M (2000) Wachstumspotenziale kleiner und mittlerer Dienstleister: mit Dienstleistungsnetzwerken zu Full-Service-Leistungen. IHK-Leitfaden, Lehrstuhl für Planung und Strategisches Management, Betriebswirtschaftliches Institut der Universität Stuttgart, Stuttgart

Zaltman G, Duncan R, Holbeck J (1973) Innovations and Organizations. Wiley & Sons, New York

Znaniecki F (1940) The social role of the man of knowledge. Columbia University Press, New York

# Abbildungsverzeichnis

| | | |
|---|---|---|
| Abb. 1.1: | Herleitung der Trends aus dem gesellschaftlichen Wandel | 4 |
| Abb. 1.2: | Partner-Organisationen des SENEKA-Konsortiums | 6 |
| Abb. 1.3: | Nationale assoziierte Partner des SENEKA-Konsortiums | 7 |
| Abb. 1.4: | Internationale assoziierte Partner des SENEKA-Konsortiums | 8 |
| Abb. 1.5: | Wegweiser durch das Buch | 9 |
| Abb. 2.1: | Das Zielsystem von SENEKA | 14 |
| Abb. 2.2: | Matrixstruktur von SENEKA | 18 |
| Abb. 2.3: | Herleitung der Teilvorhaben (TV) | 19 |
| Abb. 2.4: | SENEKA-Foren für einen themenbezogenen Wissenstransfer | 22 |
| Abb. 2.5: | Darstellung des Zusammenspiels der Querschnittsaufgaben | 28 |
| Abb. 2.6: | Zeitstrahl von SENEKA 1999 bis 2000 | 32 |
| Abb. 2.7: | Zeitstrahl von SENEKA 2001 bis 2004 | 33 |
| Abb. 2.8: | Bewertung der Instrumente des Netzwerkmanagements | 37 |
| Abb. 3.1: | Struktur unternehmensinterner und -externer Vernetzung | 52 |
| Abb. 3.2: | Netzwerktypologien | 58 |
| Abb. 3.3: | Beziehungen von Organisationen im Netzwerk | 62 |
| Abb. 3.4: | Module zur Förderung von Netzwerken | 63 |
| Abb. 3.5: | Kernaufgaben des „netzwerkfähigen QM-Systems" | 64 |
| Abb. 3.6: | Phasen im Prozess der Netzwerkentwicklung | 66 |
| Abb. 3.7: | Das Konzept der logischen Ebenen | 69 |
| Abb. 3.8: | Auswahl von Empfehlungen auf Basis der Projektanalyse | 74 |
| Abb. 3.9: | Netzwerkpartner von Qua-Pro-Net | 76 |
| Abb. 3.10: | Leistungsbeschreibung am Beispiel der DIN EN ISO 9001 | 79 |
| Abb. 3.11: | Spielregeln des Beraternetzwerks | 81 |
| Abb. 3.12: | Schönwetter-Netzwerke versus Schlechtwetter-Netzwerke | 92 |
| Abb. 4.1: | Der Innovationswolf | 97 |
| Abb. 4.2: | Problemfelder betrieblicher Innovationsprozesse | 103 |
| Abb. 4.3: | Das SENEKA-Innovationsmodell (SIM) | 107 |
| Abb. 4.4: | Wo entstehen betriebsbrauchbare Ideen? | 108 |
| Abb. 4.5: | Anwendung des SENEKA-Innovationsmodells (SIM) | 115 |
| Abb. 4.6: | SENEKA-Unterstützungsinstrumente | 116 |
| Abb. 4.7: | Ausschnitt aus dem Fragenkatalog zum Interview | 117 |
| Abb. 4.8: | Berücksichtigung von Umweltfaktoren | 118 |
| Abb. 4.9: | Referenzprozess systematische Dienstleistungsentwicklung | 120 |
| Abb. 4.10: | Auswertung Beispiel Web-it-easy® | 122 |
| Abb. 4.11: | Durchschnittswerte pro Phase / Web-it-easy® | 123 |
| Abb. 4.12: | Anwendung des Referenzprozesses | 125 |
| Abb. 4.13: | Lerndimensionen des integrierten OSTO/BSC-Ansatzes | 130 |

| | | |
|---|---|---|
| Abb. 5.1: | Wertschöpfungskette des Wissens | 136 |
| Abb. 5.2: | Akteure in der Wertschöpfungskette des Wissens | 140 |
| Abb. 5.3: | Rollen von Netzwerkakteuren | 141 |
| Abb. 5.4: | Fraktalstruktur der Rollen in Netzwerken | 142 |
| Abb. 5.5: | Kompetenzbereiche von Individuen | 145 |
| Abb. 5.6: | Kompetenzen von Individuen in Netzwerken | 146 |
| Abb. 5.7: | Akteurs-Kompetenz-Übersicht | 148 |
| Abb. 5.8: | Einordnung der Praxisbeispiele | 153 |
| Abb. 5.9: | Der Zentralbereich als Auditor und Netzwerkcoach | 155 |
| Abb. 5.10: | Der Softwareberater als Leistungsmanager | 158 |
| Abb. 5.11: | Unternehmenspositionen bei der AIXO GmbH | 159 |
| Abb. 5.12: | Anforderungsprofil für Berater bei der AIXO GmbH | 160 |
| Abb. 5.13: | Die Qualifikationsmatrix | 161 |
| Abb. 5.14: | Mechatroniker als Auftragsmanager | 163 |
| Abb. 5.15: | Kompetenzentwicklung in Modulen | 164 |
| Abb. 5.16: | Lernwege durch Kombination einzelner Module | 165 |
| Abb. 5.17: | Der modulare Aufbau des Qualifizierungskonzeptes | 166 |
| Abb. 5.18: | Die Rolle der Prozessbegleiter als Netzwerkakteure | 168 |
| Abb. 5.19: | Qualifizierungskonzept für interne Prozessbegleiter | 170 |
| Abb. 5.20: | Multikulturelle Akteure in Anwenderunternehmen | 172 |
| Abb. 6.1: | Wissenspyramide | 179 |
| Abb. 6.2: | Zusammenhang von Daten und Information | 180 |
| Abb. 6.3: | Wissensarten in Organisationen | 182 |
| Abb. 6.4: | Spirale der Wissensschaffung im Unternehmen | 183 |
| Abb. 6.5: | Wissensmanagement-Kreislauf nach Probst | 184 |
| Abb. 6.6: | Wegweiser durch die Querschnittsaufgabe 4 | 187 |
| Abb. 6.7: | Wissensmanagement und Qualitätsmanagement | 191 |
| Abb. 6.8: | Das neue EFQM-Modell | 192 |
| Abb. 6.9: | Informations- und Wissensfluss bei Geschäftsprozessen | 194 |
| Abb. 6.10: | Modell eines prozessorientierten Wissensmanagements | 196 |
| Abb. 6.11: | Wissensspirale | 199 |
| Abb. 6.12: | Auswahl von Qualitäts- und Wissensmanagement-Methoden | 200 |
| Abb. 6.13: | Auswahltabelle der Prozesskriterien | 201 |
| Abb. 6.14: | Wissensaktivitäten | 203 |
| Abb. 6.15: | Wissensaktivitäten-Kataloge | 205 |
| Abb. 6.16: | Schema der Produkttabelle für Wissensmanagement-Portale | 206 |
| Abb. 6.17: | Priorisierung der informationstechnologischen Tools | 206 |
| Abb. 6.18: | Vorgehensmodell Geschäftsprozessoptimierung | 208 |
| Abb. 6.19: | Wissenstransfers durch vernetzte SE-Teams | 213 |
| Abb. 6.20: | Verzeichnisbaum der Virtuellen Plattform SENEKA | 217 |
| Abb. 6.21: | Dokumentablage der Virtuellen Plattform SENEKA | 218 |
| Abb. 6.22: | Ein Vorgehensmodell für das Software-Reengineering | 220 |
| Abb. 6.23: | Vier-Phasen-Konzept zur Evaluation | 222 |
| Abb. 6.24: | Der „Eisberg des Wissens" | 227 |
| Abb. 6.25: | Beispiele für Ebenen und Kontexte beim Wissenstransfer | 229 |
| Abb. 6.26: | Wirkungsgefüge | 231 |

| | | |
|---|---|---|
| **Abb. 6.27:** | Standorte der befragten Unternehmen | 234 |
| **Abb. 6.28:** | Wissensentwicklung eines Unternehmens | 235 |
| **Abb. 6.29:** | Standortspezifische Unternehmensgeschichte | 236 |
| **Abb. 6.30:** | Wissenstransfer/ Sender-Empfänger-Modell | 240 |
| **Abb. 6.31:** | Intellektuelles Kapital: Methoden zur Messung | 242 |
| **Abb. 6.32:** | Intellektuelles Kapital: Strukturmodell | 244 |
| **Abb. 6.33:** | Aufbau des Skandia Navigators | 245 |
| **Abb. 6.34:** | Wissensstrombasierte Kompetenz-Evaluation | 249 |
| **Abb. 6.35:** | Erfolgspotenzialerfassung im Überblick | 250 |
| **Abb. 6.36:** | NutzenOrientierte WirtschaftlichkeitsSchätzung | 251 |
| **Abb. 6.37:** | Messbarkeit von Kompetenz durch Q-Distributionen | 252 |
| **Abb. 6.38:** | Das OSTO-Systemmodell | 256 |
| **Abb. 6.39:** | Das integrierte OSTO/BSC-Systemmodell | 260 |
| **Abb. 6.40:** | Perspektiven der BSC für Wissensmanagement in Netzwerken | 262 |
| **Abb. 6.41:** | Eigen- und Fremdbewertung eines Netzwerkpartners | 264 |
| **Abb. 7.1:** | Verknüpfung zentraler Themenfelder | 271 |

# Tabellenverzeichnis

| | | |
|---|---|---|
| **Tabelle 2.1:** | Querschnittsaufgaben im Virtuellen Institut SENEKA | 25 |
| **Tabelle 3.1:** | Zusammenhänge von Markt, Hierarchie und Netzwerk | 46 |
| **Tabelle 5.1:** | Maßnahmen zur Kompetenzentwicklung | 151 |
| **Tabelle 5.2:** | Schlüsselkompetenzen in einzelnen Modulen | 169 |
| **Tabelle 6.1:** | Maßnahmen zur wissensorientierten Prozessverbesserung | 212 |
| **Tabelle 6.2:** | Handlungsraum der Virtuellen Plattform SENEKA | 216 |
| **Tabelle 6.3:** | Klassifizierung der befragten Unternehmen nach Beschäftigtenzahl bzw. Unternehmensgrößen | 233 |

# Dissertationsverzeichnis

Folgende Dissertationen sind im Rahmen des Projektes SENEKA entstanden bzw. in Vorbereitung.

Dassen-Housen, Petra (2000): Responding to the global political-economical challenge: The learning society exemplified by the working environment. ARMT (Aachener Reihe Mensch und Technik) Band 32, Verlag Mainz, Aachen

| 1. Gutachter: | 2. Gutachter: |
|---|---|
| Prof. Dr. Helmut König | Prof. Dr.-Ing. Klaus Henning |
| RWTH Aachen | RWTH Aachen |

Weydandt, Dirk (2000): Beteiligungsorientierte wirtschaftliche Bewertung von technischen Investitionen für prozeßorientierte Fertigungsinseln. Unternehmenskybernetik in der Praxis, Band 2, Shaker Verlag, Aachen

| 1. Gutachter: | 2. Gutachter: |
|---|---|
| Prof. Dr.-Ing. Klaus Henning | Prof. Dr.-Ing. Burkhard Wulfhorst |
| RWTH Aachen | RWTH Aachen |

Petzolt, Stephan (2001): Einführung der Balanced Scorecard als Performance-Meß-System für systemische Organisationsentwicklungsprozesse. Unternehmenskybernetik in der Praxis, Band 4, Shaker Verlag, Aachen

| 1. Gutachter: | 2. Gutachter: |
|---|---|
| Prof. Dr.-Ing. Klaus Henning | Prof. Dr.-Ing. Dr. h.c. Prof. h.c. Tilo |
| RWTH Aachen | Pfeifer, RWTH Aachen |

Rübartsch, Michael (2001): Entwicklung eines Qualitätsmanagementsystems für die netzwerkfähige Gestaltung von Unternehmensorganisationen. P3 GmbH, Aachen

| 1. Gutachter: | 2. Gutachter: |
|---|---|
| Prof. Dr.-Ing. Dr. h.c. Prof. h.c. Tilo | Prof. Dr.-Ing. Klaus Henning |
| Pfeifer, RWTH Aachen | RWTH Aachen |

Hees, Frank (2001): Regionale Organisationsstrukturen im Baugewerbe – Generierung turbulenztauglicher Kooperationen am Beispiel von Handwerkernetzwerken. ARMT (Aachener Reihe Mensch und Technik) Band 37, Verlag Mainz, Aachen

| 1. Gutachter: | 2. Gutachter: |
|---|---|
| Prof. Dr. Werner Kreisel | Prof. Dr.-Ing. Klaus Henning |
| Georg-August-Universität Göttingen | RWTH Aachen |

Hanel, Guido (2002): Prozessorientiertes Wissensmanagement zur Verbesserung der Prozess- und Produktqualität. Fortschrittsberichte VDI, Technik und Wirtschaft, Nr.148, VDI Verlag GmbH, Düsseldorf.

| 1. Gutachter: | 2. Gutachter: |
|---|---|
| Prof. Dr.-Ing. Dr. h.c. Prof. h.c. Tilo Pfeifer, RWTH Aachen | Prof. Dr.-Ing. Klaus Henning RWTH Aachen |

Honecker, Nele (2002): Interne produktionsnahe Prozessbegleiter – Möglichkeiten und Grenzen. ARMT (Aachener Reihe Mensch und Technik), Verlag Mainz, Aachen. In Veröffentlichung.

| 1.Gutachter: | 2. Gutachter: |
|---|---|
| Prof. Dr. Volker Linneweber | Prof. Dr.-Ing. Klaus Henning |
| Otto-von-Guericke-Universität Magdeburg | RWTH Aachen |

Preuschoff, Eva (2002): Effiziente Matrixstrukturen für technische Chemiedienstleister. In Veröffentlichung.

| 1. Gutachter: | 2. Gutachter: |
|---|---|
| Prof. Dr.-Ing. Klaus Henning | Prof. Dr.-Ing. Ulrich Epple |
| RWTH Aachen | RWTH Aachen |

Hunecke, Heike: Ein Beitrag zur Erklärung des Zusammenhangs zwischen Wissen und Standort eines Unternehmens. In Vorbereitung.

Jansen, Christoph: Balanced Scorecard für Wissensmanagement in heterogenen Unternehmensnetzwerken. In Vorbereitung.

# Sachverzeichnis

Arbeitskreise 22, 114, 216
Auditor 140, 143, 155, 157
Auftragsmanager 140, 142, 163, 172

Balanced Scorecard 11, 34, 95, 119, 129, 189, 254
Bildungsangebote 26
Bildungsmanager 13, 137, 157
Broker 140, 153, 246

Codierung von Wissen 229
Communities of Practice 22
Contentmanagement 120
Controlling 31, 67, 80, 98, 108, 129, 140, 151, 161, 186, 255
    Prozess-Controlling 152

Dienstleistungsgesellschaft 1, 3
Diversity 17, 126
    Diversity Management 128

EFQM-Modell 62, 192, 258
Erfahrungswissen 26, 31, 56, 88, 178, 195, 212, 228
Evaluation 27, 34, 40, 109, 171, 219
Expertenwissen 87, 223

Frühwarnsystem 21, 133

Geschäftsprozesse 193, 214, 221
Gestaltungsaspekte 34, 67, 73, 80

Information 15, 27, 35, 178, 179, 190, 216, 224, 232, 256, 276
Informations- und Kommunikationstechnologien 20, 35, 199
Informations- und Wissensdienstleister 13, 24, 137, 154
Innovation 10, 30, 55, 95, 101, 175, 247
Innovationsfähigkeit 10, 20, 39, 55, 96, 132, 258, 271
Innovationsfaktor 83
Innovationsmanagement 10, 57, 95, 131, 271

Innovationspotenziale 40, 55, 95, 133, 248, 273
Innovationsprozesse 4, 39, 57, 96, 247, 273
Innovationstypen 56
Interkulturelles Training 173
IT-Unterstützung 201
IuK-Technologie 2, 198

Kernprozess 91, 257
KMU 1, 10, 61, 82, 121, 163, 215, 272
Kodifizierungsstrategie 198, 205, 225
Kommunikation 35, 48, 54, 84, 104, 156, 190, 216, 227, 246, 258
Kompetenzbegriff 143, 147
Kompetenzbereiche 144, 145, 146
Kompetenzen 2, 10, 23, 42, 71, 113, 142, 161, 189, 223, 241, 274
    interkulturelle Kompetenzen 26
Kompetenzentwicklung 2, 5, 10, 16, 63, 133, 149, 185, 274
Kooperation 2, 21, 36, 98, 111, 123, 134, 157, 210
Kooperationsgesellschaft 1

Leistungsmanager 140, 142, 158
Leiter In-/Outsourcing 140, 143
Lernen im Prozess der Arbeit 3, 21, 149, 157
lernende Organisation 48, 147
Lernprozesse 18, 56, 149, 158, 199, 251

Mechatroniker 10, 21, 152, 162
Mikro-Unternehmer 4
M-O-T 17, 27, 186, 215, 226, 275

Netzwerkakteure 2, 26, 45, 60, 135, 161, 274
Netzwerkcoach 140, 143, 155
Netzwerke 5, 10, 20, 39, 80, 135, 167, 175, 211, 233, 240, 269
    informelle Netzwerke 44
Sub-Netzwerke 272

Netzwerkmanagement 5, 22, 30, 49, 71, 145, 261
  Instrumente des Netzwerkmanagements 30
Netzwerktheorie 43, 53, 90, 174
Netzwerktypologien 58
NOWS 99, 251

Organisationsentwicklung 10, 15, 20, 39, 42, 48, 61, 90, 129, 151, 255, 260, 272
Organisationskultur 63, 275
OSTO-Systemmodell 119, 131, 230, 255, 256, 257, 259, 265, 266

Performance-Mess-Systeme 258
Personifizierungsstrategie 198, 225
Phasenmodell 39, 43, 65, 102, 188
produktionsnahe Prozessbegleiter 152, 168, 170
Produktkatalog 21, 36
Produktqualität 189, 214
Projektmanagement 29, 56, 98, 101, 131, 142, 168, 222
Projektstruktur 1, 9, 13, 18
Prozessorientierung 61, 193, 207

Qualifizierungsmanagement 10, 99, 157
Qualitätsmanagement 23, 61, 73, 78, 134, 188, 191, 200, 225
  Qualitätsmanagement-Systeme 78
Qua-Pro-Net 10, 39, 71
Querschnittsaufgaben 9, 15, 18, 56, 135, 272

Referenzprozess 119, 120, 124
Regionen 20, 43, 82, 254

Schlechtwetternetzwerke 92
Schlüsselkompetenzen 10, 15, 26, 145, 161, 274
Schönwetternetzwerke 92, 273
SENEKA-Innovationsmodell 10, 95, 106
Skandia Navigator 99, 244
Standortgebundenheit von Wissen 226, 233, 275

Strategie 2, 15, 37, 60, 101, 113, 162, 185, 207, 211, 237, 273
Supportprozesse 194
System-de-coding 231, 233
Systemisches Management 154
Systemumwelt 29, 77, 231, 232

Task-Artifact-Cycle 188, 208
Teilvorhaben 15, 29, 59, 82, 216, 263

Unternehmenskultur 17, 63, 77, 83, 98, 132, 147, 195, 225, 266

Veränderungsgesellschaft 2
Virtuelle Plattform SENEKA 35, 215
Virtuelles Institut 15, 18, 221

web it easy® 215, 225
Webbasierter InformationsRaum 215
Weiterbildung 416, 39, 54, 149, 162, 196, 216, 274
Werkzeuge 11, 63, 188, 196, 204, 214, 223, 269, 275
Wertschöpfungskette des Wissens 15, 18, 40, 135, 152, 171
Wissen 1, 10, 20, 42, 55, 82, 113, 122, 136, 144, 155, 163, 220, 274
  Anwender von Wissen 13
  explizites Wissen 144, 199, 228, 239, 246
  implizites Wissen 26, 198, 204, 230
  organisationales Wissen 148
Wissensarten 181, 195, 227
Wissensbewertung 184, 238, 244, 248, 253
Wissensgenerierung 203, 238
Wissensgesellschaft 1, 16, 178, 267, 274
Wissenslandkarte 215, 221
Wissensmanagement 1, 10, 35, 83, 87, 101, 131, 154, 168, 177, 223, 260
  Prozessorientiertes Wissensmanagement 189
Wissensmanagement-Modelle 183
Wissenstransfer 1, 22, 34, 37, 171, 185, 200, 211, 223, 240, 241

Zielsystem 13, 254

Druck: Mercedes-Druck, Berlin
Verarbeitung: Stein+Lehmann, Berlin